工程控制爆破

张志呈　著

西南交通大学出版社
·成　都·

图书在版编目（ＣＩＰ）数据

工程控制爆破 / 张志呈著. —成都：西南交通
大学出版社，2019.8
ISBN 978-7-5643-7109-8

Ⅰ. ①工… Ⅱ. ①张… Ⅲ. ①爆破施工 – 高等学校 –
教材 Ⅳ. ①TB41

中国版本图书馆 CIP 数据核字（2019）第 188506 号

Gongcheng Kongzhi Baopo

工程控制爆破

张志呈 / 著

责任编辑 / 姜锡伟
封面设计 / 墨创文化

西南交通大学出版社出版发行

（四川省成都市金牛区二环路北一段 111 号西南交通大学创新大厦 21 楼　610031）
发行部电话：028-87600564　　028-87600533
网址：http://www.xnjdcbs.com
印刷：四川森林印务有限责任公司

成品尺寸　185 mm×260 mm
印张　29.5　　字数　729 千
版次　2019 年 8 月第 1 版　　印次　2019 年 8 月第 1 次

书号　ISBN 978-7-5643-7109-8
定价　98.00 元

内 容 简 介

虽然普通的工程爆破已有几百年历史了，但轮廓线炮孔爆破区和保留区的控制爆破历史还只有几十年。国内外广大爆破科技工作者通过工程试验研究和实践，在爆破技术方面已取得了很大成就。高难度、高精度的工程控制爆破正处于发展和创新时期。

本书的目的，是重点解决岩土工程、采掘工程爆破施工中，轮廓线保留区岩体和围岩不被爆破破坏和减轻损伤的问题。书中针对矿业开发、国防和国民经济建设中普遍用到的爆破技术方法进行了岩体爆破分类，归类总结了工程爆破和工程控制爆破两大爆破类别的内容和爆破技术。作者 2000 年和 2013 年分别创新性地提出"定向断裂控制爆破""定向卸压隔振爆破"两种控制爆破的新方法。它们的技术方法原理都是定向控制爆炸波的主要运动方向位置和范围，目的也都是解决露天永久边坡和井巷（隧道）掘进周边孔爆破、地下开采矿房与矿柱之间保留岩体不受破损，为多矿层（矿带）多矿种、石材开采等实行分层、分带开采的技术方法。工程控制爆破机理还不够完善，书内框架、内容均裁揽多方而成。

书中除概论外，共 4 编 17 章。第一编为工程控制爆破基础理论（共 7 章）。该编主要介绍和分析炸药爆轰理论、爆炸的能和功率、气体动力学和波的传播理论与规律、焓和熵、气体爆轰参数的计算、岩石爆破理论、岩体爆破成缝原理、工程控制爆破装药结构与爆破能的分配。第二编为岩体结构构造特征与爆破对岩体的损伤（共 3 章）。该编重点介绍岩体完整性与岩石质量工程分类和岩体分级、岩体结构面类型及特征、裂隙岩体应力波传播特点与控制爆破效果、岩体初始损伤和动态损伤、一级轻气炮和霍普金森冲击试验。第三编为定向断裂控制爆破（共 5 章）。该编分别介绍了光面爆破、预裂爆破、切缝药包爆破、切槽爆破、轴向双面径向聚能爆破的原理、爆破参数设计和现场施工实例。第四编为定向卸压隔振爆破（共 2 章）。该编重点介绍护壁爆破的机理、卸压隔振试验及生产试验的效果。

本书可作为采矿工程、交通工程（土建类、土木工程、水利水电工程和安全工程）等专业的本科生研究生的教学参考书，也可作为爆破工程技术人员的研究和实践参考用书。

序　一

张志呈教授紧跟新时代的创新步伐，多年来始终以"永不懈怠，探求真理"的座右铭为行动指南，围绕着"爆破理论与实践"这一主线，努力前行。自1955年大学毕业至今，在该领域从未间断且连续奋斗64载，其可分为：生产与实践、教学与科研两大阶段。

（1）生产与实践阶段（1955年—1982年）：在新疆可可托海矿务局20年，主要是对复杂多变、多类型、多硬度岩矿的稀有金属矿床的开采方法（含爆破与控制）和开采工艺的实战实践；在河北邯邢矿山管理局，对接触交待型黑色金属矿床不同赋存条件的多种开采方法、工艺技术和安全技术的试验研究，积累和完善了解决生产现场的能力和智慧。

（2）教学与科研阶段（1981年至今），1981年进入四川建筑材料工业学院（现西南科技大学），在原来20多年生产实践的基础上，张教授通过采矿工程、控制爆破专业等领域的教学，在为非金属矿业培养大批人才的同时，将科研聚焦于"炸药爆破对岩石损伤"的试验研究；重点是提高轮廓线上保留区岩体一侧不被爆破破坏，减轻损伤的工程控制爆破的研究和运用。2008年，已退休多年的张教授，又将研究重点转向了"工程控制爆破"这一全新的学科领域，经过多年研究，已在定向控制爆破、工程控制爆破等具体方向上的理论、工艺、技术参数方面取得了创新性突破，相信本书一出版将有助于我国工程控制爆破技术的推广和运用，有助于工程控制爆破学科的奠基。受作者嘱托，乐此作序！

原四川建筑材料工业学院院长：

2019年5月27日

序　二

　　张志呈教授编著的这本《工程控制爆破》对炸药爆轰理论，气体动力学和波的传播理论和规律、气体爆轰参数的计算、岩体爆破成缝原理、工程爆破装药结构与爆能的分配等工程控制爆破基础理论进行了较系统的研究，对岩体完整性与岩石质量工程分类、岩体结构类型及特征、裂隙岩体应力波传播特点与控制爆破效果等进行了较为全面的阐述，对光面爆破、预裂爆破、切缝药包爆破、轴向双面径向聚能爆破、护壁爆破、卸压隔振爆破的原理、参数设计及实践进行了详细的论述。

　　本书是张志呈教授几十年教学、科研和生产实践成果的系统总结，是对工程控制爆破理论、技术及方法的重要贡献。本书的出版将对工程控制爆破理论、技术和方法的发展起到积极作用。

原西南科技大学校长：

2018 年 3 月 6 日

序 三

张志呈先生在几十年的教学、科研、工程实践中特别注意不断探索，勇于创新，其精神令人敬佩。张志呈先生将其长期从事矿岩工程控制爆破的研究、实践升华，以《工程控制爆破》一书展现，其出版将是工程爆破界的一件喜事。

《工程控制爆破》结构合理、体系完整、内容丰富、观点表达新颖、论述有理有据。全书分为4编共17章。其中第一编为工程控制爆破基础理论，共7章，主要归纳和简述了炸药爆轰理论、气体动力学和波传播理论、岩石爆破理论、岩体爆破成缝原理、工程控制爆破装药结构与爆破能分配等内容；第二编为岩体结构构造特征与爆破对岩体的损伤问题，共3章，主要分析和介绍了岩体质量工程分类和岩体分级、裂隙岩体应力波传播与控制爆破效果，一级轻气炮和霍普金森冲击试验；第三编为定向断裂控制爆破，共5章，具体介绍了光面、预裂、切缝、切槽爆破、轴向双面径向聚能爆破之原理和爆破参数设计与现场施工实例；第四编为定向卸压隔振爆破，共2章，重点分析和阐述了护壁爆破机理、卸压隔振爆破试验及其生产实验的效果等内容。

综上所述，该书的出版，为工程控制爆破这门全新学科的系统化和科学化打下了坚实基础。

推荐人签名：

2019 年 3 月 31 日

前　　言

自从有炸药（或火药）以来，采掘工程、岩土工程开挖中就存在岩体爆破区和岩体保留区的轮廓线上打孔爆破问题，即炮孔一侧的保留岩体要求不被破坏和损伤，炮孔另一侧的岩体需要被爆炸成适合铲装的岩块。几百年来，凿岩爆破战线的许多工作者，付出了艰苦的努力。在这个漫长的过程中，各国专家学者为解决保留岩体和围岩不被爆破破坏、损伤提出多个方案，其中，有文字记载的如下表所示。

工程控制爆破发展历程简表

国家、单位、个人	时间	采掘工程、岩土工程、开挖至边界轮廓线炮孔爆破的方法与名称
瑞典人：哈格索尔皮（Hagthorpe）、达尔包尔格（Dahiborg）[1]	20 世纪 50 年代初	光面爆破
美国科罗拉多矿山、美国人 Holmes[1]	1957 年，Holmes 发展光面爆破、周边爆破、预裂爆破	预裂爆破：① 继光面爆破之后在尼加拉水电站引水渠和竖井开挖施工中使用；② 1957 年在美国科罗拉多矿山分离矿石施工中采用
瑞典人 C.L.Fosfer[2]	1905 年	炮孔壁切槽
瑞典爆破基金会[3]	20 世纪 60 年代	聚能装药爆破：中国新疆可可托海矿管处；1958 年曾用于掘进巷道掏槽眼底和露天大块体岩石爆破
芒罗业 C C.E.Munrfe	1865 年发现聚能药包的聚能现象	
苏联学者[4]	第二次世界大战结束后开始用于矿山 1955—1957 年	
美国 W.F.Foumey 等[5]	1978 年韧带钢管装药结构	切缝药包爆破
美国马里兰大学[2]	导管开裂办法	
中国人王树仁、魏有贵[6]	1985 年导管切缝	
中国矿业大学 武汉地质大学 长江科学院 西安冶金建筑学院 武汉建材设计研究院 四川建筑材料工业学院（西南科技大学） 北京矿冶研究总院等多个单位	20 世纪 80 年代初[2]	切缝药包爆破；切槽爆破；轴向双面径向聚能药包爆破

国家、单位、个人	时间	采掘工程、岩土工程、开挖至边界轮廓线炮孔爆破的方法与名称
中国人张继春[7]	2001 年将拆除控制爆破、掘进控制爆破、露天台阶深孔控制爆破、硐室控制爆破、水下控制爆破和特殊控制爆破等均归为"工程控制爆破"	工程控制爆破
中国人张志呈[8,9]	2005 年	护壁控制爆破用药包结构
	2007 年	控制爆破用药包结构
	2008 年	定向卸压隔振爆破装药结构
	根据现行爆破分类,结合理论与实践,2013 年正式出版的书刊提出工程控制爆破的技术方法及内容	工程控制爆破:(1)定向断裂控制爆破(光面爆破、预裂爆破、切缝药包爆破、切槽爆破、轴向双面径向聚能爆破);(2)定向卸压隔振爆破(定向卸压隔振爆破装药结构、控制爆破用药包结构、护壁控制爆破用药包结构)
中国人韦爱勇	2009 年 8 月第 1 版,2012 年 1 月第 2 次印刷,电子科技大学出版社	控制爆破技术
主编韦爱勇 副主编王玉杰、高文学 参编解立峰、胡坤伦 主审梁开水、沈兆武 特聘评审张继春、卿光全	2009 年 8 月第一版,2012 年 1 月第二次印刷,电子科技大学出版社 普通高等教育"十一五"国家级规划教材 2009 年将深孔控制爆破掘进控制爆破、轮廓控制爆破技术、硐室控制爆破、拆除控制爆破、水下爆破、特殊控制爆破、爆破安全技术与管理、控制爆破新技术统称为控制爆破技术	1989 年将露天台阶深孔控制爆破、地下深孔控制爆破、双路堑深孔控制爆破、掘进控制爆破、轮廓控制爆破、硐室控制爆破、拆除控制爆破、水下爆破、特殊控制爆破等均归为"控制爆破技术"

爆破的发明和应用对人类社会的文明和发展起着巨大的推动作用。在我国的国民经济建设中,爆破一直占有比较重要的地位。爆破的应用面广、方式繁多,从移山填海、炸山造田、开山筑路、凿洞引水、矿业开发、炸石烧灰到疏通江河、筑坝拦水和引水发电;爆破技术日新月异,大到 1971 年 5 月 21 日攀钢朱家保矿山 1 万吨炸药矿山剥离硐室爆破和 1992 年 12 月 28 日珠海炮台山 1.2 万吨炸药的硐室大爆破,小到几十毫克的模型试验。中国的现代化建设为爆破提供了广阔的天地,为爆破器材、爆破技术和爆破理论的发展创造了机遇。

不管是过去、现在还是将来，工程爆破这种方法，在采掘和岩土工程的施工中，对坚硬岩石是离不开爆破的。然而多年来，在实际爆破施工中，相关单位对爆破应保护的保留岩体及围岩的问题长期重视不够，以致爆破效果不佳，比如：露天深孔爆破的边坡爆破损伤半径为炮孔直径的 70~100 倍，下向损伤为炮孔直径的 20 倍左右，松弛范围中硬岩石在 1.5 m 左右；井巷掘进中硬岩石超挖量都在 10~20 cm，难采矿体、夹层矿体或矿脉贫化率在 20%左右，回采率低于 80%，造成投资增加，不利于保留岩体和围岩的长期稳定，从而形成安全事故隐患。为解决此类问题，创新发展工程控制爆破成为必然。

尤以水利水电行业、交通行业、冶金行业等，他们对光面预裂爆破形成了一套比较系统的爆破开挖质量评价和控制指标体系。水利水电行业还实现了量化爆破设计和精细化爆破施工等科学管理和监控。

工程控制爆破是一门重实践的技术科学，是一门较复杂的边缘学科，要应用爆炸力学、流体力学、热化学、爆炸波理论，以及工程力学、岩石力学、岩石断裂力学、物理学、地质学，并与矿床开采、井巷、隧道工程及安全技术等密切结合起来。

本书特点：一是既有理论分析和实践研究，也有工程实例，坚持科学性、先进性、实用性；二是书中尽量包括现有工程控制爆破各领域，比较系统地概括了工程控制爆破近几十年的实用和发展的研究成果；三是在内容的写作上，力求简明详尽，用框架展现内容和方法，以加深读者对问题的广泛了解。

本书由概论和 4 编 17 章组成，第一编为工程控制爆破基础理论（共 8 章），第二编为岩体结构构造特征与爆破对岩体的损伤（共 3 章），第三编为定向断裂控制爆破（共 5 章），第四编为定向卸压隔振爆破（共 2 章）。

由于工程控制爆破的理论尚不十分成熟，目前主要还是以经验为主，加之作者水平有限、时间仓促，本书在编写的系统性和连贯性以取材及理解等方面，疏漏之处在所难免，欢迎读者批评指正。

本教材的出版得到了西南科技大学研究生教材建设经费和西南科技大学环境资源学院的大力支持；在本书编写过程中，胡健、蒲传金、肖定军三位同志做了很多工作；在此对他们表示最诚挚的谢意！

著　者

2019 年 8 月 2 日

目　录

第一编　工程控制爆破基础理论

第二编　岩体结构构造特征与爆破对岩体的损伤

第三编 定向断裂控制爆破

第四编　定向卸压隔振爆破

概　论

工程爆破是矿产资源开发，水利水电建设，公路、铁道建设和国防建设，岩土工程开挖等最主要的施工技术或方法。矿石是经济建设各部门的主要原料和燃料，与人们的衣、食、住、行有着密切的关系。

当然，农业要增产，必须搞农业机械化、水利化、化肥化和电气化。而这些都离不开钢铁。钢铁是实现"四化"的物质基础，而矿石是钢铁工业的重要"粮食"。炼 1 t 铁要 3～4 t 矿石，为了采出这些矿石，要采十几吨岩石，再加上所需的熔剂，总共需采出 17～20 t 岩石。炼 1 t 铜，平均要采出 150 t 矿石，对一些稀有金属而言，比值就更大[1]。

采矿工作的基本任务，就是把矿石从矿体中采掘出来，而岩土工程是要把岩石搬运出去。长期以来，人们曾试图用各种各样的能量来破碎岩石，如机械能、热能、电能、水能、光能、原子能等等。虽然现在国内外对硬岩，特别是硬岩以下的岩石用上了无爆破采掘，但是迄今为止，炸药的爆炸能在破碎岩石时，仍然是有效的能量，尤其是金属矿山与坚硬岩石开挖，仍然采用炸药爆破。

对于岩土工程开挖和采掘工程，爆破在今后的几十年或更长的时间内仍然不会失去其不可替代的地位。但是长期以来，爆破对岩质边坡和井巷隧道等保留岩石和围岩的破坏和损伤问题没有得到较好的解决，以致采掘工程或岩土开挖工程在施工中的停工、停产、人员伤亡现象时有发生。

因此，具有针对性的控制爆破技术出现了。这解决了轮廓线保留一侧的岩体在爆破时不受破坏，减少损伤的问题。然而对一般工程爆破、硐室爆破、拆除爆破等常规爆破而言，只要坚持遵照爆破安全规程实行，精心设计、细致施工、不断总结经验、改进工作，就能达到好的效果。而在轮廓线上（保留区和爆破区之间）布置钻孔，钻孔保留一侧的岩石，不被破坏或损伤，而炮孔一侧爆破区的岩石，要爆破成能铲装的岩石碎块，难度就很大。

所以本书的目的就在于：提出工程控制爆破这个炸药爆炸波技术的多方控制探索和研究的一种创新的科学门类，承前启后、系统地总结工程控制爆破技术方法的过去和现在，启迪我们爆破工作者再认识、再实践、再发展创新。

一、爆破技术分类

目前，国内外对于爆破技术没有统一的分类，或者说没有分类的方法，只是在不同教科书中有现代爆破技术的主要内容、现代爆破工程的主要内容等等。为了研究、讨论方便，作者提出爆破技术分类，见图 0-1，供参考。

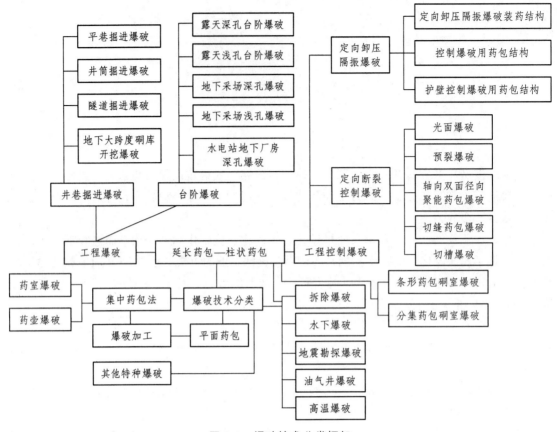

图 0-1 爆破技术分类框架

二、工程爆破与工程控制爆破

1. 工程爆破

工程爆破的特征：工程爆破与其他爆破（如军用爆破）不同，它是以破坏的形式达到新的建设目的，爆破是破碎矿岩的主要手段。长期的爆破实践表明，工程爆破虽然能完成工程的设计目标，但伴随着药包爆炸作用的发生，周围环境的人员、设备和各类设施的安全都受到冲击及威胁。同时，爆破使开挖限界以外的岩体和围岩的完整性受到破坏，爆破后轮廓线不甚平整，甚至出现许多裂隙和裂纹，影响岩体的稳定。爆破地下井巷和隧洞的开挖出现相当大的超挖量，有损保留岩体和围岩的长期稳定，降低采场回采率，增加贫化率，增加安全隐患[2]。

长期以来，在岩矿爆破施工中，人们认为上述现象是不可避免的，也是理所当然的。

2. 工程控制爆破

工程控制爆破是为解决工程爆破轮廓线上炮孔爆破对保留岩体或围岩造成破坏和损伤而提出来的。冯叔瑜院士说过：广义而论，所有的工程爆破都是有一定工程目的的，应该在用药量、爆破范围、安全距离等方面受到控制，但这不等于说所有的爆破都称为控制爆破，否则其范围就太广泛了，容易在名词上与通常所说的控制爆破混淆不清。

（1）工程控制爆破的定义。

根据工程要求，采取施工和防护等技术措施，控制爆炸能释放和运行过程以及介质破碎过程，既要避免保留岩体或围岩被破坏，又能达到预期的破碎效果和爆破范围、方向，这种既能达到预期的爆破效果，又能使保留区的岩石不被破坏，减轻损伤的双重控制爆破称为工程控制爆破。

工程控制爆破属于炸药爆炸波（冲击波、应力波）技术的多方控制探索与研究的一种爆破科学门类。

（2）工程控制爆破的要求。

① 控制爆破的破坏范围，即爆破轮廓线以内的岩体。

② 控制爆破的破碎程度，即将爆破范围内的岩体破碎成适合装运的碎块。

③ 控制爆破的危害作用，即：控制爆破地震波、空气冲击波、飞石和噪声；确保保留岩体和围岩不被破坏，减轻损伤；减轻地下采场间柱、矿柱的损伤；对于夹层矿体、难采多矿物性质矿体或矿脉、多矿层、多矿带矿床，分采爆破降低贫化损失率，提高饰面石材开采荒料率。

（3）工程控制爆破的实质。

工程控制爆破的实质是控制爆炸波波形的主要运行方向和范围。

在岩土工程及采掘工程中，普遍都存在爆破开挖岩石和保护保留岩石不被破损这一对矛盾，目前尚没有有效的解决方案。这是因为，炸药在岩石体内爆炸时，在将开挖范围内的岩石爆破破碎的同时，也会对保留的岩石造成损伤和破坏，从而使围岩的力学性能劣化。这种劣化在外界压力作用下，会使损伤进一步演化，从而使围岩的承载力及稳定性降低。围岩稳定性不仅要考虑岩石本身的力学性质和地质构造，还要考虑爆破对围岩的损伤或破坏的作用。对爆破工程进行精准控制，以准确预测其对保留岩体和围岩的损伤程度，就成了爆破行业的重中之重。

试验研究表明[3]，爆轰波传播与光波传播相类似，遵从几何学的 Huygen-Snell 原理。点爆炸时，爆轰波波阵面以球面形式展开，并且波传播方向总是垂直于波阵面。对于均质炸药，中心点引爆所产生的爆轰波是球形爆轰波，这种情况下爆轰波形的曲率半径随着爆轰波向外扩展而不断增加，如图 0-2 所示；对于均质圆柱形炸药，一端中心点引爆所产生的爆轰波，开始阶段波形曲率半径随爆轰波传播距离的增加而增加，试验结果表明当药柱长度为药柱直径 3 倍左右时，波形曲率半径为一恒定值，如图 0-3 所示。所以，工程控制爆破即控制爆轰波的波形，也即控制冲击波和应力波。

图 0-2 球形爆炸波

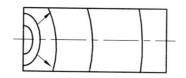
图 0-3 圆柱形爆炸波（局部剖视图）

（4）工程控制爆破的内容结构。

对工程爆破，国内外目前还没有统一的分类，在控制爆破方面也没有统一的定义。本书将在岩土工程、采掘工程、国防工程、水利水电工程和交通工程等开挖施工中对轮廓线保留岩体和围岩免受爆破破坏、减轻爆破损伤、降低爆破地震效应有利的控制爆破方法概括为工程控制爆破。工程控制爆破的内容结构见图 0-4。

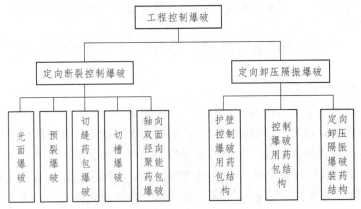

图 0-4　工程控制爆破方法内容框架

① 定向。

定向的泛指意义是确定事物运作过程的方向。定向爆破的实质在于使爆炸时产生的能量，主要用来在规定的方向、位置和空间范围内发生预期的作用，并以规定的方向为主造成运动。定向爆破和普通的不加控制而向四面八方乱炸的爆破完全不同。定向爆破学说及其实际应用是在爆破工程中，多方控制爆炸波的崭新的一个爆破学科门类。

② 原有的定向爆破技术原理。

20 世纪 50 年代前后兴起的定向爆破技术，其目的是：使爆破后土石方碎块按预定的方向飞散、抛掷和堆积，通常称为定向抛掷爆破；或者使被爆破的建筑物和构筑物按设计方向倒塌和堆积。这些都属于定向爆破范畴。土石方的定向抛掷爆破原理即最小抵抗线原理。利用建筑物的定向倒塌偏心失稳形成铰链的力学原理布置药包和考虑起爆时差的受力状态，称为定向拆除爆破，现称拆除爆破。

③ 定向断裂、定向卸压隔振爆破技术的机理。

爆破技术的多方控制探索和研究是爆破工作者多年来努力的方向，虽然工程爆破中的拆除爆破、抛掷爆破、松动爆破等都已成功实现，但爆破时间、爆破能量、爆破顺序、爆破环境、爆破有害效应、爆破效果等安全与效果的双面控制问题并未完全解决。

定向断裂控制爆破和定向卸压隔振爆破技术的实质是要求准确控制爆轰波的作用方向与位置，达到阻隔或引导爆炸冲击波、应力波的作用，满足控制爆破的破坏范围和碎石飞散距离要求，达到降低地震波和控制冲击波强度的效果。

三、定向断裂控制爆破与定向卸压隔振爆破目的和使用范围基本相同

（1）目的和使用范围相同：定向卸压隔振爆破和光面爆破、预裂爆破、切槽爆破、切缝药包爆破、轴向双面径向聚能药包爆破等定向断裂控制爆破的主要相同点都是用于岩体爆破轮廓线保留岩体和围岩的爆破，即露天边坡工程爆破和井巷、隧道工程、地下建筑工程掘进周边炮孔爆破，以及夹层矿体或矿脉、分层、分带矿脉和复杂矿体多矿物的分采爆破，采场

间柱与落矿爆破，饰面石材开采。

（2）技术原理相同：采用不耦合装药并控制爆炸波的作用方向和位置，达到引导或隔离爆炸冲击波、应力波的目的，避免保留岩体和围岩的破坏，减轻保留岩体和围岩的损伤程度，增加采矿回采率，降低贫化损失，提高饰面石材开采出荒料。

四、定向断裂控制爆破与定向卸压隔振爆破技术方法不同

1. 定向断裂控制爆破的技术特征

岩石爆破中，实现定向断裂控制爆破的技术方法有多种。实质上，它们实现岩石定向断裂、在炮孔间形成贯通裂纹的过程是相同的。这一过程为：定向初始裂纹的形成和高压气体渗入已形成的初始裂纹内，裂纹尖端产生所谓"气刃效应"。如果两炮孔距离合适，就使原有裂缝延伸贯通扩展。不同的是岩石定向断裂控制爆破方法形成定向裂纹的手段和效果。定向断裂控制爆破的技术特征为：空孔（或后爆孔）导向作用，改变炮孔形状即预制初始裂纹，改变药包结构和装药结构等达到应力集中（爆炸波），在炮孔连心线方向形成初始裂纹最后在准静态爆炸气体的尖劈作用下孔间裂纹扩展贯通。

2. 定向卸压隔振爆破技术原理

定向卸压隔振爆破技术原理：在炮孔轮廓线保留岩体和围岩一侧的圆柱形药包外壳上加装一层或两层具有韧性、硬性和无毒的半圆形隔振护壁材料，阻隔爆炸瞬间的冲击波、应力波对保留岩体和围岩的直接作用，炮孔中同时采用径向不耦合和轴向不耦合相结合的装药结构，如图 0-5 所示。

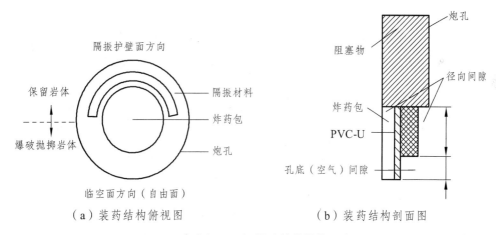

（a）装药结构俯视图　　　　　（b）装药结构剖面图

图 0-5　定向卸压隔振爆破装药结构示意图

五、定向卸压隔振爆破技术特征

1. 定向卸压隔振爆破隔振材料的隔振效果

定向卸压隔振爆破隔振面材料的隔振效果见表 0-1。

表 0-1　隔振护壁面材料的隔振效果试验

委托试验单位	提交报告时间	试验方法	试验项目内容的效果		
			项目名称	降低	备注
总参工程兵科研三所	2007 年 11 月 2011 年 1 月	霍普金森	透射系数降低率	40% ~ 50%	
			隔振护壁面一侧爆炸能量被阻隔百分率	46.95%	
西南交通大学高压高热物理研究所	2007 年 3 月 2008 年 3 月	一级轻氧炮冲击实验	初始压应力降低率	30% ~ 60%	
			声速降低率	13.4%	
西南科技大学环资学院中心实验室	2007 年 3 月 2010 年 12 月	模型试验	隔振面的振速降低率	32% ~ 67%	
			台阶后侧比临空面振速峰值降低率	64.3% ~ 66.9%	距爆源 0.8 m
			台阶后侧比临空面振速峰值降低率	32% ~ 40%	距爆源 2 m

2. 定向卸压隔振爆破隔振材料力学效应的研究与试验

（1）当隔振护壁材料的特征阻抗大于炸药的特征阻抗（ $\rho_m D_m > \rho_0 D_0$ ）且爆轰波直接作用于材料壁时，除产生透射波外，尚有爆炸中心反射的压缩波。根据王树仁和魏有志[1]的研究，采用硬质塑性材料时反射波能量为总能量的 10.0% ~ 13.0%。

（2）由于炮孔轮廓线一侧药包外壳的隔振护壁材料的凹面朝向自由面，炸药爆炸时产生沟槽效应和反射效应，使爆炸应力波在临空面方向产生应力集中，增强临空方面的爆炸能量，有利于自由面一侧的岩石破碎，如图 0-6。

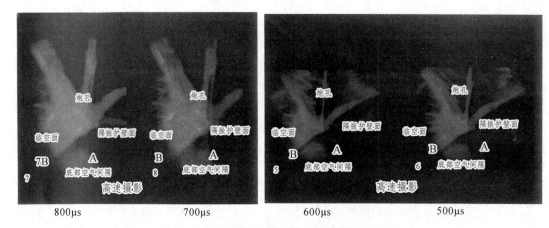

| 800μs | 700μs | 600μs | 500μs |

图 0-6　定向卸压隔振爆破有机玻璃高速摄影

（西南科技大学环资学院中心实验室，2010 年 12 月 20 日）

（UitimaAPX-RS 型数字式高速彩色相机，无频闪光源）

A—隔振护壁面；B—自由面

（3）隔振护壁凹形材料边部效应。爆炸波有效地将轮廓线内的爆破区岩体与保留岩体分割开，在爆炸初期炮孔两侧成 130° 的角度裂纹之后，临空面（自由面）正面开始产生裂纹，这时两侧裂纹长度大于临空面方向的裂纹长度，往后两侧裂纹成 180° 左右发展，这时临空面的裂纹长度赶上或超过两侧裂纹的长度，如图 0-7。

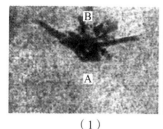  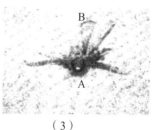

（1）　　　　　　　（2）　　　　　　　（3）

图 0-7　护壁爆破模型试验爆破后裂纹扩展情况图

（委托中国矿业大学现代爆破技术研究所，2007 年 3 月）

A—炮孔护壁面一侧；B—炮孔临空（自由面）一侧；（1）、（2）、（3）—裂纹扩展的顺序

（4）隔振材料装药结构的端部效应。采用 LS-DYNA 软件对定向卸压隔振爆破装药结构炮孔隔振一侧进行三维模拟的结果为：隔振装药上端压力为 673 MPa，炸药下端压力为 445 MPa，未装隔振材料的临空面（自由面）一侧的压力为 452 MPa，装药结构炸药上端是没有隔振材料（自由面）的 1.49 倍，隔振面一侧为 243 MPa。装药结构的下端与未护壁面相近似（是临空面压力的 0.985 倍）。这无疑是卸压隔振爆破隔振材料产生了端部效应的结果。

（5）炮孔底部空气间隔装药的延时效应。

底部空气间隔装药可降低炸药爆炸脉冲初始压力，延长爆炸作用时间，同时可以通过改变轴向不耦合值来调整脉冲初始压力和爆炸作用时间，从而增减降压效应，达到更好的破碎效果。

张凤元[11]研究表明，底部空气间隔装药降低了爆炸脉冲初始压力，使爆炸产物在介质内部作用的时间延长 2～5 倍。

（6）炮孔无隔振护壁材料临空面（自由面）一侧爆破效果试验见表 0-2 所示。

表 0-2　隔振护壁面材料的隔振效果试验

委托单位	提交报告时间	试验方法	实验项目的内容的效果		
			临空面方向的剪应力、压力、应力强度因子是隔振面的倍数	效果	备注
解放军理工大学工程兵学院	2007 年 4 月 30 日	动光弹试验	临空面（自由面）方向的最大剪应力是隔振面的倍数	3.5 倍	因为凹型隔振材料有聚能和反射能量的作用和边部效应，首先形成较长的裂纹，初始开裂方向形成光滑开裂面
中国矿业大学现代爆破研究所	2007 年 7 月 2007 年 3 月	动焦散试验	临空面方向的应力强度因子是隔振护壁面的倍数	1～2 倍	
		超动态测试	临空面方向的应力强度因子是隔振护壁面一侧的倍数	1.65～2.12 倍	
西南科技大学环资学院中心实验室	2010 年 12 月	模拟试验	① 单层 U 形隔振材料临空一侧压力 760 MPa 是隔振面的倍数；② 双层 U 形隔振材料是隔振面的倍数	① 1.85 倍 ② 5.3 倍	

六、定向断裂控制爆破技术方法

1. 光面爆破、预裂爆破

为解决爆破对保留岩体的破损、增加爆破后岩体的稳定性，20 世纪 50 年代初，瑞典学者发明了光面爆破，后来加拿大、美国及其他国家也引起了重视，由此又创新出预裂爆破。1960 年前后我国开始研究和重点试验这项技术，70 年代末确定为全国重点推广项目之一。

光面爆破和预裂爆破的爆破作用机理基本相同，目的在于保护围岩不受到破坏，爆破后获得平整的岩面；二者不同于预裂爆破是在主炮孔爆破开挖前施行预先爆破，使岩体沿着开挖部分和不需要开挖的保留部分的分界线炸开一道缝隙，用以保护保留岩体不再被爆破损伤和形成平整壁面，隔离和降低主爆破孔爆破产生的后冲地震。

光面爆破：一般是在开挖至边坡线或轮廓线时，预留一层厚度为炮孔间距 1.2 倍左右的岩层（又叫光面层），然后对此保护层进行密集钻孔，装入低威力的小药卷炸药，以求得光滑平整的坡面和轮廓面。

光面爆破、预裂爆破比普通爆破超挖量大幅度降低，眼痕率大幅度提高，显现出较好的经济效益和社会效益。

2. 光面爆破、预裂爆破的缺陷或不足

（1）根据国内外 20 世纪和 21 世纪初在公路、矿山少数行业使用的效果，光面、预裂爆破仍然存在超挖量、保留岩体和围岩松动的现象，根据不完全统计，光面爆破平巷（隧道）掘进超挖量及保留岩体和围岩的松动范围见表 0-3。

表 0-3　国内外光面、预裂爆破超挖量及保留岩体松动范围[5]

国家或个人	平巷及隧道名称	开挖断面积（m²）	超挖值（cm）		松动区厚度（m）		年份	附注
			普通	光爆	普通	光爆		
苏联	××公路隧道	65	40～50				1964	普通爆破
加拿大	麦克唐纳铁路隧道	42	32.5				1984	普通爆破
中国	景忠山隧道	87	24.8	18.3			1983	Ⅰ、Ⅱ、Ⅳ类围岩
中国	大瑶山隧道	50～100.7		73			1983	
中国	金家岩隧道	77.3	45	13			1980	软岩地质
中国	相思岭隧道	60	43	20			1998	中硬砂岩
刘汉亟等	沙岭子隧道	66.88	28、19、30			0.8～1.0		软弱破碎围岩
王书宣等	地下工程周边爆破		炸药类型：ϕ 11 mm 古力特			0.24	1984	
			ϕ 17 mm 古力特			0.42		
			ϕ 22 mm 古力特			1.50		
王剑波等	不稳固采矿巷道	11.56	30～40	10～20	1.2	0.8		闪长岩、矽卡岩

国家或个人	平巷及隧道名称	开挖断面积（m²）	超挖值（cm）		松动区厚度（m）		年份	附注
			普通	光爆	普通	光爆		
	安徽新集三矿		眼痕率20%	20	切缝药包、眼痕率95%	超挖8.8cm	1998	泥岩砂质泥岩
	河南车集	16.72	10%	25	88	8.0	1998	泥岩砂质泥岩
	协庄煤矿	14.60	20%	20	85	9.5	1998	砂质页岩
	金河磷矿	16.72	31%～53%	28	69～76	11～12	2006	花斑状白云岩

（2）作者认为以上光面爆破、预裂爆破存在的问题已经初步解决，但还不够完善，主要是：

① 采用光面爆破、预裂爆破的爆破方法，在炮孔之间形成有利的贯穿裂纹的同时，也会在炮孔其他方向形成随机分布裂纹，松弛深度为药包直径的 15～20 倍，底部垂直破坏深度为 6～10 倍药包直径。这是该方法本身无法避免的缺点。使用这些方法，井巷掘进超挖量一般都在 10～20 cm，造成投资增加，降低岩石强度，不利于保留围岩的长期稳定，造成生产隐患。

② 影响爆破质量。有三个方面：岩体性质、爆破参数、钻孔质量。岩体性质是客观存在无法改变的，根据岩石性质，通过试验可以解决爆破参数，而且瑞典人兰格弗尔斯[6]早就提出炮孔间距与炮孔直径成正比的关系：

$$a = (8 \sim 12)d \tag{0-1}$$

当炮孔直径 $d \leqslant 60$ mm 时，则

$$a = (9 \sim 14)d \tag{0-2}$$

兰格弗尔斯还提出了预裂爆破和光面爆破的主要参数，如表 0-4[6] 所示。

表 0-4 预裂爆破和光面爆破主要参数

炮眼直径 d（cm）	预裂爆破的炮眼间距 a（cm）	光面爆破		装药集中度 Q_L（kg/m）	炸药类别
		炮眼间距 a（cm）	抵抗线 W（cm）		
37	30～60	60	90	0.12	古利特
44	30～50	60	90	0.17	古利特
50	45～70	80	110	0.25	古利特
62	55～80	100	130	0.35	纳比特 22 mm
75	60～90	120	160	0.50	纳比特 25 mm
87	70～100	140	190	0.70	狄纳比特 25 mm
100	80～120	160	210	0.90	狄纳比特 29 mm
125	100～150	200	270	1.40	纳比特 40 mm
150	120～180	240	320	2.00	纳比特 50 mm
200	150～210	300	400	3.00	纳比特 52 mm

注：将炸药卷绑扎在导爆索上。

如上所述，影响预裂爆破和光面爆破的首要问题是钻孔的质量问题。

3. 光面、预裂爆破在水电行业的发展、创新和完善

水利水电行业是国民经济建设的最重要行业之一。水利水电工程是千年大计，一向非常重视施工技术与管理。爆破技术又是水利水电工程最主要的工艺技术，而轮廓线上的爆破又是重中之重。多少年来，水利水电战线的大专院校、科研院所和施工单位，对施工特别重视。1993年，西安机械学院姚尧教授从理论层面提出了光面、预裂钻孔精度的计算和控制方法以及样架钻孔的方法。李俊先生等在21世纪初提出光面、预裂爆破钻孔位置的确定方法。2009年，张正宇教授、卢文波教授将轮廓线上的爆破总结为"精细爆破施工与管理"，其内涵为"定量化的爆破设计和精心的爆破施工"。他们指出精细爆破的核心是定量设计、精心施工、实时监控、科学管理。其中，精心施工和科学管理在精细爆破中有着至关重要的作用，精心的施工和有效的管理是实现精细爆破的基础。"

所以三峡工程、小湾水电站、锦屏一级水电站、溪洛渡水电站、龙滩水电站和向家坝水电站等大型水电站，与特大型水电站在坝基、高边坡、拱肩槽和地下厂房以及锚梁等开挖中采用了光面、预裂爆破，使轮廓面开挖质量优异[7]。其关键技术如图0-8。

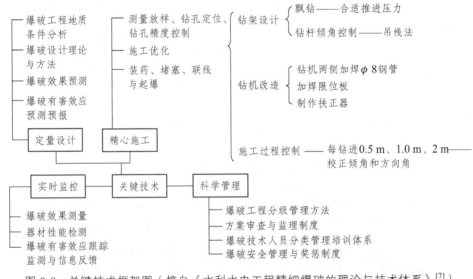

图0-8 关键技术框架图（摘自《水利水电工程精细爆破的理论与技术体系》[7]）

七、新的定向断裂控制爆破方法的兴起

（1）20世纪80年代初，国内外一些研究院所、大专院校开始寻求新的、更有效的控制爆破技术方法。美国、苏联的相关单位和我国的中国矿业大学、西安冶金建筑学院、武汉地质大学、中南工业大学、冶金部北京矿石研究总院、四川建筑材料工业学院非金属矿系等，先后试验研究了以下新型控制爆破技术及优点。

（2）切槽爆破、切缝药包爆破、轴向双面径向聚能药包爆破的优点。

切槽爆破、切缝药包爆破、轴向双面径向聚能爆破与光面、预裂爆破相较，其优点为：①爆炸力集中，并能抑制或吸引其他未切缝等的爆炸应力波；②初始裂纹的形成较容易、裂纹相对较长；③扩大了炮孔间的距离；④能量利用率要比光面、预裂爆破高一些；⑤生产试

验的效果和爆炸能量的利用比光面、预裂爆破要好。因此，切缝药包爆破技术于 1989 年由煤炭工业部发文在煤炭系统全面推广，并获得国家科学技术进步三等奖。我校非金属矿系试验研究的切槽爆破新技术的研究与应用、切槽爆破基础研究与扩大应用范围、聚能装药爆破研究，分别于 1990 年、1997 年、1997 年获四川省科学技术进步三等奖。这几项爆破技术具有显著的效果，但由于种种原因（后续章节再述）和困难没有在生产中广泛应用。

八、定向卸压隔振爆破生产应用

1. 定向卸压隔振爆破与定向断裂控制爆破的效果对比

在同等条件下，定向卸压隔振护壁爆破与切槽爆破、切缝药包爆破、轴向双面径向聚能药包爆破和光面爆破方法进行 4 次爆破后，声波测试的平均值损伤程度与隔振护壁爆破损伤程度的比较，见表 0-5。

表 0-5　光面爆破、切缝药包爆破、切槽爆破、聚能药包爆破与隔振护壁爆破损伤程度的比较

爆破方法	是隔振护壁爆破损伤程度的倍数	备注
光面爆破	4.82	在同等条件下每种方法进行 4 次爆破，并进行声波测试的平均值
切缝药包爆破	2.71	
切槽爆破	1.42	
聚能药包爆破	1.89	

2. 定向卸压隔振爆破装药结构技术方法及施工

为解决光面爆破、预裂爆破、切槽爆破、切缝药包爆破、聚能药包爆破等定向断裂控制爆破技术的不足，一种创造性的新型爆破方法——定向卸压隔振爆破应运而生。它包括三种方法技术，见图 0-4。其主要方法，就是在炮孔保留岩体一侧，阻隔爆炸冲击波，使应力波向保留岩体的径向作用，降低压缩应力波的轴向作用。三种方法的差别在轴向不耦合装药结构方面。

事实证明，这三种方法能大量减少井巷、隧道掘进的超挖量，减少或避免难采或夹层矿体废石混入，降低贫化率、损失率，增加露天边坡保留岩体或井巷围岩以及地下采场间柱的稳定性。在施工方面，护壁控制爆破用药包结构施工简便；在效果方面，定向卸压隔振爆破效果最优。

深孔爆破生产现场对比性试用的结果见表 0-6。

表 0-6　深孔爆破推广应用比较性试验结果

爆破方法	炸药单耗（kg/m³）	保留岩体孔痕率（%）	后冲	爆破振动（cm/s） 8.7 m 水平	爆破振动（cm/s） 8.7 m 垂直	爆破振动（cm/s） 12 m 水平	爆破振动（cm/s） 12 m 垂直	边坡维修费沿边坡长 1 m×高 15 m（元/m）
常规爆破	0.384		1~2 m 左右，裂宽 10~15 mm			34.88	35.71	
光面爆破	0.371	81	后冲明显有微裂隙	32.15	34.13	24.69	25.96	600
定向卸压隔振爆破	0.267	92	无后冲痕迹	11.64	13.52	10.82	11.21	300

生产应用比较试验距爆心 12 m 时,定向卸压隔振爆破比常规爆破质点峰值振速降低 68%,比光面爆破降低 56%;距爆心 8.7 m 时,比光面爆破质点振速峰值降低 63.7%~60.3%。

3. 坑内平巷掘进

在坑内平巷掘进,隔振护壁爆破与光面爆破的效果对比见表 0-7。

表 0-7　坑内平巷掘进时隔振护壁爆破与光面爆破的效果对比

岩体类型	位置	孔痕率（%）		平均进出渣量（m³）		按设计断面单位进尺起挖量（m³/m）		备注
		光面爆破	隔振护壁	光爆	护壁	光爆	护壁	
f=8~10 磷块矿	拱顶	0	47					隔振护壁爆破药包直径改为 25 mm 后进行试验
	边墙	21.8	57.2	10.51	8.28	2.26	0.03	
f=4~6 花斑状白云岩	拱顶	0	22.5					光面爆破药包直径为 35 mm,钻孔钎头直径为 38 mm,光面爆破实与常规耦合装药无区别
	边墙	18.2	85.2	10.50	8.36	2.25	0.114	

循环进尺提高 4.35%~15%,而成本降低 11%~21%,超挖量减少,特别是减轻了对周边炮孔的破坏和损伤作用,增加了围岩的稳固性。

4. 工程控制爆破系统研究概述与初步结论

定向卸压隔振爆破在试验研究期间和作为科研项目与广西鱼峰水泥集团共同进行应用研究时,坚持在同等条件下进行对比试验研究。现将有关资料列入以下各表中。

（1）露天深孔爆破：定向卸压爆破在露天矿生产中的试用与效果。

在同等条件下,定向卸压爆破与光面爆破岩石的损伤变量 D 与波速变化率 η 见表 0-8。

表 0-8　同等条件下定向卸压隔振爆破与光面预裂爆破岩石的损伤变量 D 与波速变化率 η 对比

距离爆源中心（m）	内容	爆破方法	声波测试钻孔从孔口主孔底的深度（m）					
			3	5	7	9	11	12
10	D	光面预裂	0.53	0.001	0.003	0.031	0.030	0.069
		卸压隔振	0.029	0.005	0.031	0.007	0.007	0.006
	η	光面预裂	2.677	0.067	0.166	0.645	1.496	3.489
		卸压隔振	1.442	0.271	1.556	0.350	0.358	0.277
6.5	D	光面预裂	0.024	0.052	0.019	0.020	0.045	0.049
		卸压隔振	0.004	0.005	0.031	0.007	0.007	0.006
	η	光面预裂	3.871	2.718	1.094	1.663	3.722	5.888
		卸压隔振	1.615	2.386	4.557	1.455	2.582	0.886

（2）平巷掘进：平巷掘进中定向卸压隔振爆破与光面爆破在同等条件下对比试验,如表 0-9 所示。

表 0-9　定向卸压隔振护壁爆破与光面预裂爆破在相同条件下的对比试验效果

矿山名称	四川清平磷矿				甘肃华亭东峡煤矿		山东潍坊五井煤矿	
岩石名称及性质	磷铁矿f=8~10		花斑状白云岩f=4~6		砂岩f≥4~6		泥质砂岩f=2~4	
爆破方法	光面	隔振护壁	光面	隔振护壁	光面	隔振护壁	光面	隔振护壁
单位进尺超挖量（m³/m）	2.26	0.03	2.4	0.625	0.52	0.03	20%~30%	<10%
周边孔痕率（%）	比光爆提高35		比光爆提高67		20~30	60.5	30左右	≥55

5. 平巷掘进超挖量和孔痕率

（1）平巷掘进常用光面爆破在同等条件下与切缝药包爆破的比较见表 0-10。

表 0-10　周边孔常用爆破效果比较表

矿山名称	安徽新集三矿		河南车集矿		协庄煤矿		四川金河磷矿	
岩石名称、f	泥岩、沙质泥岩，f=4~6		泥岩、沙质泥岩，f=4~6		砂质、页岩，f=4~6		花斑状白云岩，f=4~8	
爆破方法	光爆	切缝药包	光爆	切缝药包	光爆	切缝药包	光爆	切缝药包
周边孔痕率（%）	20	90	10	87.5	20	85	31~53	69~76
超挖量（mm）	200	95	250	80	200	95	280	110~120

（2）巴昆水电站声波测试岩石松弛区厚度：砂页岩互层 0.80~2.0 m，砂岩 1.0 m 左右，页岩 1.0 m 左右。

（3）地下深部（≥900 m）巷道掘进后的离层及分区见正文图所示。

（3）平巷掘进围岩冒落。

平巷掘进多为松石冒落。20 世纪 90 年代以前冶金矿山松石冒落事故占矿山事故总和的 30%~40%，发达国家也不例外。20 世纪 70 年代至 80 年代，日本、波兰、英国、加拿大矿山井下冒落事故比率分别为 30%、38%、45%、46%。

6. 生产试用效果

在同等条件下定向卸压隔振爆破与光面爆破在露天深孔爆破和平巷掘进中的试验效果对比见表 0-11。

表 0-11　定向卸压隔振爆破与光面爆破在生产应用中的效果比较

爆破方法	深孔爆破								平巷掘进				采场爆采与间柱
	φ90 mm，f=8~11，石灰岩								f=4~6，砂岩、泥质砂岩		f=8~10，磷铁矿	f=3，泥质砂岩	云南新阳煤矿
	损伤变量（D）			波速变化率（%）			单耗	边坡费	甘肃东峡煤矿超挖量	东峡煤矿松弛深度	单位进尺超挖量	潍坊五井煤矿超挖量	爆破振动
	7	9	12	7	9	12	kg/m³	万元/年	m³/m	m	m³/m	%	
光面爆破	0.052	0.026	0.049	2.918	2.663	5.888	0.373	23.8	0.52	0.8~2.0	2.4	20~30	振动大
定向卸压隔振	0.005	0.007	0.006	1.386	1.455	0.886	0.276	14.6	0.03		0.03	<10	振动减轻

爆破方法	深孔爆破 $\phi90$ mm, $f=8\sim11$, 石灰岩								平巷掘进				采场爆采与间柱
	损伤变量(D)			波速变化率（%）			单耗	边坡费	$f=4\sim6$, 砂岩、泥质砂岩 甘肃东峡煤矿超挖量	东峡煤矿松弛深度	$f=8\sim10$, 磷铁矿 单位进尺超挖量	$f=3$, 泥质砂岩 潍坊五井煤矿超挖量	云南新阳煤矿
	7	9	12	7	9	12	kg/m³	万元/年	m³/m	m	m³/m	%	爆破振动
卸压隔振相当于光爆的（%）	9.6	27	12.24	47.5	54.6	15	0.74	61.3				1.3	
卸压隔振爆破比光爆每米进尺节约成本（元/m）									485.9 东峡煤矿		129.7 清平磷矿		

光面爆破与定向卸压隔振爆破在同等条件下浅孔、深孔和平巷掘进的试验初步小结见表0-12。

表0-12 光面爆破与定向卸压隔振爆破在同等条件下浅孔、深孔和平巷掘进的试验初步小结

项目名称及内容			爆破技术方法及内容	
			光面爆破	定向卸压隔振护壁爆破
露天浅孔爆破	声速	距炮孔中心 0.25 m	波速降低 4.2%	波速降低 1.45%
	质点振速（cm/s）	距炮孔中心 1.5 m	29 cm/s	17.5 cm/s 比光爆降低 39.7%
		距炮孔中心 0.75 m	1.66 cm/s	1.05 cm/s 比光爆降低 36.75%
露天深孔爆破	D	距爆源 10m		比相同距的光爆降低 56%～67.3%
				只相当于光爆的 2.23%～10%
	η			只相当于光爆的 7.9%～23.9%
	D	距爆源 6.5η		只相当于光爆的 9.6%～35%
	η			只相当于光爆的 15.4%～69.4%, 少数≥80%
	松弛深度（m）	鱼峰水泥矿山 $\phi90$ mm	1.52	
		四川双马矿山 $\phi160$ mm	保留岩体≥2.5 m	
平巷掘进	单位进尺超挖量（m³/m）	$f=8\sim10$ 中硬岩石或 $f\geq4\sim6$ 的岩石中	① 0.52 m³/m 和 2.26 m³/m。② $f=2\sim4$ 光爆超挖是护壁的 3.8 倍即 20%～30%。③ 泥质砂岩 $f=2\sim4$ 光爆破超挖是护壁的 2～3 倍。④ 清平磷矿超挖量是设计断面的 29%	0.03 m³/m 基本无超挖 山东潍坊五井煤矿泥质砂岩 $f=3$, 21 个循环的推广性试验＜10%

项目名称及内容		爆破技术方法及内容	
		光面爆破	定向卸压隔振护壁爆破
	眼痕率		① 隔振护壁爆破比光爆提高 1 倍以上；② 四川德阳清平磷矿比光爆提高 35%～67%
经济效益	露天边坡	在露天岩石边坡的施工中，采用定向卸压隔振爆破边坡费用只相当于光面爆破和预裂爆破的 60%左右。由于定向卸压隔振爆破对岩石损伤度比其他控制爆破降低 50%以上，将有可能提高边坡角，按照张四维先生的预算，一座中型露天矿边坡角提高 1°，即可减少剥离量 $10^7 m^3$，仅因减少剥离量就将节省近亿元的投资费用。高磊先生指出：开采深度 300 m 的大型露天矿，如果边坡角减少 1°，则在走向 1 m 长度上就要减少 1 500～2 000 m^3 剥离，整个周长累计起来剥离量就要减少 4%，可具巨大的经济效益。广西鱼峰水泥股份有限公司水牯山石灰石矿采用该方法进行了比较试验，微调边坡角可增加矿量 800～1 000 万吨，延长矿山寿命 2～2.5 年，年节约边坡费用 9 万元，按生产日期 27 年计算可节约 243 万元	
	平巷掘进	根据试用单位的统计，在中硬岩石和软岩掘进中，每掘进 4～11 m，巷道的出渣量相当于多掘进 1 m 相同断面的巷道。采用隔振护壁爆破超挖量只相当于光爆的 1/2～1/5，甚至不超挖。如果按铁道部大秦线隧道开挖设计，19 km 隧道超挖 10 cm，相当于 1 km 相同断面的隧道。据不完全统计，我国每年掘进隧道（含井巷）约 3 000 km，按现有方法超挖 10 cm，相当于多挖 158 km，增加投资数十亿元，而采用定向卸压隔振爆破，可节省很大一笔费用	

η——波速变化率。

7. 生产现场浅孔爆破试验

浅孔台阶爆破和深孔爆破（均在同等条件下）试验见表 0-13 所示。

表 0-13　生产现场试验

试验评价内容	大块体岩爆破		浅孔台阶爆破试验		铲装效果			
	声速降低（%）	保留岩面裂纹	保留岩面眼痕率(%)	对 1 m^3 反铲效果	好	较好	一般	差
切缝药包爆破	1.323	不见宏观裂纹	95 左右	对 1 m^3 电铲有 20%左右大块	30	30	20	20
隔振护壁爆破	1.455 1.446	无	95～100	适宜 1 m^3 铲装	60	30	10	0
光面爆破	4.376 5.368	3 条	≤95	适宜 1 m^3 铲装	50	30	20	0

8. 技术成果

定向卸压隔振爆破技术成果见图 0-9。

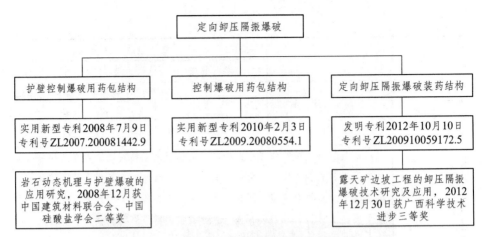

图 0-9　定向卸压隔振爆破技术成果框架

九、工程控制爆破实施效果图例

（1）光面爆破在水电地下厂房开挖的效果图，见图 0-10、图 0-11。

图 0-10　三峡水电站厂房顶拱开挖光面爆破预留壁面（水电十四局）（张正宇提供）

图 0-11　三峡水电站厂房顶拱开挖光面爆破预留壁面（水电十四局）（张正宇提供）

（2）预裂爆破在水电高陡边坡开挖的效果图见图 0-12～图 0-14。

图 0-12 向家坝水电站进水口边坡预裂效果（水电七局）（张正宇提供）

图 0-13 向家坝水电站进水口边坡预裂效果（水电七局）（张正宇提供）

图 0-14 溪洛渡水电站 1 号坝段预裂爆破开挖效果（摄影：中国水电四局）（张正宇提供）

（3）切槽爆破平巷掘进和饰面石材开采效果图见图 0-15 ~ 图 0-19。

花斑状白云岩
四川潍坊清河磷矿
1987年7—8月
f=6~8

图 0-15　切槽爆破在金河磷矿的应用效果（1985 年 6—8 月；1986 年 7—9 月，
四川建材学院非金属矿系爆破组张志呈、郭学彬、肖正学、吉连国、赵传军）

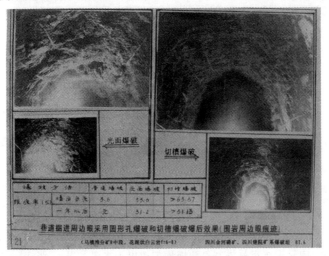

图 0-16　切槽爆破
（1986—1987 年，不同爆矿方法在同等条件下进行试验的效果，建材学院非金属矿系爆破组）

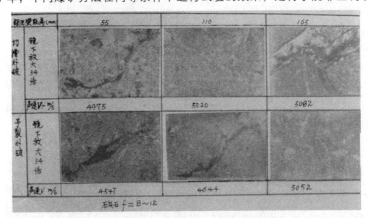

图 0-17　2 号岩石炸药用于不同爆破方法时，对围岩的影响深度（1988 年 6 月）
（四川江油水泥厂石灰石矿、四川建材院矿系爆破组李和玉、侯南杰）

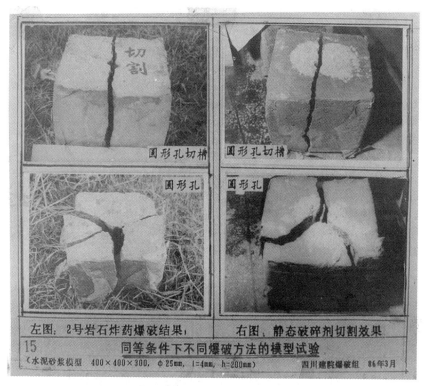

图 0-18　同等条件下不同爆破方法的模型试验

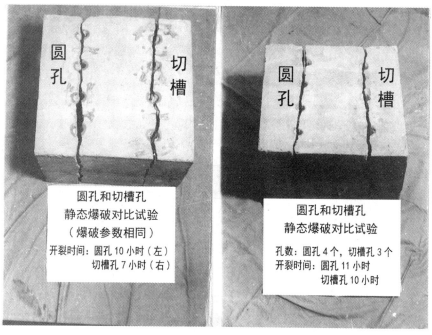

图 0-19　圆孔和切槽孔静态爆破对比试验

（4）切缝药包爆破在地下矿山房柱法开采和地下煤矿采空区分区切割爆破卸压及饰面石材开采中的应用见图 0-20～图 0-22。

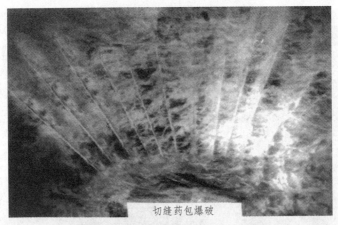

切缝药包爆破

图 0-20 南京石膏矿房矿柱采矿法，应用切缝药包爆破（四川建筑材料工业学院非金属矿系，
张志呈、蔡本裕、张家达 1988 年 4 月摄影）

地下采煤采空区分区
（30~40 m）深孔
（20~30 m，每组
2~4孔）护壁爆破减
轻冲击地压（矿震）
强度，维持正常采煤
工作，（年效益5 600
万元）2007年3月
到现在

砚北煤矿卸压深孔钻孔深25~30 m 2007年3月开始

图 0-21 甘肃省华亭煤电股份公司砚北煤矿用于采空区顶板分区切割，提前形成顶板破裂带和压力释放
带，有效减缓了强压的发生，保证安全生产，效果明显，2008 年 1 月（砚北煤矿和技术室提供）

图 0-22 江油石元乡切缝药包爆破

（5）轴向双面径向聚能药包爆破在聚能射流露天矿二资料爆破、大块岩石瞎炮处理和饰面石材开采中的应用见图 0-23～图 0-25。

轴对称侧向聚能药包爆破

（a）用塑料管制作的外壳为 0.5 mm　　　（b）用塑料管制作的类似
　　左右的铜皮或铁皮的聚能穴　　　　　半圆形或角锥形的聚能穴（张志呈摄影）

图 0-23　聚能药包制作

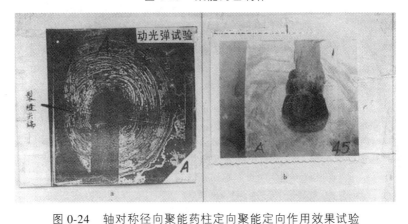

图 0-24　轴对称径向聚能药柱定向聚能定向作用效果试验

a—动光弹聚能穴朝向方向云纹密集显著；b—铅铸体聚能穴朝向方向成槽形扩展；
动光弹及铅铸试验由实习工厂用车床切开剖面图（爆破组试验，张志呈摄影）

图 0-25　轴向双面径向聚能药包用于宝兴锅巴崖大理石开采试验（张际春、李平试验并摄影）

（6）定向卸压隔振爆破、护壁爆破效果在饰面石材开采、露天边坡工程、平巷掘进中的应用见图 0-26～图 0-28。

（a）深孔边坡壁面　　　　　　　　　（b）深孔爆破后孔底空气间隔的效果

图 0-26　定向卸压隔振爆破在露天边坡爆破中的应用效果（张志呈摄影）

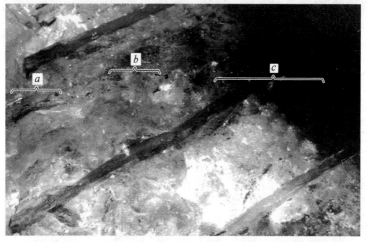

图 0-27　隔振护壁爆破在山东潍坊五井煤矿试用泥质砂岩 f=2～4 应用爆破后不处理顶板
可以出渣的效果（潍坊五井煤矿技术科提供）

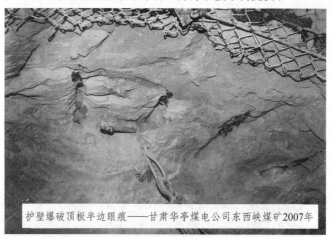

护壁爆破顶板半边眼痕——甘肃华亭煤电公司东西峡煤矿2007年

图 0-28　护壁爆破在甘肃华亭煤电公司东峡煤矿采用中的效果
（张志恒、户九龙、刘传亮、张志呈，东峡煤矿技术科提供）

参考文献

[1] 喻家源. 爆破工程[M]. 湖北省黄石市安全技术协会.

[2] 张志呈. 工程爆破的控制[J]. 地下空间与工程学报，2013：1208-1214.

[3] 张国伟，韩勇，苟瑞军. 爆炸作用原理[M]. 北京：国防工业出版社，2006：98-101.

[4] 刘宏根. 光面技术的研究[J]. 第二届水电站工程爆破会议文章，1987：1-12.

[5] 张志呈. 定向断裂控制爆破[M]. 重庆：重庆出版社，2000：166-340.

[6] 朱忠节，何广沂. 岩石爆破新技术[M]. 北京：中国铁道出版社，1986：220-221.

[7] 张正宇，卢文波，刘美山，等. 水利水电工程精细爆破概论[M]. 北京：中国水利水电出版社，2009.

[8] 王小升，刘世安，张林鹏. 小湾水电站双曲高拱坝右坝基预裂爆破[J]. 中国新爆破技术，140-144.

[9] 于彦州，郭坤，谢锟. 三峡工程左岸 6～10 号厂坝高边坡预裂面的技术控制[J]. 中国新爆破技术：135-139.

[10] 东兆星. 爆破工程[M]. 北京：中国建筑工业出版社，2005.

[11] 田运生，高荫桐，杨仁树. 定向断裂控制爆破技术[J]. 煤炭科学技术，1989：25-28.

[12] 荣际凯，侯尚武. 巷道光面爆破施工新工艺[J]. 中国矿业大学学报，1986：26-32.

[13] 夏祥，李俊如，李海波，等. 广东岭澳核电站爆破开挖岩体损伤特征区研究[J]. 岩石力学工程学报，2007（12）：2510-2516.

[14] 张凤元. 集中药包空间间隔爆破技术的应用[J]. 铁道建筑技术，1997（2）.

第一编

工程控制爆破基础理论

第一章 炸药

第一节 化爆炸药

炸药是在一定条件下，能够发生快速化学反应，放出能量，生成气体产物，显示爆炸效应的化合物或混合物。就化学组成而言，除少数起爆药外，炸药都是由两部分物质组成的，即氧化剂和燃料。在化合物炸药中，氧化剂是分子中含氧的基团，燃料则是分子中含碳、氢的基团。这两种基团都是反应性很强的活性原子基团，但在分子中被活性小的中性原子基团或原子（通常为氮原子）所隔开（图1-1）[1]。当炸药分子被外界能量活化时，分子运动速度增加，分子之间的碰撞力增大。当碰撞力增大至一定程度后，炸药分子破裂，释放出活性基团，相互发生化学反应，形成气体产物并以热能形式放出其内含有的化学能。由于爆炸过程极为迅速，过程结束时，气体产物尚不可能发生明显膨胀，故产物的温度和压力很高。其后，产物膨胀，将能量传给周围介质[1]。

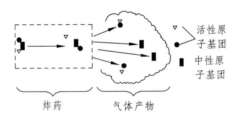

图 1-1　炸药分子爆炸时能量释放框架示意

但须指出，炸药爆炸通常是从局部分子被活化、分解开始的，其反应热又使周围炸药分子活化、分解，如此循环进行，直至全部炸药分子反应完毕。

对混合物炸药来说，氧化剂是含氧的不具有爆炸性的氧化剂分子或富有氧元素的炸药分子，燃料则是非爆炸性可燃剂分子或富有碳、氢元素的炸药分子（图1-2）。使这类炸药爆炸，同样也需要从外界给予足够的活化能，来增加炸药内各种分子的运动速度和相互间的碰撞力，使之引起迅速的化学反应[1]。

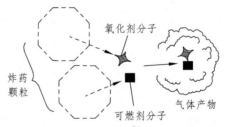

图 1-2　由氧化剂和可燃剂组成的混合炸药爆炸时能量释放框架示意

由此可见，炸药是既安定又不安定的物质。在平常条件下，炸药是比较安定的物质，因为除起爆药外，炸药的活化能值是相当大的（一般为 138～230 kJ/cg·分子），但当局部炸药分子被活化达到足够数目时，炸药就会丧失安定性，引起爆炸。因此，对待炸药既不要畏惧，又要慎重[2,3]。

第二节　炸药的爆炸反应与爆炸参数

炸药的爆炸反应与爆炸参数框架，如图 1-3。

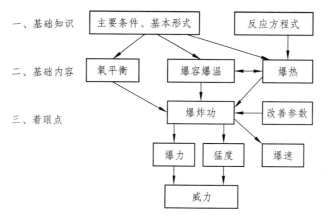

图 1-3　炸药的爆炸反应与爆炸参数框架

第三节　炸药的起爆与传爆

炸药的起爆与传爆，如图 1-4。

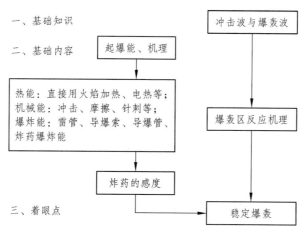

图 1-4　炸药的起爆与传爆框架

第四节 矿用炸药分类及特点

矿用炸药分类及特点框架如图1-5。

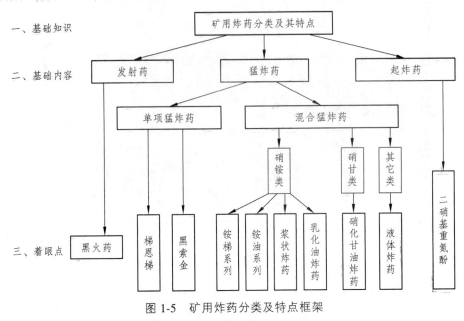

图1-5 矿用炸药分类及特点框架

第五节 矿山自制几种炸药组成及生产工艺

一、铵油炸药组分及热混生产工艺框架

铵油炸药组分及热混生产工艺框架如图1-6所示。

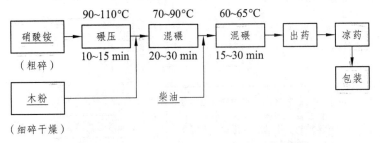

图1-6 铵油炸药组分及热混生产工艺框架

二、铵松蜡炸药成分及生产工艺

铵松蜡炸药成分及生产工艺框架如图1-7所示。

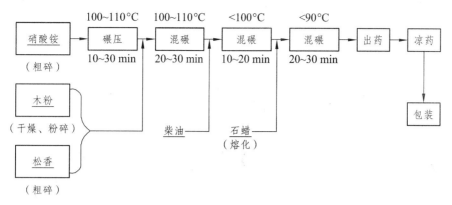

图 1-7　铵松蜡炸药成分及生产工艺框架

三、浆状炸药组分及加工工艺

浆状炸药组分及加工工艺框如图 1-8 所示。

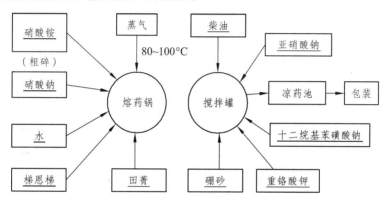

图 1-8　浆状炸药组分及加工工艺流程框架

四、乳化油炸药组分及生产工艺流程

乳化油炸药还是新产品，乳化油炸药早期的成分及工艺如图 1-9 所示。

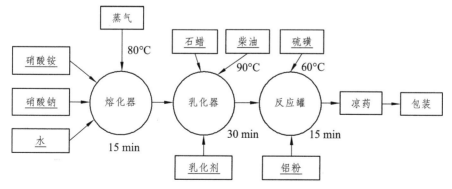

图 1-9　乳化油炸药组分及生产工艺流程框架

第六节　起爆器材和起爆方法

起爆器材和起爆方法框架如图 1-10 所示。

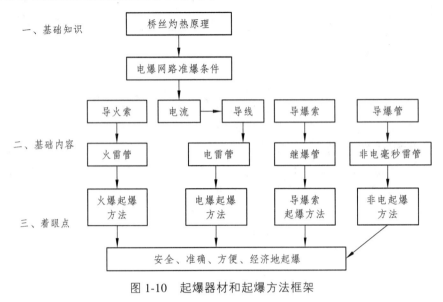

图 1-10　起爆器材和起爆方法框架

第七节　炸药对外界作用的敏感度

一、炸药对外界的敏感度

各种炸药随其成分之不同，都具有或多或少的抵抗外界作用、不发生爆炸（即自发地进行化学转化）的能力。激起炸药爆炸转化所需的能量愈小，其敏感度愈大。炸药对外界作用的感度框架见图 1-11。

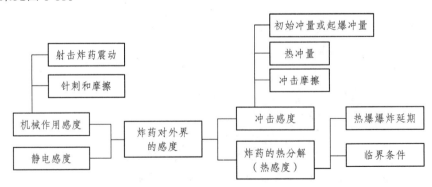

图 1-11　炸药对外界作用的感度框架

二、炸药热爆炸理论

炸药在生产贮存、运输和使用过程中经常会遇到不同热源，因此本节主要讨论热的问题。

炸药得热（反应放出的热）速率超过散热速率，在炸药中势必形成热积累，使温度不断升高，炸药反应速率不断加快，最后达到炸药的爆炸。得热速率等于散热速率，即为热爆炸的临界条件。根据这个临界条件可以解出一些热爆炸的具体参数。

而化学反应速度随绝对温度 T 成指数关系变化，因为反应速度 V 正比于反应速度常数 R_r，而 R_r 随 T 指数增加。

三、炸药化学反应的形式[4]

（1）热分解：炸药在一定的温度时会发生热分解，这种分解是在整个炸药内全面发生的。分解速度与环境温度有关。

（2）燃烧：有些炸药可以被点燃，因温度、压力、环境的不同可进行缓慢的燃烧（每秒数毫米）或速燃，甚至爆燃（每秒数米）。炸药在密闭空间中燃烧时可能变为爆炸。

（3）爆炸：在足够的外部能量作用下，炸药以每秒数百米至数千米的高速进行爆炸反应。爆炸速度增长到稳定爆速的最大值就转化为爆轰；另外，由于衰减，它也可以转化为爆燃或燃烧。

（4）爆轰：炸药以每秒数千米的最大稳定速度进行的反应过程。特定的炸药在特定条件下的爆轰速度为常数。

上述四种化学反应的形式相互之间是可以转化的。依据外界条件不同，燃烧着的炸药可以转为爆炸，爆炸着的炸药也可以转变为燃烧。

四、起爆药和单质猛炸药[4]

1. 起爆药

（1）起爆药的种类：雷汞、氮化铅和二硝基重氮酚；

（2）起爆药的特点：在很小的外界能量（如火焰、摩擦、撞击等）激发下就发生爆炸。它主要用于制造起爆器材和雷管等。最常用的起爆药有：雷汞 $Hg(CNO)$，为白色或灰白色微细晶体；氮化铅 $Pb(N_3)$，为白色针状晶体；二硝基重氮酚 $C_6H_2(NO_2)_3N_2O$，简称 DDNP，为黄色或黄褐色。其特性见表 1-1 所示。

2. 单质猛炸药

（1）单质猛炸药的种类：三硝基甲苯 $C_6H_2(NO_2)_3CH_3$，简称 TNT，它是黄色晶体，吸湿性弱，几乎不溶于水；黑索金，即环三次甲基三硝铵 $C_6H_6N_3(NO_2)_3$，简称 RDX，为白色晶体；特屈儿，即三硝基苯甲硝铵 $C_6H_2(NO_2)_3 \cdot NCH_3NO_2$，它是淡黄色晶体；泰安，即季戊四醇四硝酸酯 $C(CH_2ONO_2)_4$，简称 PETN，它是白色晶体，几乎不溶于水；硝化甘油，即三硝酸酯丙三醇 $C_3H_3(ONO_2)_3$，简称 NG，它是无色或微带黄色的油状液体，在水中不失去爆炸性，13.2 ℃ 冻结，此时极为敏感。常将硝化甘油与二硝酸乙二醇 $C_2H_4(ONO_2)_2$ 混合使用，这样使用安全，后者的冻结点为-22.8 ℃。

（2）单质猛炸药特性：单质猛炸药特性见表 1-1 所示。

表 1-1 起爆药和单质猛炸药的特性

种类	炸药名称	分解温度（℃）	熔点（℃）	爆发点（℃）	爆速（m/s）	爆热（kJ/kg）	爆炸功值（kg·m/kg）	爆压（Δ = 1 kg/cm²）	爆力（ml）	猛度（mm）	临界直径（mm）
起爆药	雷汞	50	145	170~180	5 400~6 500	1 714	1.8×10^5	8 684	110	5.6	
	二硝基重氮酚	75		170~175	5 400	1 400		17 900	230		
	氮化铅	300~340		297~360	5 100~4 800	381	1.6×10^5	7 963			
单质猛炸药	梯恩梯	>180	80.2	275~295	7 000	4 222	4.3×10^5	3 260	300	18	11.2
	黑索金		204.5	233	8 300	5 392	5.5×10^5	15 214	500	16	10.2
	特屈儿		131.5	180~195	8 400	4 556	4.6×10^5	43 077	575	22	
	泰安	193~222	142	215	8 300	5 685	5.8×10^5	57 800	500	15	9
	硝化甘油	125~225	145	200	7 500~8 000	6 186	6.3×10^5	35 010~44 300			2.0

五、矿用炸药性质

矿用炸药某些性质见表 1-2。

表 1-2 矿用炸药某些性质

炸药名称	爆发点（℃）	分解温度（℃）	熔点（℃）	撞击感度（%）	摩擦感度（%）	生成气体体积（L/kg）	爆压（kg/cm²）	爆速（m/s）
黑火药	290~310	243~361						
硝酸铵	300	130	169			980	17 870	500~2 500
2 号煤矿铵梯炸药	180~188							
3 号煤矿铵梯炸药	184~189							
2 号岩石铵梯炸药	186~230			20	16~20			
3 号露天铵梯炸药	171~179							
EL 系列乳化炸药	330			≤8	0			
6 号阿莫尼特（79/21）	330~340					890	24 340	4 016
无烟火药	188~200							
7 号阿莫尼特（81/14/5）	320				小		30 500	4 070

第二章　炸药的爆炸

从广义上讲，爆炸是物质非常迅速的物理或化学变化，同时其位能急剧地转变为运动的机械功或破坏周围介质的机械功[5,6]。按其狭义而言，爆炸就是物质迅速的化学变化过程，伴随着过程而来的还有同样急剧地放出热能和形成能产生破坏功或推送功的加热气体或蒸汽。

第一节　爆炸特性

一、爆炸三要素

爆炸可用三个主要因素来表明，即：变化速度快、具有放热性并产生气体生成物[3]。其实爆炸就是炸药在转变为爆炸气体时很迅速地放出大量能的过程。所谓能就是指在我们周围的物体中做功或引起某种变化（例如加热磁化、获得电荷）的能力[4]。

爆炸时所放出的能也不是凭空产生的，爆炸以前能已经呈现隐蔽状态包含于炸药中。这样，炸药就是大量储能的体现者。

二、能在炸药内如何储藏

任何物质都是由叫作分子的小质点组成的。每一个分子又由原子组成。自然界和技术性的化学反应中，物质由一种形态变成另一种形态，是分子结构变化的结果。分子中所含的原子改组，按新的形式结合。这样，就出现了新的分子，因而物质也就有了新变化。例如燃烧煤时，组成煤主要部分的碳元素即与空气中的氧结合，于是从煤和氧得到了二氧化碳。这时放出了大量的能，将煤燃烧时所得的二氧化碳强烈加热。

温度的变化是由于分子的运动，运动愈快，而分子冲撞愈激烈，则温度愈高。所以，如果分子改组结果放出了能，那么这必然是由于分子运动的力量。

爆炸中的能也是在分子改组时放出的。但是与燃烧不同的地方是，炸药分子改组时并不与其他任何物质的分子相作用[4,7]。

第二节　爆炸的能和功率[8]

一、炸药在爆炸时放出能

爆炸时爆炸气体的压力产生很大的力，可以移动和破坏周围的物体。这样就出现了爆炸的机械功。此外，爆炸放出了大量的热，温度达数千摄氏度。例如梯恩梯单位能十分固定，约等于 $4.5×10^6$ J/kg。这就是说 1 kg TNT 爆炸时所放出的能，如果完全做机械功，可使质量为 450 kg 的重物抬高 1 000 m。但是它比易燃物中所含的单位能小得多。例如汽油中所含的能差不多要比普通炸药大 10 倍，但是必须指出易燃物燃烧需要氧，而氧来自空气中。因之，在易燃物中只含有在燃烧时放出的它本身所储藏的那一部分能，另一部分能包含于大气的氧中。炸药在这方面根本与易燃物有所区别。与此相反，爆炸进行比燃烧快几千倍。

二、炸药的功率

炸药的功率是极其巨大的，以质量为 400 克（0.4 kg）的普通梯恩梯药柱为例来计算一下：

假设爆轰波顺药柱传递梯恩梯，每秒 7 000 m，药柱长 10 cm（0.1 m），爆炸能放出的时间在这种情况下等于：

$$t = \frac{0.1}{7\,000} = 0.000\,014 \text{ s}$$

即稍大于十万分之一秒，在这一时间内放出的能 E 等于：

$$E = 4.5×10^6 × 0.4 = 1.8×10^6 \text{ J}$$

功率等于能除以时间：

$$W = \frac{1.8×10^6}{0.000\,014} = 130\,000\,000\,000 \text{ J/s}$$

即爆炸功率等于每秒 1 300 亿焦。

三、爆炸功率 W 与药柱重量 C 的关系

$$W = K(\sqrt[3]{C})^2$$

式中　　W——功率（W）；

　　　　C——重量（N）。

则

$$K = 5.159×10^{11}$$

另外，可考虑药柱呈圆形，则 W 与药重成正比，与药径 D 成反比，而 C 的三次方根与 D 成正比，所以，$W = K\dfrac{C}{C^{1/3}} = KC^{2/3}$ [4]。

第三节　炸药爆炸对介质的作用

炸药爆炸是一种释放能量并对外做功的过程。其形成的高温、高压产物，能对周围介质产生强烈的冲击和压缩，使与其接触或接近的物体产生变形、破裂和运动，这种作用是爆轰产物的直接作用。

第三章　炸药爆轰

在 19 世纪末，以 Berthelot、Lechatelier 为首的科学家们在考察法国矿山系列灾难事故时，发现在长管中的某些气体混合物会以非常快的速率反应，达到上千米每秒。该速率和管子的长度、直径、管壁的材料、放置的情况、温度无关。当时，他们把这种现象起名为"爆轰"。

Berthelot 提出，爆轰是一种发生放热化学反应的特殊反应，和燃烧有根本区别。爆轰时，化学反应由冲击波引发，反应释放出的能量又推动了引发爆轰反应的冲击波，保证了冲击波的稳定传播。后来，人们发现某些凝聚相物质，如硝化甘油、硝化棉、代那迈特也可爆轰，作为黄色染料的苦味酸、不少硝基化合物均可爆轰，不少有机物和空气、氧化剂混合同样也可爆轰，甚至某些无机物也可爆轰。因此，可认为爆轰是一种"常见"的反应。于是爆轰成了一种常见现象。随着起爆药和爆破器材的发展，爆轰现象已成为一种做功的有力手段，在军事、民用技术方面发挥了重要作用[7,8]。

爆轰是由冲击波引发的波动现象，所以为了了解爆轰本质，还要具备必要的波（包括冲击波）的有关知识。

爆轰是炸药基本物理化学变化的一种形式。其变化速度迅猛，可达几千米每秒。炸药爆轰时，反应区域内的温度达 4 000 K，压力可达几个吉帕。因此，炸药一旦发生爆轰变化，则会出现猛烈的机械破坏作用，炸药在军事、民用各个领域的广泛应用，正是利用了爆轰的这种特性。

第一节　气体动力学基础知识

一、气体动力学理论

目前公认的炸药爆轰理论是建立在气体动力学的理论基础上的。大量的实验观察表明，爆轰是爆轰波沿爆炸物一层层地进行传播的过程，炸药爆轰时对周围介质的作用，和爆轰气体产物的高速运动及在介质中形成压力突跃的传播密切相关。因此，在讨论炸药的爆轰问题之前，应对气体动力学的有关基本知识作一概略介绍。

二、气体的物理性质

气体的动力学是流体力学的一个组成部分，主要研究气体在其可压缩性起显著作用时的流动规律，以及气体与所通过物体（介质）之间的相互作用。为了对气体流动规律进行研究，在气体动力学范畴内，我们往往把气体看成连续的、可压缩的流体，并要忽略气体的黏性和导热性。

第二节　气体热力学基础

炸药爆炸做功的能力称为炸药的威力，它主要取决于炸药爆炸时所放出的热量及所形成气体产物的多少。炸药爆炸时对周围物体或目标的破坏粉碎程度，取决于炸药爆炸变化高速性及因此而形成的爆炸产物的压力。因此，为综合评定一种炸药爆炸性能的优劣，人们提出了 5 个标志量，即爆热（Q_v）、爆容（V_o）、爆温（T_H）、爆速（D）和爆轰压力（P_H）。

而焓和熵是热力学中经常用到的两个状态参数[7,9]。

一、焓——单位质量的物质所含的热能

（1）焓的定义：

对于一定质量的气体，焓的定义是

$$H=E+pV \tag{3-1}$$

式中　E、p、V 分别为该质量气体的内能、压强和体积。

（2）摩尔气体焓的定义

对于 1mol 气体，焓的定义可写成

$$h=e+pv \tag{3-2}$$

式中　e、p、v 分别是 1mol 气体的内能、压强和体积。

由焓的定义可以看出，焓是内能 E 和乘积项 pV 之和。乘积项 pV 通常为压力位能。显然，气体的压力愈高，体积愈大，所含的压力位能就愈大。这种能量释放出来可以做机械功，因此压力位能愈大，气体做功的能力就愈大。

（3）焓代表了气体的总能量。

当气体处于静止状态时，内能 E 和压力位能 pV 概括了气体的全部能量，所以焓代表了气体的总能量。

由热力学第一定律 $q = \Delta e + p\Delta v$，在定压过程中，可以写成

$$q_p = \Delta e + \Delta(pv)$$

取式（3-2）的增量

$$\Delta h = \Delta e + \Delta(pv)$$

故

$$\Delta h = q_p \tag{3-3}$$

此式表示在定压过程中，向系统加入的热量等于系统本身焓的增加。

按照　　　　$q_p=c_p\Delta T$

有　　　　　$\Delta h = c_p\Delta T$

或　　　　　$(h-h_0)=c_p(T-T_0)$

如果取 T_0=0 K 时的焓 h_0=0 则得到

$$h = c_p T \qquad (3\text{-}4)$$

上式表明：单位质量气体的焓等于定压比热与绝对温度的乘积[7]。

二、熵

（1）熵的定义[6,7]为

$$\Delta s = \frac{\Delta q}{T} \qquad (3\text{-}5)$$

式（3-5）表明：在状态变化过程中，系统内热量的变化量除以系统温度就定义为系统的熵值增量。

（2）熵的表达式[7]

熵的表达式为：$s = R \ln \dfrac{T^{\frac{k}{k-1}}}{p} + s_0 \qquad (3\text{-}6)$

式中 s_0 为量度熵 s 的起始值。

熵与内能和焓一样，也是一个状态函数。它是单值的，只取决于系统的状态，而与变化的中间过程无关。

熵在热力学、气体力学中运用非常广泛，在炸药爆炸中研究气体流动的弱波过程也离不开熵的概念。因而，虽然熵的引入比较抽象，但是对于熵的物理含义和等熵过程还是需要比较熟悉地掌握。

（3）绝热过程。

系统在变化过程中，与外界没有热量交换，这样的过程称为绝热过程。

（4）等熵过程。

系统在变化过程中，除了与外界没有热量交换外，在系统内部也没有热交换，这样的过程称为等熵过程。由此可看出等熵过程要求的条件更加严格。

（5）熵的确切定义和等熵方程的来源[7]。

① 状态函数的微分在数学上是一个全微分。

函数 z 是 x、y 的函数，其微分

$$\mathrm{d}z = M\mathrm{d}x + N\mathrm{d}y$$

假若是全微分的话，必定满足条件

$$\frac{\partial M}{\partial y} = \frac{\partial N}{\partial x}$$

上述两点完全可以从数学上加以证明，但是为了简单起见，我们不加证明，而直接应用。

② 按照热力学第一定律的微分形式

$$\mathrm{d}q = \mathrm{d}e + p\mathrm{d}\upsilon = \mathrm{d}e + \mathrm{d}(p\upsilon) - \upsilon\mathrm{d}p$$

与焓的微分形式

$$\mathrm{d}h = \mathrm{d}e + \mathrm{d}(p\upsilon) = c_p\mathrm{d}T$$

可得 $\qquad \mathrm{d}q = c_p\mathrm{d}T - \upsilon\mathrm{d}p$

将此式两边同除以 T，有

$$\frac{\mathrm{d}q}{T} = \frac{c_p}{T}\mathrm{d}T - \frac{\upsilon}{T}\mathrm{d}p$$

代入气体状态方程的关系后，得到

$$\frac{\mathrm{d}q}{T} = \frac{c_p}{T}\mathrm{d}T - \frac{R}{p}\mathrm{d}p \qquad （3\text{-}7）$$

此式的微分项

$$\left[\frac{\partial\left(\dfrac{c_p}{T}\right)}{\partial p}\right]_T = 0$$

$$\left[\frac{\partial\left(\dfrac{R}{T}\right)}{\partial T}\right]_p = 0$$

从而说明 $\dfrac{\mathrm{d}q}{T}$ 是一个函数的全微分，这个函数就定义为熵，以 s 表示。即

$$\mathrm{d}s = \frac{\mathrm{d}q}{T} \qquad （3\text{-}8）$$

积分式（3-7）得

$$s = c_p\mathrm{ln}T - R\mathrm{ln}p + s_0$$

代入 $R = c_p - c\upsilon = \dfrac{k-1}{k}c_p$ 则得到熵的表达式

$$s = R\ln\frac{T^{\frac{k-1}{k}}}{p} + s_0 \qquad （3\text{-}9）$$

（6）等熵公式的三种形式[7]。

式中积分常数 s_0 无关紧要，它只表示度量熵的起始值，而我们主要对熵的变化感兴趣。因而等熵公式有以下三种形式。

① 对于等熵过程，s 应等于常数，这样就要求式（3-9）右端项皆为常数，从而

$$\frac{T}{p^{\frac{k-1}{k}}} = \text{const} \qquad （3\text{-}10）$$

此式称为等熵方程，表明在等熵过程中，温度 T 除以压强 $\dfrac{k-1}{k}$ 次幂的商值，保持不变。

② 利用理想气体状态方程，代入 $T = \dfrac{p\upsilon}{R}$ 可得

$$p\upsilon^R = \text{const} \qquad （3\text{-}11）$$

③ 运用 $p = \dfrac{RT}{\upsilon}$ 可得

$$Tv^{R-1} = \text{const} \qquad\qquad （3\text{-}12）$$

（7）等熵过程的条件[6,7]。

① 系统与外界没有热交换。

② 系统内部没有热交换。

这就要求：

① 气体内摩擦为零。因为摩擦会使一部分机械能转变成热而损失。

② 气体中没有涡旋区。因为涡旋区内有气体微团之间的相互冲击和摩擦，会造成一部分机械能的损失。

③ 气体中没有冲击波。因为冲击波在冲击、压缩的过程中，也会造成一部分机械能转变成热能而损失。

等熵过程中，理想气体状态参数 p、v、T 也遵循一定的规律，这个规律的数学表达式，称为等熵方程。

等熵方程的形式为

$$pv^R = \text{const} \qquad\qquad （3\text{-}13）$$

或
$$Tv^{R-1} = \text{const} \qquad\qquad （3\text{-}14）$$

或
$$\frac{T}{p^{\frac{k-1}{k}}} = \text{const} \qquad\qquad （3\text{-}15）$$

上述分析说明：在等熵过程中，状态参数的代数值 pv^R、pv^{R-1} 和 $\dfrac{T}{p^{\frac{k-1}{k}}}$ 皆保持不变。

第四章　波

第一节　波的概念

一、波

波是扰动的传播过程，扰动是产生波的根源。扰动就是在受到外界作用，例如振动、敲打、冲击、碰撞等方式时，使介质状态发生的局部变化，例如压力升降、密度大小、温度高低、速度增减等，破坏了原来的平衡状态，也就是介质受到了扰动，或者说产生了波源。亦即介质状态变化的传播称为波。

二、介质

一切可以传播扰动的物质统称为介质，例如空气、水、岩石、土壤、金属、炸药等。

三、波的种类

波的种类见图 4-1 波的框架所示，但是本书主要涉及冲击波、爆轰波、应力波等三种。对体波、表面波、地震波也需要了解。

四、波阵面[10]

介质的某个部位受到扰动后，便立即有波由近及远地逐层传播开去。因此，在扰动或波传播过程中，总存在着已受扰动区和未受扰动区的分界面，此分界面称之为波阵面。如图 4-2（a）所示，在最初时刻，管子左端的活塞尚未动，管子中气体的状态为 P_0，ρ_0，T_0，U_0。当活塞突然向右一动，便有波从左向右传播。这是由于活塞移动时，活塞前紧贴着的一薄层空气受到活塞推压，压力升高，紧接着这层已受压缩的空气又压缩其邻接的一层空气并造成其压力的升高。这样，压力有所升高的这种压缩状态便逐层传播开去，形成了压缩扰动的传播，而 D-D 断面是已受压缩区与未受压缩区的分界面，即波阵面。

波沿介质传播的速度称为波速，它以每秒波阵面沿介质移动的距离来度量，量纲为米/秒或千米/秒。

需要指的是，绝不可把波的传播与受扰动介质质点的运动混同起来。例如，声带振动形成声波，声波以空气中的声速传至耳膜处，但是绝不是声带附近的空气分子也移动到耳膜处了。这两个概念是必须注意区分的。

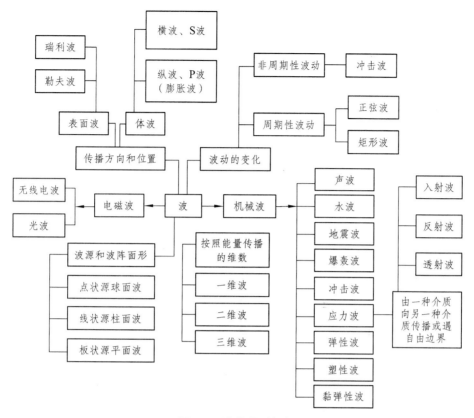

图 4-1　波的类型框架

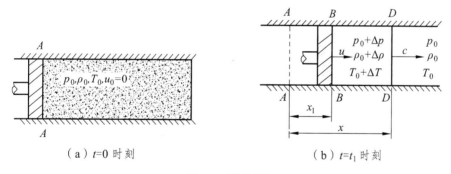

（a）$t=0$ 时刻　　　　　　　（b）$t=t_1$ 时刻

图 4-2　波阵面

五、弱波和强波

扰动前后状态参数变化量与原来的状态参数值相比很微小的波扰动称为弱扰动，如声波就是一种弱扰动。弱扰动的特点是，状态变化是微小的、逐渐和连续的，其波形如图 4-3（a）所示。状态参数变化剧烈，或介质状态是突跃变化的扰动称为强扰动，其波形如图 4-3（b）所示，冲击波就是一种强扰动。

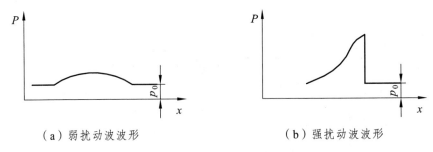

（a）弱扰动波波形　　　　　　　　　　（b）强扰动波波形

图 4-3　弱波和强波

六、声　波

如前所述，声波属于微弱扰动的传播。这种微弱扰动在介质中传播的速度即为声速，以 C 表示。其声速公式为：

$$C = \sqrt{\frac{\mathrm{d}p}{\mathrm{d}\rho}} \tag{4-1}$$

由于声波传播速度相当快，所示介质受到扰动后所增加的热量来不及传给周围介质，故可以把声波扰动传播过程看作绝热过程；另外，又由于声扰动是一种极微弱的扰动，扰动后介质的状态参数变化极微。故又可以把它看成一种可连过程[10]。因此，声波的传播过程可看作等熵过程。这样，式（4-1）可写成：

$$C = \sqrt{\left(\frac{\partial p}{\partial \rho}\right)_s} \tag{4-2}$$

该式即为声速最一般的表达式，它适用于任何介质声速的计算，只要得知这种介质的等熵资料就行[9]。

对于理想气体，已知其等熵方程为：

$$p\rho^k = 常数$$

令常数以 A 表示，则上式可写成

$$p\rho^k = A \tag{4-3}$$

将其对 ρ 取导数，则有

$$\sqrt{\left(\frac{\partial p}{\partial \rho}\right)_s} = AK\rho^{k-1} = AK\frac{\rho^k}{\rho} = K\frac{p}{\rho}$$

由此可知理想气体的声速可表示为

$$c = \sqrt{K\frac{p}{\rho}} \tag{4-4}$$

而理想气体的状态方程为 $P=\rho RT$，代入上式得到

$$c = \sqrt{KRT} \tag{4-5}$$

不同的气体有不同的 K 和 R 值，因此也就有不同的声速值。另外，由上式还可看出，同一种气体在不同温度时，声速值也不同。

对于地表面上的空气，可以将近似地视为理想气体。空气的 $K=1.4$，$R=287.14\ \mathrm{m^2/(s^2 \cdot K)}$，

代入上式得到

$$c=20.05\sqrt{T}\ \ (\text{m/s}) \tag{4-6}$$

其中 T 为绝对温度（K）。当 $T=288$ K（15 ℃）时，空气的声速 $c=340$ m/s，约合 1 200 km/h。

需要指出的是，只有在很弱的扰动条件下，$c=\sqrt{\dfrac{\rho_0+\Delta\rho}{\rho_0}\cdot\dfrac{\Delta p}{\Delta\rho}}$ 式中的 $\dfrac{\rho_0+\Delta\rho}{\rho_0}$ 才能趋近于 1，$\dfrac{\Delta p}{\Delta\rho}\to\dfrac{\mathrm{d}p}{\mathrm{d}\rho}$，扰动以声速传播。对于有限幅度的扰动，$\dfrac{\rho_0+\Delta\rho}{\rho}>1$。因此，强扰动传播的速度是大于声速的，扰动越强，其传播速度越高。

七、压缩波和稀疏波

扰动波传过后，压力、密度、温度等状态参数增加的波称为压缩波。例如，管子中活塞推压方向的前方所形成的波即为压缩波。压缩波的特点，除了状态参数 p、ρ、T 有所增加外，介质质点运动方向与波的传播方向相同，即 $\Delta u>0$。

波阵面传过后介质状态参数下降的波称为稀疏波。如图 4-4 所示，在管子中有一团高压气体，状态参数为 p、ρ、T 及 $u=0$，当活塞突然向左拉动，在活塞表面与高压气体之间就会出现低压（或稀疏）状态，这种低压状态便逐层地向右扩展，此即为稀疏波传播现象。稀疏波传到哪里，哪里的压力便开始降低。由于波前面为高压状态，波后为低压状态，高压区的气体必然要向低压区膨胀，气体质点便依次向左飞散。因此，稀疏波传播过程中质点的移动方向与波的传播方向是相反的。另外，由于气体的膨胀飞散是按顺序连续地进行的，所以，稀疏波面后介质的状态变化也是连续的。在波阵面处压力与未受扰动介质的压力相同，从波面至活塞面压力依次减低，活塞面处的压力最低[参看图 4-4（b）]。在稀疏波扰动过的区域当中，任意两个邻接断面处的参数都只相差一个无穷小量。因此，稀疏波的传播过程属于等熵过程，它传播的速度就等于介质当地的声速。

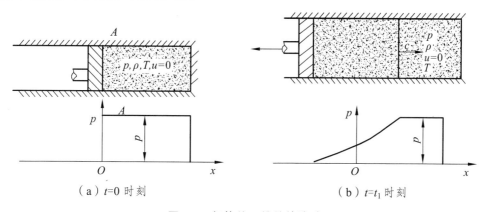

（a）$t=0$ 时刻　　　　　　　　　　（b）$t=t_1$ 时刻

图 4-4　气体的一维等熵流动

第二节　冲击波

冲击波就是一种强扰动，它是一种压缩波。冲击波波阵面通过前后介质的参数变化不是微小量，而是一种突跃的有限量变化。因此，冲击波的实质是一种状态突跃变化的传播。冲击波的产生是一系列弱压缩波叠加的结果，即由量变到质变的过程。

冲击波的应用十分广泛，无论在军事还是在民用方面都占据重要地位。就拿杀伤爆破榴弹来说，从发射到空气中飞行，从炸药爆炸到成弹丸破片，以及从破片在空中飞行到对目标发生作用等过程，都伴随着有冲击波的产生、传播和作用。实际上，冲击波本身就具有毁伤能力。

飞机、火箭以及各种弹丸在做超音速飞行时，也在空气中形成冲击波；高速粒子碰撞固体，破甲弹爆炸所形成的高速聚能射流撞击装甲以及流星落地时高速冲击地面等都可在相应介质中形成冲击波。当炸药爆炸时，高压爆炸气体产物迅速膨胀就可在周围介质（包括金属、岩石之类的固体介质、水之类的液体以及各种气体介质等）中形成冲击波。

然而，一个飞行器在大气中飞行，若在其前面形成冲击波，则飞行物体的速度必须超过空气的声速才行。因为，在大气中飞行时，一方面在飞行物体前面所形成的压缩扰动以大气的声速传播，另一方面，侧向稀疏波以声速向飞行物体前面瞬时形成的压缩层内传播。这样，当物体做亚音速飞行时，在物体前面所形成的压缩扰动便不能发生叠加，因而也就不能形成冲击波。而当物体做超音速飞行时，由于飞行速度大于声速，四周的稀疏波尚来不及将前沿的压缩层稀疏掉，而飞行物体又进一步地向前冲击，因而就可以使物体前面的压缩波叠加，最后形成冲击波。

一、平面正冲击波的基本关系式

我们知道，冲击波阵面通过前后，介质的各个物理参量都是突跃变化的，并且由于波速很快，可以认为波的传播为绝热过程。这样，利用质量守恒、动量守恒和能量守恒三个守恒定律，便可以把波阵面通过前介质的初态参量与通过后介质突跃到的终态参量联系起来，描述它们之间关系的式子称为冲击波的基本关系式。

设有一个平面正冲击波是以 D 的速度稳定地向右传播的。波前的介质参量分别以 P_0，ρ_0，e_0（T_0）和 u_0 表示，而波后的终态参量分别以 P_1，ρ_1，e_1（T_1）和 u_1 表示，如图 4-5 所示。

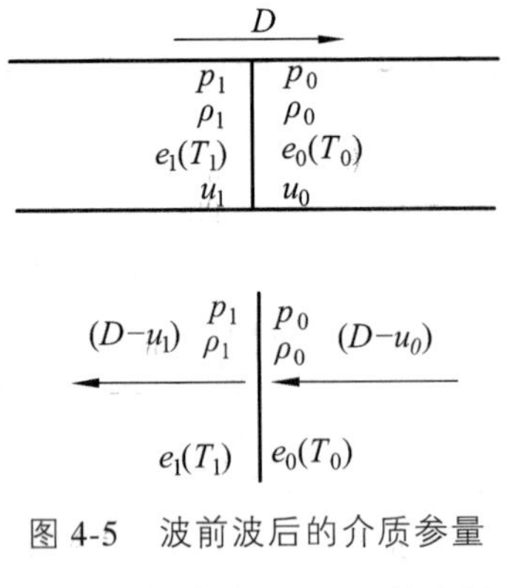

$$\xrightarrow{\quad D \quad}$$

	p_1	p_0	
	ρ_1	ρ_0	
	$e_1(T_1)$	$e_0(T_0)$	
	u_1	u_0	

$$(D-u_1) \xleftarrow{\quad} \begin{array}{c} p_1 \\ \rho_1 \end{array} \bigg| \begin{array}{c} p_0 \\ \rho_0 \end{array} \xleftarrow{\quad} (D-u_0)$$

$$e_1(T_1) \bigg| e_0(T_0)$$

图 4-5　波前波后的介质参量

为了推导公式方便，我们将坐标取在波阵面上，那么站在该坐标系（即站在波面）上，将看到未受扰动原始介质以（$D-u_0$）的速度向左流过波面，而以（$D-u_1$）的速度从波面后流出。波阵面面积取一单位。

（1）按照质量守恒原理，在波稳定传播条件下，单位时间内从波面右侧流入的介质量等

于从左侧流出的量，由此得到

$$\rho_0（D-u_0）=\rho_1（D-u_1）\tag{4-7}$$

此即质量守恒方程或称为连续方程。在 $u_0=0$ 条件下，上式可简化为

$$\rho_0D=\rho_1（D-u_1）\tag{4-8}$$

（2）按照动量守恒定律，冲击波传播过程中，单位时间内作用于介质的冲量等于其动量的改变。其中，单位时间内的作用冲量为

$$（P_1-P_0）\cdot t=（P_1-P_0）\cdot 1=P_1-P_0$$

而介质动量的变化为

$$\rho_0（D-u_0）（u_1-u_0）$$

因此得到

$$P_1-P_0=\rho_0（D-u_0）（u_1-u_0）\tag{4-9}$$

在 $u_0=0$ 条件下，上式化简为

$$P_1-P_0=\rho_0D\,u_1\tag{4-10}$$

此即为冲击波的动量守恒方程。

冲击波传播过程可看作是绝热的，并且忽略介质内部的内摩擦所引起的能量损耗。

（3）按照能量守恒定律，在冲击波传播过程中，单位时间内从波面右侧流入的能量应等于从波面左侧流出的能量。

单位时间内从波面右侧流入波面内的能量包括：① 介质所具有的内能，即 $\rho_0（D-u_0）\cdot e_0$；② 流入的介质体积与压力所决定的压力位能，即 $P_0V_0=P_0\cdot A\cdot（D-u_0）$，当面积 A 取一单位时，压力位能为 $P_0(D-u_0)$；③介质流动动能，即 $\rho_0(D-u_0)\cdot\dfrac{1}{2}(D-u_0)^2$。

同理，单位时间内从波面左侧流出的能量为 $\rho_1(D-u_1)\cdot e_1+\rho_1(D-u_1)\cdot\dfrac{1}{2}(D-u_1)^2+P_1(D-u_1)$。这样，能量守恒方程为

$$P_1(D-u_1)+\rho_1(D-u_1)\left[e_1+\frac{1}{2}(D-u_0)^2\right]$$
$$=P_0(D-u_0)+\rho_0(D-u_0)\left[e_0+\frac{1}{2}(D-u_0)^2\right]$$

整理后得到

$$(e_1-e_0)+\frac{1}{2}(u_1^2-u_0^2)=\frac{p_1u_1-p_0u_0}{\rho_0(D-u_0)}\tag{4-11}$$

在 $u_0=0$ 条件下，上式化简为

$$(e_1-e_0)+\frac{1}{2}u_1^2=\frac{p_1u_1}{\rho_0D}\tag{4-12}$$

以上三式是由三个守恒定律导出的冲击波的基本关系式。

为了应用方便起见，我们[10]将冲击波的基本关系式作如下的变换：由式（4-8），用比容 v 代替 ρ，则得到

$$\frac{D-u_0}{v_0} = \frac{D-u_1}{v_1}$$

$$u_1 - u_0 = 1 - \frac{v_1}{v_0}(D-u_0) \qquad (4\text{-}13)$$

在 $u_0=0$ 时，有

$$u_1 = \left(1-\frac{v_1}{v_0}\right)D \qquad (4\text{-}14)$$

将式（4-14）稍加变换，则得到

$$\frac{D-u_0}{v_0} = \frac{u_1-u_0}{v_0-v_1}$$

则由式（4-9）知

$$\frac{D-u_0}{v_0} = \frac{p_1-p_0}{u_1-u_0}$$

故

$$\frac{p_1-p_0}{u_1-u_0} = \frac{u_1-u_0}{v_0-v_1} \qquad (4\text{-}15)$$

由此得到

$$\left.\begin{aligned} u_1-u_0 &= \sqrt{(p_1-p_0)(v_0-v_1)} \\[2mm] u_1-u_0 &= (v_0-v_1)\sqrt{\frac{(p_1-p_0)}{(v_0-v_1)}} \end{aligned}\right\} \qquad (4\text{-}16)$$

或

此即冲击波面通过后介质运动速度 u_1 与波阵面上的压强 p_1 和比容 v_1 之间的关系式。

将式（4-16）代入式（4-13），加以整理得到冲击波速度的表达式为

$$(D-u_0) = v_0\sqrt{\frac{(p_1-p_0)}{(v_0-v_1)}} \qquad (4\text{-}17)$$

式（4-16）和式（4-17）是直接从质量和动量守恒表达式（4-17）和（4-9）推导得到的。它们将冲击波速度 D 和波阵面上的质点速度与波阵面上的压力（p_1）及比容（v_1）联系起来了，因而具有更清楚的物理意义。

下面我们[10]将能量宣导方程（4-11）式进行类似的变换：将式（4-9）写成

$$\rho_0(D-u_0) = \frac{(p_1-p_0)}{(u_0-u_1)}$$

并将其代入式（4-11），得到

$$\begin{aligned} e_1-e_0 &= \frac{(p_1u_1-p_0u_0)(u_1-u_0)}{p_1-p_0} - \frac{1}{2}(u_1^2-u_0^2) \\[3mm] &= \frac{1}{2}(u_1-u_0)\left[\frac{2(p_1u_1-p_0u_0)}{p_1-p_0} - (u_1+u_0)\right] \end{aligned}$$

$$= \frac{1}{2}(u_1 - u_0) \frac{2p_1 + p_0}{p_1 - p_0}$$

而由式（4-16）知

$$(u_1 - u_0)^2 = (p_1 - p_0)(v_1 + v_0)$$

代入前一式后整理得到

$$e_1 - e_0 = \frac{1}{2}(p_1 + p_0)(v_0 - v_1) \tag{4-18}$$

该式来源于式（4-11），它体现了冲击波阵面通过前后介质内能的变化（$e_1 - e_0$）与波阵压力（p_1）和比容（v_1）的关系，称为冲击波的冲击绝热方程式，又称为兰钦-雨果尼奥方程式。

当未受扰动介质的质点速度 $u_0=0$，并且 p_0、e_0 与波面上介质的 p_1 和 e_1 相比小得可以忽略时，（4-16）、（4-17）和（4-18）三式可简化为

$$u_1 = \sqrt{p_1(v_0 - v_1)} \tag{4-19}$$

$$D = v_0 \sqrt{\frac{p_1}{v_0 - v}} \tag{4-20}$$

$$e_1 = \frac{1}{2}p_1(v_0 - v_1) \tag{4-21}$$

以上三式即为冲击波的基本方程式。在推导这三个关系式时只用到三个守恒定律，而根本未涉及冲击波是在哪一种介质当中传播的，因此这三个基本方程式适用于任意介质当中传播的冲击波。不过，当用于某一具体介质当中传播的冲击波时，尚需与该介质的状态方程

$$p=p（v，T）或 p=p（\rho，T） \tag{4-22}$$

联系起来，以便求解冲击波阵面上的参数。考察上述 4 个方程可知，其中包含有 5 五个未知数，它们是 p_1、v_1（或 ρ_1）、u_1、D 和 T_1（其中内能 e_1 为 p_1、T_1 或 v_1、T_1 的函数）。可见，如果知道其中任意一个参数，我们便可以用此 4 个方程式联立求解其余 4 个冲击波面上的参数[7,10]。

而文献[9][11]中，对强冲击波（$P \gg P_0$），$C_0^2 / D^2 \ll 1$ 和 P_0 均可忽略不计。因此，冲击波计算公式可简化成为下列形式：

$$U = \frac{2}{K+1}D \tag{4-23}$$

$$P = \frac{2}{K+1}\rho_0 D^2 \tag{4-24}$$

$$\frac{\rho}{\rho_0} = \frac{K+1}{K-1} \tag{4-25}$$

$$\frac{T}{T_0} = \frac{\rho}{\rho_0} \cdot \frac{K+1}{K-1} \tag{4-26}$$

$$\frac{T}{T_s} = \left(\frac{P}{P_0}\right)^{\frac{1}{K}} \frac{K+1}{K-1} \tag{4-27}$$

冲击波压缩后气体中的声速为：

$$C = \sqrt{\frac{K_P}{\rho}} = C_0 \sqrt{\frac{T}{T_0}} \qquad (4\text{-}28)$$

二、冲击波的自由传播

所谓冲击波的自由传播，系指冲击波形成后，在无外界能量继续补充情况下的传播过程。

实验证明，冲击波在做自由传播时，波的强度随着传播距离的增加是逐渐衰减的，直到最后衰减为声波。如质量为 100 kg 的 TNT 炸药在空气中爆炸时，距爆心不同距离 R 上测得的冲击波超压 $\Delta p = p - p_0$ 的数据如下：

表 4-1 炸药爆炸自由传播时冲击波的降低

距爆心距离 R（m）	15	16	20	25	30	35
冲击波超压 Δp（kPa）	93	76.8	52.1	33	19.2	12.9

上述数据在 Δp 和 R 坐标平面上为图 4-6 所示的一条冲击波超压随距离衰减的曲线。

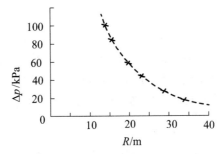

图 4-6 冲击波超压与距离关系

平面一维冲击波在做自由传播时发生衰减的原因和过程，用图 4-7 所示的过程来说明较为方便。

在无限长的充满气体的管子中，应用加速运动的活塞形成冲击波。在冲击波形成后（即图中所示的 t_1 时刻），活塞突然停止运动，则冲击波将依靠自身含有的能量继续传播下去。

我们知道，在活塞停止运动以前，活塞前的气体质点是以同活塞相同的速度向前运动的。活塞突然停止运动后，气体质点以其惯性继续向前运动，这样，在活塞面的前面将出现空隙，从而引起活塞前面受压缩气体的膨胀，即形成了紧跟在冲击波之后而以当地声速传播的一系列右传的稀疏波（或膨胀波）。由于稀疏波头的传播速度大于冲击波的速度，因而随着时间的推移，它将赶上冲击波的前沿阵面，并将其削弱。另外，在冲击波传播过程中，实际上存在着黏性摩擦、热传导和热辐射等不可逆的能量损耗，这将进一步加快冲击波强度的衰减。结果，在传播过程中，冲击波前沿阵面由陡峭逐渐蜕变为弧形波面的弱压缩波（如图中的 t_3、t_4 和 t_5 时刻所示），最后进一步衰减为声波。图 4-7（a）表示的是活塞刚停止时刻（$t=t_1$）管中的压力分布。此后，经过了不同时刻，波传播到了不同的位置，波的强度受到了不同程度的削弱。不同时刻管中压力分布情况如图 4-7（b）、（c）、（d）和（e）所示。

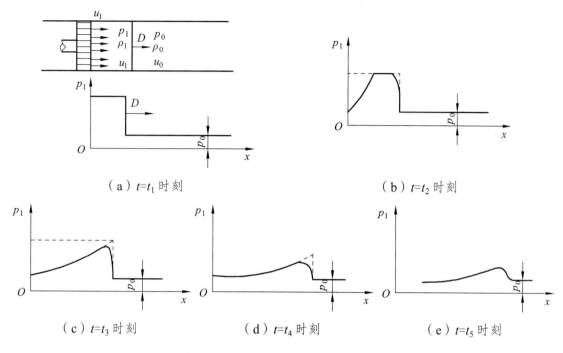

（a）$t=t_1$ 时刻 　　　　　　　　　　　（b）$t=t_2$ 时刻

（c）$t=t_3$ 时刻 　　　　（d）$t=t_4$ 时刻 　　　　（e）$t=t_5$ 时刻

图 4-7　一维冲击波自由传播时的衰减过程

一定量炸药在空中爆炸时所形成的冲击波为以爆心为中心逐渐向外扩展的球形冲击波，其衰减速度比平面一维冲击波自由传播时衰减得更快。因为除了类似上面所谈到的原因之外，球形冲击波传播过程中，扩及的面与距离 R 的三次方成比例，因此受压缩的气体量增加很快，受压缩的单位气体质量所得到的能量随着波的传播减少得很快。

三、冲击波的反射[7]

当冲击波在传播过程中遇到障碍物时，会发生反射现象。入射波传播方向垂直于障碍物的表面时，在障碍物表面发生的反射现象称为正反射。此时形成的反射波与入射波的传播方向相反，而且也垂直于障碍物的表面。当入射波的入射方向与障碍物表面成一定角时，在障碍物表面上将发生斜反射现象。

我们只讨论一种最简单的情况，即理想气体中传播的平面冲击波在刚性壁面上的正反射现象。

如图 4-8（a）所示，有一稳定传播的平面冲击波以 D_1 的速度向着障碍物表面垂直入射，入射波前面介质为理想气体，其参数分别为压力 p_0、密度 ρ_0（或比容 v_0）、质点速度 u_0 以及比内能 e_0。波阵面过后的介质参数分别为 p_1、ρ_1（或 v_1）、u_1 和 e_1。波阵面前后参数用如下的方程联系起来，即

$$D_1 - u_0 = v_0 \sqrt{\frac{p_1 - p_0}{v_0 - v_1}} \tag{4-29}$$

$$u_1 - u_0 = \sqrt{(p_1 - p_0)(v_0 - v_1)} \tag{4-30}$$

$$\frac{\rho_0}{\rho_1} = \frac{v_1}{v_0} = \frac{(K-1)p_1 + (K+1)p_0}{(K+1)p_1 + (K-1)p_0} \tag{4-31}$$

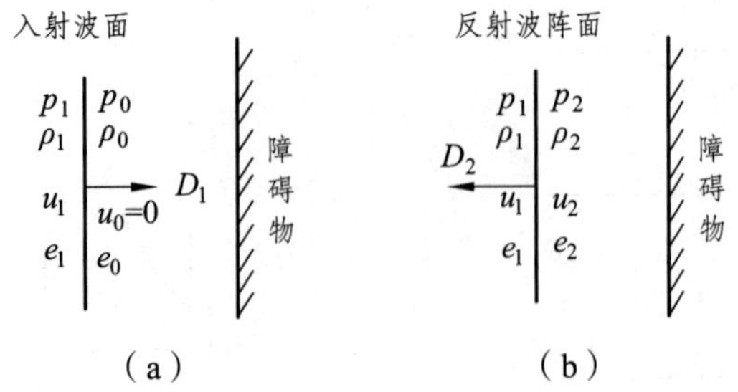

图 4-8 平面冲击波在障碍物表面上的正反射

当入射冲击波碰到障碍物表面时，由于障碍物表面是不变形的，因此，入射波面后气流质点将受到刚性壁面的阻挡，速度立即由 u_1 变为零，即 $u_2=0$。就在这一瞬间，速度为 u_1 的介质的动能便立即转化为静压能，从而使壁面处的气体压紧，密度由 ρ_1 增大为 ρ_2，压力由 p_1 增大为 p_2，比内能由 e_1 提高为 e_2。由于 $p_2>p_1$，$\rho_2>\rho_1$，受第二次压缩的气体介质必然反过来压缩已被入射波扰动过的介质，这样便形成了反射冲击波，它离开壁面向左传播。反射波形成后的情况如图 4-8（b）所示。由于反射冲击波是在已受入射冲击波扰动过的介质中传播的，因此，它传过前后介质的参数可用下述三个基本方程联系起来，即

波速方程

$$D_2 - u_1 = -v_1 \sqrt{\frac{p_2 - p_1}{v_1 - v_2}} \tag{4-32}$$

质点速度变化方程

$$u_2 - u_1 = -\sqrt{(p_2 - p_1)(v_1 - v_2)} \tag{4-33}$$

反射冲击波的冲击绝热方程

$$\frac{\rho_1}{\rho_2} = \frac{v_2}{v_1} = \frac{(K-1)p_2 + (K+1)p_1}{(K+1)p_2 + (K-1)p_1} \tag{4-34}$$

假设 $u_0=0$，而且根据固壁表面不变形条件可知 $u_2=0$，故从式（4-30）和式（4-33）可得到

$$\sqrt{(p_1 - p_0)(v_0 - v_1)} = -\sqrt{(p_2 - p_1)(v_1 - v_2)}$$

两边平方后得到

$$(p_1 - p_0)(v_0 - v_1) = (p_2 - p_1)(v_1 - v_2) \tag{4-35}$$

将该式稍加变换得到

$$\frac{p_1 - p_0}{\rho_0}\left(1 - \frac{\rho_0}{\rho_1}\right) = \frac{p_2 - p_1}{\rho_1}\left(1 - \frac{\rho_1}{\rho_2}\right) \tag{4-36}$$

将式（4-31）和式（4-34）代入式（4-36）后整理得到

$$\frac{p_2}{p_1} = \frac{(3K-1)p_1 - (K-1)p_0}{(K-1)p_1 - (K+1)p_0} \tag{4-37}$$

此即反射冲击波波阵面压力 p_2 与入射波波阵面压力 p_1 之间的关系式。

当入射冲击波很强时，由于 $p_1 \gg p_0$，p_0 可以忽略，则（4-31）式变为

$$\frac{p_2}{p_1} = \frac{3K-1}{K-1} \quad\quad (4\text{-}38)$$

对于理想气体，$K=1.4$，可从上式得到 $\frac{p_2}{p_1}=8$。这表明，很强的入射冲击波在刚壁面处发生反射时，反射冲击波波阵面上的压力 p_2 可达到入射波阵面压力 p_1 的 8 倍。实际上，空气受到很强的冲击波作用时其绝热指数 $K<1.4$，因此，反射冲击波阵面上的压力 p_2 往往要大于 $8p_1$。由此可见，当冲击波向目标进行正入射时，目标实际受到的压力要比入射波的压力大得多。所以，波的反射现象加强了冲击波对目标的破坏作用。

将式（4-31）代入式（4-28），可整理得到

$$\frac{\rho_2}{\rho_1} = \frac{\upsilon_1}{\upsilon_2} = \frac{Kp_1}{(K-1)p_1+p_0} \quad\quad (4\text{-}39)$$

对于很强的冲击波，可以忽略 p_0，则上式变为

$$\frac{p_2}{p_1} = \frac{\upsilon_1}{\upsilon_2} = \frac{K}{K-1} \qu\quad (4\text{-}40)$$

若取 $K=1.4$，则反射冲击波波阵面上介质的密度 ρ_2 将达到 ρ_1 的 3.5 倍。前面已谈到，对于很强的冲击波，有 $\frac{\rho_1}{\rho_0}=6$，则 $\frac{p_2}{p_0}=21$。这就表明，反射瞬间空气的密度可达到未受扰动空气密度 ρ_0 的 21 倍。可见，反射瞬间气体的压力和密度增加是十分剧烈的。

第三节 爆轰波

研究炸药爆轰过程和爆轰理论，对合理使用炸药、提高炸药能量利用和研制新品种炸药都有着重要的意义。

自 19 世纪 80 年代初贝尔特劳（Berthelot）和维耶里（Vieille）以及马拉尔德（Mallard）和吕查特里尔在观察管道中燃烧火焰的传播过程时发现了爆轰波的传播现象之后，人们对气相爆炸物（如 $2H_2+O_2$、CH_4+2O_2 等混合气体）和凝聚相爆炸物（如硝基甲烷之类的液态炸药，TNT、RDX 之类的固态炸药）的爆轰过程所进行的大量试验研究表明，爆轰过程仍是爆轰波沿爆炸物一层一层地进行传播的过程；并且还发现，各种爆炸物在激起爆轰之后，爆轰波都趋向于以该爆炸物所特有的爆速沿爆炸物进行稳定的传播。

从本质上讲，爆轰波乃是沿爆炸物传播的强冲击波。爆轰波与通常的冲击波主要的不同点是，在其穿过后爆炸物因受到它的强烈冲击而立即激起高速化学反应，形成高温高压爆轰产物并释放出大量的化学反应热能。这些能量又被用来支持爆轰波对下一层爆炸物进行冲击压缩。因此，爆轰波就能够不衰减地传播下去。可见，爆轰波是一种伴随有化学反应热放出的强间断面的传播。基于这样一种认识，柴普曼（Chapman，D.L.）和柔格（Jouguet E）于 20 世纪初的 1905 年及 1917 年各自独立提出了关于爆轰波的平面一维流体动力学理论，简称为爆轰波的 C-J 理论或 C-J 假说。该理论明显成功之处是，即使利用当时已有的相当粗糙的热

力学函数值对气相爆轰波速度进行预报，其精度仍在 1%到 2%的量级。当然假若当时能较精确地测量爆轰波压力和密度，或许能发现该理论与实际之间可能出现巨大的偏差，从而可对该理论提出质疑。然而，尽管如此，它仍不失为一种较好的简单理论[7]。

一、爆轰波的（C-J）理论

高速化学反应区末端平面（一般称该平面为柴普曼-柔格平面，简称 C-J 面）处为化学反应基本完成后所形成的爆轰产物。前沿的冲击波波阵面与紧跟其后的高速化学反应区构成了整个爆轰波的波阵面，称为爆轰波面，它将未爆轰的原始爆炸物与爆轰终了产物隔开，如图4-9 所示。

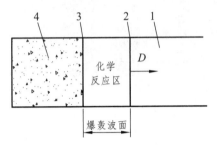

图 4-9　爆轰波面示意图

1—原始爆炸物；2—前沿冲击波面；3—反应终了断面；4—爆轰产物

1. 爆轰波与冲击波的相同之处

由于爆轰波是一种强冲击波，因而它具有与冲击波相同的性质。

（1）爆轰波过后，状态参数（压力、温度、密度）急剧地增加。

（2）爆轰波传播速度相对于波前介质（炸药）是超音速的。

（3）爆轰波过后，爆轰产物获得一个与爆轰波传播方向相同的运动速度。

2. 爆轰波与冲击波的不同之处

由于爆轰波具有化学反应区，因而它又有与冲击波不同的性质：

（1）爆轰波由前沿冲击波和紧跟在其后的化学反应区组成，它们是一个不可分割的整体，而且以同一一速度在炸药中传播，此传播速度称为爆速。

（2）由于爆轰波具有化学反应区，所以可以放出能量，使得爆轰波在传播过程中不断得到能量的补充，而不衰减。

冲击波只是一个强间断面，通过这个冲击压缩，压力、密度、温度等量急剧增加，但是不发生化学反应，没有能量补充，因而冲击波在传播过程中衰减，最后成为声波。

（3）冲击波相对于波后气体是亚音速的，而我们看到爆轰波传播速度相对于波后气体为当地音速。

3. 爆轰波的特点

（1）爆轰波只存在于炸药的爆轰过程中，爆轰波的传播随着炸药爆轰的结束而终止。

（2）爆轰波阵面中的高速化学反应区，是爆轰得以稳定传播的基本保证。爆轰波阵面的宽度 $A—B$ 通常为 0.1～1.0 mm。爆轰波参数通常是 $B—B$ 面上的状态参数。

（3）爆轰波具有稳定性，即波阵面上的参数及其宽度不随时间变化，直至爆轰终止。

二、爆轰波基本方程

因为爆轰波是一种强冲击波，所以爆轰波参数关系式的建立方法与前述冲击波基本相同，不同的是在爆轰波能量方程中增加一项炸药反应放出的热量 Q_V。如图4-10所示，在稳定爆轰条件下，反应区推进速度（即爆轰波速度）D_H 与压缩区推进速度（即冲击波速度）D_1 相等。故在推导关系式时不必考虑反应区，仅比较原始炸药状态和反应区终了状态（即C-J面）即可。

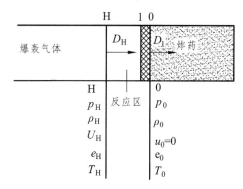

图4-10　爆轰波参数图（下标"0"表示炸药参数，"H"表示C-J面上的参数）

由质量守恒关系得：

$$\rho_0 D = \rho_H (D - D_H) \tag{4-41}$$

由动量守恒关系得：

$$p_H - p_0 = \rho_0 D_H \tag{4-42}$$

式中　ρ_0——初始炸药密度；

ρ_H——反应区物质密度；

D——爆速；

D_H——爆炸生成气体气流速度；

p_H——C-J面上压力，即爆轰压力；

p_0——初始压力。

由能量守恒关系得：

$$E_H - E_0 = \frac{1}{2}(p_H + p_0)(V_0 - V_H) \tag{4-43}$$

式中　E_H、E_0——炸药爆轰时和爆轰前的能量；

V_0——炸药初始质量体积；

V_H——爆轰波阵面上爆炸气体的质量体积。

考虑到爆轰波反应中要放出热量，故有：

$$E_H - E_0 - Q = \frac{1}{2}(p_H + p_0)(V_0 - V_H) \tag{4-44}$$

式中　Q——爆热。

式（4-44）是用压力、比容表示的爆轰波能量方程。假定爆轰产物状态变化符合理想气体

状态方程，则

$$p_H = f(V_H, T_H) \qquad (4-45)$$

又根据理论计算和实验证明，在稳定爆轰时存在下列关系式

$$D_H = f(c_H + u_H) \qquad (4-46)$$

式中 c_H——爆轰产物中的声速。

公式（4-50）叫作爆轰波雨果尼奥（Hugoniot）方程。在图 4-11 中的 p-V 曲线 H_1 叫作爆轰波雨果尼奥曲线。曲线 H_2 则为冲击波雨果尼奥曲线。在曲线 H_2 上，相对应的各点存在着各种强度的冲击波；然而在曲线 H_1 上，并不是所有点都与爆轰过程相对应。试验结果表明，在稳定爆轰时存在着如下的关系[11]（详见下一页三）：

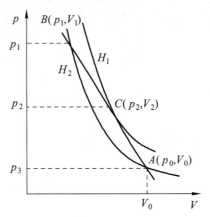

图 4-11　爆轰波雨果尼奥曲线

根据上述的爆轰波 5 个关系式，并假定 K 为常数，$p_0 \ll p_2$，而忽略，又因 $D_1 = D_H$，可设 $D_1 = D_H = D$，可解出爆轰波主要参数的计算公式如下：

爆轰压力　　$p_H = \dfrac{0.98}{k+1}\rho_0 D^2$, MPa $\qquad (4-47)$

爆轰速度　　$D = \sqrt{2(K^2-1)Q_V}$, m/s $\qquad (4-48)$

爆轰产物速度　$u_H = \dfrac{1}{K+1}D$, m/s $\qquad (4-49)$

爆轰产物密度　$p_H = \dfrac{K+1}{K}\rho_0$, g/cm³ $\qquad (4-50)$

爆轰产物比容　$V_H = \dfrac{K}{K+1}V_0$, L/kg $\qquad (4-51)$

爆轰产物温度　$t_H = \dfrac{2K}{K+1}t$, °C $\qquad (4-52)$

爆轰产物声速　$c_H = \dfrac{K}{K+1}D$, m/s $\qquad (4-53)$

以上式中：t——温度，°C。

对于一般工业炸药，近似计算时，可取绝热指数 $K=3$。

上述公式计算的爆轰参数是把爆轰气体当作理想气体，并假定炸药在定容绝热下爆炸，与实际情况有差异，但可满足工业炸药爆破有关计算的需要。

爆速值 D 可以通过高速摄影或电测法准确测定，所以常以爆速来计算爆轰波的其他参数。

$$D=c_H+U_H \tag{4-54}$$

式中　D——爆速；

　　　c_H——C-J 面处爆轰气体产物的声速；

　　　U_H——C-J 面处气体产物质点速度。

由柴普曼和柔格得出的这个公式（4-54）就叫作 C-J 方程或 C-J 条件。由于 C-J 面处满足 C-J 条件，爆轰波后面的稀疏波就不能传入爆轰波反应区中。因此，反应区所释放出的能量就不发生损失，而全部用来支持爆轰波的定常传播。

三、爆轰波稳定传播的条件[7,9,10]

人们研究爆轰的理论多年，特别是对爆轰产物状态方程的研究是几十年来爆轰理研究的一个主要课题，开展了很多工作，也有各种不同形式的状态方程[3]。关于这方面内容工作阐述，本书只作一般了解，不涉及深入的研究。

大量的试验研究表明，无论是气体爆炸物还是凝聚炸药在给定的初始条件下，爆轰都是以某一特定的速度定型传播的。

若爆轰波通过时气体只产生轴向方向的流动，反应区就是稳恒区。在这种情况下，冲击波基本方程对反应区内任一截面都适用，但在能量方程或 RH 方程中，应考虑化学反应放出的热量。这部分热量本应包含在内能的变化中，但为分析方便起见，把它看作热量的一个外部来源。

在冲击波头上，气体受到冲击压缩，但尚未发生化学反应（或者说刚开始发生化学反应），没有热量放出，故冲击波头的 RH 方程为：

$$E_s-E_0=\frac{1}{2}(p_s+p_0)(V_0-V_s) \tag{4-55}$$

反应结束时，放出全部反应热，故爆轰波头的 RH 方程为：

$$E_H-E_0=\frac{1}{2}(p_H+p_0)(V_0-V_H)+Q_v \tag{4-56}$$

式中　Q_v——完全反应的反应热，相当于爆热。

对反应区中间任一截面，同样也能写出类似的 RH 方程，区别仅在于反应热一项的数值不同。

在有径向流动的情况下，冲击波基本方程只适用于稳恒区。

若已知状态函数 $E=E(p,V)$，就能在 p-V 坐标面内画出与 RH 方程对应的 RH 曲线。

在图 4-12 中，画出了与式（4-55）和式（4-56）方程对应的两条曲线，分别称为冲击波头 RH 曲线（曲线Ⅰ）和爆轰波头 RH 曲线（曲线Ⅱ）。冲击波头 RH 曲线通过 p_0、V_0 点，而爆轰波头 RH 曲线不通过该点，并位于冲击波头 RH 曲线的上方，原因是爆轰波头 RH 方程右方多了一项反应热。

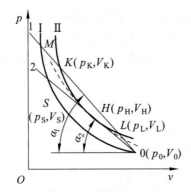

图 4-12 爆轰波 RH 曲线和米海尔松直线[10]

因为冲击波头参数和爆轰参数必须满足相应的 RH 方程，所以点（p_S，V_s）必须落在冲击波头 RH 曲线上，点（p_H，V_H）则必须落在爆轰波头 RH 曲线上。

冲击波头和爆轰波头是以相同的速度 D 传播的，所以点（p_S，V_s）和点（p_H，V_H）还必须落在代表波速 D 的米海尔松直线上。该直线的方程为：

$$p_S = p_0 + \frac{D^2}{V_0^2}(V_0 - V_s)$$

或

$$p_H = p_0 + \frac{D^2}{V_0^2}(V_0 - V_H) \qquad （4-57）$$

因此，若已知爆速 D，则 p_S、V_s 和 p_H、V_H 可由其对应的 RH 曲线与米海尔松直线的交点来确定。

自 0 点（p_0，V_0）可作无数条代表不同爆速并与两条 RH 曲线相交的米海尔松直线。在图 4-11 中画出两条米海尔松直线。直线 1 与冲击波头 RH 曲线交于 M 点，与爆轰波头 RH 曲线交割于 K、L 两点，直线角系数为 $\tan\alpha_1 = \frac{D_M^2}{V_0^2}$；直线 2 与冲击波头 RH 曲线交于 S 点，与爆轰波头 RH 曲线相切于 H 点，直线角系数为 $\tan\alpha_2 = \frac{D_H}{V_0^2}$（$D_M$ 和 D_H 分别为这两条直线所代表的爆速）。

当爆速为 D_M 时，气体状态由 p_0、V_0 先突跃至 p_M、V_M 并开始化学反应。随着反应进行，气体状态沿直线 1 变化。反应结束时，气体状态或为 p_K、V_K 或为 p_L、V_L。

当爆速为 D_H 时，气体状态由 p_0、V_0 先突跃至 p_S、V_S 并开始化学反应。随着反应进行，气体状态沿直线 2 变化。反应结束时，气体状态为 p_H、V_H。

但在所有通过 0 点的米海尔松直线当中，能代表稳定爆炸的只有一条，即与爆轰波头 RH 曲线相切的米海尔松直线。它代表的爆速是所有米海尔松直线当中最小的。为说明这一点，我们先来分析稳定爆炸的条件。

稳定爆炸的条件是反应终了气体的流速与音速之和必须等于爆速，即

$$u + c = D \qquad （4-58）$$

如果 $u+c > D$，稀疏波就会侵入反应区，减少对冲击波头的能量补充，使爆轰波不能稳定传播而降低爆速；如果 $u+c < D$，稀疏波虽不能侵入反应区，但由于连续性的理由，反应区内

也将有部分区域继续存在着 $u+c<D$ 的情况，而这部分区域释放出的化学能不可能传送到冲击波头上，故从支持冲击波头的观点来看，它是无效的，结果也会使爆轰波不能稳定传播而降低爆速。因此，稳定爆炸必须满足式（4-58）给出的条件，该条件称为柴普曼-柔格条件或 C-J 条件。

下面再来证明，能代表稳定爆炸的米海尔松直线只能是与爆轰波头 RH 曲线相切的直线。

根据热力学第一定律，

$$T\mathrm{d}S=\mathrm{d}E+p\mathrm{d}V \tag{4-59}$$

对式（4-56）进行微分得：

$$\mathrm{d}E=\frac{1}{2}[(V_0-V)\mathrm{d}p-(p+p_0)\mathrm{d}V]$$

代入式（4-59），则

$$T\mathrm{d}S=\frac{1}{2}[(V_0-V)\mathrm{d}p_0-(p+p)\mathrm{d}V]+p\mathrm{d}V \tag{4-60}$$

或

$$2T\mathrm{d}S=\left[(V_0-V)^2\mathrm{d}\left(\frac{p-p_0}{V_0-V}\right)\right] \tag{4-61}$$

其中

$$\frac{p-p_0}{V_0-V}=\tan\alpha$$

因此，

$$2T\mathrm{d}S=(V_0-V)^2\mathrm{d}\tan\alpha=(V_0-V)^2(1+\tan^2\alpha)\mathrm{d}\alpha$$

$$=(V_0-V)^2\left[1+\left(\frac{p-p_0}{V_0-V}\right)^2\right]\mathrm{d}\alpha$$

或

$$2T\frac{\mathrm{d}S}{\mathrm{d}V}=(V_0-V)^2\left[1+\left(\frac{p-p_0}{V_0-V}\right)^2\right]\frac{\mathrm{d}\alpha}{\mathrm{d}V} \tag{4-62}$$

因右边导数项系数为正，故在爆轰波头 RH 曲线上，熵随 V 变化的正负性取决于米海尔松直线与水平轴夹角随 V 变化的正负性。

在 H 点以上一段曲线上，当 V 沿曲线增大时，α 相应减小，即 $\dfrac{\mathrm{d}\alpha}{\mathrm{d}V}<0$，因此 $\dfrac{\mathrm{d}S}{\mathrm{d}V}<0$。这说明沿该段曲线增大 V 时，熵是逐渐减小的。

在 H 点以下一段曲线上，当 V 沿曲线增大时，α 相应也增大，即 $\dfrac{\mathrm{d}\alpha}{\mathrm{d}V}>0$，因此 $\dfrac{\mathrm{d}S}{\mathrm{d}V}>0$。这说明沿该段曲线增大 V 时，熵逐渐增大。

显然，在 H 点 $\left(\dfrac{\mathrm{d}\alpha}{\mathrm{d}V}\right)_H=0$，$\left(\dfrac{\mathrm{d}S}{\mathrm{d}V}\right)_H=0$。

以上分析说明，在爆轰波头 RH 曲线上，切点 H 的 α 和 S 值最小（图 4-13）。因过 H 点的等熵绝热曲线也有 $\left(\dfrac{\mathrm{d}S}{\mathrm{d}V}\right)_{SH}=0$ 的性质，因此，H 点是爆轰波头 RH 曲线、米海尔松直线和过该点的等熵绝热曲线（图 4-13 中虚线所示）的公切点。

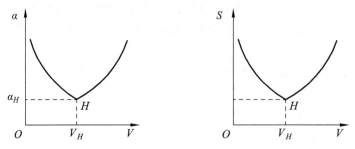

图 4-13 α、S 沿爆轰波头 RH 曲线随 V 变化的规律[10][12]

由于 H 点具有上述性质，故可写出下列关系。

$$\frac{p_H - p_0}{V_0 - V_H} = -\left(\frac{\mathrm{d}p}{\mathrm{d}V}\right)_H = -\left(\frac{\mathrm{d}p}{\mathrm{d}V}\right)_{SH} \tag{4-63}$$

其中第一项为米海尔松直线的角系数，第二项为爆轰波头 RH 曲线在 H 点的切线的角系数，第三项为通过 H 点的等熵绝热曲线在该点的切线的角系数。

式（4-63）可改写为：

$$V_H \sqrt{\frac{p_H - p_0}{V_0 - V_H}} = V_H \sqrt{-\left(\frac{\mathrm{d}p}{\mathrm{d}V}\right)_H} = V_H \sqrt{-\left(\frac{\mathrm{d}p}{\mathrm{d}V}\right)_{SH}}$$

或 $D_H - u_H = c_H$

最后得到

$$u_H + c_H = D_H \tag{4-64}$$

由此可见，与爆轰波头 RH 曲线相切的米海尔松直线所代表的爆速和切点 H 的气体、状态能满足 C-J 稳定爆炸条件。切点 H 称为 C-J 点，该点的状态参数及其对应的音速、流速和爆速称为爆轰参数或 C-J 参数。

顺便指出，在化学反应区内，随着热量的放出，熵应当是增加的，并在 C-J 点达最大值。因此，熵值沿米海尔松直线随 V 变化的规律，与熵值沿爆轰波 RH 曲线随 V 变化的规律相反。

下面再来论证，与爆轰波头 RH 曲线交割的米海尔松直线所代表的爆速和交割点的状态是不稳定的。

先将（4-60）式变换为下列形式：

$$-\frac{\mathrm{d}p}{\mathrm{d}V} = \frac{p - p_0}{V_0 - V} - \frac{2T}{V_0 - V} \cdot \frac{\mathrm{d}S}{\mathrm{d}V}$$

已知在爆轰波头 RH 曲线 C-J 点以上，$\dfrac{\mathrm{d}S}{\mathrm{d}V} < 0$，故有

$$-\frac{\mathrm{d}p}{\mathrm{d}V} > \frac{p - p_0}{V_0 - V}$$

或 $V\sqrt{-\dfrac{\mathrm{d}p}{\mathrm{d}V}} > V\sqrt{\dfrac{p - p_0}{V_0 - V}}$

因不等式右边为产物中的音速 c，左边为 $D-u$，故在 K 点

$$c_K > D_M - u_K$$

或 $$u_K + c_K > D_M \qquad\qquad (4-65)$$

而在 C-J 点以下，因 $\dfrac{\mathrm{d}S}{\mathrm{d}V} > 0$，故在 L 点

$$u_L + c_L < D_M \qquad\qquad (4-66)$$

式（4-65）和式（4-66）表明，K 点或 L 点所代表的气体状态和通过该两点的米海尔松直线所代表的爆速不能满足稳定爆炸的 C-J 条件。同样，与爆轰波头 RH 曲线交割的其他任何一条米海尔松直线所代表的爆速和交割点的气体状态都不可能稳定。实际上，对同一个爆速，对应有两种不同的状态的产物是不可能的[4]。

四、凝聚体炸药爆轰参数的计算

所谓凝聚炸药指的是液态和固态炸药。与气体爆炸物相比，凝聚炸药除了聚集的体态不同之外，还在于它具有使用安全方便的特点，如图 4-14 所示。

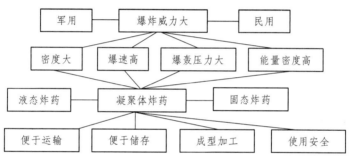

图 4-14　凝聚体炸药框架

从一定的分子结构和已知的或估算的晶体密度出发，如何计算某一种新炸药的爆轰参数（即爆轰压强 p_H、爆轰能或轰热 Q_v、爆速 D、爆轰产物的流动速度 u_H、密度 ρ_H、温度 T_H 等）对于炸药合成工作者而言是极为重要的问题，尤其是在决定是否值得进行某一新的复杂的合成工作之前，这些计算就具有重大的意义。

对于炸药应用工作者，为了有效使用炸药、了解凝聚炸药的性能，掌握爆轰过程的特点、影响因素及有关规律，建立炸药爆轰参数的计算方法，都具有重要的意义。

我们知道，爆轰的 C-J 理论是在研究气态爆炸物爆轰过程的基础上建立起来的。这一理论正确地阐述了气体爆炸物爆轰过程的物理本质，并在气体爆轰参数计算上获得了令人满意的结果。

对于凝聚炸药的爆轰，C-J 理论的适用性目前是有争论的。但是几十年来，人们一直认为，凝聚炸药爆轰稳定传播时，C-J 条件同样成立，并以此为依据，建立了凝聚炸药爆轰参数的方程组[10]。

在炸药理论研究、炸药的设计和实际应用等方面，都需要计算炸药的爆轰参数。

以上关于气体的爆轰过程和爆轰理论，基本上也适用于凝聚体炸药。因此，炸药爆轰参数应满足的基本方程为：

$$D_H = V_0 \sqrt{\frac{p_H - p_0}{V_0 - V_H}}$$

$$u_H = (V_0 - V_H) \sqrt{\frac{p_H - p_0}{V_0 - V_H}}$$

$$E_H - E_0 = \frac{1}{2}(p_H + p_0)(V_0 - V_H) + Q_V$$

$$\frac{p_H - p_0}{V_0 - V_H} = -\left(\frac{dp}{dV}\right)_H$$

$$p_H = f(V_H, T_H)$$

其中 $E_H = c_V T_H - \int_{\rho_0}^{\rho_H} \left[T \left(\frac{\partial p}{\partial T}\right)_\rho - p \right] \frac{d\rho}{\rho^2}$。

分析以上基本方程可以看出，计算炸药爆轰参数的关键在于选择爆轰产物的状态方程。因爆轰产物 C-J 密度较高（大于炸药密度），不能应用理想气体状态方程。

对高密度爆轰产物，因其性质类似固体，可应用格留乃逊状态方程：

$$p = AV^{-n} - BV^{-m} + \frac{c}{V}T \tag{4-67}$$

其中 A、B、c、n、m 为常数，决定于炸药性质。

上式右边头两项代表弹性压强或冷压强，其中 AV^{-n} 项代表斥力，BV^{-m} 项代表引力，最后一项代表热压强。若后两项忽略不计，状态方程可近似写成：

$$p = AV^{-n} \tag{4-68}$$

在形式上，该方程与理想气体等熵方程完全一样，但其物理意义却有本质上的不同。

因（4-68）式中没有熵项，故也可以把它近似地看作等熵方程，其中 n 也称作等熵指数（正确地应称作多方指数），但 $n \neq \frac{c_p}{c_V}$。

因将式（4-68）近似地视为等熵方程，所以稳定爆炸的 C-J 条件，在形式上与理想气体完全相同，即：

$$\frac{p_H - p_0}{V_0 - V_H} = -\left(\frac{dp}{dV}\right)_{SH} = n \frac{p_H}{V_H}$$

若忽略初始内能 E_0 不计，爆轰波头 RH 方程可写成：

$$E_H = \frac{p_H + p_0}{2}(V_0 - V_H) + Q_V \tag{4-69}$$

若忽略热内能，E_H 可近似按下列公式来确定：

$$E_H = \int_{V_H}^{V_0} p dV$$

将式（4-68）代入上式并积分，得：

$$E_H = \int_{V_H}^{V_0} AV^{-n} dV = \frac{A}{n-1}(V_H^{1-n} - V_0^{1-n})$$

$$= \frac{A}{n-1}\left(\frac{p_H V_H}{A} - \frac{p_0 V_0}{A} \right) = \frac{p_H V_H}{n-1} - \frac{p_0 V_0}{n-1}$$

因此，爆轰波头 RH 方程可写成：

$$\frac{p_H V_H}{n-1} - \frac{p_0 V_0}{n-1} = \frac{p_H + p_0}{2}(V_0 - V_H) + Q_V$$

由此可见，爆轰波头 RH 方程的形式也与理想气体完全一样。

此外，爆轰参数应满足的两个李曼方程不变，因这两个方程适用于任何介质。

由于计算凝聚体炸药爆轰参数基本方程的形式与理想气体完全相同，所以，由这些基本方程导出的计算爆轰参数的公式，也与理想气体完全相同，区别仅在于等熵指数 K 用多方指数 n 来替换。因此，计算凝聚体炸药爆轰参数的公式为[9]：

$$D_H = \sqrt{2(n^2-1)Q_V} \tag{4-70}$$

$$u_H = \frac{1}{n+1}D_H \tag{4-71}$$

$$p_H = \frac{1}{n+1}\rho_0 D_H^2 \tag{4-72}$$

$$\rho_H = \frac{n+1}{n}\rho_0 \tag{4-73}$$

$$c_H = D_H - u_H = \frac{n}{n+1}D \tag{4-74}$$

多方指数 n 受许多因素的影响，目前还没有一个精确的计算公式。阿平等认为，等熵指数只与爆轰产物的组成有关，给出经验公式为：

$$n^{-1} = \sum B_i n_i^{-1} \tag{4-75}$$

式中　B_i——第 i 种爆轰产物的摩尔率，等于该种产物的物质的量与爆轰产物总物质的量的比值；

　　　n_i——第 i 种爆轰产物的等熵指数（表 4-2）。

表 4-2　一些爆轰产物的等熵指数

爆轰产物	H_2O	O_2	CO	C	N_2	CO_2
等熵指数（n_i）	1.9	2.45	2.85	3.55	3.7	4.5

Defourneaux 认为，多方指数仅与炸药密度有关，给出它们的关系式为：

$$n = 1.9 + 0.6\rho_0 \tag{4-76}$$

还有许多计算多方指数的公式。但通常将 n 视为常数，$n=3$，所取数值高于实际值。由于在所采用的状态方程中，忽略了热压强和热内能，所以按导出的公式计算炸药爆轰参数不够准确，尤其按式（4-70）计算出的爆速值与实际值偏差很大，故爆速一般按经验式来估算，或按实际测定。

Los Alamos urizar 认为，混合炸药的爆速与其内每种炸药组分和添加剂的爆速或冲击波速

间存在着"加和"关系，即

$$D_{\max} = \sum (V_i D_i) \qquad (4\text{-}77)$$

式中　$D_{\max}$——炸药无空隙（$\rho_0 = \rho_{\max}$）时的爆速；

　　　V_i——组分 i 的体积分数；

　　　D_i——组分 i 的爆速（或冲击波速）。

若炸药内包含空隙，可将空气视作炸药的一个组分，按下式计算爆速。

$$D_H = D_{\max} V_e + D_a V_a \qquad (4\text{-}78)$$

式中　V_e——炸药实际密度为 ρ_0 时所占体积分数；

　　　V_a——空隙占有的体积分数；

　　　D_a——空气中的冲击波速。

因 $V_e = \dfrac{\rho_0}{\rho_{\max}}$，$V_a = 1 - \dfrac{\rho_0}{\rho_{\max}}$，代入（4-78）式，得：

$$D_H = D_a + \frac{D_{\max} - D_a}{\rho_{\max}} \rho_0 \qquad (4\text{-}79)$$

实验和计算结果表明，$D_a \approx \dfrac{1}{4} D_{\max}$。

许多惰性添加物的 D_i 值变化不大，可近似取 5 300 ~ 5 400 m/s。

根据炸药爆热并利用比较的方法近似估算爆速，是一种更简便的方法。

已知爆速与爆热平方根成正比，故可写出下列关系式：

$$D_H = D_{H \cdot TNT} \sqrt{\frac{Q_V}{Q_{V \cdot TNT}}} \qquad (4\text{-}80)$$

式中　D_H——任何一种炸药在密度为 ρ_0 时的爆速；

　　　Q_V——该炸药的爆热；

　　　$D_{H \cdot TNT}$——在同样密度条件下，梯恩梯的爆速；

　　　$Q_{V \cdot TNT}$——在同样密度条件下，梯恩梯的爆热。

梯恩梯在任意密度时的爆速和爆热可按下列经验式来估算：

$$D_{H \cdot TNT} = 1\,800 + 3\,230\rho_0 \text{ m/s} \qquad (4\text{-}81)$$

$$D_{V \cdot TNT} = 4\,202 + 1\,034(\rho_0 - 1) \text{ kJ/kg} \qquad (4\text{-}82)$$

但若炸药内含有反应区外发生二次反应的物质，例如铝粉等发热金属，反应放出热量不能用来支持爆轰波的传播和增加爆速（但铝粉可增大硝酸铵的爆速），在这种情况下，须将爆破热和爆轰热区别开来，计算爆速时应采用爆轰热。

炸药放出热量，有圈套部分以弹性内能的形式存在于爆轰波中。其后，在爆轰产物膨胀时，这部分弹性内能也将释放出并转变为热能。炸药密度愈高，爆轰波中弹性内能所占比例也愈大。因此，炸药爆轰温度（C-J 温度）同样不能应用理想气体状态方程来确定。阿平等提出的半经验状态方程，可用来计算爆轰温度，该方程为：

$$T_H = 4.8 \times 10^{-14} p_H V_H (V_H - 0.2) M, \text{K} \qquad (4\text{-}83)$$

式中 p_H——C-J 压强，N；

V_H——C-J 比容，cm^3/g；

M——爆轰产物的平均分子量，g/克分子。

若 p_H 以 kbar 计（$1 \text{ kbar}=10^8 \text{ N/m}^2$），则上式可改写为：

$$T_H = 4.8 \frac{p_H}{\rho_H} \left(\frac{1}{\rho_H} - 0.2 \right) M \qquad (4\text{-}84)$$

但须指出[10]，按以上给出公式计算出的爆轰参数，都是在一维轴向流动条件下的理想爆轰参数，反应区放出热量可全部用来支持爆轰波的传播。若发生有径向流动，就会在径向方向产生稀疏波干扰反应区，使支持爆轰波传播的能量减小，从而降低炸药爆速。但根据爆速计算其他爆轰参数的公式不变，故其他爆轰参数也将相应降低。

第四节　岩体内的爆炸应力波

在爆破工程中，通常是将炸药密闭于岩体中进行爆轰。炸药在岩体中爆炸时，首先对其周围的岩体作用一冲击荷载，然后是爆生气体对岩体作用一膨胀压力。由于爆生气体膨胀压力的作用时间较长，压力变化幅度较小，因而可看作准静态压力。

炸药在岩体内爆炸直接激起的应力波主要是纵波，由于装药结构、形态的不同产生不同形状的波，如球状装药激起的是球面波，柱状装药激起的则是柱面波，平面装药激起的是平面波，所以控制炸药爆轰波的波形是提高炸药利用率的关键课题，也是工程上提出的要求。由于炸药爆轰波具有"光学"的特性，在传播过程中碰到障碍物也会反射与衍射。一些研究者应用这个规律性，控制并得到各种类型波形。如精确控制爆轰波的形状使它聚焦，就能引爆原子弹，柱面收缩波能够得到很高的压力与温度，用它可合成新材料，在常规武器弹药中插入一定形的物体，能够改变爆轰波的形状，提高弹药效能，并成功地用于断裂控制爆破的定向成缝，在要保护岩体一侧的炮孔中插入一半圆形物体或在柱状药柱，与保留岩体一侧捆绑上一半圆形物体，可以达到定向卸压隔振爆破的目的。平面爆轰波已广泛作为动高压装置，用它驱动金属板，研究材料在动高压冲击下的性质，同时已成功地应用这种装置，将石墨转化为金刚石。

导弹及宇宙飞船已大量使用炸药开关电路、启用阀门、切断或抛射物体等。

综上所述，爆轰波形状的控制无论在工程上或科学研究中都有重要意义。

一、冲击荷载

冲击荷载是指在极短时间内上升到峰值，然后迅速下降的荷载。在冲击荷载作用下，岩石质点将产生运动，岩体内发生的许多现象都带有动态特征。岩体中由于冲击荷载而引起的应力、应变和位移都是以波动形式传播的，空间内的应力分布状态是时间的函数且相当复杂[12]。

对冲击荷载与岩石的互相作用的特点，文献[11]归纳如下。

（1）岩石本身性质对荷载的反应有圈套影响，在静载作用下，岩体力为常量，岩体内的应用场（应力分布、大小）与岩石性质无关，而冲击荷载作用形成的应力场，则与岩石性质有关。

（2）在冲击荷载作用下，岩石内质点将产生运动，岩体内发生的许多现象都带有动态特点。

（3）冲击荷载在岩体内所引起的应力、应变和位移都是以波动形式传播的，空间内应力分布随时间而变化，而且分布非常不均。

（4）装药在岩体或其他固体介质中爆炸所激起的应力扰动（或应变扰动）的传播称为爆炸应力波（或爆炸应变波）。爆炸应力波在离爆炸点不同距离的区段内可出现塑性波、冲击波、弹性波、弹性应力波和地震波等。

1. 固体介质在冲击荷载作用下的变形曲线[11]

固体介质在冲击载荷作用下的变形曲线如图 4-15 所示。

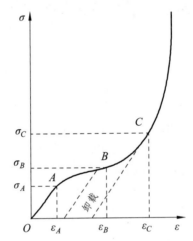

图 4-15　固体在冲击荷载作用下的变形曲线

图 4-15 为固体在冲击荷载作用下的典型变形曲线。图中 $O \sim A$ 为弹性区，A 为屈服点，A—B 为弹塑性变形区，B 点以后材料进入类似于液体的状态。

若应力值不超过弹性极限或屈服点，在固体中传播弹性应力波。在弹性区内，当应用和线性关系时，变形模量 $\dfrac{\mathrm{d}\sigma}{\mathrm{d}\varepsilon}$ 为常数，即是线性弹性模量 E。因此，波的传播速度也是常数，与扰动强度无关。弹性应力波的传播速度等于未扰动固体中的声速 c，可参见式（4-85）计算，即：

$$c = \sqrt{\frac{E}{\rho}} \tag{4-85}$$

但该式只适用于无侧限应力的一维应力平面波，和计算细杆或棒内的弹性应力波波速，因这时杆的横向尺寸和应力波波长相比很小，横向变形的影响可忽略不计。

若荷载是突加的，弹性应力波可具有陡峭波头，但由于波速是声速（系指未扰动固体中的声速），故不是冲击波。

当应力超过屈服点而处于弹塑性变形区内时，紧跟弹性应力波后面传播的是弹塑性波。在该区段内，变形模量 $\dfrac{\mathrm{d}\sigma}{\mathrm{d}\varepsilon}$ 不是常数，而是随应力值增大而减小的。因此，高应力处的微幅应力扰动要比低应力处的微幅应力扰动传播慢，波头在传播过程中将逐渐变缓。通常弹塑性变形区可近似用直线表示，并以该直线的变形模量计算平均波速，其值小于未扰动固体中的声速。

应力值超过 B 点，固体的变形性质类似于流体，其变形模量（相当于流体的体积压缩模具）随应力增大或压缩率减小而增加。因此，与弹塑性波相反，高应力处的微幅应力扰动要比低应力处的微幅应力扰动传播快，其结果将形成陡峭波头。但在 $B—C$ 变形段内，变形模量仍小于弹性区变形模量，故在该区段内，虽能形成陡峭波头，但波头传播速度不是超声速的（与未扰动固体中的声速比较），不能把它看作冲击波。为与冲击波区别起见，有人把它叫作非稳态冲击波，而将真正的冲击波称为稳态冲击波。

应力值超过 C 点后，不仅能形成陡峭的波头，而且波头传播速度是超声速的。这就可以看成是真正的冲击波。

2. 应力扰动在介质内的传播

为了解爆炸应力波的特性，文献[11]指出：首先来讨论微幅应力扰动在固体介质中的传播（图 4-16）。

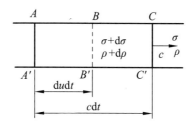

图 4-16　固体中微幅应力扰动的传播

设固体内质点（或微元体）扰动前密度和应力为 ρ、σ 并处于静止状态，即质点运动速度 $u=0$；扰动后密度和应力变化为 $\rho+\mathrm{d}\rho$，$\sigma+\mathrm{d}\sigma$，质点获得运动速度 $\mathrm{d}u$；扰动的传播速度即波速为 c。设 t 时刻位于截面 AA' 的波头，在 $t+\mathrm{d}t$ 时刻传播至截面 CC'，传播距离为 $c\mathrm{d}t$；在同一 $\mathrm{d}t$ 时间内，截面 AA' 上的质点移至截面 BB'，产生的位移为 $\mathrm{d}u\mathrm{d}t$。

取单位截面，并假设质点只在波传播方向上产生位移和变形（即截面保持不变），则根据质量和动量守恒定律，可写出下列方程：

（1）连续方程

$$\rho c\mathrm{d}t = (\rho+\mathrm{d}\rho)(c-\mathrm{d}u)\mathrm{d}t$$

（2）运动方程

$$\rho c\mathrm{d}t\mathrm{d}u = [(\sigma+\mathrm{d}\sigma)-\sigma]\mathrm{d}t$$

忽略连续方程中的高阶微量，以上两个方程可简化为：

$$c\mathrm{d}\rho = \rho\mathrm{d}u \tag{4-86}$$

$$\rho c\mathrm{d}u = \mathrm{d}\sigma \tag{4-87}$$

由这两个方程可导出微幅应力波的传播速度；

$$c = \sqrt{\frac{d\sigma}{d\rho}} \tag{4-88}$$

该式即声速的一般公式，也可以写成以下形式（因 $V = \dfrac{1}{\rho}$，$dV = -\dfrac{d\rho}{\rho^2}$，$d\rho = -\dfrac{dV}{V^2}$）：

$$c = \sqrt{\frac{1}{\rho} \frac{d\sigma}{d\theta}} \tag{4-89}$$

其中 $d\theta = -\dfrac{dV}{V}$ 即相对体积变形。因假设质点只在波传播方向上产生变形，故 $d\theta = d\varepsilon$（ε——在波传播方向上产生的应变），代换后得：

$$c = \sqrt{\frac{1}{\rho} \frac{d\sigma}{d\varepsilon}} \tag{4-90}$$

式（4-90）表明，固体中微幅应力波的传播速度（因假设质点只在波传播方向上产生位移，所以这里讨论的微幅应力波系指纵波）决定于应力随应变的变化率即变形模量 $\dfrac{d\sigma}{d\varepsilon}$。

因有限幅应力波可看作一系列微幅应力波的叠加，故要了解固体中爆炸应力波的特性，须知道固体材料在冲击荷载作用下的应力和应变关系。

3. 不同应力值在岩体中传播的各种爆破应力波[12]

以上是由低应力到高应力按不同应力值分析了固体中有限幅应力波的特性，这些性质同样适用于岩石。但装药在岩体内爆炸时，若作用在岩体上冲击荷载超过 C 点应力（称为临界应力），首先形成的则是冲击波，尔后衰减为非稳态冲击波、弹塑性波、弹性应力波和爆炸地震波（图 4-17）。

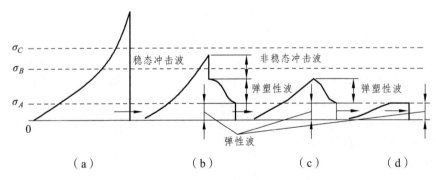

图 4-17　按不同应力值，在岩体中传播的各种爆炸应力波

但由于大多数岩石在爆炸冲击荷载作用下未进入流体状态前呈脆性，而且应力和应变关系遵循胡克定律，所以激起的爆炸应力波主要是冲击波、弹性应力波（简称为应力波）和爆炸地震波（简称为地震波）。冲击波具有陡峭波头，以超声速传播，波头上岩石所有状态参数发生突跃变化，传播过程中能量损失较大，应力衰减很快，作用范围很小，衰减后变为压缩应力波（简称压缩波）。压缩波波头变缓，但应力上升时间（应力增至峰值的时间）仍小于应力下降时间（由峰值应力下降至零的时间），并以声速传播，传播过程中能量损失比冲击波小，衰减较慢，作用范围则较大，衰减后变为地震波。冲击波和应力波都是脉冲波，不具有周期

性，能对岩石造成不同程度的破坏作用，而地震波为周期振动的弹性波，应力上升时间与应力下降时间大体相等，以声速传播，衰减很慢，作用范围最大，但不再能对岩石造成直接的破坏作用，只能扩大岩体内原有的裂隙，和威胁爆破地点附近建筑物的安全。

二、应力波及其分类

1. 应力波

在介质中传播的扰动称为波。由于任何有界或无界介质的质点是相互联系着的，其中任何一处的质点受到外界作用而产生变形和扰动时，就要向其他部分传播，这种在应力状态下介质质点的运动或扰动的传播称为应力波。炸药在岩石和其他固体介质中爆炸所激起的应力扰动（或应变扰动）的传播称为爆炸应力波。

2. 应力波的分类

（1）应力波的分类见图 4-18。

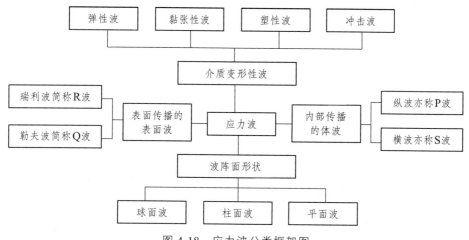

图 4-18　应力波分类框架图

（2）应力波在岩体中由一种介质向另一种介质传播或遇自由边界

① 入射波。

从波源向外发射，由一种介质向另一种介质传播的波称为入射波。

炸药爆炸所产生的冲击波、应力波、地震波，均以压缩入射波的形式从爆源向外发射传播。向自由边界垂直或倾斜入射的波，称为垂直入射波或倾斜入射波。

② 反射波。

入射波遇到自由边界则被反射为反射波，压缩入射波反射为拉伸反射波。

岩石的抗拉强度比岩石的抗压、抗剪强度小，故自由边界可为岩石的拉伸破坏创造有利条件。垂直入射的纵波在边界面全部反射为反射纵波、倾斜的纵波或横波反射后，都可产生反射纵波和反射横波。

③ 透射波。

入射波遇到自由边界，除了一部分反射为反射波外，另一部分从波源穿透自由边界进入另一种介质的波，称为透射波（或折射波）。

（3）不同波源向外传播得到不同形状的波面。

① 球面波。

当波阵面是以点状波源为球心，向外传播一系列同心球面的波，称为球面波，如药室爆破则产生球面波。

② 平面波。

当球面波传到更远的距离，其曲率半径很大，在介质的某一个平面内所有的质点，在观察瞬间都具有相同相位，这种波叫平面波。

在直径比波长小的一维杆件中传播的波也称为平面波。

③ 柱面波。

波阵面以圆柱状向外传播的波称为柱面波，当柱状装药用导爆索瞬间同时起爆，其应力波呈圆柱形（药柱上下两端除外）。

当孔底起爆时呈现锥形波，其大头朝上向自由面。反之当孔口起爆，则圆锥波形的大头朝向岩体内部传播。

三、应力波传播引起的质点振动和介质变形

1. 纵波和横波传播过程中质点振动[11]

纵波和横波传播过程中质点振动如图 4-19 所示。固体、液体、气体介质均能传播 P 波。

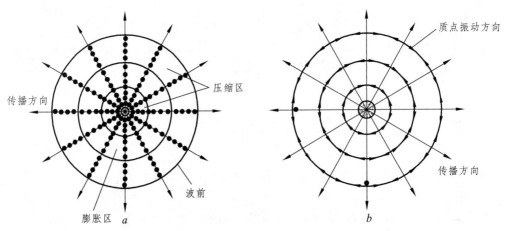

图 4-19　纵波和横波传播过程中质点振动示意图

a—纵波；b—横波

2. 应力波传播引起的介质变形（图 4-20）

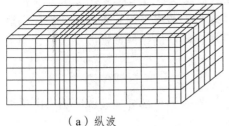

（a）纵波　　　　　　　　　（b）横波

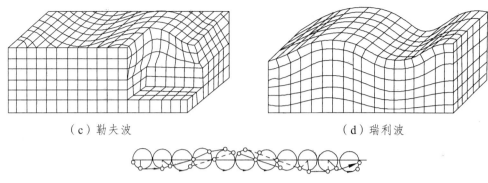

（c）勒夫波　　　　　　　　　　　　（d）瑞利波

（e）瑞利波质点运动方向

图 4-20　应力波传播引起的介质变形立体示意图

表面波可以分为瑞利波和勒夫波。瑞利波简称 R 波；勒夫波简称 Q 波。在瑞利波传播的过程中受扰动的质点将遵循椭圆轨迹做后退运动，但不产生剪切变形，在这一点上它与 P 波相似。Q 波与 S 波相似。波中被扰动的质点与波传播方向成横向的振动。

体积波特别是纵波由于能使岩石产生压缩和拉伸变形，是爆破时造成岩石破裂的重要原因。表面波特别是瑞利波，携带较大的能量，是造成地震破坏的主要原因。若地震辐射出的能量为 100，则纵波和横波所占能量比分别为 7% 和 26%；而表面波为 67%。图 4-20 表示了应力波传播过程中介质变形示意图。

应力波中的应力和应变：当应力波在一维试件中传播时，纵波在试件中所引起的拉压应力 $\sigma = \rho c_p v_p$，横波所引起的剪切应力 $\tau = \rho c_s v_s$。

式中　　ρ ——介质的密度（g/cm^3）；

c_p ——纵波在介质中的传播速度（m/s）

$$c_P = \sqrt{\frac{E}{\rho}}$$

E ——介质的弹性模量；

c_S ——横波在介质中的传播速度（m/s）

$$c_S = \sqrt{\frac{G}{\rho}}$$

G ——介质的剪切弹性模量；

v_p ——纵波引起的质点振动速度；

v_s ——横波引起的质点振动速度。

$$应变\ \varepsilon = \frac{\sigma}{E} = \frac{v_P}{c_P}\ （纵波所引起的拉压变形）$$

四、爆炸应力波在岩体中的传播规律

冲击波在岩体内传播时，它的强度随传播距离的增加而减小。波的性质和形状也产生相应的变化。根据波的性质、形状和作用性质的不同，可将冲击波的传播过程分为 3 个作用区，如图 4-21 所示。在离爆源约 3～7 倍药包半径的近距离内，冲击波的强度极大，波峰压力一般都大大超过岩石的动抗压强度，故使岩石产生塑性变形或粉碎，因而消耗了大部分的能量，冲击波的参数也发生急剧的衰减。这个距离的范围叫作冲击波作用区。冲击波通过该区以后，由于能量大量消耗，冲击波衰减成不具陡峻波峰的应力波，波阵面上的状态参数变化得比较平缓，波速接近或等于岩石中的声速，岩石的状态变化所需时间大大小于恢复到静止状态所需时间。由于应力波的作用，岩石处于非弹性状态，在岩石中产生变形，可导致岩石的破坏或残余变形。该区称为应力波作用区或压缩应力波作用区。其范围可为 120～150 倍药包半径的距离。应力波传过该区后，波的强度进一步衰减，变为弹性波或地震波，波的传播速度等于岩石中的声速，它的作用只能引起岩石质点做弹性振动，而不能使岩石产生破坏，岩石质点离开静止状态的时间等于它恢复到静止状态的时间。故此区称为弹性振动区[13]。

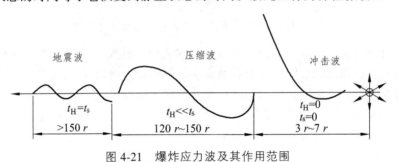

图 4-21　爆炸应力波及其作用范围

r—药包半径；t_H—介质状态变化时间；t_S—介质状态恢复到静止状态时间

1. 爆炸应力波的传播

随着传播距离的增加，爆炸冲击波衰减为爆炸应力波，在研究爆炸应力波传播过程时，必须研究应力波传播时所引起的应力以及应力波本身的传播速度和应力波传播过程中所引起的质点振动速度，这两种速度在数量上存在着一定的关系。

弹性介质中的应力波传播速度取决于介质密度、弹性模量等。在无限介质的三维传播情况下，其纵波和横波的传播速度为：

$$c_p = \left[\frac{E(1-\mu)}{\rho(1+\mu)(1-\mu)} \right]^{\frac{1}{2}} \tag{4-91}$$

$$c_S = \left[\frac{E}{2\rho(1+\mu)} \right]^{\frac{1}{2}} = \left[\frac{G}{\rho} \right]^{\frac{1}{2}} \tag{4-92}$$

式中　E——介质的弹性模具（kPa）；

　　　ρ——介质的泊松比；

　　　G——介质的剪切模量（kPa）。

岩石中的应力波速度除与岩石密度、弹性模量有关外，尚与岩石结构、构造特性有关。工程上一般通过实测得出岩石的纵波和横波传播速度。

（1）岩体内动应力与波阻抗和质点速度间的关系。

$$\sigma = c_p \rho v_p \tag{4-93}$$

$$\tau = c_S \rho v_s \tag{4-94}$$

式中 σ——纵波作用产生的正应力；

τ——横波作用产生的剪应力；

其他符号意义与前同。

（2）声波在岩体内传播受地质构造控制。

当声波经过层面时，由于介质特性发生变化，将产生透射与反射。一部分能量由于透射而穿过层面继续向前传播，另一部分能量反射回来。若地震波垂直入射到结构面时，入射应力、反射应力和透射应力有如下关系：

$$\sigma_r = \frac{c_{p2}\rho_2 - c_{p1}\rho_1}{c_{p1}\rho_1 + c_{p2}\rho_2}\sigma_i \qquad (4\text{-}95)$$

$$\sigma_t = \frac{2c_{p2}\rho_2}{c_{p11} + c_{p22}}\sigma_i \qquad (4\text{-}96)$$

$$\sigma_t = \sigma_i - \sigma_r \qquad (4\text{-}97)$$

式中 $c_{p1}\rho_1$，$c_{p2}\rho_2$——入射侧岩层、透射侧岩层的波阻抗；

i、r、t——入射、反射和透射；

σ_t、σ_i、σ_r——声波在层面产生的透射、入射和反射应力；质点的震动强度也相应地受到岩层的影响；

$$v_t = v_i - v_r \qquad (4\text{-}98)$$

式中 v_t、v_i、v_r——振动波经过层面时的透射波、入射波和反射波的质点振动速度。

2. 爆炸应力波在岩体中传播过程的应力、应变衰减规律

（1）应力峰值的衰减。径向应力峰值与传播距离的关系可表示为：

$$\sigma_{r\max} = P_m\left(\frac{r_b}{r}\right)^{\alpha} \qquad (4\text{-}99)$$

式中 α——应力衰减指数。

应力衰减指数与岩石泊松比 v 间的经验关系式为：

$$\alpha = 2 \pm \frac{v}{1-v} \qquad (4\text{-}100)$$

上式中的"＋"号对应于冲击波作用区，"－"号对应于压缩波作用区。

在冲击波作用范围内，岩石的性态类似于流体，这时可取 $v \approx 0.5$，因此 $\alpha \approx 3$。在压缩波作用区内，按式（4-100）算出的 α 值不超过 2，但裂隙性岩石的 α 值可大于 2。故式（4-100）只适用于完整性较好的岩石。

（2）切向应力：岩石在径向应力的 σ_r 的作用下受到压缩，由于周围岩体的侧限作用，将由此而衍生出切向拉应力 $\sigma\theta$。切向应力峰值（绝对值）可通过径向压应力峰值来表示：

$$\sigma\theta_{\max} = b_r\sigma_{r\max} \qquad (4\text{-}101)$$

式中的系数 b_r 与岩石泊松比和爆炸应力波传播距离有关。在爆源附近的 b_r 值较大（$b_r \approx 1$）。随着离爆源距离的增大，b_r 值迅速减小，并趋于只依赖于泊松比的固定值：

$$b_r = \frac{v}{1-v} \qquad (4\text{-}102)$$

（3）集中药包爆炸时岩石中的径向应变：集中药包在岩体内爆炸时，离药包中心某一距离的近处至远离药包中心相当范围内，岩石中任一点的径向压缩应变最大值（$\varepsilon_{r\max}$）可按下式计算：

$$\varepsilon_{r\max} = \bar{K}\frac{Q^{1/3}}{r}e^{\left(-\alpha_1\frac{r}{Q^{1/3}}\right)} \tag{4-103}$$

式中　α_1——岩石的变形能吸收系数，对绝大多数岩石，$\alpha_1 = 0.03$；

　　　$\bar{K}$——传播系数。与岩石弹性模量 E 有关，对 E 较大的岩石，$\bar{K} = 2\,000 \sim 3\,000\ \mathrm{m/kg^{\frac{1}{3}}}$；

　　　对 E 较小的岩石，$\bar{K} = 1\,000 \sim 1\,500\ \mathrm{m/kg^{\frac{1}{3}}}$。

五、应力波的反射[11,13]

应力波在传播过程中，遇到自由面或节理、裂隙、断层等薄弱部位时都要发生波的反射和透射。当波遇到界面时，一部分波改变方向，但不透过界面，仍在入射介质中传播的现象称为反射。当波从一种介质穿过界面进入另一介质，入射线由于波速的改变，而改变传播方向的现象称为透射。

应力波向交界面垂直入射的情况，由于纵波是造成岩体破坏的主要因素，所以在此只讨论应力波为纵波时向交界面垂直入射的情况。

试看图 4-22，当入射波由物体 a 进入 b 时，在界面上的点，既属于物体 a，又属于物体 b。从物体来看，这点同时受到一个入射的顺波和一个反射的逆波作用，利用波的叠加原理知：

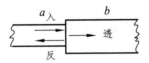

图 4-22　波的透射和反射

应力 $\sigma_a = \sigma_入 + \sigma_反$

质点振动速度 $v_a = v_入 + v_反$

从 b 物体来看，界面上的点只受透射过来的顺波作用，即：

$\sigma_b = \sigma_透$

$v_b = v_透$

但界面上的同一点的应力和质点振动速度只能有一个，所以：

$\sigma_a = \sigma_b$　　即 $\sigma_入 = \sigma_反 = \sigma_透$

$v_a = v_b$　　即 $v_入 + v_反 = v_透$

1. 应力波在传播中遇到自由面或介质界面时的入射、反射和透射

应力波在岩体中传播遇自由面或不同介质分面上的入射、反射和透射框架见图 4-23 所示。

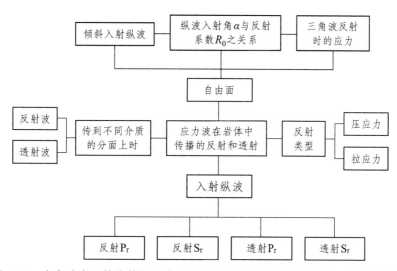

图 4-23 应力波在岩体中传播遇自由面或不同介质分面上的反射、入射框架图

2. 应力波在自由面上的反射

应力波传播到自由面时均要发生反射，无论是纵波还是横波经过自由面反射后都要再度生成反射纵波和反射横波。

自由面上部为空气。与岩石密度相比，空气的密度可以认为是零。因此，应力波在自由面引起的位移不受限制，自由面上的应力也等于零。当应力波到达自由面时，将全面发生反射。

（1）纵波在自由面上的反射[14]。

当入射波为纵波时，纵波的入射角和反射纵波的反射角均等于 α，而反射横波生成的反射角为 β，如图 4-24 所示。同时，反射横波的反射角 β 与纵波的入射角 α 之间，根据光学的斯涅尔（Snell）法则存在下列关系式：

$$\frac{\sin \alpha}{\sin \beta} = \frac{c_P}{c_S} = \frac{2(1-\mu)}{1-2\mu} \tag{4-104}$$

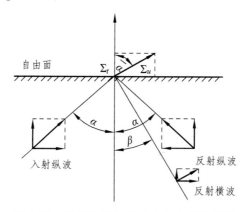

图 4-24 倾斜入射的纵波在自由面的反射

当纵波、横波在介质内部传播时，在介质中均要产生应力和应变。设通过自由面某点倾斜入射的纵波及其反射的纵波和横波引起的应力分别为 σ_i、σ_r 和 τ_r，则三者存在下列关系式：

$$\sigma_r = R_0 \sigma_i \tag{4-105}$$

$$\tau_r = [(R_0 + 1)\cot 2\beta]\sigma_i \qquad (4\text{-}106)$$

$$R_0 = \frac{\tan\beta\tan^2 2\beta - \tan\alpha}{\tan\beta\tan^2 2\beta + \tan\alpha} \qquad (4\text{-}107)$$

式中　　R_0——应力波的反射系数。

纵波的入射角 α 与反射系数 R_0 的关系如图 4-25 所示。

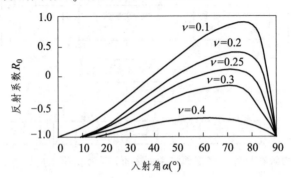

图 4-25　纵波入射角 α 与反射系数 R_0 之关系

R_0 为负值，表示纵向应力波方向发生反向变化，压缩波变为拉伸波，拉伸波变为压缩波。

当纵波倾斜入射时，自由面上质点的运动方向取决于 3 个波引起质点位移的合成方向，如图 4-26 所示。

$$\bar{\alpha} = \arctan\left(\frac{\sum u}{\sum t}\right) \qquad (4\text{-}108)$$

式中　　$\sum u$——3 个波引起的平行于自由面的质点位移合成值；

$\sum t$——3 个波引起的垂直于自由面的质点位移合成值。

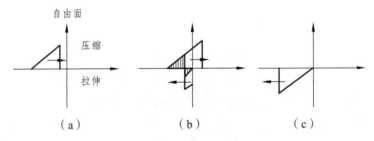

图 4-26　三角波从自由面反射时的应力

纵波入射角 α 与横波反射角 β 的关系

$$\bar{\alpha} = 2\beta \qquad (4\text{-}109)$$

纵波垂直入射自由面时，$\alpha_i = 0$，此时与自由面成垂直方向的应力合力必然为零。其相位发生 180°变化。即应力波若是以压缩波的形式传播，到达自由面时发生反射，压缩波变为拉伸波，并向介质中返回。此时，自由面附近的应力状态如图 4-26 所示，设入射的三角波形为压缩波，从左向右传播，如图 4-30（a）所示，则波在到达自由面之前，随着波的前进，介质承受压缩应力作用，当波到达自由面时立即发生反射。图 4-31（b）表示三角波正在反射过程中，图 4-30（c）表示波的反射过程已经结束。反射前后的波峰应力值和波形完全一样，但极性相反，由反射前的压缩波变为反射后的拉伸波，从原介质中返回。随着反射波的前进，介质从原来的压缩应力下被解除的同时，而承受拉伸应力。

（2）横波在自由面上的反射。

当入射波为横波时，在自由面上由入射波和反射波所引起的应力有下列关系：

$$\tau_r = R_0\sigma_i \tag{4-110}$$

$$\sigma_r = [(R_0 - 1)\tan 2\beta]\tau_i \tag{4-111}$$

（3）应力波在不同介质分界面上的反射和透射。

当应力波传到不同介质的分界面时，均要发生反射和透射，假设入射波为纵波（P）时，一般要激发 4 种波，即反射纵波 P_r，反射横波 S_r，透射纵波 P_t 和透射横波 S_t（图 4-27）。

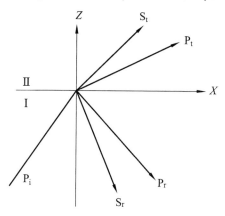

图 4-27　P 波由介质 I 入射到介质 II 中的示意图

波的反射部分和透射部分的应力波的形状变化取决于不同介质的边界条件。根据界面连续条件和牛顿第三定律，分界面两边质点运动速度相等，应力也相等。

$$\tau_r = R_0\tau_i \tag{4-112}$$

$$v_i + v_r = v_t \tag{4-113}$$

式中的 σ 和 v 分别代表力和质点运动速度，下角标的字母 i、r 和 t 分别代表入射、反射和透射波。

假设传播的应力波为纵波，则

$$v_i = \frac{\sigma_i}{\rho_1 c_{p1}}, \quad v_r = -\frac{\sigma_r}{\rho_1 c_{p1}}, \quad v_t = \frac{\sigma_t}{\rho_2 c_{p2}} \tag{4-114}$$

将式（4-114）代入式（4-113）得：

$$\frac{\sigma_i}{\rho_1 c_{p1}} - \frac{\sigma_r}{\rho_1 c_{p1}} = \frac{\sigma_t}{\rho_2 c_{p2}} \tag{4-115}$$

将式（4-112）与式（4-114）联立可得：

$$\sigma_r = \sigma_i\left(\frac{\rho_2 c_{p2} - \rho_1 c_{p1}}{\rho_2 c_{p2} + \rho_1 c_{p1}}\right) \tag{4-116}$$

$$\sigma_{t} = \sigma_{i} \left(\frac{2\rho_2 c_{p2}}{\rho_2 c_{p2} + \rho_1 c_{p1}} \right) \tag{4-117}$$

式中　ρ_1、ρ_2——两种不同介质的密度（kg/m³）；

　　　c_{p1}、c_{p2}——两种不同介质的纵波传播速度（m/s）。

设：$F = \dfrac{\rho_2 c_{p2} - \rho_1 c_{p1}}{\rho_2 c_{p2} + \rho_1 c_{p1}}$，$F$ 称为反射系数。

$T = \dfrac{2\rho_2 c_{p2}}{\rho_2 c_{p2} + \rho_1 c_{p1}}$，$T$ 称为透射系数。显然

$$1 + F = T \tag{4-118}$$

由式（4-118）可以看出，T 总为正，故透射波与入射波总是同号，F 的正负则取决于两种介质波阻抗的相对大小（图 4-28）。

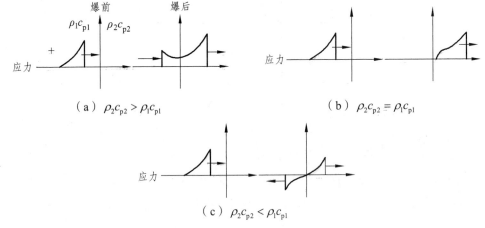

图 4-28　应力波反射类型图

+—压应力；−—拉应力

① 若 $\rho_{2c_{p2}} > \rho_{1c_{p1}}$，则 $F > 0$，反射波和入射波同号，压缩波反射仍为压缩波，反向加载。

② 若 $\rho_{2c_{p2}} = \rho_{1c_{p1}}$，则 $F = 0$，$T = 1$，此时入射的应力波在通过交界面时没有发生波的反射，入射的应力波全部透射入第二种介质，就说明分界面两边的介质材料完全相同，无能量的损失。

③ 若 $\rho_{2c_{p2}} < \rho_{1c_{p1}}$，则 $F < 0$，反射波和入射波异号，只要分界面能保持接触，不产生滑移，就既会出现透射的压缩波，也会出现反射的拉伸波。

④ 若 $\rho_{2c_{p2}} = 0$，类似于入射应力波到达自由面，则 $\sigma_t = 0$，$\sigma_r = -\sigma_i$，在这种情况下入射波全部反射成拉伸波。

由于岩石的抗拉强度大大低于岩石的抗压强度，因此③、④两种情况都可能引起岩石破坏，尤其是后者，这充分说明了自由面在提高爆破效果方面的重要作用。

3. 岩石中的动应力场

爆破荷载为动荷载，在爆破荷载作用下，岩石中引起的应力状态表现为动的应力状态。

它不仅随时间而变化，而且随距离远近而变化。

在爆炸应力波作用的大部分范围内，它是以压缩应力波的方式传播的，其引起的岩石应力状态可以近似地采用弹性理论来研究和解析。近代动应力的分析方法，就是按应力波的传播、衰减、反射和透射等一系列规律，计算应力场中各点在不同时刻的应力分布情况，以求得任何时刻的应力场及任意小单元体的应力状态随时间变化的规律。

当爆炸应力波从爆源向自由面倾斜入射时，在自由面附近某点岩石中产生的应力状态是由直达纵波、直达横波，纵波反射生成的反射纵波和反射横波、横波反射生成的反射纵波和反射横波的动应力状态叠加而成。为简化计算，下面仅考虑入射波是纵波的情况。如图 4-29 所示，设自由面方向为横轴，最小抵抗线方向为竖轴，O 点为炸药中心（即爆源），岩体中任一点 A 的应力状态可作如下的分析：该点由入射直达纵波产生的应力为 σ_{ip}，由反射纵波产生的应力为 σ_{rp}，由反射横波产生的应力为 σ_{rs}，则 A 点的应力为三者的合成，由合成应力引起的 3 个主应力为 σ_1、σ_2、σ_3。

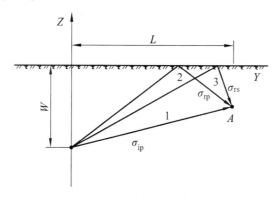

图 4-29　波到达 A 点的应力分析

1—入射纵波；2—反射纵波；3—反射横波

当拉伸主应力 σ_2 出现极大值时，自由面附近岩体中各点的主应力 σ_1 和 σ_2 的方向如图 4-30 所示。这种应力分布方向对于解释爆破时岩体中发生的裂隙方向具有重要的意义。如果爆源附近有自由面时，自由面对应力极大值的变化产生很大的影响，一般来说在自由面附近所产生的压缩主应力极大值比无自由面时所产生的要大，爆源离自由面越近，拉伸主应力的增长越显著，这意味着自由面附近的岩石处于拉伸应力状态，易于被破坏。

A. H. 哈努卡耶夫也得出类似的结果。图 4-31 表示了入射波倾斜入射时，反射纵波（P_r）和反射横波（S_r）分别产生的主应力，包括拉应力、压应力和剪切应力。

由图 4-31 可以看出：① 在反射纵波波阵面 P_r 上，主应力方向为垂直于波阵面的方向和与波阵面相切的方向；在反射横波的波阵面上，主应力方向和波阵面成 45°夹角。② 在反射纵波的波阵面上，最小抵抗线处的应力值最大，距离最小抵抗线越远，应力值越小。在反射横波的波阵面上，最小抵抗线处的应力等于零。③ 地表附近岩层的"片落"主要靠反射纵波引起的拉应力作用。边缘地区的少部分岩石的断裂是剪切应力作用造成的，该剪切应力作用方向和纵波波阵面成 45°夹角，局部地方岩石的破坏是和反射横波波阵面平行的剪切应力造成的。

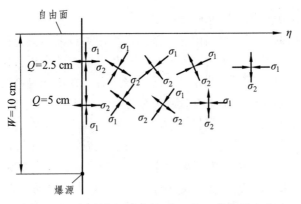

图 4-30　当 σ 达到最大值时 r_1 和 r_2 的作用方向

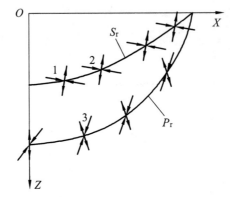

图 4-31　在反射纵波和反射横波波阵面上的主应力的大小和方向

1—拉应力；2—压应力；3—剪应力

上述两个实例说明：① 自由面对应力极大值的变化有很大影响。② 自由面附近岩石主要靠反射纵波的拉伸应力破坏。

4. 岩石中的爆炸气体

如果将爆炸气体与冲击波相比较，从出现的时间讲，冲击波在前，爆炸气体在后。从对岩石的作用时间讲，冲击波作用时间短，爆炸气体作用时间长。尽管爆炸气体出现的时间晚，但是，由于它携带有巨大的能量和较长的作用时间，在破碎岩石中的作用是不可忽视的。

如果药包靠近自由面，孔壁岩石被高压冲击波压缩和粉碎，炮孔容积被扩大，被密封在炮孔中的爆炸气体以准静态压力作用在孔壁上。其力学分析方法是：首先由岩石的应力、应变、位移关系导出爆破微分方程式;再用普通塑性力学方法求解在岩石中各点的主应力 σ_1 和 σ_2 的作用方向，如图 4-32 所示。该应力分布状态与图 4-30 的应力分布状态极为相似。不同之点是爆轰气体压力所引起的主应力 σ_1 常为压缩应力，而主应力 σ_2 并不常为拉伸应力，随距离最小抵抗线超过某一极限距离以后，主应力 σ_2 变为压缩应力。根据图 4-32 中所示的主应力作用方向，可以推断在爆轰气体静压的作用下岩体中产生破坏的裂隙方向。

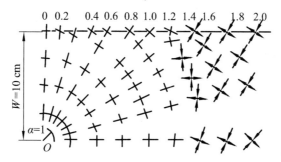

图 4-32 主应力 σ_1 和 σ_2 的作用方向

六、岩体内应力波参数[14]

应力波的应力峰值、上升时间、作用时间和应力波所传递的冲量、能量等称为应力波参数。这些参数与岩石的物理力学性质、岩体的结构特征、炸药性质、药包形状、装药结构等因素有关。

1. 应力峰值

通常按声学近似方法或根据爆轰产物等熵膨胀后与炮眼壁的碰撞机理，计算耦合装药或不耦合装药在炮眼壁上产生的最大冲击压力，并把它看作应力波的初始径向应力峰值。

（1）耦合装药的初始径向应力峰值为

$$P_2 = \frac{1}{4}\rho_0 D_1^2 \frac{2}{1+\dfrac{\rho_0 D_1}{\rho_m c_p}} \tag{4-119}$$

（2）不耦合装药的初始径向应力峰值为

$$P_2 = \frac{1}{8}\rho_0 D_1^2 \left(\frac{d_c}{d_b}\right)^6 n \tag{4-120}$$

（3）径向应力峰值与距离的关系为

$$\sigma_{r\max} = \frac{P_2}{\overline{T}^{\alpha}} \tag{4-121}$$

式中　$\overline{T}$——岩体中质点到装药中心的距离与炮眼半径的比值，即 $\overline{T}=\dfrac{T}{T_b}$，称为对比距离

　　　　（耦合装药时，炮眼半径与装药半径相同）；

　　　P_2——应力波最大初始压力；

　　　d_c——药包直径；

　　　α——应力衰减指数；

　　　$\rho_0 D_1$——炸药的冲击阻抗；

　　　$\rho_m c_p$——岩石的冲击阻抗；

　　　d_b——炮眼直径；

　　　n——爆生气体与炮眼壁碰时的压力增大系数，$n=8\sim10$。

（4）应力衰减指数经验关系表达式。

①武汉岩土力学研究所提出应力衰减指数与岩石波阻抗的关系式为

$$\alpha = -4.11 \times 10^{-7} \rho_m c_p + 2.92 \qquad (4\text{-}122)$$

②苏联学者提出应力衰减指数与岩石泊松比间的经验关系为

$$\alpha = 2 \pm \frac{v}{1-v} \qquad (4\text{-}123)$$

式中右边的"±"号对冲击波取加号，对应力波取减号。

（5）切向拉应力峰值为

$$\sigma_{\theta \max} = \frac{v}{1-v} \sigma_{r \max} \qquad (4\text{-}124)$$

2. 应力波的作用时间

应力上升时间与下降时间之和称为应力波的作用时间。

（1）上升时间和作用时间：上升时间和作用时间与岩性、炮眼装药量、距离等因素有关。它们之间的关系式为

$$t_r = \frac{12}{K} \sqrt{\overline{T}^{2-v}} q_b^{0.05} \qquad (4\text{-}125)$$

$$t_s = \frac{84}{K} \sqrt[3]{\overline{T}^{2-v}} q_b^{0.2} \qquad (4\text{-}126)$$

式中　t_r——上升时间（s）；

　　　t_s——作用时间（s）；

　　　K——岩石体积压缩模量，100 kPa；

　　　v——岩石泊松比；

　　　q_b——炮眼装药量（kg）；

　　　$\overline{T}$——对比距离。

（2）应力波的波长：作用时间与波速的乘积为应力波的波长，即

$$\lambda = t_s c_p \qquad (4\text{-}127)$$

3. 比冲量和比能量

所谓比冲量和比能量，即单位面积传给岩石的冲量和能量，其表达式为

$$I = \int_0^{t_s} \sigma_r(t)\mathrm{d}t \qquad (4\text{-}128)$$

$$W = \int_0^{t_s} \sigma_r(t) v_r(t)\mathrm{d}t \qquad (4\text{-}129)$$

式中　I——比冲量；

　　　W——比能量；

　　　v_r——质点速度。

质点速度与应力、波速、岩石密度有下列关系：

$$v_r = \frac{\sigma_r}{\rho_m c_p}$$

经代换后，式（4-129）改写为

$$W = \frac{1}{\rho_m c_p} \int_0^{t_s} \sigma_r^2(t) \mathrm{d}t \tag{4-130}$$

为计算比冲量和比能量，弗·恩·莫西涅茨给出应力波波形的函数为

$$\sigma_r(t) = \sigma_{r\max} \mathrm{e}^{-\xi(t-t_r)} \frac{\sin \beta t}{\sin \beta t_r} \tag{4-131}$$

式中　ξ，β——应力上升或下降梯度的系数，由实测应力波形确定。

七、应力波特征[14]

如前所述，应力波是外力作用下引起应力和应变在介质中传播的结果，故也称为应变波。

1. 应力波的产生

应力波的产生有两种情况，一种是冲击波随着距离和时间的增加而衰减成应力波，另一种是由外力不够猛烈，不够稳定，未构成冲击波，只形成应力波。

应力波波速等于介质中声速，炸药爆炸破坏岩石主要发生在这一区域内。其作用区域有：

（1）自由面（临空面）产生反射拉伸波的破坏作用。

（2）爆破中区（即紧接冲击作用的爆破近区以外部分）产生径向压应力和切向拉应力的破坏作用。爆破中区的破坏范围大小，取决于炸药能量和岩石性质等因素。

2. 原生爆炸应力波和次生爆炸应力波

通常的观点认为：岩石破碎是由爆炸应力波和爆生气体膨胀推力共同作用的结果。事实上柱状耦合装药爆炸时，爆生气体在破岩过程中除可以起到上述作用外，由于被压缩介质的回弹和高温、高压爆生气体的联合作用也产生冲击效应——应力波。对这种应力波徐国元博士称之为爆炸次生应力波，由爆轰波直接与介质相互作用产生的应力波称之为原生爆炸应力波。原生爆炸应力波和次生应力波是两个相互独立的波形。原生爆炸应力波具有完整的压缩相和拉伸相。而次生应力波只有压缩性，如图4-33所示。

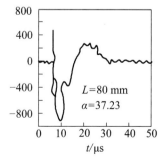

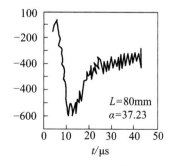

（a）波形由压缩相和拉伸相组成　　　　（b）波形只有压缩相

图 4-33　耦合柱状药包应力波典型图

如果把波形看作时间的函数，原生爆炸应力波压缩相的加载速率为 $4.12\times10^8\mu E/s$。而爆炸次生应力波的波形加载速率为 $0.22\times10^8\mu E/s$。

原生爆炸应力波和次生爆炸应力分别为冲击能（E_s）和膨胀能（E_b），它们之间具有内在联系，因为原生爆炸应力波和次生爆炸应力波分别是冲击能和膨胀能在介质中产生冲击效应的具体表现。

3. 固体中应力波与相对体积变形的关系

固体介质中应力波与相对体积变形的关系如图 4-34[11]。当固体中压应力 σ 发生变化时，固体中传播的应力波幅值、形状及速度不同。

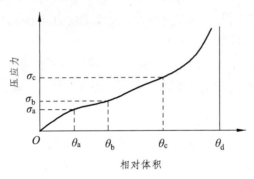

图 4-34　压应力和相对体积的关系

（1）$\sigma < \sigma_a$ 时，由图 4-39 可见 $d\sigma < d\theta$ 为常数，此关系对应于线弹性区域，传播的应力波为线弹性应力波，波速为固体纵波声速，即

$$c_p = \sqrt{\frac{E(1-\mu)}{\rho(1+\mu)(1-2\mu)}}$$

式中　E、μ ——杨氏模量、泊松比。

（2）$\sigma_a < \sigma < \sigma_b$ 时，由图 4-34 可见，即使压应力增加很小，介质质点也将产生较大的变形和位移，此阶段对应于塑性变形区域，这表明材料已经屈服，类似流体，因而不再能够承受剪应力，此阶段固体中传播的应力波仅为弹性纵波，而无横波。由图 4-34 知 $d\sigma/d\theta$ 比（1）阶段小得多（斜率减小），说明塑性波的传播速度低于弹性波波速。

（3）$\sigma_b < \sigma < \sigma_c$ 时，由图 4-34 可见，此阶段 $d\sigma/d\theta$ 值大，但比阶段（2）值小，因此其传播速率小于声速，大于塑性波速，由于压应力值大于塑性阶段的压应力，因此固体中传播的应力波为亚声速冲击波。

（4）$\sigma > \sigma_c$ 时，由图 4-34 可知曲线更陡，此阶段 $d\sigma/d\theta$ 比（3）阶段值大得多，它比弹性波速大，压应力幅值远大于介质的塑性极限，因此传播的应力波为超声冲击波。

由以上分析可知，固体中的压应力决定了应力波的传播速度、波形等应力波特性。在炸药内部及近区（$R < R_c$），压应力接近于爆压，固体介质中传播的应力波为冲击波，波形较陡，应力波的传播速度为超声速；随着距离的增大，在 $R_c < R < R_b$ 区域，冲击波的压应力幅值减小，传播速度减小，固体中的应力波为亚声速传播的冲击波区；在 $R_b < R < R_s$ 区域，应力波的幅值进一步减小，呈现弹塑性应力波的双波结构，弹性波传播速度为声速；塑性波的传播速度小于声速；在 $R_d < R$ 区域，应力波幅值进一步衰减，固体中仅有弹性波传播，传播速度等于声

速。典型的应力波形见图 4-35[10]。

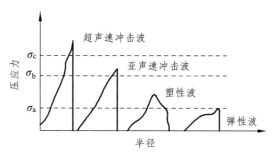

图 4-35　典型的应力波形图

八、应力波的破岩机理

炸药在孔穴中爆炸后，随着与爆源距离的增大，岩体在压缩应力波作用下所产生的环向变形范围也增大。这就改变了岩体的受力状态。岩体不仅在径向受到压应力作用，而且在环向受到拉应力作用，如图 4-36 所示。

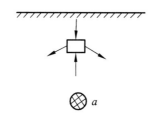

图 4-36　应力波作用下岩体受力状态

径向应力 σ_r 由下式近似计算：

$$\sigma_r = p_b \left(\frac{1}{\overline{T}} \right)^{\partial} \tag{4-132}$$

式中　p_b——药包中心处爆轰波产生的平均初始压力；

　　　$\overline{T}$——比例半径，$\overline{T} = R / R_w$，R 为离药包轴线的距离（m）；

　　　R_w——药包断面半径（m）；

　　　∂——与岩石及炸药种类有关的常数，对于大多数岩石，$\partial = 1.5$。

环向应力与径向应力之间有如下关系式：

$$\sigma_\theta = -\sigma_r (1 - 2b^2) \tag{4-133}$$

式中的"－"号表示拉应力（压应力为"＋"），$b = \dfrac{c_s}{c_p}$ 对大多数岩石，$b=0.5$。则有

$$\sigma_\theta = -\frac{1}{2} \sigma_r \tag{4-134}$$

药包爆炸之后，在应力波作用范围内某点处有一结构弱面与径向的交角为 β_1，如图 4-37 所示。

由于结构面的强度比岩石本身强度低，所以单元体在应力状态下可能出现三种破坏形式，即沿着结构面破坏、沿径向方向拉断破坏、沿与径向成某一夹角方向的剪切破坏。

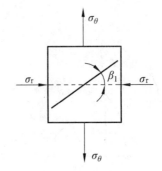

图 4-37　含弱面的单元体应力状态

1. 岩体沿结构弱面的破坏

岩体沿结构弱面的破坏多是剪切破坏，必须满足库伦标准，即

$$\tau_n > S_j = \sigma_n \tan \varphi_j + c_j \tag{4-135}$$

式中　S_j——结构弱面的剪切强度；

　　　σ_n——弱面上的正应力；

　　　φ_j、c_j——弱面的内摩擦角和内聚力。

图 4-38 表示弱面的强度曲线和单元体的应力状态（图中应力圆弧）的关系，其破坏准则为：

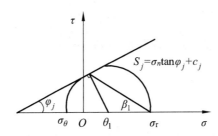

图 4-38　弱面强度曲线与应力图

（1）当 σ_r 和 σ_r 不变，强度曲线与应力圆相切时，此时弱面与 σ_r 的夹角 $\beta_1 = \dfrac{\pi}{4} - \dfrac{\varphi_j}{2}$。

因为一般岩体的结构弱面的 $\varphi_j = 20° \sim 40°$，则 $\beta = 25° \sim 35°$，即沿弱面形成的破坏面与径向成 $25° \sim 35°$ 的角。

（2）若 $\beta_1 > \dfrac{\pi}{4} - \dfrac{\varphi_j}{2}$，则岩体强度将取决于岩石强度，而与弱面的存在无关，即岩石不会沿弱面破坏。

（3）若 $\beta_1 \leqslant \dfrac{\pi}{4} - \dfrac{\varphi_j}{2}$，岩体将沿弱面发生剪切或张剪破坏。

岩体结构弱面破坏的临界条件为：

$$\sigma_r \geqslant \dfrac{4c_j \cos \varphi_j}{3 - \sin \varphi_j} \tag{4-136}$$

2. 岩体在拉压作用下的破坏

如上所述，若 $\beta_1 > \dfrac{\pi}{4} - \dfrac{\varphi_j}{2}$，岩体的破坏与结构弱面无关，此时岩体的强度即等于岩石强度。由于 $c \gg c_j$，岩体的破坏比结构面破坏较难。若单元体上的环向应力 $\sigma_\theta >$ 岩体的动态抗拉强度 S_t，根据脆性材料拉断时的最大拉应力理论，则有

$$-\sigma_\theta \geqslant S_t \tag{4-137}$$

式中　$\sigma_\theta = -\dfrac{1}{2}\sigma_r$

当岩体发生拉断破坏时，其破坏面方向与径向一致，也就是说，岩体在应力波作用下也可能形成径向裂隙。

因此，岩体在入射应力波的作用下，不仅会发生拉断和剪断破坏，而且容易沿各种结构弱面剪切破坏。裂隙的形成与贯通（图 4-39）为爆生气体的准静态作用和气体的楔入作用创造了有利条件，便于岩体的充分破坏。

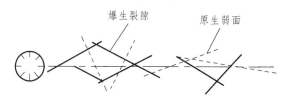

图 4-39　裂隙的径向化示意图[13]

第五章 岩石爆破理论

第一节 岩石爆破理论的发展

一、爆破技术与相邻科学的发展

随着爆破技术和相邻学科的发展，爆破理论也有了相应的进步。特别是岩体结构力学岩石动力学、断裂力学、损伤力学和计算机模拟技术的发展，使爆破理论研究更实用化，更系统化了。但是，从总体上来讲，爆破理论的发展仍然滞后爆破技术的要求，理论研究和生产实际仍有不小的差距。再加上爆破过程的瞬时性和岩体性质的模糊性、不确定性，致使爆破理论众说纷纭、争论不休[15]，从发展的角度研究不同爆破理论的主要论点、依据，找出共识，无疑对今后的研究和指导实践都有着重要的意义。

二、岩石爆破理论发展框架

岩石爆破理论发展框架如图 5-1 所示。

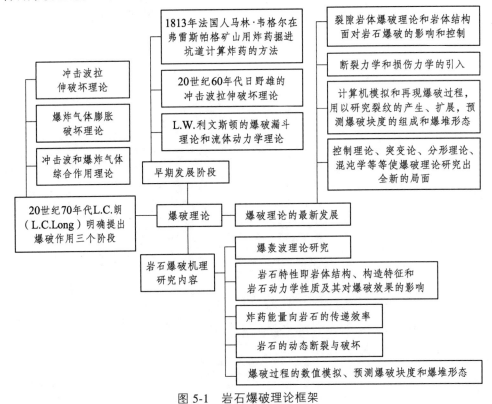

图 5-1 岩石爆破理论框架

三、冲击波和爆炸气体综合作用理论

在我们接触爆破的实践中，特别在高速摄影中，能分析出这种理论。倡导和支持这种观点的学者，据文献的介绍，有 C.W.利文斯顿、A.鲍姆、伊藤一郎、P.A.帕尔逊、H.K.卡特尔、L.C.朗和 T.N 哈根等。

持这种观点的学者认为：岩石的破碎是由冲击波和爆生气体膨胀重力作用的结果。

即两种作用形式在爆破的不同阶段和针对不同岩所起的作用不同。爆炸冲击波（应力波）使岩石产生裂隙，并将原始裂隙进一步扩展。随后爆生气体使这些裂隙贯通、扩大形成岩块、脱离母岩。此外，爆炸冲击波对高阻抗的致密、坚硬岩石作用更大，而爆生气体膨胀压力对低阻抗的软岩的破碎效果更佳。

但是，岩石破碎的主要原因是爆炸冲击波还是爆炸气体，至今仍有不同的观点。这种争论一直贯穿着爆破理论发展的整个阶段，今后还会持续相当长的一段时间。

第二节　炸药在岩石内的爆破作用原理

一、炸药在岩石内的爆破作用原理

炸药在岩石内的爆破作用见图 5-2。

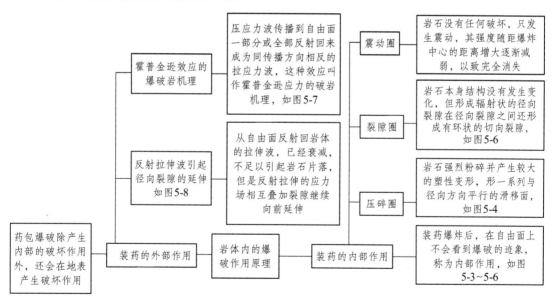

图 5-2　炸药在岩石内的爆炸作用框架图

二、炸药在岩石内的爆炸作用原理图例

（1）粉碎区（压缩区）。粉碎区（压缩区）如图 5-3、图 5-4 所示。

（2）裂隙区（破裂区）如图 5-5、图 5-6 所示。

图 5-3　无限岩石中炸药的爆破作用有机玻璃
模拟爆破试验结果

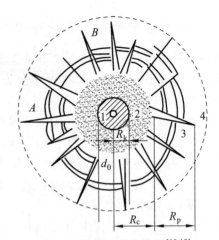

图 5-4　装药的内部作用[10,13]

R_k—空腔半径；R_c—压碎圈半径；R_p—裂隙圈半径；
1—扩大空腔；2—压碎圈；3—裂隙圈；4—震动圈

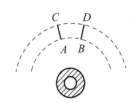

图 5-5　径向压缩引起的切向拉伸

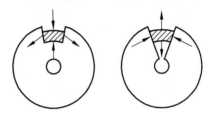

图 5-6　径向裂隙和环向裂隙的形成原理

（3）霍普金逊效应的破碎机理，如图 5-7。

（4）反射拉应力波破坏过程，如图 5-8。

（5）反射拉伸波对径向裂隙的影响，如图 5-8。

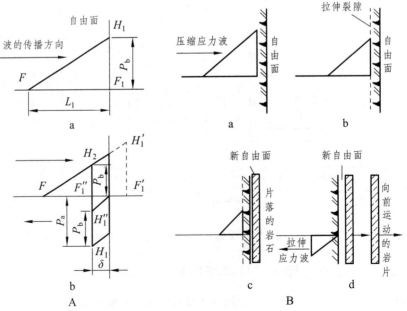

图 5-7　霍普金逊效应的破碎机理

A—应力波合成的过程；B—岩石表面片落过程

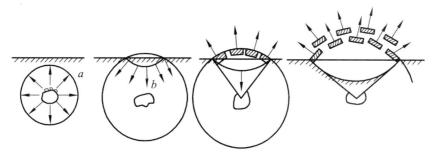

图 5-8　反射拉应力波破坏过程示意图

a—入射压力波波前；b—反射拉应力波波前

三、炸药在岩石内的破坏作用（图 5-3）及圈层的形成与半径的计算图

近年来，许多学者对圈层半径大小的计算进行了研究，提出了不同的计算方法，特别对压碎区，由于各自的出发点不同，计算结果往往有一定差距。下面介绍一种估算方法。

1. 压碎圈的形成及半径的计算[5]

（1）压碎圈的形成。

装药爆炸时，在岩体上产生的冲击荷载超过岩石冲击变形曲线上的临界应力后（约等于岩石的体积压缩模量），就会在岩体内激起冲击波。在冲击波作用下，岩石结构遭到严重破坏，并粉碎成为微细粒子，从而形成压碎圈或粉碎圈。

但冲击波在岩体内衰减很快，其峰值压力随距离变化近似为：

$$P_S = \frac{P_2}{\overline{r}^3} \tag{5-1}$$

式中　P_2——冲击波作用在岩体上的最大初始冲击压力；

$\overline{r}$——对比距离，$\overline{r} = \dfrac{r}{r_b}$，其中为 r_b 炮眼半径。

在压碎圈界面上，冲击波衰减为应力波，其峰值应力为：

$$\sigma_{rc} = \rho_m c_p v_{rc} \tag{5-2}$$

式中　v_{rc}——压碎圈界面上的质点速度。

已知岩石内冲击波波速与质点速度间存在下列关系（改用 D_2、u_2 表示岩石内冲击波参数，ρ_m 表示岩石初始密度）：

$$D_2 = a + b u_2 \tag{5-3}$$

在压碎圈界面上，冲击波波速衰减为弹性波波速，这时的质点速度应为：

$$u_2 = v_{rc} = \frac{c_p - a}{b} \tag{5-4}$$

将式（5-4）代入式（5-2），得：

$$\sigma_{rc} = \rho_m c_p \frac{c_p - a}{b} \tag{5-5}$$

以 σ_{rc} 代替（5-1）式中的 P_S，解出 r 即冲击波的作用范围或压碎圈半径：

$$\rho_m c_p \frac{c_p - a}{b} = \frac{P_2}{\bar{r}^3}$$

$$\bar{r} = \left[\frac{bP_2}{\rho_m c_p (c_p - a)} \right]^{\frac{1}{3}}$$

$$r = R_c = \left[\frac{bP_2}{\rho_m c_p (c_p - a)} \right]^{\frac{1}{3}} r_b \tag{5-6}$$

压碎圈半径也可以按下列公式来估算：

（2）压碎圈。压碎圈半径通常按下式计算[11,15]：

$$R_c = \left[\frac{\rho_m c_p^2}{5 s_c} \right]^{\frac{1}{2}} R_k \tag{5-7}$$

式中　S_c——岩石单轴抗压强度（MPa）；

　　　R_k——空腔半径的极限值（mm）。

$$R_k = \left(\frac{P_H}{s_0} \right)^{\frac{1}{4}} T_0 \tag{5-8}$$

式中　P_H——炸药的平均爆轰压力（Pa）；

　　　s_0——多向应力条件下岩石的强度（Pa）。

$$P_H = \frac{1}{8} \rho_0 D_c^2, \quad S_0 = S_c \left(\frac{\rho_m c_p^2}{s_c} \right)^{\frac{1}{4}} \tag{5-9}$$

式中　ρ_m——岩石密度（g/cm³）；

　　　c_p——岩体纵波速度（m/s）。

爆破后形成的空腔半径由下式计算[17]

$$R_b = \sqrt[4]{P_m / S_0 r_b} \tag{5-10}$$

式中　r_b——炮孔半径（mm）；

　　　P_m——炸药的平均爆压（Pa）；

　　　$P_m = \rho_{ro} D^2 / 8$，D 为炸药爆速（m/s）。

虽然压碎圈的半径不大，但由于岩石遭到强烈粉碎，消耗能量却很大。因此，爆破岩石时，应尽量避免形成压碎圈。

2. 裂隙圈的形成及裂隙圈半径的计算

（1）裂隙圈的形成。

压碎圈是由塑性变形或剪切破坏形成的，而裂隙圈则是由拉伸破坏形成的。当冲击波衰减为压缩应力波或岩石直接受它的作用时，径向方向产生压应力和压缩变形，而切向方向将产生拉应力和拉伸变形。由于岩石抗拉能力很差，故当拉伸应变超过破坏应变时，就会在径向方向产生裂缝。对大多数岩石而言，通常认为应力波造成的破坏主要决定于应力值，以第一强度理论作破坏准则。

此外，计算裂隙圈时可忽略冲击波和压碎圈，按声学近似公式计算应力波初始径向峰值应力，即：

耦合装药：

$$P_{\mathrm{r}} = \frac{\rho_0 D_1^2}{4} \times \frac{2}{1 + \dfrac{\rho_0 D}{\rho_{\mathrm{m}} c_{\mathrm{p}}}} \tag{5-11}$$

不耦合装药：

$$P_{\mathrm{r}} = \frac{\rho_0 D_1^2}{8} \times \left(\frac{r_{\mathrm{c}}}{r_{\mathrm{b}}}\right) n \tag{5-12}$$

已知，应力波应力随距离衰减的关系为：

$$\sigma_{\mathrm{r}} = \frac{P_2}{\bar{r} \alpha} \tag{5-13}$$

在对比距离 $\bar{r}$ 处，切向方向产生的拉应力，近似按下式计算：

$$\sigma_{\theta} = b\sigma_{\mathrm{r}} = \frac{bP_2}{\bar{r} \alpha} \tag{5-14}$$

$$b = \frac{\upsilon}{1 - \upsilon}$$

若以岩石抗拉强度 S_{T} 代替 σ_{θ}，由式（5-13）解出 r 即裂隙圈半径：

$$\bar{r} = \left(\frac{bP_{\mathrm{c}}}{S_{\mathrm{T}}}\right)^{\frac{1}{\alpha}}$$

（2）裂隙圈半径的计算式。

① 按爆炸应力波作用计算[11, 16]。

$$R_{\mathrm{t}} = \left(\frac{bP_{\mathrm{c}}}{S_{\mathrm{T}}}\right)^{\frac{1}{\alpha}} T_{\mathrm{b}} \tag{5-15}$$

式中　b——切向应力和径向应力的比例系数，$b = \dfrac{\upsilon}{1 - \upsilon} = 0.33$；

S_{T}——岩石的抗拉强度，$S_{\mathrm{T}} = \dfrac{S_{\mathrm{c}}}{12}$；

P_{c}——作用在炮眼壁上的初始应力峰值，$P_{\mathrm{c}} = R_{\mathrm{b}} S_{\mathrm{c}}$；

α——压力衰减系数，$\alpha = 2 - \dfrac{\upsilon}{1 - \upsilon}$；

υ——岩石的泊松比，硬岩 $\upsilon = 0.25$；

T_{b}——药室半径。

② 按爆轰气体似静压作用计算

$$R_{\mathrm{t}} = T_0 \sqrt{\frac{P_{\mathrm{j}}}{S_{\mathrm{T}}}} \tag{5-16}$$

式中　P_{j}——作用在炮孔壁上的静压力。

③ 根据装药量计算

$$R_t = (0.5 \sim 1.5)\sqrt[3]{Q} \tag{5-17}$$

式中 Q——同时在炮孔壁上的静压力。

爆轰气体和应力波共同作用的复杂性，其破坏作用仅处于定性分析阶段，计算方法也并非完善。

裂隙总数目用下式确定：

$$n_0 = \frac{360}{\alpha} = \frac{360}{A\bar{r}^2} \tag{5-18}$$

$$\alpha = A\bar{r}^2$$

式中 A——决定于炸药类型，岩石性质和装药爆炸条件的系数，对 TNT 炸药和坚硬岩石 $A \approx 1$。

此外，压缩波卸载时，当压应力降到零值后，紧跟着在径向方向出现拉应力。若其值超过岩石抗拉强度，在已形成的径向裂隙间将产生环状裂隙。但这种情况在实际中遇到得较少。

由以上有关公式不难看出，随着距爆炸中心相对距离的增大，裂隙数目减少。例如：在 $\bar{r} = 3$ 处，$n_0 = 40$；在 $\bar{r} = 6$ 处，$n_0 = 10$；在 $\bar{r} = 15$ 处，仅能产生 $1 \sim 2$ 条裂隙。在坚硬岩石中，当距爆炸中心距离大于 $(15 \sim 20) r_0$ 时，切向拉应力将小于岩石的抗拉强度。如果应力波不与自然裂缝或自由面相遇，一般不再形成裂隙。

3. 震动圈

在裂隙圈以外，应力波的应力状态和爆炸产物的静应力场都不能再引起岩石的破坏，岩石变形属于弹性变形，所以裂隙之外的区域统称震动圈，该圈内的应力波通称地震波。地震波可以传到很远的距离，直至其能量完全被岩体吸收。

由于药包量与爆破地震波的传播距离成正比，震动半径可按下式计算[16]。

$$R_s = (1.5 \sim 2.8)\sqrt[3]{Q} \tag{5-19}$$

式中 R_s——地震震动半径；

Q——药包装药半径。

4. 片落[11,12]

应该指出的是"片落"现象的产生主要与药包的几何形状、药包大小和入射波的波长有关。对装药量较大的硐室爆破易于产生片落，而对于装药量小的深孔和炮眼爆破来说，产生"片落"现象则较困难。入射波的波长对"片落"过程的影响主要表现在随着波长的增大，其拉伸应力就急剧下降。当入射应力波的波长为 1.5 倍最小抵抗线时，则在自由面与最小抵抗线交点附近的岩体，由于霍普金逊效应的影响，可能产生片裂破坏。当波长增到 4 倍最小抵抗线时，则在自由面与最小抵抗线交界附近的霍普金逊效应将完全消失。

片落层数 N，可按下式计算：

$$N = \frac{\sigma r_0}{S_T} \tag{5-20}$$

式中 σr_0——入射压缩应力波应力峰值。

平均片落层一层的厚度 δ 为：

$$\delta = \frac{\lambda/2}{N} = \frac{\lambda S_T}{2\sigma r_0} \tag{5-21}$$

式中　λ——介质的拉梅常数。

5. 猛性炸药爆炸作用的距离[2]

爆炸的破坏作用不局限于直接爆炸地方的附近，爆炸所产生的破坏地带大大超过装药的体积。

在周围介质中所发生的破坏，是由于爆炸时生成的加热到高温和压缩到高压的气体生成物，当膨胀时对周围介质给予强有力的动力作用。此时，在周围介质中就生成很强的冲击波，尤其在临近装药的地方。例如，当黑索金装药在空气中爆炸时，在靠近爆炸中心生成了9 600 m/s（D_H）传播速度的空气冲击波，这个速度超过了装药的爆轰速度。这个冲击波可以下列参数来表示：波前的压力（P_H）=110 Mpa；介质密度（ρ_H）=1.293×10^{-3} g/cm^3，温度（T_H）=14 000 K 和介质速度（U_H）=8 650 m/s。

在爆炸中心的附近，爆炸生成物扩散的前部和冲击波的前部重合在一起，因为它们大约以相等的速度运动着。但是这一地带内的爆炸生成物的密度超过了冲击波波前的空气密度约20倍，因此，爆炸生成物在障碍物上的动力作用大大超过了冲击波的作用。

这种状态一直保持到有很大速度运动的冲击波和爆炸生成物分离时为止。根据许多著作的数据，冲击波和爆炸生成物是在距离爆炸中心 7～14 倍的装药半径（r_0）以外时才开始分离的（图 5-9）。在距爆炸中心 14～20 倍的装药半径上，爆炸生成物和冲击波，按其作用到障碍物上的力而言是大约相等的。在距爆炸中心大于 20 倍的装药半径上，破坏效应则仅限于冲击波的作用。

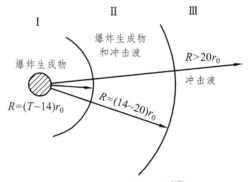

图 5-9　爆炸作用场[17]

Ⅰ—爆炸生成物主要作用的地带；Ⅱ—爆炸生成物和冲击波共同作用的地带；Ⅲ—冲击波作用的地带

（1）这样说来，在空气中爆炸时，在距爆炸地点不大的距离上，主要的破坏是由爆炸生成物所造成的，而离开一定距离后，则破坏是由空气冲击波所造成的。

冲击波的单位面积冲量可以按下列公式计算[17]

$$i = \frac{AC^{\frac{2}{3}}}{R} \tag{5-22}$$

式中　i——单位面积冲量（kg·s/m^2）；

　　　A——炸药性质的系数，对梯恩梯来说等于 60，对黑索金来说等于 78；

　　　C——炸药装药的质量（kg）；

R——距装药的距离（m）。

（2）装药端面上单位面的问题数值为[6,7,17]：

$$i = \frac{8}{27}\rho_0 lD \tag{5-23}$$

式中　ρ_0——装药密度（g/cm²）；

　　　l——装药长度（cm）；

　　　D——爆轰速度（cm/s）。

对于击碎材料而言，除了爆炸生成物的压力外，压力作用时间也有关系，因此，ЯВ 杰里多维奇等建议用爆炸作用到与装药相接触的障碍物单位积上的冲量数值来表示炸药的猛度。即（5-23）式。

第三节　炸药在岩石中的爆破破坏作用过程与破坏模式

一、炸药在岩石中爆破破坏的过程

从时间来说，将岩石爆破破坏过程分为 3 个阶段[18]为多数人所接受。

第一阶段为炸药爆炸后冲击波径向压缩阶段。炸药起炸后，产生的高压粉碎了炮孔周围的岩石，冲击波以 3 000 ~ 5 000 m/s 的速度在岩石中引起切向拉应力，由此产生的径向裂隙向自由面方向发展，冲击波由炮孔向外扩展到径向裂隙的出现需 1 ~ 2 ms[图 5-10（a）]。

第二阶段为冲击波反射引起自由面处的岩石片落。第一阶段冲击波压力为正值，当冲击波到达自由面后发生反射时，波的压力变为负值。即由压缩应力波变为拉伸应力波。在反射拉伸应力的作用下，岩石被拉断，发生片落[图 5-10（b）]。此阶段发生在起爆后 10 ~ 20 ms。

第三阶段为爆炸气体的膨胀，岩石受爆炸气体超高压力的影响，在拉伸应力和气楔的双重作用下，径向初始裂隙迅速扩大[图 5-10（c）]。

 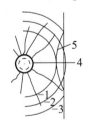 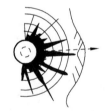

　（a）径向压缩阶段　　　（b）冲击波反射阶段　　　（c）爆炸气体膨胀阶段

图 5-10　爆破过程的 3 阶段[18]

当炮孔前方的岩石被分离、推出时，岩石内产生的高应力卸载如同被压缩的弹簧突然松开一样。这种高应力的卸载作用，在岩体内引起了极大的拉伸应力，继续第二阶段开始的破坏过程。第二阶段形成的细小裂隙构成了薄弱带，为破碎的主要过程创造了条件。

应该指出的是：①第一阶段除产生径向裂隙外，还有环状裂隙的产生。②如果从能量观点出发，则第一、二阶段均是由冲击波的作用而产生的，而第三阶段原生裂隙的扩大和碎石的抛出均是爆炸气体作用的结果。

二、岩石中爆破作用的一种破坏模式

综上撰述，炸药爆炸时，周围岩石受到多种荷载的综合作用，包括：冲击波产生和传播引起的动荷载；爆炸气体形成的准静载荷和岩石移动及瞬间应力场张弛导致的荷载释放。

在爆破的整个过程中，起主要作用的是 5 种破坏模式：
① 炮孔周围岩石的压碎作用；
② 径向裂隙作用；
③ 卸载引起的岩石内部环状裂隙作用；
④ 反射拉伸引起的"片落"和引起径向裂隙的延伸；
⑤ 爆炸气体扩展应变波所产生的裂隙。

无论是冲击波拉伸破坏理论还是爆炸气体膨胀压缩破坏理论，就其岩石破坏的力学作用而言，主要的仍是拉伸破坏[11]。

第四节　爆破漏斗

当药包爆炸产生外部作用时，除了将岩石破坏以外，还会将部分破碎了的岩石抛掷，在地表形成一个漏斗状的坑，这个坑称为爆破漏斗。

一、爆破漏斗的几何参数

置于自由面下一定距离的球形药包爆炸后，形成爆破漏斗的几何参数如图 5-11 所示。

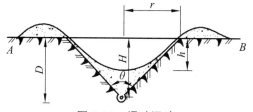

图 5-11　爆破漏斗

① 自由面：被爆破的岩石与空气接触的面叫作自由面，又叫临空面。如图 5-11 中的 AB 面。
② 最小抵抗线 W：自药包重心到自由面的最短距离，即表示爆破时岩石阻力最小的方向，因此，最小抵抗线是爆破作用和岩石移动的主导方向。
③ 爆破漏斗半径 r：爆破漏斗的底圆半径。
④ 爆破作用半径 R：药包重心到爆破漏斗底圆圆周上任一点的距离，简称破裂半径。
⑤ 爆破漏斗深度 D：自爆破漏斗尖顶至自由面的最短距离。
⑥ 爆破漏斗的可见深度 h：自爆破漏斗中岩堆表面最低洼点到自由面的最短距离。
⑦ 爆破漏斗张开角 θ：爆破漏斗的顶角。

此外，在爆破工程中，还有一个经常使用的指数，称为爆破作用指数（n）。它是爆破漏斗半径 r 和最小抵抗线 W 的比值，即

$$n = \frac{r}{w} \qquad\qquad (5\text{-}24)$$

二、爆破漏斗的基本形式

爆破漏斗基本形式框架如图 5-12 所示。

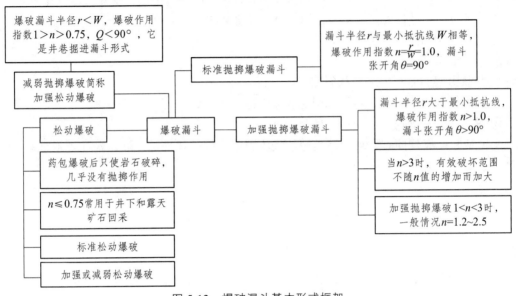

图 5-12　爆破漏斗基本形式框架

第五节　利文斯顿爆破漏斗理论

美国科罗拉多矿业学院的利文斯顿（C.W.Livingston）20 世纪 50 年代提出了以能量平衡为准则的爆破漏斗理论。他根据大量的漏斗试验，用 $V/Q\text{-}\Delta$ 曲线作为变量，科学地确定了爆破漏斗的几何形态。60 年代初经过进一步的补充形成了比较完整的爆破理论——实用爆破理论。

一、基本观点

利文斯顿爆破漏斗理论的基本观点是：

首先，以各类岩石的爆破漏斗试验为基础，阐明了炸药能量分配给周围岩石和空气的方式。炸药爆炸后传递给岩石的能量传递速度，与炸药性能和岩石的特性有关。炸药性能与岩石特性是两个不可分割的独立参数。例如，炸药释放的能量与装药量成正比。炸药能量的释放速度是炸药爆速的函数，而炸药传递给岩石的能量又是时间的函数。

其次，从能量观点出发，阐明了岩石变形系数 E 的物理意义。用 E 值来评价炸药的性能，对比岩性的可爆性，从而作为衡量岩石爆破性的一个指标[11,12]。

二、临界深度及岩石破坏分类

临界深度及岩石破坏分类见图 5-13 所示。

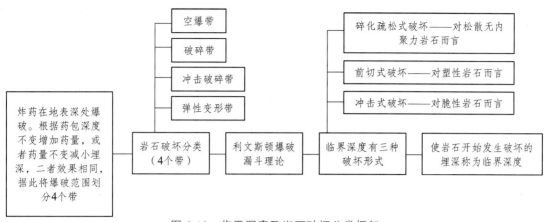

图 5-13　临界深度及岩石破坏分类框架

三、利文斯顿爆破漏斗试验及 V/Q-Δ 曲线

如上所述，当药包埋深由深向浅处移动时，在冲击破裂带、破碎带及空爆带均有漏斗形成。漏斗体积 V 与药包埋深 L_y 的关系是：L_y 由大变小时，V 由小变大直至最佳深度 L_j 时，V 最大。以 L_j 为转折点，以后 L_y 逐渐变小，V 也相应变小，即曲线是中间高两头低的形状。

当装药量 Q 为原来药量的 2 倍或更大时，则可画出另一条 V-L_y 曲线。实验证明，由于岩石性质相同，除了 V、L_e、L_j 之绝对值较大外，两条曲线的形状基本相似。V 最大时的深度 L_j 与临界深度 L_e 的比值也基本相同。

为了更全面地表示漏斗的特性并消除由于 Q 变化而引起的曲线变化，常将 V 除以 Q 而成为"单位质量炸药所爆下的岩石体积"作为纵坐标，将 L_y（各任意深度）与临界深度 L_e 之比（称为深度比）Δ 作为横坐标。由于在一组试验条件下，Q 是常量，所以以纵坐标仅单位比例变化。横坐标因 L_e 对一定岩石也是一常数，故也为单位长度变化，而不影响曲线的形状，这样可得出另一组曲线，如图 5-14 所示。

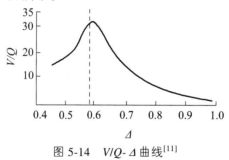

图 5-14　V/Q-Δ 曲线[11]

四、利文斯顿的弹性变形方程

弹性变形方程是以岩石在药包临界深度时才开始破坏为前提，描述了 3 个主要变量间的关系。

$$L_e = E_b(Q)^{1/3} \qquad (5\text{-}24)$$

式中　L_e——药包临界深度（m）；

　　　E_b——弹性变形系数；

Q——药包质量（kg）。

弹性变形系数对特定岩石与特定炸药来说是常数，它随岩石的变化要比随炸药的变化大一些。

与最大岩石破碎量和冲击式破坏上限有关的最佳药包埋深可用下式确定：

$$L_j = \Delta_0 E_b (Q_0)^{1/3} \tag{5-25}$$

式中　　L_j——最佳埋深（m）；

E_b——弹性变形系数；

Q_0——最佳药量（kg）。

Δ_0——最佳深度比，对某一种特定岩石来说，Δ_0是一个定值。

在处于最佳深度比条件下，药包爆炸后大部分的能量用于岩石破碎，而少量能量消耗于无用功。

五、利文斯顿爆破漏斗理论在露天矿中的应用

将利文斯顿爆破漏斗理论用于露天矿爆破参数计算时，第一步是在给定炸药与岩石组合条件下，确定弹性变形系数 E_b 和最佳深度比（Δ_0）。欲确定弹性变形系数，可在不同深度起爆定量药包，找出临界深度 L_e，而后用方程（5-23）计算出弹性变形系数 E_b。在不同深度起爆不同药量的药包，并求出单位炸药达到最大破碎量的深度比，便可确定出最佳深度比。第二步是根据已知的弹性变形系数和最佳深度比，用方程（5-24）计算出任何质量药包的最佳深度（L_j）。第三步是计算出药包重心至地表距离 L_y、台阶高度、孔网参数和装药量等[11,13]。

六、利文斯顿爆破漏斗理论在地下矿中的应用

利文斯顿建立的爆破漏斗理论为研究和掌握爆炸现象创造了一个极有用的工具，以往的爆破漏斗的试验，最小抵抗线均指向水平自由面，形成一个锥形的爆破漏斗。如果将巷道或任何地下工程的顶板做自由面爆炸球形药包时，就会出现一个全新的爆破漏斗概念，它构成了一种新的爆破技术基础，并发展成为一种新的地下采矿方法——VCR（Vertical Crater Reterat）法。VCR 法亦称垂直后退式采矿法。

第六节　装药量计算原理

合理地确定炸药用量和炮孔布置、起爆顺序同样都是爆破设计和施工中的重要内容，它直接影响着爆破效果、爆破工程成本和爆破安全等。由于爆破过程的复杂性和瞬时性，迄今为止，尚未有一个理想的装药量计算公式，工程中常用的计算式大多为根据工程实践经验总结的经验式。

一、体积公式

单个药包在自由面附近爆炸时形成爆破漏斗。在这种情况下，可用体积公式计算单个药包装药量。体积公式的实质是装药量的大小与岩石对爆破作用力的抵抗程度成正比。由于这

种抵抗力主要是重力作用，因此，位于岩石内部的炸药能量所克服的阻力主要是介质本身的重力，实际上就是被爆破的那部分岩石的体积，即装药量的大小应与被爆破的岩石体积成正比。体积公式的形式为

$$Q = q \cdot V \tag{5-26}$$

式中　Q——装药量（kg）；

　　　q——爆破单位体积岩石的炸药消耗量（kg/m³）；

　　　V——被爆破的岩石体积（m³）。

由上式看出：① 装药量 Q 与岩石体积 V 成正比；② 爆破单位体积岩石的炸药消耗量 q 不随岩石体积 V 的变化而变化。应该指出，体积公式只有在介质是松散的或者黏结很差的情况下，以及最小抵抗线 W 变化不大时才是正确的。实际上，在很多情况下，药包爆炸时产生的能量，不仅要克服岩石的重力，也要克服岩石的抗剪力、惯性力等。因此，装药量与被爆破岩石体积成比例的关系是不确切的[11]。此外，经验证明，若使用松动药包，当最小抵抗线变化时，单位炸药消耗量不一定是常数。

二、标准抛掷爆破的装药量计算

根据体积公式，计算标准抛掷爆破的装药量。

$$Q_{标} = q_{标} \cdot V \tag{5-27}$$

式中　$Q_{标}$——形成标准抛掷爆破漏斗的装药量（kg）；

　　　$q_{标}$——形成标准抛掷爆破漏斗的单位体积岩石的炸药消耗量（kg/m³）；

　　　V——标准抛掷爆破漏斗的体积（m³）。

又

$$V = \frac{\pi}{3} r^2 W$$

式中　r——爆破漏斗底圆半径（m）；

　　　W——最小抵抗线（m）。

对于标准抛掷爆破漏斗来说，$r = W$

则

$$V = \frac{\pi}{3} W^2 W \approx W^3 \tag{5-28}$$

将式（5-27）代入式（5-26），得

$$Q_{标} = q_{标} W^3 \tag{5-29}$$

第七节　影响爆破作用的因素

对影响爆破作用的因素进行分析，是进一步研究爆破理论的基础，是提高爆破效果所必需的工作，也为我们人为地控制爆破作用提供了依据。它是爆破工程中比较重要的内容之一。

影响爆破作用的因素很多，也很复杂，这里归纳为以下几个方面：岩体特性、炸药性能、炸药与岩石的相关因素及对爆破工作、爆破条件、爆破工艺、爆破作用的影响。详见图 5-15 影响爆破作用框架图。

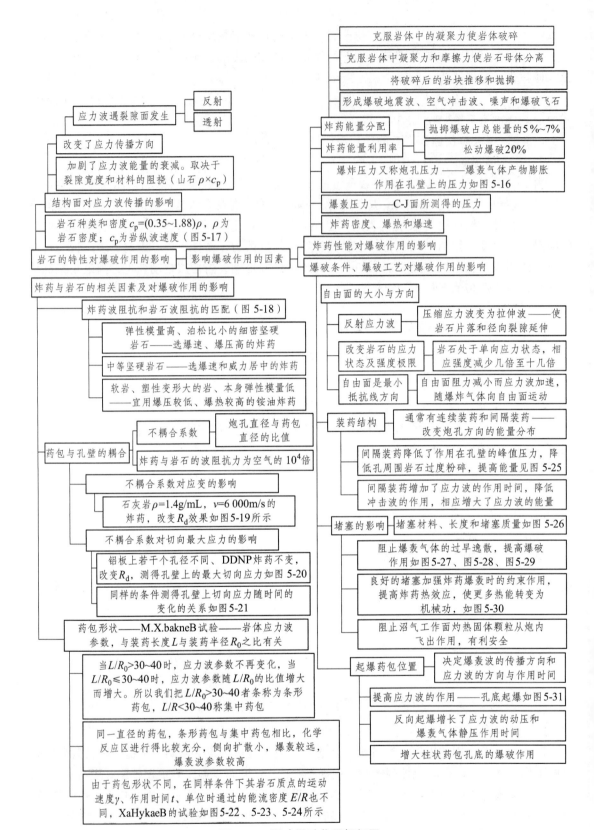

图 5-15　影响爆破作用框架图

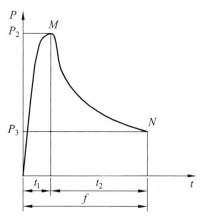

图 5-16　岩石爆破的压力-时间变化
曲线[11]

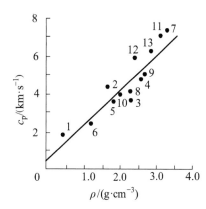

图 5-17　纵波平均速度与密度关系[11]

1—浮石；2—3 号多孔玄武岩；3—流纹岩；4—蛇纹岩；5—英安岩；
6—半熔凝灰岩；7—纯橄榄岩；8—变化流纹岩；9—花岗闪长岩；
10—1 号多孔玄武岩；11—辉长岩；12—黑曜岩；13—玄武岩

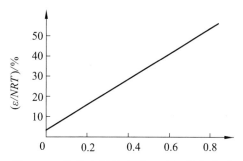

图 5-18　炸药波阻抗和岩石波阻抗的关系

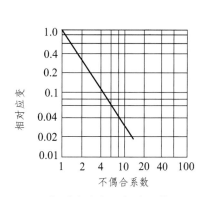

图 5-19　相对应变与不偶合系数的关系[11]

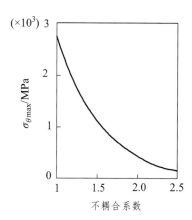

图 5-20　切向最大应力与不耦合系数的关系[11]

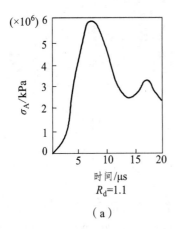

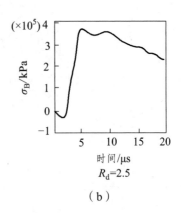

（a）R_d=1.1

（b）R_d=2.5

图 5-21　孔壁上切向应力随时间变化的关系[11]

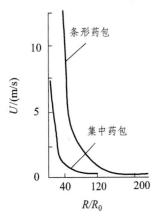

图 5-22　岩石质点运动速度
与药包形状的关系

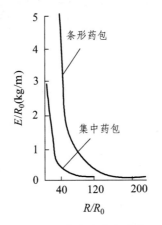

图 5-23　能流密度与药包
形状的关系

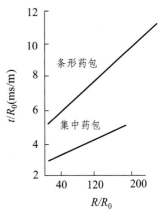

图 5-24　正压作用时间
与药包形状的关系

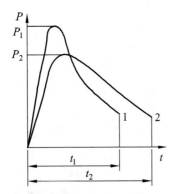

图 5-25　空气间隙对 P-t 曲线的影响
（预留空隙的 P-t 曲线为曲线 2[11]）

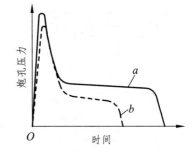

图 5-26　堵塞对孔壁压力的影响[11]
a—有堵塞；b—无堵塞

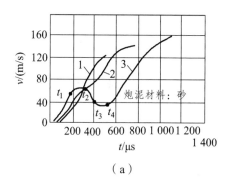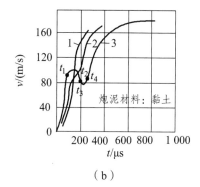

图 5-27 装药爆炸时炮泥运动速度的变化

1—上段炮泥；2—中段炮泥；3—下段炮泥

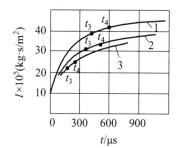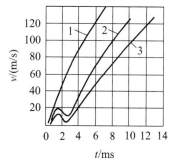

图 5-28 采用不同炮泥时应力波比冲量随时间的变化

1—粒度为 2~3 毫米的碎石（60%）与砂的混合物；

2—砂；3—黏土

图 5-29 不同结构水炮泥运动速度的变化

1—一袋水炮泥；2—三袋水炮泥；

3—两袋水炮泥和用其他炮泥封口

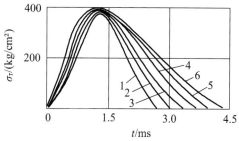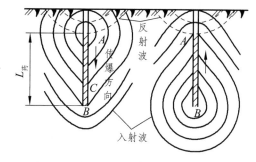

图 5-30 无炮泥和有炮泥时的应力波形

1—无炮泥；2—黏土；3—砂；4—三袋水炮泥；

5—碎石；6—两袋水炮泥和用其他炮泥封口

图 5-31 起爆方向与应力波方向的关系

a—正向起爆；b—反向起爆[11]

第六章　工程控制爆破装药结构与爆炸能量的分配和破裂半径的计算

不同的装药方式是调节炸药能量分布和控制爆破效果的主要手段。不同的爆破目的有不同的装药方式，各种新的装药机械、爆破器材的不断涌现，又进一步促进了现代爆破技术的发展。新型炸药品种的不断研制也促进了各种装药方式的实际应用。传统的教科书和工程爆破中通常是采取孔底超深加强装药、底部采用猛炸药的方法，用以克服底部阻力，消除根底。随着现代爆破技术的调整发展，新爆破理论也随之不断充实和完善，各种新型装药方式将会不断出现，这为提高炸药能量利用率和控制爆破效果创造了更为有利的条件。

第一节　台阶爆破

台阶爆破是工程爆破、工程控制爆破最广泛的爆破形式，台阶爆破是现代爆破工程应用最广泛的爆破技术。露天矿开采、地下深孔采矿、铁路和公路路堑工程、水电工程及基坑开挖等大规模岩石开挖工程都离不开台阶爆破。由于台阶爆破可与装运机械匹配施工，机械化水平高，因此施工速度快、效率高、安全性好。随着深孔钻机等机械设备的不断改进发展，深孔台阶爆破技术在石方开挖工程中占有越来越重要的地位。

台阶爆破均为延长药包柱状装药爆破。台阶爆破柱状装药是国内外矿业开采、露天各类建设工程等石方开挖的常用技术。改革开放以来，我国经济建设飞速发展，爆破作为石方开挖的最常用技术得到了前所未有的应用与发展。国内外的工程实践表明：深孔、中深孔台阶爆破有利于提高炸药能量的有效利用，合理的装药方式能使岩石得到更为充分的破碎，提高爆破效率，降低爆破成本。

第二节　空气间隔装药

空气间隔爆破技术已在国内外的采矿业中得到了大量的应用，早在 20 世纪 40 年代苏联MelnioKov 等人就已开始该技术的研究。作者 1956 年 4 月在新疆可可托海矿务局研制成功微差起爆器，稍后进行了分段间隔装药技术试验，同时分段装药结构在地下矿山的深孔爆破掘进天井以及在地下采矿等方面得到应用。

研究表明：空气层的存在导致爆炸作用过程中激发产生二次和后续系列加载波的作用，

并导致先前压力波造成的裂隙岩体的进一步破坏。虽然空气间隔装药结构条件下作用在炮孔上的平均压力低于耦合装药方式，但它可以通过产生的后续系列加载波的作用来达到破碎岩石的目的。他们认为系列后续加载波是由于在带有空气层炮孔里的三个冲击波波阵面，即来自于爆炸气体的冲击波波阵面和在堵头或孔底反射引起的冲击波的波阵面，以不同速度在不同的位置相互作用而产生的。围岩里的初始裂隙网络将会被这些后续加载波所提供能量的持续作用不断扩大，该破坏效果比单一强冲击波对围岩的破坏效果好（因为已有裂隙网的进一步扩大破碎所需压力总比破碎完整岩体要小得多）[22]。

采用空气间隔装药，在爆破作用过程中，一方面降低了爆压峰值，从而可以获得更大的爆破冲量（爆压与爆压作用时间的乘积），最终提高了爆破的有效能量利用率[22]。

在 MelnioKoV 以后，美国的 Foumey、英国的 Morlxon 等学者相继对空气间隔装药的机理及参数进行了进一步的研究。他们的结论是：空气间隔装药与常规装药方式效果相近，同时可以减少大量的装药工作量及起爆器材的使用，从而达到提高效率和有效节省爆破成本的目的。

表 6-1 空气间隔装药爆破效果，表 6-2 为空气间隔装药深孔台阶爆破参数[22]。

表 6-1　空气间隔装药爆破效果

研究者	时间·地点	效果
MelnikoV 和 MarchenkoV		（1）均匀的爆破块石； （2）减少单位炸药消耗量； （3）与常规爆破相比节省 10%～30% 的开挖成本； （4）节省 10%～30% 的爆破淬渣装运成本
Foumey 和 MelniKoV		空气层置于顶部层，当冲击波到达堵头时，反射冲击波在堵头、空气层及装药区来回传递，从而使冲击压力作用在围岩上的持续时间比耦合装药时延长了 2～5 倍
MelniKoV 等人室内、外实验		当取空气层为炮孔体积的 11%～35% 时，可得到与耦合装药相近的爆破效果
马格尼托戈尔斯克钢铁公司	利西戈尔露天矿采用底部空气间隔连续柱装药	爆破后显著提高了破岩质量，提高爆破效率 0.1～0.36 倍，降低炸药单耗 20%～31%，此外还起了减震作用
傅国龙	南芬露天铁矿	间隔长度为连续柱状装药的 11%～35%，以 20%～30% 为宜

表 6-2　空气间隔装药台阶爆破参数统计

研究者	孔径（mm）	孔深（m）	空气层位置(%)	空气层比例	炸药
MelnikoV	—	—	11～35	上部	ANFO
Monxon	—	—	15～35	中部	PETN
Terrett	250	18	25～40	上部	ANFO
Pal. Ray	150	12	20～30	上、中部	10CG+2PG-11
刘鹏程	165	45	38	上部	GWR-3
谢鹰	310	25	38	上部	乳化炸药
刘振东	250	10	30～40	上、中部	2 号铵梯
朱红兵	170	10	30～40	上部	乳化炸药

第三节　耦合装药和不耦合装药

如果炸药充满整个药室空间，不留有任何空隙则称为耦合装药。常规的工程爆破，一般都采用耦合装药。如果装入药室的炸药包（卷）与药室壁之间留有一定的空隙，则称为不耦合装药。不耦合装药分为径向不耦合装药和轴向不耦合装药两种，分别用装药不耦合系数和装药系数来表达各自的装药不耦合程度，它们分别为[10,22]：

$$\eta = d_b / d_c \tag{6-1}$$

$$l_L = l_c / l_b \tag{6-2}$$

式中：η——装药不耦合系数；

　　　l_L——装药系数；

　　　d_b、d_c——药室直径和药包直径（m）；

　　　l_c、l_b——药室长度和药包长度（m）。

如果装药长度小于其直径的 4 倍，则称为集中装药或球形装药；否则称为延长装药或柱状装药或线装药[20]。

初始应力峰值：冲击波与应力波交界面上的爆炸作用力，为冲击波的最小压力，或者是应力波最大径向压力。根据装药结构不同，其计算方法参见：

耦合装药时：式（6-11）；

不耦合装药时：式（6-12）。

对柱状装药时：

$$P_r = \frac{1}{8} \rho_0 D^2 \left(\frac{d_c}{d_b}\right)^6 \frac{l_c^{\,3}}{l_b} n \tag{6-3}$$

式中　ρ_0——炸药密度；

　　　D_1——炸药爆速；

　　　d_c——装药直径；

　　　d_b——炮孔直径；

　　　n——爆生气体碰撞岩壁时产生的应力增大倍数 $n = 8 \sim 11$。

如果装药与药室之间存在较大的间隙，则爆轰产物的膨胀宜分为高压膨胀和低压膨胀两个阶段。当气体产物压力大于临界压力时，为高压膨胀阶段，膨胀规律为 $pV^3 = $ 常数，当气体产物压力小于临界压力时，为低压膨胀阶段，膨胀规律为 $ppV^X = $ 常数 $(x = 1.2 \sim 1.3)$。

临界压力 P_{crt} 由下式计算：

$$P_{crt} = 0.154 \sqrt{\left(e - \frac{P_m}{2\rho_0}\right)^2 \frac{\rho_0^2}{P_m}} \tag{6-4}$$

式中　e——单位质量炸药含有的能量。

作为一种近似，也可取 $P_{crt} = 100 \text{ Mpa}$。

第四节　岩石中柱状装药爆炸荷载与爆炸能量的分布

一、岩石中柱状装药爆炸荷载

（1）在耦合装药条件下，岩石中的柱状药包爆炸向岩石施加强冲击荷载，按声学近似原理有[19]：

$$P_d = \frac{\rho_0 D^2}{1+r} \cdot \frac{2\rho_m c_p}{\rho_m c_p + \rho_0 D} \tag{6-5}$$

式中：P_d——透射入岩石的冲击波初期压力；

　　　ρ_0、ρ_m——炸药的装药密度和岩石的密度；

　　　c_p、D——岩石中的声速和炸药爆速；

　　　r——爆轰产物的膨胀绝热指数，$r=3$。

$$\sigma_r = P_d \bar{r}^{-\alpha} \tag{6-6}$$

$$\sigma_Q = -\lambda \sigma_r \tag{6-7}$$

$$\sigma_z = \mu(1-\lambda)\sigma_r \tag{6-8}$$

式中：σ_r、σ_Q、σ_z——径向、切向、轴向应力；

　　　$\bar{r}$——对比距离，$\bar{r} = r_i/r_b$，r_i 为计算点到装药中的距离，r_b 为炮孔半径，α 为压力衰减系数，对于冲击波 α 在 $2\sim3$ 或 $\alpha = 2-\mu(1-\mu)$，根据有关研究，在工程爆破的加载率范围内 $\mu = 0.8\mu_0$，μ_0 为岩石的静态泊松比；

　　　λ——侧压系数 $\lambda = \mu/(1-\mu)$[19]。

（2）不耦合装药结构爆破中的透射冲击波压力[10,20]

$$P_d = \frac{1}{2} P_0 K^{-2r} L_c n \tag{6-9}$$

式中　K——装药径向不耦合系数 $K = \dfrac{d_b}{d_c}$，d_b、d_c 分别为炮孔半径和药包半径；

　　　L_c——装药轴向系数；

　　　n——炸药爆炸产物膨胀碰撞炮孔壁时的压力增大系数，一般取 $n=10$。

二、爆炸能量分布计算

计算时爆炸过程中各项所做的功等于其所消耗的能量，它们与炸药总能量的比值为其所消耗的能量占总能量的百分比。（计算方详见参考文献[19]736～738 页或[24][25]）

1. 冲击波能量的消耗

冲击波能量的消耗等于冲击波对岩石所做的功，在爆腔扩张过程中冲击波所做的功为[19]

$$W_1 = \int_{r_b}^{R_1} 2\pi r \sigma_r \mathrm{d}r \tag{6-10}$$

将岩石冲击波峰值压力的衰减公式 $\sigma = P\bar{r}^{-\alpha}$ 代入式（6-10）积分得

$$W_1 = 2\pi r_b^2 P_d \left(1 - \frac{r_b}{R_1}\right) \qquad (6\text{-}11)$$

2. 应力波产生径向裂隙做功

（1）粉碎区外，冲击波衰减为应力波引起岩石切向受拉形成裂隙区。

（2）卢文波、陶振宇先生的资料表明：采用平面楔形裂纹模型比较合适。同时，根据岩石断裂力学原理，考虑炮孔柱状装药爆破可以看作平面应变问题[19]可得能量释放率

$G_1 = \dfrac{(1-\mu^2)}{E}K_1^2$，$K_1$ 为应力强度因子。

（3）由于裂隙长度扩展 Δd 时，其裂隙端部的应力强度应可以认为相等。因此，可求得裂隙在扩展过程中切向应力所做的功为：

$$W_2 = n_1 \int_{r_b}^{R_T} \frac{(1-\mu^2)}{E}K_1^2 \mathrm{d}r \qquad (6\text{-}12)$$

式中：n_1——径向裂纹的系数。

（4）根据资料[19]，主导裂隙将从裂隙群中突出发展，由试验所得主导为 4~12 条，计算取 $n_1 = 8$。对于张开型裂纹，在其延长线上，即有 $Q = 0$，则裂隙端的切向应力与应力强度因子的关系为：$\sigma_Q = \dfrac{K_1}{2\pi r_j}$，式中 r_j 为炮孔中心到裂隙端部的距离，将上式代入式（6-12）后积分整理得[19]：

$$W_2 = \frac{n_1 \pi \lambda^2 P_d^2 r_b^2 (1-\mu^2)}{E(1-\alpha)}\left[\left(\frac{R_T}{r_b}\right)^{2(1-\alpha)} - 1\right] \qquad (6\text{-}13)$$

3. 应力波引起的弹性变形

裂隙区外，应力波只能引起弹性变形。在计算弹性变消耗的能量时，根据宗琦、杨吕俊提供的资料[25]，单位体积内岩石的弹性变形能为：

$$\Delta E = \frac{1}{2}(\sigma_r \varepsilon_r + \sigma_\theta \varepsilon_\theta) = \frac{\sigma_r^2}{2E}(1+\lambda^2) \qquad (6\text{-}14)$$

由此，应力波、冲击波引起岩石弹性变形所做的功为：

$$W_3 = \int_{r_b}^{+\infty} 2\pi r \Delta E \mathrm{d}r = \frac{\pi(1+\lambda^2)}{E} \frac{P_d^2 r_d^2}{2(\alpha-1)} \qquad (6\text{-}15)$$

4. 爆生气体的扩腔

（1）紧随冲击波之后，爆生气体膨胀继续扩大爆腔，当腔内爆生气体压力 P 等于围岩压力 P_s 时[19]，爆扩过程结束，爆扩过程的围岩压力[27]为：

$$P_s = P_{atm} + \sigma_s + r_m W \qquad (6\text{-}16)$$

式中：P_{atm}——大气压力；

$\quad\quad \sigma_s$——多向应力条件下岩石极限抗压强度，

$\quad\quad \sigma_s = (\rho_m c_p^2 / \sigma_c)^{1/4}\sigma_c$

r_m——岩石的重度；

W——抵抗线。

（2）由于 P_{atm}、$r_m W$ 与 σ_s 相比可以忽略不计[19]，即 $P_s = \sigma_s$。

（3）为了简化计算，忽略气体孔口和裂隙泄漏，对于绝热膨胀，在爆腔内的膨胀规律宗琦先生[24]提出：

$$P = \begin{cases} P_0(r_b/r_2)^6 & (P \geqslant P_k) \\ P_k(r_k/r_2)^{8/3} & (P < P_k) \end{cases} \tag{6-17}$$

式中：P——爆生气体膨胀过程的瞬时压力；

P_0——膨胀开始的爆生气体压力，耦合装药时其值等于平均爆轰压力，即

$$P_0 = \rho_0 D^2 / (2 + 2\lambda)$$

r_2——与 P 相对应的爆腔瞬时半径；

r_k——爆生气体由等熵绝热膨胀时的临界爆腔半径；

P_k——与 r_k 对应的临界压力。

（4）变换式（6-17）[19]可得爆生气体膨胀作用下的爆腔扩胀规律，即：

$$r_2 = \begin{cases} r_b(P_0/P)^{1/6} & (P \geqslant P_k) \\ r_b(P_0/P)^{1/6}(P_k/P)^{1/8} & (P < P_k) \end{cases} \tag{6-18}$$

（5）以 P_s 取代式（6-18）中的 P[19]，便可得爆腔的最终半径

$$R_2 = \begin{cases} r_b(P_0/P_s)^{1/6} & (P_s \geqslant P_k) \\ r_b(P_0/P_k)^{1/6}(P_k/P_s)^{3/8} & (P_s < P_k) \end{cases} \tag{6-19}$$

由此，可得爆生气体扩腔做功的计算式：

$$W_4 = \int_{R_1}^{R_2} 2\pi r P \mathrm{d}r \tag{6-20}$$

将式（6-18）代入式（6-20）积分得

$$W_4 = \begin{cases} \dfrac{\pi P_0 r_b^2}{2}\left(\dfrac{r_b}{R_1}\right)^4\left[1 - \left(\dfrac{R_1}{R_2}\right)^4\right] & (P_s \geqslant P_k) \\[4mm] \dfrac{4\pi P_k r_b^2}{3}\left(\dfrac{P_0}{P_k}\right)^{4/9}\left(\dfrac{r_b}{R_1}\right)^{2/3}\left[1 - \left(\dfrac{R_1}{R_2}\right)^{2/3}\right] & (P_s < P_k) \end{cases} \tag{6-21}$$

5. 爆生气体的驱裂

岩石的爆破破碎是应力波和准静态气体联合作用的结果。该理论认为：首先在应力波的作用下，在炮孔周围岩石中形成初始裂纹网，随后在爆生气体的准静态作用下，初始裂纹得到进一步延伸。考虑应力波超前传播的力学效应[19]，即对岩体的损伤，岩体的微观细观结构已有所改变。Kutter 和 Fairhurst 认为[28]，应力波对岩体起着预荷载的作用。据此[19]，炮孔间准静态爆生气体驱动的平面楔形裂纹模型可由图 6-1 所示。图中 $L(t)$ 为爆生气体驱动的裂纹扩展总长度，$L_1(t)$ 为爆生气体在裂纹中的贯入长度，而 L_0 为应力波作用下产生的径向裂纹

初始长度。

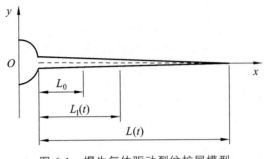

图 6-1　爆生气体驱动裂纹扩展模型

（1）初始裂隙由冲击波所引起，随后在爆生气体的作用下进一步得到发展。作为工程计算时，当裂纹长度大于炮孔尺寸时，炮孔本身可作为裂纹的一部分，则有此模型下裂纹间断的应力强度因子[26,29,30]：

$$K_1 = \frac{2}{1-D}\left[\frac{L(t)+r_b}{\pi}\right]^{1/2}\int_0^{L(t)+r_b}\frac{P(x,t)-\sigma}{\{[L(t)+r_b]^2-x^2\}^{1/2}}\mathrm{d}x \qquad （6-22）$$

式中　$P(x,t)$——沿裂纹长度方向的气体压力分布；

　　　σ——垂直于裂纹面方向的远场应力；

　　　D——裂纹尖端的损伤值，要获得岩体中每一点的损伤值，必须知道该点处的应变及应变率，文献[29]推荐了经验与理论相结合的办法，给出了应变波的简便求法。

法裂纹发展到最后一次止裂后，将不再扩展，设此时炮孔内压力为 P，最终裂纹长度为 L，则有[19]：

$$K_1 = \frac{2}{1-D}\left[\frac{L+r_b}{\pi}\right]^{1/2}\int_0^{L+r_b}\frac{P-\sigma}{\{[L+r_b]^2-x^2\}^{1/2}}\mathrm{d}x = K_a \qquad （6-23）$$

式中：K_a——岩石的止裂韧度。

（2）由上式可得裂纹在计损伤情况下应力波与准静态爆生气体压力作用下的最后裂纹长度，并可求得爆生气体对产生裂纹所做的功为：

$$W_s = n_1\int_{R_T}^{L}\frac{(1-\mu^2)}{E}K_1^2\mathrm{d}r \qquad （6-24）$$

6.　小　结

（1）计算时单位炸药能量为 $E_0 = \pi r_b^2\rho_0 Q$，Q 为炸药爆热，2#岩石硝铵炸药 $\rho_0 = 1\,000\ \mathrm{kg/m^3}$，$v = 3\,600\ \mathrm{m/s}$，爆热取 3.76 MJ/kg。

（2）岩石物理参数见表 6-3，计算结果见表 6-4[19]。

（3）冲击波做功消耗的能量约占爆炸总能量的 40%，剩余爆生气体能量约占总能量的 60%，其中用于扩腔和扩展主要裂隙的能量约占总能量的 23%；剩余大约 37%的能量中有小部分能量用于新增裂纹数目，而大部分损失掉了[19]。

表 6-3　岩石的物理力学性质及其 a，b 值[19]

岩石名称	$\rho_m(\mathrm{kg \cdot m^{-3}})$	$c_p(\mathrm{m \cdot s^{-1}})$	$\sigma_c(\mathrm{MPa})$	$\sigma_t(\mathrm{MPa})$	$E(\mathrm{GPa})$	μ_0	$a(\mathrm{m \cdot s^{-1}})$	b
花岗岩	2 670	5 500	180	15	70	0.24	3 600	1.0
玄武岩	2 670	6 200	250	18	100	0.25	2 600	1.6
大理岩	2 700	5 000	160	12	80	0.26	4 000	1.32
辉长岩	2 980	6 000	240	18	80	0.25	3 500	1.32

表 6-4　爆炸能量分布计算结果[19]

岩石名称	W_1/E_0	W_2/E_0	W_3/E_0	W_4/E_0	W_5/E_0	其他
花岗岩	27.6	5.9	7.1	5.0	17.7	37.3
玄武岩	31.9	4.8	5.3	3.0	14.4	40.6
大理岩	27.5	6.7	7.0	5.9	20.1	32.8
辉长岩	22.7	6.1	6.8	6.9	18.3	39.2

第五节　爆炸应力波内部作用破坏半径的计算

1. 压碎圈半径的计算

（1）柱状耦合装药条件下，炸药爆炸后，将在岩石中炮眼壁周围形成压碎圈（粉碎圈），其半径采用下式计算[20]：

$$R_c \left[\frac{\rho_0 D_v^2 AB}{4\sqrt{2}\sigma_{cd}} \right]^{\frac{1}{\alpha}} \gamma_b \qquad (6-25)$$

其中　　$$A = \frac{2\rho c_p}{\rho c_p + \rho_0 D_V}$$

$$B = \frac{1}{2}[(1+b)^2 + (1+b^2) - 2\mu_d(1-\mu_d)(1-b)^2]$$

（2）不耦合装药结构，半径计算式为：

$$R_c = \left[\frac{\rho_0 D_v^2 n K^{-2r} L_c B}{B\sqrt{2}\sigma_{cd}} \right]^{\frac{1}{\alpha}} \gamma_b \qquad (6-26)$$

2. 裂隙圈半径的计算

（1）耦合装药结构。耦合装药条件下的裂隙圈半径为

$$R_p = \left[\frac{\sigma_R B}{\sqrt{2}\sigma_{cd}} \right]^{\frac{1}{B}} \left[\frac{\rho_0 D_v^2 AB}{4\sqrt{2}\sigma_{cd}} \right]^{\frac{1}{\alpha}} \gamma_b \qquad (6-27)$$

（2）不耦合装药结构。不耦合条件下的裂隙半径为

$$R_p = \left[\frac{\sigma_R B}{\sqrt{2}\sigma_{cd}}\right]^{\frac{1}{B}}\left[\frac{\rho_0 D_v^2 n^{-2r} L_e B}{\sqrt{2}\sigma_{cd}}\right]^{\frac{1}{\alpha}}\gamma_b \tag{6-28}$$

其中 $\quad \sigma_R = \sigma_r / r = R_c = \dfrac{\sqrt{2}\sigma_{cd}}{B}$

$$B = 2 - \frac{\mu_d}{1-\mu_d}$$

3. 例　题[20]

以采用 2 号岩石炸药进行爆破为例，取炸药密度 $\rho_0 = 1\,000\,kg/m^3$，岩石性能参数利用文献 [10] 的数据，由上面计算式求得不同岩石中形成的压碎圈和裂隙圈半径值如表 6-5 所示。式中 $L_e = 1$，表示轴向不留空气柱。R_c / r_b 为式（6-25）的计算值；(R_c / r_b) 为式（6-26）的计算值；R_p / γ_b 为式（6-27）的计算值；(R_p / γ_b) 为式（6-28）的计算值。

表 6-5　2 号岩石炸药在岩石中爆炸形成的压碎圈和裂隙圈半径

岩石名称	页岩	砂岩	石灰岩	花岗岩
$\rho /(kg \cdot m^{-3})$	2 350	2 405	2 420	2 600
$c /(m \cdot s^{-1})$	2 900	3 300	3 430	5 200
μ	0.31	0.25	0.26	0.22
σ_c / MPa	55	80	140	175
σ_t / MPa	16.5	24	25	32
R_c / γ_b	2.67	2.24	1.77	1.67
(R_c / γ_b)	2.36	1.94	1.53	1.36
P_p / γ_b	16.7	13.6	14.8	12.9
(P_p / γ_b)	14.8	11.8	12.8	10.5

备注：$\varepsilon = 10\,s^{-1}$，$K = 43 / 32 = 1.3$，$L_e = 1$。

苏联的哈努卡耶夫的研究认为[23]，埋入岩石中的炸药爆炸后，形成的压碎圈（粉碎圈）半径为装药半径的 2~3 倍；裂隙圈半径为装药半径的 10~15 倍。由此，表 6-5 的计算值与之基本相符，计算方法是可靠的。

二、岩石抗拉强度（S_T）代替切向应力（σ_Q）求裂隙圈半径

1. 裂隙圈的形成[10]

前面已提到压碎圈是由塑性变形或剪切破坏形成的，而裂隙圈则是由拉伸破坏形成的。当冲击波衰减为压缩应力波或岩石直接受它的作用时，径向方向产生压应力和压缩变形，而切向方向将产生拉应力和拉伸变形。由于岩石抗拉能力很差，故当拉伸应变超过破坏应变时，就会在径向方向产生裂缝。

以岩石抗拉强度 S_T 代替切应力 σ_Q 计算裂隙圈半径如下式：

$$R_p = \left(\frac{bP_2}{S_T}\right)^{\frac{1}{\alpha}} \cdot \gamma_b \qquad\qquad (6\text{-}29)$$

在计算裂隙圈时，可忽略冲击波和压碎圈，按声学近似公式计算应力波初始径向峰值应力（P），即：

（1）耦合装药：根据式（6-11）$P_r = \dfrac{\rho_0 D_v^2}{4} \times \dfrac{2}{1+\dfrac{\rho_0 D_v}{\rho c_p}}$ 　　　　（6-30）

（2）不耦合装药：根据式（6-12）$P_r = \dfrac{\rho_0 D_v^2}{8} \times \left(\dfrac{\gamma_c}{\gamma_b}\right) n$ 　　　（6-31）

式中符号意义与前同。

2. 例　题[10]

炸药密度为 1 t/m³，炮眼直径为 32 mm，散装炸药（即耦合装药）爆速 3 600 m/s，岩石容重 3 000 kg/m³，纵波速度 5 000 m/s，泊松比 0.25，抗拉强度 10 kPa，计算裂隙半径。

解：按式（6-30）计算出应力波的初始径向应力峰值：

$$P = \frac{\rho_0 D_v^2}{4} \frac{2}{1+\dfrac{\rho_0 D_v}{\rho c_p}} = \frac{1\,000 \times 3\,600^2 \times 9.8}{4 \times 10^4} \frac{2}{1+\dfrac{1 \times 3\,600}{3 \times 5\,000}} = 5\,220.2 \text{ kPa}$$

切向应力和径向应力的比例系数为：

$$b = \frac{v}{1-v} = \frac{0.25}{1-0.25} = 0.33$$

应力波衰减指数为：

$$\alpha = 2 - \frac{v}{1-v} = 2 - 0.33 = 1.67$$

将以上计算结果代入（6-29）式，得：

$$R_p = \left(\frac{bP}{S_T}\right)^{\frac{1}{\alpha}} \gamma_b = \left(\frac{0.33 \times 5\,220.2}{10}\right)^{\frac{1}{1.67}} \times 16$$

裂隙圈内的径向裂隙数目，随距装药中心的距离增大而减小。

三、根据爆轰气体准静压力计算裂隙圈半径

拉应力形成的开裂长度是很短的，只有实际的 1/5 或 1/10。由于拉应力在炮孔岩壁内形成裂隙，改变了岩体内部的应力状态，致使开裂尖端在孔内准静态压力气体的楔入作用下，使裂缝继续扩展。其裂隙圈半径计算式：

$$\bar{\gamma}_p \leqslant \left[\frac{P(3-\sin\varphi_j)}{4C_j \cos\varphi_j}\right]^{\frac{1}{1.5}} \qquad\qquad (6\text{-}32)$$

式中　P——药包中心处爆轰波产生的平均初始压力（MPa），

$$P = \frac{0.1 \rho_0 D_v^2}{2(1-K)g} \qquad (6\text{-}33)$$

其中　K——等熵指数（对 $\rho_0 \geqslant 1.2 \text{ g/cm}^2$，$K=3$；对 $\rho_0 \leqslant 1.2 \text{ g/cm}^2$，$K=2.1$）；

　　　　g——重力加速度，（m/s^2）。

$$P = \frac{0.1 \times 1.0 \times (3\,600)^2}{2(1+2.1)9.8} = 21\,330$$

岩体中结构面的抗剪参数：内摩擦角 $\varphi_j = 250°$，内聚力 $c_j = 15 \sim 25 \text{ kg/cm}^2$，将 φ_j、c_j 和 P 值代入式（6-32）即：

$$\bar{\gamma}_p \leqslant \left[\frac{21\,330 \times (3 - \sin 25°)}{4(15 \sim 25) \times \cos 25°} \right]^{\frac{1}{1.5}} = 7.65 \sim 100.73$$

计算结果表明，岩体在应力波作用下形成的径向裂缝圈半径是装药半径的 70～100 倍。各种爆破破岩试验结果证实，岩体在爆破作用下形成的裂隙半径在 150 倍装药半径以内。根据已计算出的应力波破坏范围与实际基本符合。这也说明岩体的破坏并不完全由应力波的作用产生。并且岩体要得到充分的破碎还必须在爆生气体的作用下方能实现。

第六节　不耦合装药的爆炸作用对孔壁的变形

在岩土介质爆炸应力场的动态分析中，其中一个最重要的问题是边界条件的确定。由于孔壁近区爆炸动态测试的复杂性，至今在爆炸荷载作用下的孔壁变形研究还很不完善，这就给爆炸应力场的分析带来了一定困难，关于孔壁变形过程的理论分析的研究资料目前也不多见。本节试图根据理论分析[21]，给出确定炮孔孔壁变形的力学模型及其计算结果，并从耦合装药和不耦合装药两种情况下孔壁变形分析，讨论不耦合的缓冲作用，这对控制爆破装药量计算以及控制爆破机理研究均有一定参考作用[21]。

一、孔壁变形力学模型的建立

1. 耦合装药的孔壁变形

为了比较，对耦合装药爆炸作用进行简化计算，根据连续条件，孔壁透射压力与入射压力有如下关系

$$P_t = k \cdot P_i \qquad (6\text{-}34)$$

式中：P_t、P_i 分别是孔壁透射压力和入射压力；k 是透射系数。

$$k = \frac{2\rho_0 c}{\rho_0 c + \rho D} \qquad (6\text{-}35)$$

式中　$\rho_0 c$ 是岩石的波阻抗，按弹性体考虑，c 是岩石内的纵波波速，ρ_0 是岩石密度；ρD 是炸药的波阻抗，ρ 是密度，D 是爆速。

孔壁入射压力可分为两种情况计算：

（1）$P_i > 2 \times 10^8 \, \text{Pa}$ 时。

$$P_i = P_0 \cdot \left(\frac{6}{R+u} \right)^6 \tag{6-36}$$

式中 $P_0 = \frac{1}{8} \rho D^2$ 中；R 是炮孔初始半径（即药径）；u 是某一瞬时的孔壁位移，

$$u = \int_0^l v(t) \mathrm{d}t \tag{6-37}$$

其中　$v(t)$ 是孔壁质点速度，t 是时间。

（2）$P_i < 2 \times 10^8 \, \text{Pa}$ 时。

$$P_i = \left(\frac{\rho_0}{2 \times 10^8} \right)^{1.4/3} \cdot 2 \times 10^8 \cdot \left(\frac{R}{R+u} \right)^{2.8} \tag{6-38}$$

根据动量守恒有

$$P_i = \rho_0 c_v v(t) \tag{6-39}$$

由式（6-34），式（6-35）

$$v(t) = K \cdot P_i (\rho_0 c) \tag{6-40}$$

P_i 由式（6-36）或式（6-38）计算，因 $v(t)$ 在式（6-37）中是未知的，因此只能采用数值积分。

2. 不耦合装药孔壁变形

不耦合装药爆炸以后，在不耦合空间产生爆炸空气冲击波，冲击波到达孔壁后发生透射，透射压力

$$P_t = K' P_i \tag{6-41}$$

K' 是透射系数，因不耦合装药的孔壁形很小，因此

$$K' \approx 8 \tag{6-42}$$

而入射压力 P_i 同样分两种计算方法：

（1）$P_i > 2 \times 10^8 \, \text{Pa}$ 时。

$$P_i = \rho_0 \cdot \left(\frac{r}{R+u} \right)^6 \tag{6-43}$$

式中　r 是装药半径；u 同上。

$$u = \int_0^l v(t) \mathrm{d}t \tag{6-44}$$

$v(t)$ 是相应的孔壁质点速度，是时间 t 的函数。

（2）$P_i < 2 \times 10^8 \, \text{Pa}$ 时。

$$P_i = \left(\frac{\rho_0}{2 \times 10^8} \right)^{1.4/3} \cdot 2 \times 10^8 \cdot \left(\frac{r}{R+u} \right)^{2.8} \tag{6-45}$$

由动量守恒有

$$P_i = \rho_0 c_v v(t) \tag{6-46}$$

由式（6-41）和式（6-46）得

$$v(t) = K \cdot P_i / (\rho_0 c) \tag{6-47}$$

式（6-44）中的 l 是未知的，只能采用数值积分。

二、计算与结果

1. 计算方法

以耦合装药为例讨论孔壁变形的计算方法，当 $t = t_0 = 0$ 时，$u = 0$，由式（6-21）得 $P_i(t_0)$，由式（6-34）得 $P_1(t_0)$，再由式（6-40）得到 $v(t_0)$，由 $v(t_0)$ 和时间步长 Δt 通过式（6-22），求出 $u(t_1)$。其中 $t_1 = t_0 + \Delta t$，由 $u(t_2)$ 求 $P_i(t_1)$，由 $P_i(t_1)$ 求出 $P_1(t_1)$，由 $P_v(t_1)$ 通过式（6-43）求出 $v(t_1)$，由 $v(t_1)$ 和时间步长 Δt 通过式（6-37）可求出 $v(t_2)$。其中 $t_2 = t_1 + \Delta t$。依此类推，求出 $u(t)$ 和 $v(t)$ 的数值解。

2. 计算结果

耦合装药的计算结果，本节采用两种炸药参数：

| 2#铵梯 | $\rho = 1\,000 \text{ kg/m}^3$，$D = 3\,600 \text{ m/s}$ |

2#铵梯　　　　　　$\rho = 1\,000 \text{ kg/m}^3$，$D = 3\,600 \text{ m/s}$

水胶炸药　　　　　$\rho = 1\,100 \text{ kg/m}^3$，$D = 4\,360 \text{ m/s}$

采用三种岩石，其参数为

灰岩（Ⅰ）　　　　$\rho_0 = 2\,420 \text{ kg/m}^3$，$c = 3\,430 \text{ m/s}$

灰岩（Ⅱ）　　　　$\rho_0 = 2\,700 \text{ kg/m}^3$，$c = 6\,330 \text{ m/s}$

辉绿岩　　　　　　$\rho_0 = 2\,870 \text{ kg/m}^3$，$c = 6\,340 \text{ m/s}$

为分析方便，将时间 t 无量纲化，令

$$\bar{t} = t / \left(\frac{2R}{D} \right)$$

$$\bar{u} = u / R$$

计算结果如表 6-6。从表中可以看到，耦合装药具有较高的速度峰值。

表 6-6　铵梯炸药的变形参数

$\bar{t}$	灰岩（Ⅰ）		灰岩（Ⅱ）		辉绿岩	
	v（m/s）	$\bar{u}$	v（m/s）	$\bar{u}$	v（m/s）	$\bar{u}$
9	272	0	156	0	149	0
2	56	0.30	60	0.17	59	0.17
4	42	0.36	43	0.24	43	0.23
6	34	0.41	34	0.29	34	0.28
8	32	0.45	29	0.33	29	0.32
19	30	0.48	25	0.36	25	0.35
12	28	0.52	22	0.39	22	0.38
14	26	0.55	20	0.41	20	0.40
16	25	0.58	19	0.43	18	0.42

根据 6-6 的数值，经曲线拟合得到如下结果。

铵梯炸药在灰岩（Ⅰ）内的孔壁变形速度可用下式表示

$$v(\bar{t}) = 97\mathrm{e}^{-0.0106\bar{t}} \qquad (0 \leqslant \bar{t} \leqslant 16)$$

协方差 $= -3.08$，相关系数 $= -0.76$。

铵梯炸药在灰岩（Ⅱ）内的孔壁变形速度可用下式表示

$$v(\bar{t}) = 86.7\mathrm{e}^{-0.1126\bar{t}} \qquad (0 \leqslant \bar{t} \leqslant 16)$$

协方差 $= -3.25$，相关系数 $= -0.89$。

铵梯炸药在绿辉岩内的孔壁变形速度为

$$v(\bar{t}) = 85.5\mathrm{e}^{-0.118\bar{t}} \qquad (0 \leqslant \bar{t} \leqslant 16)$$

协方差 $= -3.25$，相关系数 $= -0.88$。

第七章 岩体爆破成缝

工程控制爆破就是沿爆破区和岩体保留区的轮廓线钻孔爆破，使岩体保留区的岩石不致破坏，而爆破区的岩石要求爆破的块石适合铲装，所以无论采用何种爆破技术，要求初始裂纹在炮孔连线方向上形成并扩展，最终贯通。在炮孔壁面其他方向不出现或少出现裂纹。

要做到这一点就必须对初始裂纹定向、定点、定范围。20 世纪 50 年代以来国内外学者在这种思路指导下，先后提出或试验研究了多种方法：改变炮孔参数，改进装药结构、装药方法；改变炮孔形状，改变药包形状等。归纳起来大致有如图 7-1 所示的几种定向断裂控制技术[31]。

（a）光面爆破和预裂爆破　　（b）切槽爆破　　　　（c）聚能爆破　　　（d）切缝药包爆破

图 7-1　20 世纪的断裂控制爆破分类

第一节　岩石定向断裂控制爆破分类

一、根据初始裂缝形成的技术方法分类

岩石断裂控制的关键是如何在炮孔周边形成一定长度和宽度的初始定向裂缝。断裂控制方法按其获得初始定向裂缝的技术方法，可分为两类，见图 7-2。

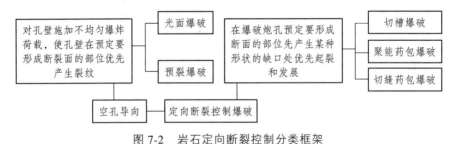

图 7-2　岩石定向断裂控制分类框架

二、光面、预裂爆破技术的爆破过程

光面、预裂爆破是 20 世纪欧美发达国家和中国等多个国家五六十年代前后用于井巷（隧道）工程和边坡工程的岩石断裂控制爆破的一项新技术，从我国多年的实践不断试验研究和

探索中得到广泛的应用，但却也存在不少的缺陷，大体上从爆破过程汇集成如图 7-3 所示的爆破过程框架。

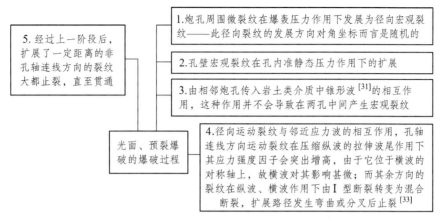

图 7-3　光面、预裂爆破技术的爆破过程框架

小结：现行光面爆破技术并不能控制初始裂纹方向，故其对保留岩体仍会有相当程度的破坏[33]。

第二节　定向断裂控制爆破的基本原理

定向断裂控制爆破的基本原理，实质是指定向断裂控制爆破的成缝机理。

自 20 世纪 50 年代后期光面、预裂爆破在我国冶金、煤炭、水电、交通等行业应用以来，有关大专院校、科研院所，对于其机理和爆破参数等进行了多方面的研究，例如中国科技大学陈保基、周昕清[34]，冶金部马鞍山矿山研究院高士才、向远芝、邢洪义[35]，作者[36]在 2000 年 5 月由重庆出版社出版的《定向断裂控制爆破》。近年郭学彬、张继春在《爆破工程》[37] 中对其基本原理作了较全面的总结[35,37]。

一、定向断裂控制爆破的基本原理

定向断裂控制爆破的基本点是控制爆炸波的作用过程，尽量避免对需要保护的岩体产生破坏作用。因此，必须应用减弱爆破原理，即抑制爆破冲击波应力波峰值和爆轰气体压力，使其在孔壁产生的爆破应力小于或接近于岩石的强度，避免压碎区和裂隙区的形成，保证孔壁岩体不受明显破坏（并留下半边孔的痕迹）。为了实现减弱爆破，一般采用以下措施：

（1）减少装药量。装药量的大小直接影响到岩体破碎的程度。应严格控制装药量，消除压碎破坏。

（2）不耦合装药。不耦合装药是指药卷与孔壁之间留有空气间隙的装药结构或炮孔轴向留有间隙的不连续装药结构。孔径 d 与药径 $d_{药}$ 之比称为径向不耦合系数，即 $K = \dfrac{d}{d_{药}}$。炮孔体积（除堵塞段外）与药包体积之比称为体积不耦合系数。为了避免压碎区和裂隙区的形成，应采用较大的不耦合系数（一般要求 $K \geqslant 2$）。

（3）采用低爆速、低密度炸药。低爆速和低密度炸药产生的爆破应力波峰值低，有利于防止保留岩体的破坏。

减弱爆破后能留下半个炮孔痕迹，是围岩免受损伤的前提。

二、应力叠加原理

根据减弱爆破原理，单孔爆破时爆破应力值小于或接近岩石强度，不能形成或仅形成少量微裂隙。因此，定向断裂控制爆破还必须利用应力叠加原理，使爆裂面上的拉应力大于岩体的抗拉强度，形成定向裂隙。因为定向孔均为成排布置，并且同时起爆，属于单排孔的成组药包爆破，如图 7-4 所示，在炮孔连心线上既有应力波叠加作用，也有爆轰气体膨胀压力的叠加作用。

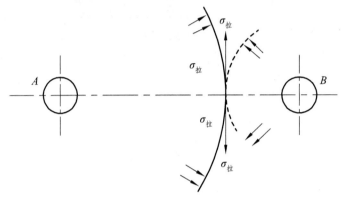

图 7-4   应力波在孔间相遇[35]

为达到爆破应力的叠加作用，采取的措施为：

（1）同时起爆。在同时起爆的炮孔连心线上，有可能获得应力叠加作用，有利于定向裂隙的形成。

①应力波叠加作用。定向孔可采用导爆索（网络如图 7-5 所示）或同段雷管同时起爆。因为导爆索的爆轰速度高于或接近于应力波波速，相邻孔的应力波峰值一般在后爆孔的孔壁附近相遇并叠加，形成切向合成拉应力，有利于定向裂隙的形成。若采用同段雷管起爆，则存在起爆时间的误差。由于应力波速度很大而孔距较小，应力波峰值难以在连心线上相遇而叠加，故其效果不如导爆索起爆法。

②爆轰气体似静压力叠加作用。定向孔采用不耦合装药，由于空气间隙的缓冲作用，应力波峰值压力受到削弱，波形平缓，爆轰气体作用时间延长，应力叠加作用明显。当相邻两孔同时起爆后，爆轰气体似静压力叠加的结果是，在定向孔连心线上均产生切向拉应力，在连心线与孔壁相交处合应力最大。当其大于岩石的抗拉强度时，裂隙在孔壁生成，并在气楔作用下沿孔间径向扩展、贯通。

若定向孔起爆时差较长，则应力波不可能在孔间相遇形成应力叠加；若起爆时差更长，先爆孔的爆轰气体压力已降到最小值，后爆孔才起爆，则爆轰气体似静压力场也失去了应力叠加作用，影响定向断裂控制爆破效果。所以，同时起爆的效果最好，微差爆破次之，同段秒延期起爆效果最差。

（2）缩小孔间距。随着孔间距的减小，炮孔连心线上应力叠加作用增强，有利于定向裂隙的形成，如图 7-6 所示[37]。孔距过大，将影响定向断裂控制爆破效果。

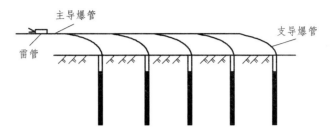

图 7-5　光面孔的导爆索起爆网络[35]

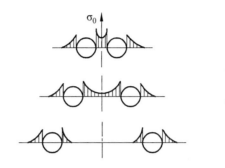

图 7-6　不同孔距时炮孔连心线上切向拉应力叠加情况[37]

三、应力集中原理[37]

（1）应力集中原理。

① 空孔的应力集中原理。爆破时，装药孔附近的空孔起到应力集中作用，如图 7-7 所示；使裂隙只向距离较近的空孔发展，如图 7-8 所示，装药孔附近的穿孔对裂隙起到了导向作用，并使其他方向上的裂隙受到抑制[35]。

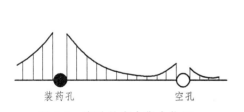

图 7-7　空孔的应力集中作用

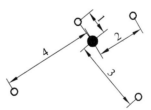

图 7-8　空孔的导向作用

② 装药孔的应力集中原理。采用不耦合装药，使装药孔也具有空孔的性质。虽然定向断裂控制爆破均采用同时起爆，但是还存在一定的时间误差。因此，后爆孔为先爆孔起到了导向空孔作用。

（2）空孔效应的试验[35]

① 文献[33]在有机玻璃板上（厚 40～70 mm）进行了有空孔的单孔爆破试验。布孔情况见图 7-9。

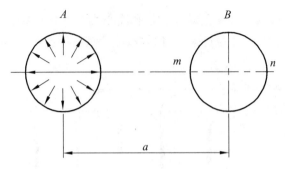

图 7-9　有空孔的单孔爆破示意图[35]

A—爆破孔；*m*、*n*—*A*、*B* 两孔中心连线与空孔 *B* 之交点；*a*—孔距

　　A 孔进行不耦合装药爆破，不耦合系数为 *K*，当 *a* 选择合适时，空孔 *B* 的 *m* 点处产生沿孔中心连线的裂纹。当 *a* 进一步缩小或 *K* 值减小时，*n* 处也会发生开裂。但当 *a* 增大到一定值后，就是把模型炸碎，也不会在孔的中心连线 *m* 和 *n* 方向开裂。

　　从试验中得出，当孔距 *a* 为爆破孔孔径 *D* 的 2～3 倍时，*m*、*n* 点能产生裂纹，*a* 大于 3*D* 时，在有机玻璃模型上就不易有这种裂纹产生。例如：不耦合系数为 5.5 时，距爆破孔 22 mm 处的空孔拉开了裂纹，而另一侧，孔距为 25 mm 处的穿孔便没有拉开裂纹，见图 7-10。

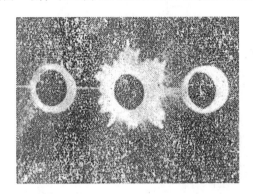

图 7-10　中间为爆破孔，两侧为空孔的成缝照片

　　② 有空孔的单孔爆破，空孔裂纹形成的测定与分析当进一步缩小孔距或减小 *K* 值，也会拉开一条连中线的裂缝（图 7-11）。从照片上可看出，裂缝是从空孔内壁 *m*、*n* 点沿连中线方向向两侧扩展的。空孔裂缝形成的测定示意见图 7-12。

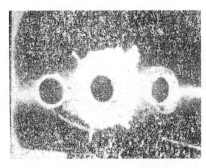

图 7-11　中间是装药孔，两侧是空孔时的连中线裂缝形成照片[35]

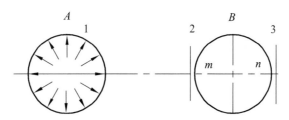

图 7-12　空孔裂缝形成的测定示意图

A—孔起爆时间；2、3—空孔 *B* 的 *m*、*n* 点开裂时间测得的时间间隔 1～2 为 30～55 μs，1～3 为 35～60 μs

从此试验可看出 *A* 孔爆破可使得邻近 *A* 的空孔 *B* 的 *m*、*n* 处产生孔中心连线方向上的裂纹，这是由于 *A* 孔爆炸产生的应力波遇到空孔 *B* 时，在 *m*、*n* 点产生孔边动拉应力集中所致，见图 7-13。

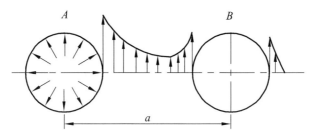

图 7-13　空孔孔边应力集中示意图[35]

当此孔边拉应力集中值大于介质的动抗拉极限强度时，*m*、*n* 处就发生开裂现象。当 *a* 大于孔径的 3 倍时，*m*、*n* 点就不易产生裂纹。

空孔的导向作用：在预裂爆破中，当要求预裂爆破质量较高或进行曲面预裂爆破时，用空孔作导向孔是有一定作用的，但导向孔与爆破孔的距离不能太大。我们在现场曾用钻孔电视观察了与预裂孔孔距相等的空孔壁，爆破后孔壁未产生新的裂纹，这说明距爆破孔较远的空孔起不到导向作用。导向孔距爆破孔的距离应远小于两预裂孔之间的距离。

第三节　岩体爆破成缝机理过程

由上一节可以了解到岩体断裂控制的关键是初始定向裂纹的形成，上述切槽爆破等三种爆破技术炮孔形状、药包结构形状，将较好地解决爆破初始定向裂缝的形成，所以本节只讨论光面爆破、预裂爆破要形成断面的部位、优先产生裂纹的机理。

为了探讨成缝机理，国内学者做过多种试验研究。本节采用以下两种试验方法：一是讨论或验证爆破成缝机理；二是深入研究以定向断裂控制爆炸应力波在孔边的分布规律为依据的成缝理论，为爆破参数设计提供依据。

一、岩体爆破成缝机理的试验

1. 采用冲击大电流电爆装置为爆源[38]

为了探讨成缝机理和验证理论计算结果，文献[38]利用冲击大电流电爆炸装置作为爆源，用 33.5 mm 厚的大面积有机玻璃板来模拟无限介质中的平面问题（即不考虑边界和自由面对应力波的反射作用。应力波反射产生的拉伸波将会产生层裂破坏和产生由边界向内扩展的裂纹）。这样，我们只需考虑在非耦合装药系数较大时爆炸高压气体的成缝机理。

电爆炸装置是利用整流电路对高压脉冲大电容充电，将电能贮存起来。利用 0.01 mm 厚的铝箔卷成筒状来模拟"柱状装药"。当上千安培的冲击大电流瞬间通过爆炸箔时，金属箔立即汽化而产生爆炸。"药孔"及空孔均为 5 mm。根据模型试验的照片可作如下的定性分析：

图 7-14 是单孔爆炸的药孔布置。试验结果表明，在爆炸生成的高温、高压气体作用下，首先在炮孔壁上形成大量的径向裂纹。但是只有少数几条能扩展很远而形成大的裂缝，可以看到约 5 条。而其中有 3 条贯穿到 3 个不同方向的空孔中去了。（比例距离 $\bar{R}=25/2.5=10$）。这与计算结果表明的、由于应力集中使空孔对裂纹扩展起着导向作用的结论是一致的。爆炸气体将向生成的裂纹中扩散产生劈裂作用使大裂缝进一步扩张。由于应力波的作用和气体压力的降低，大部分细裂纹停止扩展，只在炮孔附近形成破碎性短裂纹[38]。

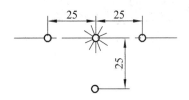

图 7-14　单孔爆炸[38]

2. 采用动光弹方法研究爆炸应力波在导向孔中的分布规律

空孔的导向作用，即在装药孔附近钻有空孔（此空孔在工程上通常叫导向孔），当空孔与炮孔间的距离适当时，就会在空孔方向产生较长的裂缝，这在理论和实验中都已得到了证明。这一技术已被广泛地应用于要求最终开挖壁面比较平整的预裂爆破和光面爆破作用中。但是，由于岩石爆破过程的瞬时性和复杂性，人们对于导向孔的作用主要是由于空孔的存在而引起应力集中还是由于空孔为应力波的反射提供了自由面的认识还远远不够充分。

文献[39]用动光弹方法和多火花照相机记录了爆炸应力波传过炮孔附近的空孔时空孔周围条纹级数的分布（图 7-15）、动态动应力集中系数随时间分布（图 7-16）、孔空与炮孔连心线上的动力条纹分布（图 7-17）。

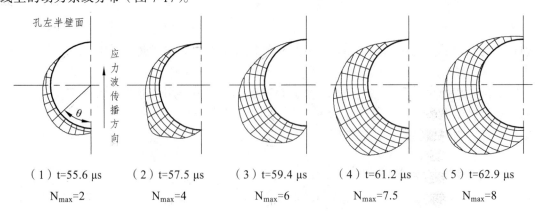

（1）t=55.6 μs　　（2）t=57.5 μs　　（3）t=59.4 μs　　（4）t=61.2 μs　　（5）t=62.9 μs

$N_{max}=2$　　　　$N_{max}=4$　　　　$N_{max}=6$　　　　$N_{max}=7.5$　　　　$N_{max}=8$

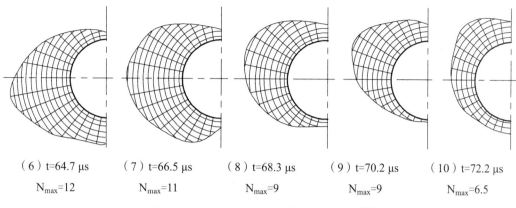

（6）t=64.7 μs   （7）t=66.5 μs   （8）t=68.3 μs   （9）t=70.2 μs   （10）t=72.2 μs

N_max=12   N_max=11   N_max=9   N_max=9   N_max=6.5

图 7-15　空孔壁上条纹级数的动态分布[39]

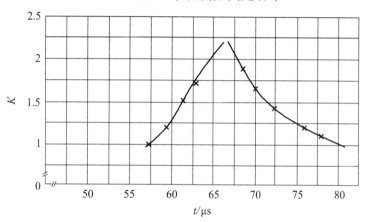

图 7-16　动态应力集中系数随时间的分布[39]

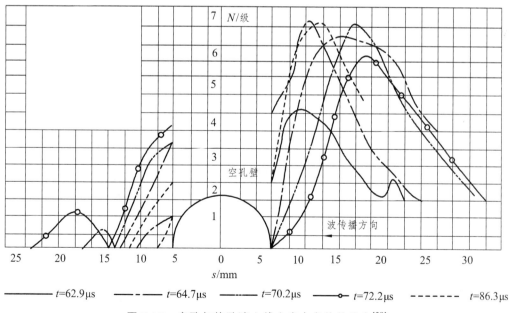

图 7-17　空孔与炮孔连心线上应力条纹的分布[39]

文献[39]的作者在数据处理和分析中，在入射波的特性一节中，绘出了 t=500 ms 时刻，入射膨胀波相对的应力条纹级数随着离爆源中心距离分布的曲线（图 7-18）。此时入射膨胀波最高条纹级数为 7 级，主脉冲宽度为 32 mm，主脉冲宽度是空孔直径的 2.67 倍。压缩脉冲的最高条纹级数是拉伸脉冲的最高条纹级数的 2.8 倍。图 7-19 给出了最高条纹级数随时间衰减的曲线。其中表 7-1 给出了 7 个时刻孔壁上最大切向应力出现的位置；表 7-2 环形条纹中心离空孔壁的距离随时间的分布。由表 7-2 可见，封闭的条纹环随着反射波的传播而向炮孔方向移动，其移动速度大约为 1 080 m/s[39]。

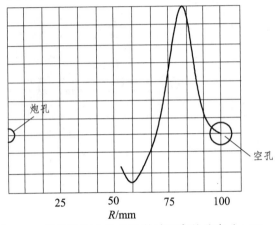

图 7-18　膨胀波应力条纹级数随距离的分布（$t=50\ \mu s$）

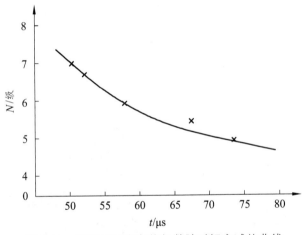

图 7-19　膨胀波最高条纹级数随时间衰减的曲线

表 7-1　孔壁上最大切向应力出现的位置[39]

时刻（μs）	61.2	62.9	64.7	66.5	68.3	70.2	72.2
极解*（度）	44	54	78	93	110	119	137
$|\sigma_\theta|_{max}$（MPa）	13.11	14.98	22.47	20.60	16.85	19.85	12.17

表 7-2　环形条纹中心离空孔壁的距离随时间的分布

时刻（μs）	64.7	66.5	68.3	70.2	72.2	74.2	平均值
距离（mm）	5.6	6.19	8.76	11.16	12.26	16.08	9.99
距离/空孔直径	0.47	0.52	0.73	0.93	1.02	1.34	0.84
传播速度（m/s）		310	1 428	1 263	550	1 910	1 082

小结：根据动光弹实验结果分析了入射应力波与圆孔相互作用的机理和动力学特征。文献[39]的作者总结出以下几点认识：

（1）应力波掠过圆孔时，在孔两侧产生压应力集中，最高条纹级数为12级，最大压应力集中系数为2.18。在孔内侧由反射波叠加而产生的拉应力集中的最高条纹级数为6.5级，最大拉应力集中系数为13。由于岩石的动态抗拉强度远小于其动态抗压强度，因此，根据动光弹结果可以预报空孔导向作用主要是空孔壁产生反射波与入射波尾的叠加作用。

（2）当入射应力波峰与空孔相互作用时出现压应力集中，应力集中点随着应力波的传播而在空孔壁上移动，当应力波传过空孔后，压应力集中点位于与空孔的炮孔连心线大约成45°角的射线上（该射线始于穿孔的圆心）。

（3）反射波造成的拉应力集中位于炮孔与空孔连心线上，相应的条纹为封闭式条纹环。其位置随着反射应力波的传播而向炮孔方向运动，运动速度与畸变波速度差不多。

（4）反射应力波叠加而成的封闭式条纹出现在应力波与空孔相互作用后大约十几微秒时刻，环形条纹中心距空孔壁的距离与空孔直径差不多，此时应力波的第一个脉冲已反射了大约3/4波长，该条纹环仅持续了十几微秒。

以上几点对于进一步研究空孔导向作用机理和在采用时差起爆技术时设计最佳爆破参数具有一定的参考价值。

二、岩体爆破成缝的形成和发展

将岩体视为弹塑性体，用有限元方法计算钻孔爆破中的应力场，并结合模型试验进一步探讨裂缝的形成和发展。

1. 计算原理[38]

（1）在岩石中取出一块厚为一个单位的岩体进行有限元分割，用变刚度法作平面应变分析。由于把岩体作为弹塑性体，在塑性区内，应力和应变的关系是非线性的。为解决此问题，我们将外荷载（爆炸荷载）分成若干部分，用逐次增加荷载的方法，在一定应力和应变的水平上增加一次荷载。只要增加的荷载适当地小，则应力增量和应变增量之间的关系可认为是线性的。这样可以采用和弹性情况下类似方法列出计算格式，逐步加载，每一步解一个线性化问题，即可求得问题的解。

（2）本问题考虑非耦合装药，因而只考虑爆炸气体的作用。只要非耦合系数愈大，这种近似愈准确。此时，作用在炮孔壁上的爆炸荷载只要考虑炸药的燃烧压力，其值为：

$$P_1 = \frac{P_0 V_0 T}{273(V-\alpha)}$$
$$= \frac{P_0 V_0 T}{273\left(\dfrac{1}{\Delta} - 0.001 V_0\right)}$$

式中　P_0——标准大气压；

　　　V_0——炸药爆容；

　　　T——炸药爆温；

　　　Δ——装填密度；

　　　α——余容。

2. 计算结果

（1）本节采用的计算原始数据为：岩体尺寸 $46 \times 36 \times 1 \, cm^3$（图 7-20）。共分割为 324 个三角形单元，具有 201 个节点。炮孔半径 2 cm，装药间距为 3 cm，两装药孔之间有一直径为 4 cm 的空孔（导向孔）。岩体的应力应变曲线如图 7-21 所示。装药的非耦合系数为 3.5。按前式计算得到作用在炮孔壁上的爆炸荷载为 8.1 MPa。

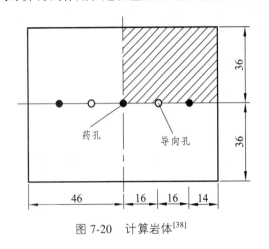

图 7-20　计算岩体[38]

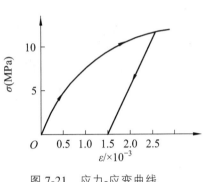

图 7-21　应力-应变曲线

（2）计算得到炮孔连线上主拉应力 σ_1 和距离 x 的关系曲线如图 7-22 所示。在图中，实线是按照弹塑性计算所得的结果。虚线是按照纯弹性计算的结果，两者相差不大[38]。

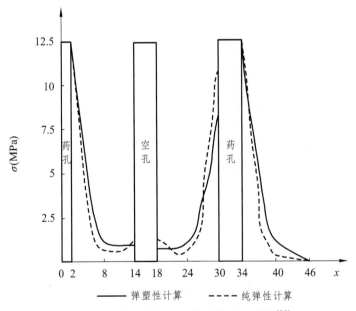

图 7-22　炮孔连线上主拉应力分布曲线[38]

（3）计算结果表明：药孔附近的主拉应力最大。随着远离药孔，此应力逐渐下降，当到达导向孔时，又略有上升。根据计算[38]在炮孔连线上的主应力 σ_1 是几乎垂直于炮孔连线的。（σ_1 的方向和 x 轴夹角在 80° ~ 100°）。由此，可以对裂缝的成因作如下解释。

当炮孔中的爆炸气体作用于孔壁时，炮孔边产生比较大的主拉应力 σ_1。当 σ_1 超过岩体的抗拉极限强度时，岩体被拉裂。因此，岩石裂缝的形成和发展都是从炮孔边缘开始的。随着荷载的加大，此裂缝沿着炮孔连线贯通。导向孔起到应力集中的作用，可以保证裂缝向预定方向发展。

三、根据岩体炮孔中炸药爆炸孔周边产生应力场研究分析光面、预裂爆破机理

岩石在爆破中，炮孔周围的粉碎区和裂隙区的形成是由爆轰冲击波和高压气体静力共同作用的结果。冲击波可视为形成动应力场，它能使岩石形成以炮孔为中心的放射状裂缝，高压气体则为静应力场作用于炮眼四周。与动应力场相比，静应力场的作用时间较长，从爆炸开始到炮孔崩落，爆生气体全部散失为止。现以两个相邻炮孔爆破产生的应力场的相互作用关系，作简单分析如下[40]：

当两个炮孔相距较近，互相在应力场作用范围之内，起爆时差又不大时，两个炮眼应力场存在着互相作用（图 7-23）。

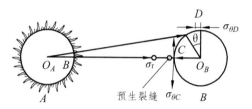

图 7-23 相邻两炮眼爆破应力场的互相作用[40]

如上所述，光面预裂爆破相邻两个炮眼非同时起爆是必然的。假如 A 孔先爆，B 孔后爆，B 孔就处在 A 孔的应力场中，B 孔孔壁受来自 A 孔径向压应力 σ_{r} 作用，由此产生切向应力 σ_{θ}，则

$$\sigma_{\theta} = \sigma_{\mathrm{r}}(1 + 2\cos 2\theta)$$

在 C 点处，$\theta = 90°$，则

$$\sigma_{\theta C} = \sigma_{\mathrm{r}}(1 + 2\cos 2 \times 90°) = -\sigma_{\mathrm{r}}$$

在 D 点处，$\theta = 0°$，则

$$\sigma_{\theta D} = \sigma_{\mathrm{r}}(1 + 2\cos 0°) = 3\sigma_{\mathrm{r}}$$

由此可见，B 孔孔壁的切向应力，在 A 孔和 B 孔连线 $O_A O_B$ 上的 C 点处，呈现拉应力，在 D 点处呈现压应力。当 $\sigma_{\theta C}$ 大于岩石极限抗拉强度时，沿两孔连线 $O_A O_B$ 方向，B 孔孔壁被拉成裂缝。该裂缝是在 B 孔爆炸前生成的孔壁裂缝，造成薄弱环节，给在 B 孔爆炸时产生、扩展和贯通连线裂缝创造了良好的条件。孔壁的其他方向，因为没有这样大的孔壁预生裂缝，就不易再形成裂缝了。A 孔的应力场随着岩石崩落、气体消散而消逝。如果能控制 B 孔的起爆时间，使它能在 A 孔应力场消逝之前起爆，从两孔看来，也可说具有较大允许时差的同时起爆，更有利于两孔间连线贯通裂缝的形成。理由有：一是两孔的应力场具有共存时间，在共存时间里，它们能在叠加形式出现，从而发挥了它们的联合作用；二是 A 孔未被崩落，B 孔的应力场同样对它有反作用效果，促使 A 孔 E 点处的连线 $O_A O_B$ 方向上的裂缝形成与扩展[33]。

随着孔间贯通裂缝的形成与扩展、爆生气体的泄漏，应力场强度降低，使其他孔壁裂缝不易生成和扩展，最后沿 $O_A O_B$ 连线裂开岩石崩落而形成光面，并留下半个眼痕。

因此，有较大允许时差的同时起爆是实现光面爆破的必要条件，但并不要求应力波在两孔中间相遇的苛刻的时差条件。生产实践也表明，采用普通瞬发雷管进行光面爆破施工，效果也是很理想的。

从爆破过程看，动应力场作用时间短暂，并对围岩有破坏作用，而静应力场的作用时间相对很长，对围岩破坏作用甚微，所以有效地利用静应力场的作用，严格控制爆轰冲击波的作用，可破落岩石，保护围岩，实现光面爆破。

自从预裂爆破技术诞生之日起，人们对预裂缝的形成机理一直争论不休，有着不同的解释[41]。部分学者认为，相邻炮孔同时起爆，应力波相互干扰是形成预裂缝的根本原因；另有部分学者认为，炸药爆炸产生的高压气体对预裂缝的形成起着主要作用；更多的学者认为，预裂缝的形成是在爆炸应力波与高压气体联合作用下形成的。

四、国内外部分学者对岩体爆破成缝的论述

（1）黄理兴先生[42]在经过应力波作用模型试验后，又模拟预裂爆破、扩展速度试验来探讨裂隙的形成机理。他认为：

① 在考虑耦合装药与线装药密度及孔间距等参量的情况下，炸药在钻孔中起爆后，对周围介质的作用首先是应力波效应，岩石在应力波的冲击作用下将作径向压缩，并迫使岩石质点作径向运动，沿孔壁产生径向裂纹。在应力波作用的同时，爆生气体急剧膨胀，产生气刃作用，加强了应力波的破岩效果。由于应力波传播到邻孔壁时产生反射拉伸的作用，增强了与波传播方向一致的原来孔壁上已产生的径向裂纹扩展的作用。应力波的叠加与来回反射制定了两炮孔之间的应力场，给裂纹的传播方向起了导向作用。反射拉伸波与新生裂纹的相互作用加上爆轰气体的准静态应力场作用促使裂纹扩大并继续向前延伸。在两炮孔间距合适时，经过裂纹的扩张、重合、分岔等一系列复杂的过程，两边裂缝贯通，最后形成具有一定宽度的裂缝带。

② 小语：

综上所述，我们将钻孔预裂爆破与光面爆破破岩成缝的机理归纳为：

炸药在钻孔中爆炸后，强大的应力波冲击介质使其在孔壁周围产生一系列随机的微小径向裂纹。

爆轰气体的急剧膨胀，使产生的新生裂纹扩展。

来自邻孔的应力波在迎波面的孔壁上产生反射拉伸，并与新生的裂纹相互作用，促使裂纹的扩展。

应力波在钻孔间的来回反射与相互叠加并与材料内部节理裂隙等缺陷的相互作用，使天然裂缝产生失稳、扩展、分岔等现象，使得在钻孔连心线上形成一定宽度的裂纹带，起了应力场分布与裂缝传播的导向作用。

应力场的改变，导致除钻孔连线区域内以外材料内部应力的释放，应力在裂纹带集中，裂缝在此区域内扩展、分岔并合并，在炮孔间距合适时，主裂缝汇交，最后形成具有一定宽度的预制裂缝。

（2）南非人布朗（Brown）的高速摄影试验证明：

炮孔孔壁边开裂发生在爆轰波之后、冲击波形成的同时，而裂缝扩展较迟，可以认为是

气体产生的，应力集中和应力波的干扰也是存在的[42]。

（3）文献[43]中，在树脂玻璃里进行预裂爆破实验，炮孔直径 2.8 mm，不耦合系数为 2，两个炮孔使用导爆索同时起爆，用表面形态学对预裂成缝进行研究。结果表明：当两个预裂孔间距小于等于 6 倍炮孔直径时，裂缝从两个炮孔连线的中间位置开始开裂，分别向两个炮孔方向扩展、贯通，说明在两孔连线中间位置，应力波叠加后所产生的拉应力峰值大于树脂玻璃的动态抗拉强度，首先开裂，当两个预裂孔间距加大时，裂缝开裂的起始位置向炮孔附近靠近，但并不是从孔壁开裂，然后分别向炮孔及连线中点方向扩展，说明在两孔连线中间位置应力波叠加后所产生的拉应力峰值小于树脂玻璃的动态抗拉强度，不足以产生开裂，而在炮孔附近产生的叠加拉应力峰值大于材料的抗拉强度，首先产生开裂，裂缝与炮孔连通后，爆生气体扩散到裂缝前端，促使裂缝进一步扩展，直至与相邻孔贯通为止，或气体压力降低到不足以使裂缝继续扩展为止。

实际预裂爆破过程中，不可能使相邻炮孔实现严格意义上的同时起爆，但是预裂缝还是形成了，所以，预裂爆破过程中，爆生气体起到了作用[42,44]。爆生气体作用时间比应力波作用时间长得多，对相邻炮孔同时起爆的时间差要求也就变得不是太严格了[45]。

小结[42]：

综上所述，可以认为，在岩石中进行预裂爆破时，由于采用不耦合装药，炸药爆破后所产生的气体作用在孔壁上的压力小于岩石的动态抗压强度，孔壁周围岩石不会因为受压产生破坏，由于预裂炮孔间距较大（通常大于 6 倍孔径），在两孔连线的中点位置产生的应力波叠加后小于岩石的动态抗拉强度，在此位置不会首先开裂。

由于岩石是各向异性的非均质材料，会有一些原生微裂纹，这些微裂纹在应力波的作用下会受到径向拉应力作用，在两孔连线方向上靠近孔壁的裂纹受到拉应力的合成作用，以及爆生气体准静态压应力联合作用，最先开裂，随着裂纹的扩展，能量消耗，裂纹扩展速度显著下降，甚至停止扩展，爆生气体扩散速度也会因为裂纹的扩展而迅速降低，但在裂缝贯通之前，爆生气体扩散却不会停止，因此，爆生气体总会追上裂纹扩展前端，此时，气体作用在裂缝壁上的压应力大于岩石的动态抗拉强度，裂缝将进一步扩展，如此反复，直至裂缝形成为止。

由以上的分析可以推断，预裂缝的形成是应力波和爆生气体共同作用的结果，在预裂缝形成的过程中，裂纹的扩展速度是变化的，气体的作用也是间断的，但由于两者的速度都比较大，观测起来有很大难度。

（4）用岩石断裂力学的论点解释预裂成缝[47]

按照线性断裂力学的见解，当材料受拉时内部裂纹处于张开状态，即为张开型裂纹，裂纹尖端的应力强度以强度因子 K_I 表示。

$$K_I = Y \cdot \sigma \sqrt{a} \qquad (7-1)$$

式中　σ——外加应力；

　　　a——裂纹长度；

　　　Y——与裂纹形状、加载方式及材料特性有关的量。在 K_I 时，裂纹尖端产生内应力 K_Y。外加应力 σ 增大，K_I 随之增加，K_Y 也增大，当 K_Y 大到足以使材料分离，从而导致裂纹失稳时，则裂纹扩展，岩石断裂。此时应力强度因子称为临界应力强度因子，用 K_{IC} 表示，它又称为断裂韧性。

$$K_{IC} = Y \cdot \sigma_C \cdot \sqrt{a} \qquad (7\text{-}2)$$

式中　σ_C——导致裂纹失稳时的临界外加应力。

因此 K_I 和 K_{IC} 有着密切的关系，但其意义却完全不同。

由上述概念得知，用断裂力学解释预裂成缝，重要的岩石必须存在某些裂缝，当然它们或者是天然的，或者是由于应力波的作用产生的。因为当高压气体作用时，孔间拉应力使原有裂纹呈现张开型，如果 $K_I \geq K_{IC}$ 裂缝将会扩展，K_I 若远大于 K_{IC}，裂缝将以较高的速度扩展。K_I 的大小由炮孔内气体压力决定。如果压力没有得到补充，K_I 的值随裂缝的扩展而减小，当减小至小于 K_{IC} 时裂缝停止延伸。只要预裂孔间的裂缝扩展并连通起来即可形成预裂面[32]。

（5）长江科学院张正宇（教授级高级工程师）[47]1980 在《预裂爆破及其在水工建设中的运用》一文中曾对这预裂爆破成缝理论作了以下简单论述。"这一理论可以采用以下非常粗略的模式来描述，爆炸应力波由炮孔向四周传播，在孔壁及炮孔连线方向出现裂缝，随后在爆炸气体作用下，使原先的预裂逐步发展扩大，最后形成平整的开裂面"。作者[47]认为理论概括岩体定向断裂原理。"上述模式将预裂成缝机理分为两个过程，即应力波的作用过程和高压体的作用过程，它们有先后，但又是连续的不可分割的"。

文章[47]还指示："第一过程，应力波的作用。当它从孔壁向周围传开后，引起的切向拉应力超过岩石的抗拉强度而使岩石破裂。最初的裂缝出现在从炮孔壁向外的距离内。如果应力波在两孔之间能够发生叠加，那么，在此区段内，合成拉应力也可能使岩石产生裂缝。因此，应力波的作用，既能够发生叠加，也能在炮孔之间出现某些发状破裂，上述裂缝可能连接起来。于是炮孔连线方向出现较长裂缝的概率较其他方向大得多。这些裂缝给预裂面的形成创造了有利的导向条件。

爆炸高压气体紧接着应力波作用到孔壁上，它的作用时间比应力波要长得多，孔周围便形成类似于静态应力场。相邻炮互相作用，并互位于应力场中。孔中连线方向产生很大的拉应力，孔壁两侧产生拉应力集中。如果孔的间距很近，则炮孔之间连线两侧全部是拉应力区，如图 7-23，并达到足以拉断岩石的程度。

第四节　岩体轮廓爆破成缝计算模型

工程控制爆破中的定向断裂控制爆破的内容（项目）中，预裂爆破与光面爆破技术工艺较切槽爆破、聚能药包爆破、切缝药包爆破简单，但形成裂缝的就较其他方法难度大，本节的根据是文献[46][48]：

文献[48]指出：预裂爆破和光面爆破的成缝机制相近，其成缝过程包含爆炸应力波的作用和爆生气体的准静态压力作用两个阶段。爆炸应力波首先在孔壁形成一些初始的径向和环向裂纹，在后续爆生气体压力作用下，炮孔连线方向上的裂纹将优先得到扩展。孔内爆生气体因膨胀形成气楔，挤入孔壁的初始径向裂纹，产生"气刃效应"作用，使裂纹进一步扩展，直至裂缝在两炮孔间贯穿。

一、岩体爆破炮孔间形成贯穿裂缝的两个条件

（1）在爆生气体压力的作用下，沿炮孔连线方向发展的裂缝的尖端应力强度因子超过岩体的断裂韧度，裂缝能够稳定传播，直至贯通。

即裂纹稳定传播的条件可描述为

$$K_1(t) > K_{ID} \qquad (7\text{-}3)$$

式中：$K_1(t)$ 为缝裂纹尖端应力强度因子；K_{ID} 为岩石的动态断裂韧度。

（2）炮孔内的爆生气体压力要小于岩石的动态抗压强度，这样才能保证在形成裂纹的同时，炮孔周围的岩体不被压碎。

二、爆生气体驱动下的裂纹扩展模型

在 R.H.Nilson 等的研究基础上，卢文波、陶振宇先生建立了轮廓爆破扩展模型和相应的裂纹尖端应力强度因子的计算方法。考虑相邻炮孔爆炸荷载和岩体地应力的联合作用，改进后的裂纹扩展模型如图 7-24 所示。

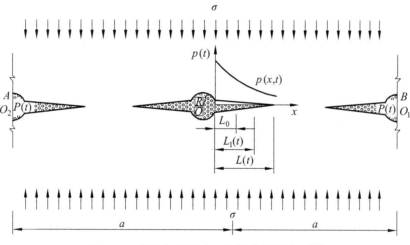

图 7-24　爆生气体驱动下的裂纹扩展模型[17]

图 7-24 中，$u(x,t)$ 为 t 时刻裂纹的张开位移；$L(t)$ 为 t 时刻爆生气体驱动的裂纹的总长度；$L_1(t)$ 为 t 时刻爆生气体贯入裂纹的长度；L_0 为应力波作用下产生的径向裂纹的初始长度，本节中，取 $L_0=3R$，R 为炮孔半径；a 为炮孔间距；$p(t)$ 为炮孔中气体压力衰减过程；$p(x,t)$ 为沿裂纹方向分布的爆炸气体压力；σ 为垂直于裂纹面的岩体远场应力。

（1）参考文献[48]"改进的模型中考虑了相邻两炮孔的影响。在邻近炮孔的爆生气体准静态压力作用下，在所分析炮孔裂纹尖端引起的侧向拉应力 σ_1 和 σ_2，可通过轮廓爆破过程中围岩瞬态应力场的数值计算得到。作为近似处理[17]，准静态过程 σ_1 和 σ_2 可由弹性力学的圆形压力隧道受内压作用下的解析解得到"：

$$\sigma_1 = p(t)\left[\frac{R}{a + L(t) + R}\right]^2, \quad \sigma_2 = p(t)\left[\frac{R}{a - L(t) - R}\right]^2 \qquad (7\text{-}4)$$

（2）文献[48]则用作用在裂缝面上的有效闭合应力 σ' 为

$$\sigma' = \sigma - \sigma_1 - \sigma_2 \tag{7-5}$$

由此得到此模型下的裂纹尖端的应力强度因子为：

$$K_1(t) = 2\left[\frac{L(t)+R}{\pi}\right]^{0.5} \int_0^{L_1(t)+R} \frac{p(x,t)-\sigma'}{\{[L(t)+R]^2 - x^2\}^{0.5}} \mathrm{d}x \tag{7-6}$$

式中：裂纹扩展总长度 $L(t) = \int_0^t c_f(t)\mathrm{d}t$，其中，$c_f(t)$ 为裂纹的扩展速度，一般可取 $c_f(t)=0.38c_p$，c_p 为岩石介质的纵波波速；爆生气体贯入长度 $L_1(t) = \int_0^t v_e(t)\mathrm{d}t$，$v_e(t)$ 为爆生气体在裂纹中前端的流动速度。

（3）裂纹的张开位移文献[48]用 Pair 公式计算：

$$\mu(x,t) = \frac{4(1-\mu)^{0.5}}{\pi G} \int_x^{L(t)+R} \left[\int_0^\xi \frac{P(\zeta,t)-\sigma'}{(\xi^2-\zeta^2)^{0.5}} \mathrm{d}\zeta\right] \cdot \frac{\xi \mathrm{d}\xi}{(\xi^2-x^2)^{0.5}} \tag{7-7}$$

式中：μ 为岩体的泊松比；G 为岩体的剪切模量；ξ 为裂纹扩展的瞬间长度，ζ 为该瞬间长度的微段长度。

计算中假设爆生气体压强沿裂纹长度方向呈近似均匀分布，且等于 $P(t)$。裂纹中前端爆生气体的流动速度 $v_e(t)$ 可通过爆生气体在裂缝内的一维非定常流动计算得到。

（4）炮孔中爆生气体的压力参考文献[48]则用多方气体状态方程得到：

$$P(t)[V(t)]^\gamma = \text{const} \tag{7-8}$$

式中：$V(t)$ 为爆生气体的总体积；γ 为等熵指数，当 $P(t)=P_k$ 时，近似取为 3.0，当 $P(t)<P_k$ 时，γ 与空气的等熵指数相等，为 1.4；P_k 为爆生气体的临界压力，可取为 100 MPa。

（5）炮孔内爆生气体的初始孔内平均压强 P_0 为：

$$P_0 = \left[\frac{\rho_e D^2}{2(1+\gamma)}\right]^{\frac{\upsilon}{\gamma}} P_k^{\frac{\gamma-\upsilon}{\gamma}} \left(\frac{d_e}{d_b}\right)^{2\upsilon} \tag{7-9}$$

式中：ρ_e 为炸药密度；D 为炸药的爆轰速度；d_e 为炸药的直径；d_b 为炮孔的直径。

（6）由式（7-4）～（7-9）可逐步计算轮廓爆破过程裂缝内爆生气体的压力衰减，判断裂纹的扩展状态，进而分析裂纹的整个扩展过程。

同时，为防止预裂爆破本身对孔壁附近保留岩体产生过大损伤，需要保证预裂爆破过程中其炮孔压力低于孔壁岩体的动态抗压强度，即：

$$P_0 \leqslant [\sigma_d] \tag{7-10}$$

式中：$[\sigma_d]$ 为岩石的动态抗压强度。

第五节 岩体爆破裂缝的扩展速度

一、裂缝的扩展速度

（1）文献[12]的作者，在有机玻璃中裂缝的扩展速度用式（7-11）计算。

$$c = 0.42\sqrt{\frac{E}{\rho}} \tag{7-11}$$

式中：E 和 ρ 分别是材料的弹性模量和密度。

文献[5][10]提出的 PMM 材料数据：$E=3\,100\,\text{MPa}$，$\rho = \dfrac{1\,180\,\text{kg}}{\text{m}^2}$，$c_R = 1\,770\,\text{m/s}$，将数据代入式（7-12）得 $c=681\,\text{m/s}$ 计算值与已有文献中提到的在有机玻璃中裂缝的最大扩展速度为 $670\,\text{m/s}$ 相符。

（2）文献[37][43]提出，脆性材料中裂缝扩展最大速度为：

$$c = 0.38c_R \tag{7-12}$$

式中：c_R 为岩石中的声速，将 c_R 代入（7-12）式可得 $c=673\,\text{m/s}$，与式（7-11）计算结果相近。岩石属于脆性材料，文献[10]建议：可用（7-11）或（7-12）估计裂缝在岩石中扩展的最大速度。

二、炸药爆炸气流速度[37][43]

$$c_s = \sqrt{\frac{\gamma P}{\rho_g}} \tag{7-13}$$

式中：γ 为绝热指数常数；P 为气体压力（Pa）；ρ_g 为气体密度（kg/m³）。

γ 的取值范围：

$$\begin{cases} \gamma = 2.035(2\,025\,\text{MPa} > P \geqslant 455\,\text{MPa}) \\ \gamma = 1.631(455\,\text{MPa} > P \geqslant 50\,\text{MPa}) \\ \gamma = 1.285(50\,\text{MPa} > P \geqslant 10\,\text{MPa}) \\ \gamma = 1.271(10\,\text{MPa} > P \geqslant 0.1\,\text{MPa}) \end{cases}$$

通常可取平均值 $\gamma = 1.3$。

根据文献[40]可知，不耦合装药时，

$$P_{\text{charge}} = \frac{\rho D^2}{8} \tag{7-14}$$

式中：P_{charge} 为炸药爆炸压力（Pa）；ρ 为炸药密度（kg/m³）；D 为炸药爆速（m/s）。

$$P_W = P_{\text{charge}}\left(\frac{\phi_c}{\phi}\right)^{2\gamma} = P_{\text{charge}}n^{-2\gamma} \tag{7-15}$$

式中：P_W 为爆生气体作用在炮孔壁上的压力（Pa）；ϕ_c 为药卷直径（mm）；ϕ 为炮孔直径（mm）；n 为不耦合系数。

耦合装药时[39]，

$$P_{\text{charge}} = P_W = \frac{\rho D^2}{4} \tag{7-16}$$

在花岗岩中进行预裂爆破，已知密度为 2.7 g/cm³，声速为 4 725 m/s。将数据代入式（7-12）得出在花岗岩中裂缝最大扩展速度为 1 800 m/s。使用密度为 1 000 g/cm³。爆速为 3 300 m/s 的 2#岩石炸药进行爆破，炮孔直径为 100 mm。药卷规格：直径 32 mm（$n=3.125$），质量 200 g，长度 25 cm，线装药密度 800 g/m。将数据代入式（7-14）和式（7-15），得出炸药爆炸后，孔壁上产生的压力为 P_w =70.36 MPa，爆生气体密度为 101.0 kg/m³。将数据代入式（7-13）得爆炸气体扩展速度为 947 m/s，小于裂缝最大扩展速度。

当采用耦合装药（n=1），炸药爆炸后，孔壁上产生的压力为 2 723 MPa，爆生气体密度为 1 000 kg/m³，取 γ=3[39]，将数据代入（7-13），可得爆生气体扩展速度为 2 858 m/s，大于裂缝最大扩展速度。此时，爆生气体会以裂缝扩展的速度向裂缝中高速扩散。由此可见，随着不耦合系数的增大，爆炸气体扩展速度从大于裂缝最大扩展速度到小于裂缝最大扩展速度快速过渡。

三、岩石爆破裂纹扩展遇介质缺陷的试验与分析

文献[50]采用透射式焦散线测试系统，进行爆炸应力波作用下缺陷介质裂纹扩展试验，研究了含与炮孔共线的预制裂隙介质裂纹扩展速度、加速度、裂纹尖端动态应力强度因子和动态能量释放率的变化规律及它们之间的关系。

1. 试验材料

试验材料为有机玻璃（PMMA），尺寸为 400 mm×400 mm×6 mm，有机玻璃试件的动态力学参数详见表 7-3 所示。

表 7-3　有机玻璃试件的动态力学参数

膨胀波速度 c_d（m/s）	剪切波速度 c_s（m/s）	泊松比 ν_d	动弹性模量 E_d（MPa）	系统光学系数 c_t（m²/m）
2 320	1 260	0.31	6.10×10^9	0.80×10^{10}

2. 试验模型及模型预制裂隙和炮孔的位置图

试验模型及模型预制裂隙和炮孔的位置如图 7-25 所示。

为了研究爆炸应力波与预制裂隙的相互作用，预制裂隙贯穿板厚长 4 cm，与炮孔壁裂隙近端距为 5 cm。设置延迟和控制器幅间隔延迟时间为 100 μs，幅间隔时间在 1~30 μs，用来实现爆炸加载的炸药为叠氮化铅，炮孔直径 4 mm，药量 200 mg。

3. 试验结果与分析[49]

（1）试验结果图 7-26 为含预制裂隙为 4 cm 爆生裂纹扩展轨迹图，图 7-27 为含预制裂隙为 4 cm 翼裂纹尖端动态焦散斑系列图像。

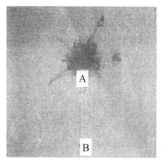

图 7-25　模型预制裂隙和炮孔的位置图　　图 7-26　裂隙 l=4 cm 介质爆生裂纹扩展图[50]

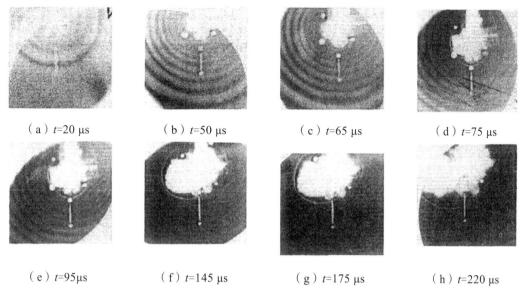

（a）t=20 μs　　　（b）t=50 μs　　　（c）t=65 μs　　　（d）t=75 μs

（e）t=95μs　　　（f）t=145 μs　　　（g）t=175 μs　　　（h）t=220 μs

图 7-27　动态集散班系列图像（t=4 cm）[50]

（2）试验结果分析。

① 从图 7-26 很直观地看到与裂隙共线的炮孔爆破后在裂隙两端产生了两条翼裂纹 A、B，翼裂纹 A 的长度大于翼裂纹 B 的长度，两条翼裂纹向相反的方向扩展，它们基本与预制裂隙共线，只是在尾端发生稍微弯曲[49]。

② 从图 7-25 可以看出，炸药爆炸后，爆炸应力波瞬时达预制裂隙的 A 端，并在 A 端出现集散班。在爆炸应力波的作用下，t=50 ms 时左右预制裂隙形状发生变化，应力波条纹在裂隙处出现紊乱现象。从图还可以直观地看到裂隙两端产生的翼裂纹尖端动态集散斑直径大致随时间的变化规律。

4. 小结[50]

（1）在爆炸应力波作用下裂隙两端产生了两条翼裂纹 A、B，翼裂纹 A 的长度大于翼裂纹 B 的长度，两条翼裂纹向相反的方向扩展，它们基本和预制裂隙共线，只是在尾端发生稍微弯曲。

（2）在翼裂纹扩展过程中，存在着加速与减速的过程，翼裂纹扩展速度瞬间达到峰值，其后逐渐振荡下降（图 7-28）。

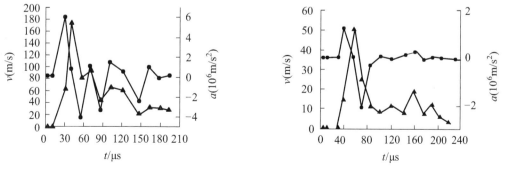

（a）翼裂纹 A（v、a 分别翼裂纹扩展速度和加速度）　　（b）翼裂纹 B（v、a 分别翼裂纹扩展速度和加速度）

图 7-28　裂纹扩展速度和加速度的变化曲线（l=4 cm）[50]

（3）动态应力强度因子也呈现瞬间达最大值到逐渐减小连续振荡变化的趋势；动态应力强度因子 $K_{\mathrm{I}}^{\mathrm{d}}$ 大于 $K_{\mathrm{II}}^{\mathrm{d}}$（图 7-29）。

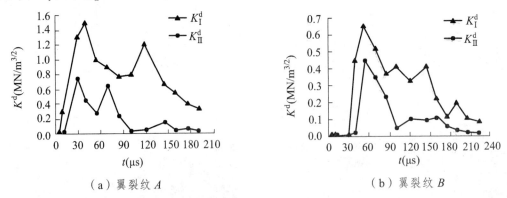

（a）翼裂纹 A   （b）翼裂纹 B

图 7-29　应力强度因子-时间曲线（l=4 cm）

（4）图 7-30 所示为裂隙尖端动态能量释放率与时间的关系。在爆炸载荷作用下，裂隙未起裂前，动态能量释放随时间的增加呈现递增关系，这是由于系统势能逐步转化为弹性应变能的结果，此时的裂纹保持相对静止，储存于裂纹尖端的弹性能，在起裂瞬时间突然释放，导致能量释放率突然下降。

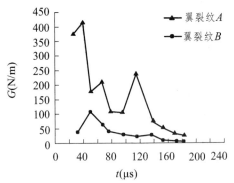

图 7-30　动态能量释放率与时间的变化关系

（5）爆炸应力波作用下翼裂纹尖端的动态能量释放率对裂纹扩展有驱动作用；动态能量释放率反映了裂纹扩展的瞬态特性及其裂纹尖端的动力响应，可以用于描述裂纹的动态模式（图 7-31）。

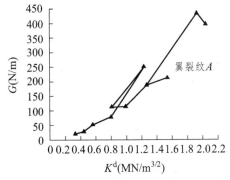

图 7-31　动态能量释放率与动态应力强度因子的变化关系[50]

第六节　岩体定向爆破断裂控制孔间距的确定

一、岩体爆破孔间裂缝贯通的动光弹试验

朱振海、曲广建、杨永琦先生等[51]用动态光弹性模型试验方法研究了两炮孔同时起爆和不同时起爆时，炮孔间裂缝扩展、贯穿、应力波传播、叠加的动态全过程。这为定向断裂控制爆破参数的优化提供了理论依据。

对于先起爆的炮孔来说，裂纹的产生是随机的，如果在先起爆的炮孔旁钻一个空孔（导向孔），就可以克服先爆炮孔周围裂纹产生的随机性，而达到控制的目的。由此，我们[51]可设计出获得炮孔之间裂纹贯穿的最佳方案，即在先起爆的炮孔旁钻一个穿孔，并采用合适的起爆时差。图 7-32 给出了这一最佳方案的模拟试验动态过程照片。在照片（a）上，炮孔 A 被先起爆，当 P_A 波传过离 A 炮孔 30 mm 的空孔时，在空孔壁上产生了沿连心线方向扩展的导向裂纹，在照片（b）上可见到 B 孔已被起爆 $\left(\Delta t \dfrac{l}{c_\mathrm{p}}\right)$，由空孔扩展来的裂纹正在高速扩展。由于 B 孔是在 A 孔产生的动态拉伸应力场存在的情况下起爆的，所以，在 B 孔上 F 点产生了主导裂纹，其扩展方向沿连心线，见图（c）。此时，B 孔产生的 P 波（P_B 波）正与由空孔传来的裂纹相互作用。在照片（d）上，两炮孔之间的裂缝恰好贯穿，而且在孔间仅一条裂纹，几乎紧挨连心线。这种布孔和延时起爆方式无论从能量利用方面还是从裂纹分布[51]形式上来说都是很理想的。可以推测，在此条件下，若采用较大的孔距（如此次试验中孔距是炮孔直径的 13.3 倍），也可获得较好的光爆效果。图 7-33 给出了与图 7-32 相应的 $x\text{-}t$ 图。由图 7-33 可进一步看到，当 P_A 掠过空孔后，空孔上就产生了裂纹，该裂纹开始扩展较慢，当 S_A 波与裂纹作用后，裂纹速度开始提高，当 P_B 波与裂纹作用后，裂纹速度进一步提高，当 S_B 波与该裂纹相互作用后，该裂纹扩展速度开始下降。炮孔之间两裂纹大约在 $t=116$ μs 时相遇，相遇点离左炮孔中心大约 78 mm[51]。

小结[51]：

文献[10]的作者们用动光弹模拟试验方法研究了两炮孔之间裂缝贯穿的全过程，描述了起爆延时对裂缝产生、扩展和贯穿的影响，概括起来，可得如下四点认识，供进一步探讨和工程实践参考：

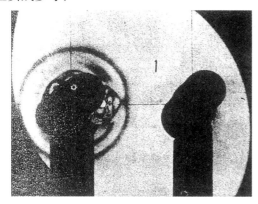

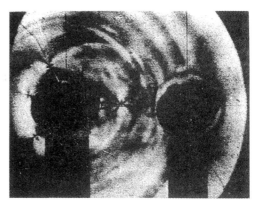

（a）$t=30$ μs　　　　　　　　　　　　　　（b）$t=70$ μs

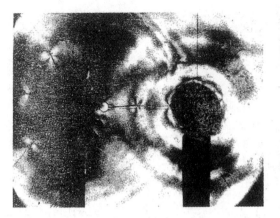 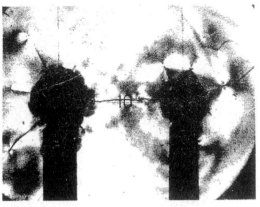

（c）t=90 μs　　　　　　　　　　（d）t=120 μs

图 7-32　炮孔间最佳贯穿方案的试验记录照片，空孔距左孔 30 mm，孔间延时 50 μs [51]

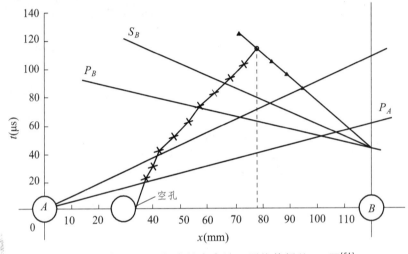

图 7-33　与图 7-32 相应的应力波、裂纹传播的 x-t 图[51]

（1）采用同时起爆方法，虽然在炮孔之间存在应力波的叠加，但没有见到在叠加作用处优先产生裂缝，裂缝都是从炮孔壁产生，并在炮孔之间贯穿的。这说明了应力波叠加作用会优先产生裂缝的观点尚需进一步探讨。

（2）当起爆延时较短（ $l/c_p < \Delta t < l/c_s$ ）时，先爆炮孔产生的应力波在后爆炮孔孔壁附近产生动态拉应力集中，在此条件下起爆另一个炮孔，就可以在后爆孔孔壁上产生沿连心线方向的裂缝。

（3）在先起爆的炮孔旁钻导向孔可以减小甚至消除在先起爆的炮孔孔壁上产生随机裂缝的可能性，从而达到控制裂纹产生和扩展的目的。

（4）在先起爆的炮孔旁钻导向孔，同时采用合适的起爆延时，可以获得炮孔间裂纹的最佳贯穿。

二、预裂孔间距设计[42]

（1）文献[42]的作者根据断裂力学理论推导出下述公式：

$$d_{cr} = \frac{7.13r^2}{\pi\alpha_0} \qquad\qquad （7\text{-}17）$$

式中：d_{cr}——炮孔最大间距；

r——炮孔直径；

α_0——原生裂纹长度。

应用该式最大的困难是原生裂纹长度的确定（π——180°方向的原生裂纹长度）。

（2）为了避免造成炮孔孔壁周边受压破坏，爆生气体的压力应小于岩石的动态抗压强度，而又保证足够大以便拉裂缝的形成，为此，给出了预裂炮孔间距设计式[7-18]和式[7-19]。

$$d \leqslant \frac{(P_W + T)}{T}\phi \qquad\qquad （7\text{-}18）$$

式中：ϕ 为炮孔直径；P_W 为孔壁上的压力；T 为岩石抗拉强度。

在设计时，可以通过改变不耦合系数控制 P_W 的大小，使其大小等于岩石的动态抗压强度。由于预裂缝形成过程是动态的，所以式（7-18）中岩石的抗拉强度应取动态抗拉强度值。表7-4给出了几种岩石的动载强度和静载强度试验比较数据。

表 7-4　几种岩石的动载强度和静载强度试验数据比较[44]

岩石	容重 （kg·m^{-3}）	抗压强度（MPa）		抗拉强度（MPa）		动载速率 （MPa·s^{-1}）	荷载持续时 间（ms）
		静载	动载	静载	动载		
大理岩	2 700	90 ~ 110	120 ~ 200	5 ~ 9	20 ~ 40	$10^7 \sim 10^8$	10 ~ 30
砂岩	2 600	100 ~ 140	120 ~ 200	8 ~ 9	50 ~ 70	$10^7 \sim 10^8$	20 ~ 30
辉绿岩	2 800	320 ~ 350	700 ~ 800	22 ~ 32	50 ~ 60	$10^7 \sim 10^8$	20 ~ 50
石英岩、闪长岩	2 600	240 ~ 330	300 ~ 400	11 ~ 19	20 ~ 30	$10^7 \sim 10^8$	30 ~ 60

（3）用岩石的动态抗压强度 σ_{dp} 代替（7-18）式中的 P_W，用动态抗拉强度 σ_{dt} 代替公式的 T，得到预裂爆破时炮孔间距的最大值，即：

$$d_{max} = \frac{(\sigma_{dp} + \sigma_{dt})}{\sigma_{dt}}\phi \qquad\qquad （7\text{-}19）$$

以表 7-4 中石英岩、闪长岩为例，将动态抗压强度平均值 350 MPa 和动态抗拉强度平均值 25 MPa 代入式（7-19），可得 $d_{max} = 15\phi$。如果炮孔直径为 100 mm，则炮孔最大间距为 1.5 m。采用前述的 2# 岩石炸药进行预裂爆破，取 $P_W = 350$ MPa，将数据代入式（7-17）和式（7-18），可得最小不耦合系数 $n = 1.686$，即最大药卷直径为 59.3 mm。如果采用直径为 50 mm 的药卷进行连续装药，不耦合系数 $n = 2$，$P_W = 225$ MPa，代入公式（7-18）得，$d \leqslant 10\phi$，即此时炮孔间距最大不能超过 1 m。

值得注意的是，受地质、实验条件、费用等多因素的影响，现场岩体的动态抗压强度和动态抗拉强度变化较大，难以获得。实际应用过程中，在没有获得这些指标值的情况下，可以用岩石的静态抗压强度和静态抗拉强度代入上述公式进行初步估算。待积累一定经验数据后，对爆破参数进行调整，以获得更好更经济的爆破效果。

三、小　结

（1）预裂爆破时，由于不耦合系数的不同，预裂缝的形成过程随着时间是动态变化的，预裂缝的扩展是在爆炸应力和爆生气体共同作用下完成的。爆生气体对裂缝扩展起间断性的作用，对预裂缝的形成起重要的驱动作用。

（2）基于炸药爆炸应力波和爆生气体作用下炮孔周边应力分布特征，提出了预裂孔间距的设计方法，可以根据岩体的动态抗压强度和动态抗拉强度计算预裂孔间距，指导预裂爆破设计。

四、先后爆孔孔距的理论计理

1. 后起爆的光面孔因有环状间隔可起空孔作用

伊藤一郎等于1968年提出在后续装药孔依次起爆的情况下，利用先爆孔使后爆孔周边沿预裂面生成径向裂纹，这相当于在后爆孔中预制了裂纹，随后起爆此炮孔，使该裂纹沿预裂面扩展，光面效果可以改善。但使用这种方法时，孔距是一个重要的问题。

2. 先后爆孔孔距确定

文献[33]应用岩石介质中柱状装药所产生的应力波之衰减规律与波在空孔周围的动应力集中解，来确定后爆孔与先爆孔之孔距。

（1）柱状装药应力波的衰减规律：由柱状装药爆轰发出冲击波的径向、周向、轴向应力最大值随比例距离 $\bar{r} = r / r_0$ 的变化规律因介质而异，其中 r_0 为炮孔直径，在砂壤土中其各自衰减指数分别为 1.44、1.6、1.2，在较致密岩石中由[34]可得[33]：

$$\sigma_{\mathrm{rmax}} = P\,\bar{r}^{-1.07} \tag{7-20}$$

其中 P 为孔壁爆轰气体压力，在不耦合装药情况下，可据炸药爆轰后的等温膨胀公式计算。

（2）空孔在柱面波作用下的瞬态响应为简单，这里仅讨论柱面波情形。当 $\bar{r} \geqslant 5$ 时，柱面曲率影响可以忽略[52]，假设所求孔距满足此条件，柱面波可简化为平面压力波研究，其与孔的相互作用如图7-34，在此我们关心的是拉应力集中情况，考虑瑞利波影响，在 $Q=0$ 时，π 方向拉应力最大，为波头压力的 0.8 倍。

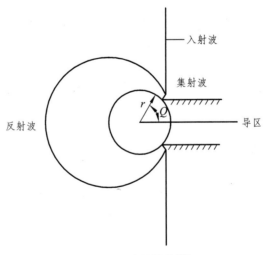

图 7-34　波前结构[33]

动态破坏准则。岩石类材料的破坏状态不仅取决于应力状态及其量值，而且与加载力有关，由[21]的实验结果可知动抗拉强度约为相应静态值的 1.4 倍，故由最大拉应力准则和以上的结论有：

$$\overline{r} \leqslant [0.8P/1.4T_0]^{\frac{1}{1.07}} \tag{7-21}$$

其中　T_0 为岩石类材料静态单轴拉伸强度。

3．计算实例

（1）模型材料，用 400 号水泥，水灰比为 1：2 时，$T_0=16 \text{ kg/cm}^2$。倘若炮孔长为 160 mm，孔径为 20 mm，采用 8 号工业雷管为爆源，可求得 $P=155.36 \text{ kg/cm}^2$，代入（7-21）得 $\dfrac{r}{r_0}=5$，这与实验结果相符。

（2）花岗岩，$T_0=53 \text{ kg/cm}^2$，若使用 2# 岩石硝铵炸药，取炸药爆容为 1 000 L/kg，爆温 2 500 K，容重 1 000 kg/m³，不耦合系数取为 3 和 2.5 时，$\overline{r}$ 分别为 10.47、15.52，与工程中光面爆破参数是吻合的[33]。

由以上计算结果可见，在讨论孔周动应力集中时可将柱面波简化为平面波。

第七节　爆破孔与空孔布置及起爆顺序

（1）后爆孔的空孔作用有助于在后爆孔壁按预裂面方向生成预制裂纹；预制裂纹在爆炸荷载作用下扩展距离较长。据此文献[33]的作者提出这样的工艺：如图 7-35，布置一排孔，先起爆 1，4，7，…，1+3（n-1）…个孔，孔距 r_1 由相应公式确定，使得在点 a_2、b_2，a_3、b_3，a_5、b_5，a_6、b_6，…处产生径向裂纹；间隔充分长时间后（不大于 100 ms）再起爆 2、3、5、6、…各孔，此即相当于在以上各孔壁预制裂纹后起爆。孔距的理论上确定是下一步研究任务，目前可应用公式：$r_2=(1.3 \sim 2.7)r_1$ 设计。

使用这种工艺并不增加新工艺，只是将起爆时间和孔的布置作了变动，不会增加额外费用，较易推广。

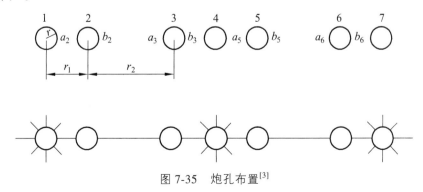

图 7-35　炮孔布置[3]

（2）双孔爆炸[38]。中间及两侧各有一空孔，见图 7-36。试验结果表明，中间空孔（比例

距离 $\bar{R}=10$ ）起到了导向作用。裂纹从两侧向中心空孔扩展直到贯穿。但两侧的空孔，由于 $\bar{R}=21$ 太大，起不到导向作用。因此对于一定的起爆条件，确定最适当的比例距离，以获得良好的贯穿作用是控制爆破、光面爆破等工程实践中的一个重要因素。

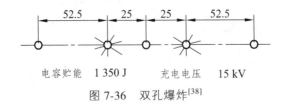

图 7-36 双孔爆炸[38]

在这一试验中还可以看到，炮孔附近表面有大块崩落，这是应力波从板面反射拉伸破坏造成的，模型试验所用的有机玻璃板厚不够，不完全是平面应变条件，有待以后改进。

参考文献

[1] Н А 茜林格. 炸药与炮弹装药简明教程[M]. 李兆麟, 孙政, 译. 北京: 国防工业出版社, 1956: 1.

[2] М А 布德尼柯夫, Н А 列夫科维奇, Н В 贝斯特洛夫, 等. 炸药与火药[M]. 夏禹昌, 韩子恪, 李名儒, 译. 北京: 国防工业出版社, 1957: 11.

[3] Г И 鲍克洛夫斯基教授. 爆炸及其作用[M]. 李麟, 译. 北京: 国防工业出版社, 1955: 1-3.

[4] Н Е 耶立明可, Б Я 斯维持洛夫. 工业炸药的理论与工艺[M]. 贝静芬, 译. 北京: 国防工业出版社, 1959: 9.

[5] 王文龙. 钻眼爆破[M]. 北京: 煤炭工业出版社, 1984: 15-110.

[6] 高金石. 爆破工程（讲义）. 1983. 10

[7] 张守中. 爆炸基本原理[M]. 北京: 国防工业出版社, 1988: 35-90.

[8] 张志呈. 矿山爆破理论与实践[M]. 重庆: 重庆出版社, 2015: 6-9.

[9] 张国伟, 韩勇, 苟瑞君. 爆炸作用原理[M]. 北京: 国防工业出版社, 2006: 49-114.

[10] 北京工业学院八系. 爆炸及其作用[M]. 北京: 国防工业出版社, 1979: 22-25.

[11] 王文龙. 钻眼爆破[M]. 北京: 煤炭工业出版社, 1984.

[12] 于亚伦. 工程爆破理论与技术[M]. 北京: 冶金工业出版社, 2004: 177-178, 189-192.

[13] 张志呈, 王刚, 杜云贵. 爆破原理与设计[M]. 重庆: 重庆大学出版社, 1992: 10.

[14] 张志呈. 爆破基础理论与设计施工技术[M]. 重庆: 重庆大学出版社, 1994: 58-69.

[15] 吕淑然. 露天台阶爆破地震效应[M]. 北京: 首都经济大学出版社, 2006.

[16] 张志呈. 爆破基础理论与设计施工技术[M]. 重庆大学出版社, 1994: 76.

[17] М А 布德尼柯夫, Н А 列夫科维奇, Н В 贝斯特洛, 等. 炸药与火药[M]. 夏禹昌, 韩子恪, 李名儒, 译. 北京: 国防工业出版社, 1957: 91.

[18] 四川水泥研究所. 微差挤压爆破[M]. 北京: 中国建筑工业出版社.

[19] 吴亮, 卢文波, 宗琦. 岩石中柱状装药爆破能量分布[J]. 岩土力学, 2006: 735-739.

[20] 戴俊. 岩石动力学特性与爆破理论[M]. 北京: 冶金工业出版社, 2002: 147-148.

[21] 高金石, 张奇. 爆破理论与爆破优化[M]. 西安: 陕西地图出版社, 1993.

[22] 朱红兵. 空气间隔装药爆破机理及应用研究[D]. 2006.

[23] А Н 哈努耶夫. 矿岩爆破物理过程[M]. 刘殿中, 译. 李国乔, 校. 北京: 冶金工业出版社, 1980.

[24] 宗琦. 岩石爆破的扩腔作用及能量消耗[J]. 煤炭学报, 1997, 22（4）: 392-396.

[25] 宗琦, 杨吕俊. 岩石中爆炸冲击波能量公布规律初探[J]. 爆破, 1999, 16（2）: 1-6.

[26] 卢文波, 陶振宇. 爆生气体驱动裂纹扩展速度研究[J]. 爆炸与冲击, 1994, 14（3）: 264-268.

[27] J 亨利奇. 爆炸动力学及其应用[M]. 熊建国, 等, 译. 北京: 科学出版社, 1987.

[28] KUTTER H K FAIRHURST. On the fracture process in blasting[J]. International Journal of Rock Mechanics and Mining Sciences, 1971, 8（2）: 181-202.

[29] 王家来, 徐颖. 应变波对岩体的损伤作用和爆生裂纹传播[J]. 爆炸与冲击, 1995, 15（3）:

212-216.

[30] 徐颖，孟益平，宗琦，等．断层带爆炸裂隙区范围及裂纹扩展长度研究[J]．岩土力学，2002，23（1）：81-84.

[31] 张志呈，肖正学．试论岩石浅孔爆破断裂控制方法[J]．炸药与爆破，2001，1：12-16.

[32] HENRYCH J. The dynamics of explosion and its use．Elsevier Scientific Publishing company，1979.

[33] 丁晓良．控制断裂和后爆孔的空孔作用[J]．爆破，1985，1：28-30.

[34] 陈保基，周听清．预裂爆破中岩石破裂过程[C]//土岩爆破文集（第二辑）．北京：冶金工业出版社，1985：41-46.

[35] 高士才，向远芝，邢洪义．预裂爆破成缝机理的研究[M]．47-53.

[36] 张志呈．定向断裂控制爆破[M]．重庆：重庆出版社，2000.

[37] 郭学彬．爆破工程[M]．北京：人民交通出版社，2007.

[38] 陈保基，李远清．钻孔爆破成缝机理探讨[J]．爆破，1984，1：22-26.

[39] 朱振海．空孔与应力波的相互作用[J]．爆破，1986，4：30-34.

[40] 李春显．光面爆破机理的探讨[J]．吉林辽源煤炭工业学校.

[41] 陈庆凯，朱万成．预裂爆破成缝机理及预裂孔间距的设计方法[J]．东北大学学报（自然科学版），2011，7：1024-1027.

[42] 黄理兴．预裂爆破成缝机理[J]．爆破，1986，4：26-29.

[43] 中国工程爆破协会．工程爆破理论与技术[M]．北京：冶金工业出版社，2004：158，260-265.

[44] CARRASEO L G，SAPERSTEIN L W．Surface morphology of presplit fractures in plexiglas models[J]．International Journel of Rock Mechanics and Mining Sciences & Geomechanicul Abstracts，1977，14（5/6）：261-275.

[45] HUSTRULID W．Blasting principles for open pit mining [M]．Rotterdam，Netherlands：A A Balkema，1999：303-308，418，425.

[46] KENNEDY B A Surface mining[M]．Baltimore：Port City Inc Press，1990：554-557.

[47] 张正宇．预裂爆破的原理设计试验与施工[M]．《预裂爆破在水电建设中的应用》（专题文集）水利电力部水电建设总局.

[48] 戴俊．岩石动力学特性与爆破理论[M]．北京：冶金工业出版社，2002：147-153.

[49] 朱瑞赓，吴绵拔．不同加载速率条件下花岗岩的破坏判据[J]．爆炸与冲击，1984，4（1）.

[50] 岳中文，杨仁树，郭东明．爆炸应力波作用下缺陷介质裂纹扩展的动态分析[J]．岩土力学，2009，4：949-954.

[51] 朱振海，曲广建，杨永琦，等．起爆时差对孔间裂缝贯穿影响的动光弹研究[J]．爆炸与冲击，1991，4：346-351.

[52] PAO Y，MOW C．Diffraction of Elastic waves and Dynamic Stress Concentrations[M]．New York：Crane，Russak & Company Inc，1973.

第二编

岩体结构构造特征与爆破对岩体的损伤

第八章　岩体结构与结构面特征

岩体的结构特殊是在漫长的地质历史发展中形成的。它以特定的建造（沉积岩建造、火成岩建造和变质岩建造）为其物质基础。建造确定了岩体的原生结构特征，而岩体所经历了不同时期、不同程度的构造作用以及表生作用[1]（卸荷、风化以及地下水作用等，主要出现在靠近地表的岩体中）改造。

所以岩体是由各种各样的岩石组成的，后期不仅经受了不同时期、不同规模和不同性质的构造运动的改造再改造，同时还经受了外运力次生作用的表生深化。因此说，在岩体内存在着不同成因、不同特性的地质界面，它包括物质分异面和不连续面，如层面、片理、断层、节理等，这些面[2]统称为结构面。这一系列结构面依自己的产状、彼此组合将岩体切割成形态不一、大小不等以及成分各异的岩块，这些由结构面所包围的岩块统称为结构体。因此，所谓岩体结构就是结构面与结构体以不同形式的相互结合，它的特性或工程地质特性视结构面特性和组合特征的不同而不同。

第一节　岩　体

岩体通常指地质体中与工程建设有关的那一部分，这部分岩体处于一定力状态，经历了漫长的自然历史过程，经受了各种地质作用，保留了各种各样的地质构造形迹。

一、岩体结构

岩体结构，如上所述包括两个基本要素——结构面和结构体，它是岩体在长期的成岩及变形过程中形成的结构，如图 8-1 所示。

据研究[2]：岩体中结构面的组合是有一定规律的，对于构造变形程度不一的岩体，其结构体的主要形式不同。不同构造形成的地区，岩体中结构面组合成不同形态的结构体，尽管构造形式不同，但许多结构体大体相似，其区别在于：结构面成因不同，其特性不一；结构体的大小和空间展布也不同。

各类岩体断裂组合形式与结构体形式对应框架图 8-2 所示。

二、岩石质量指标（RQD）

反映岩体被各种结构面切割失去完整性的程度，许多国家广泛地采用了岩石质量指标，简称 RQD。它是美国伊利诺斯大学 D·U 迪尔 1963 年以来研究提倡的。它的指标用直径为 5.4 cm（21/8 in）的 NX 型双岩芯管所钻取的岩芯中，长度等于或大于 10 cm 的岩芯累计长度与岩芯进尺总长度之比来表示。图 8-3 为求算岩石质量指标 *RQD* 的实例。在进尺为 200 cm 的岩芯段中，提取岩芯总长度是 170 cm，因此岩芯采取率为 170/200=85%，而在此 170 cm 长的岩芯中，长度等于或大于 10 cm 长的岩芯，累计长度是 135 cm，因此该岩种和岩石质量指标 *RQD* 为 135/200=67.5%。

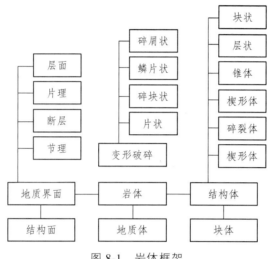

图 8-1　岩体框架

1. 岩芯破裂断口的分类

（1）岩芯破裂断口能复原成一体。

（2）如钝铅笔头似的磨断口。

（3）光滑的不能如（1）类那样拼装成一体的新鲜断口。

（4）含有风化或变质夹泥的光滑规则断口。

2. 岩芯断口的判断与长度计算

（1）钻探造成的断口，两断岩芯视为一体计算长度。

上述（1）类断口是钻探中产生的连续面，应当将相邻两段岩芯视为一体来计算长度。

上述（2）类有可能是地质不连续面，也可能是由于岩芯管转动而产生的磨圆断口，应结合钻探日记分析确定。

（2）不连续面，可作为 *RQD* 的岩芯分段标志。

上述（3）和（4）两类肯定是不连续面造成的，可作为 *RQD* 值的岩芯分段标志。

（3）岩石质量指标（*RQD*）分级。

迪尔提出 *RQD* 分级其分级如表 8-1。

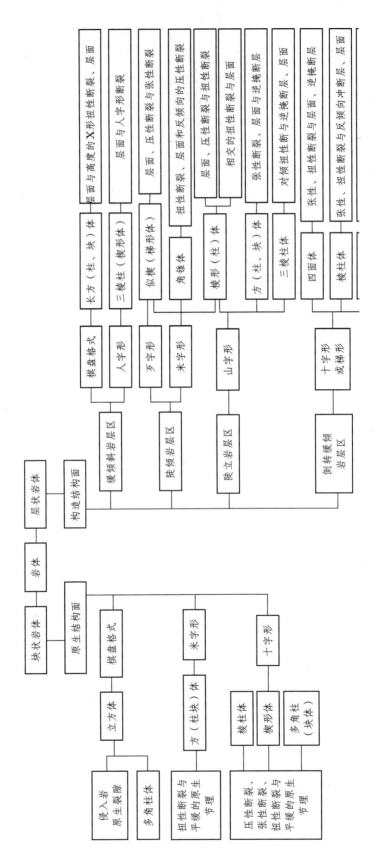

图 8-2　岩体断裂组合形式与结构体形式对比框架图

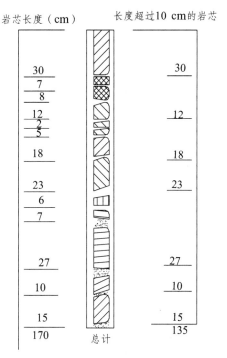

岩芯长度（cm）　　长度超过10 cm的岩芯

图 8-3　岩石质量指标测量实例

表 8-1　岩石质量指标 *RQD* 与岩体质量关系

RQD（%）	0～25	25～50	50～75	75～90	90～100
岩体质量描述	非常不好的	不好的	较好的	好的	非常好的

（4）*RQD* 值和岩体体积节理模数 J_v 值的关系如下：

$$RQD \cong 115 - 3.3J_v$$

当 $J_v < 4.5$ 时，$RQD=100\%$。

三、岩体与岩块波速比

由于岩体中存在各种结构面，因而弹性纵波在岩体中的传播速度要低于在完整岩块中的传播速度。日本岩石学委员会最早采用波速比反映岩体的完整性，岩体完整性系数 I 的计算公式如下：

$$I = \frac{v_p}{v_r} \tag{8-1}$$

式中　v_p、v_r——岩体、岩块中的纵波速度。

指标 I 常用于决定岩石的稳定性和爆破性。

我国水电部门研究发现，岩石完整性系数和其构造特征关系如表 8-2 所列，并且和大直径岩芯的采取有一致性的关系。

表 8-2 岩石完整性系数和构造特征间关系

等级	岩体完整性	岩体构造特征	纵波速度比		岩芯采取率	
			v_p/v_r	$(v_p/v_r)^2$	$P(\%)$	$[P(\%)]^2$
Ⅰ	完整	无构造影响，节理裂隙很少	70.948	>0.90	>94.8	>90
Ⅱ	较完整	有轻微构造影响，节理裂隙稍发育	0.866~0.948	0.75~0.90	86.6~94.8	75~90
Ⅲ	中等完整	有中等构造影响，节理裂隙较发育	0.67~0.866	0.45~0.75	67.0~86.8	45~75
Ⅳ	完整性差	构造影响较大，节理裂隙发育	0.446~0.67	0.20~0.45	44.6~67.0	20~45
Ⅴ	破碎	严重构造影响，节理裂隙很发育	<0.466	<0.2	<44.6	<20

四、岩体完整性分级

岩体被裂隙割裂的程度对爆破效果、铲装效率边坡及围岩稳定均有显著的影响。

1. 苏联各部爆破委员会的岩体整性分级[3,4]

苏联各部委员会制定的岩体完整性（裂隙性）分级如表 8-3 所列，它为苏联爆破界广泛采用。

表 8-3 苏联各部爆破委员会岩体完整分级

等级	岩石被裂隙割裂程度	裂隙频率（m^{-1}）	结构体平均块度（m）	大于下列尺寸（mm）的块体在岩体中所占百分数		
				+300	+700	+1000
Ⅰ	强割裂（细块体）	>10	<0.1	<10	0	无
Ⅱ	多割裂（中块体）	2~10	0.1~0.5	10~70	<30	<5
Ⅲ	中割裂（粗块体）	1~2	0.5~1.0	70~100	30~80	5~40
Ⅳ	轻割裂（大块体）	1.0~0.65	1.0~1.5	100	80~100	40~100
Ⅴ	未割裂（整块体）	<0.65	>1.5	100	100	100

2. 不同坚固性和完整性岩石的露天采掘方法[5]

在露天开采过程中，要针对不同岩石的坚固性和完整性，采取不同的采掘破碎岩石的方法，如直接挖掘、用犁松器松动或爆破后挖掘等。O·Ⅱ亚科巴会维拉的资料，给出了采用三种方法有关岩石的资料的合理范围，如图 8-4 所示。

3. 岩体完整性与岩石质量工程分类的基础资料[6]

采掘工程采用岩石分级的方法较普遍，但是采掘工程岩石分级的关键是无论哪一个采掘的工艺环节，都不仅与岩石的物理力学性质有关，更主要的是与岩体的结构特征有关，所以在采掘工程设计和施工中，岩体完整性关系最重要。文献[7]提出了岩体质量影响因素和工程分类（表 8-4），岩体分类基本参数（表 8-5）。

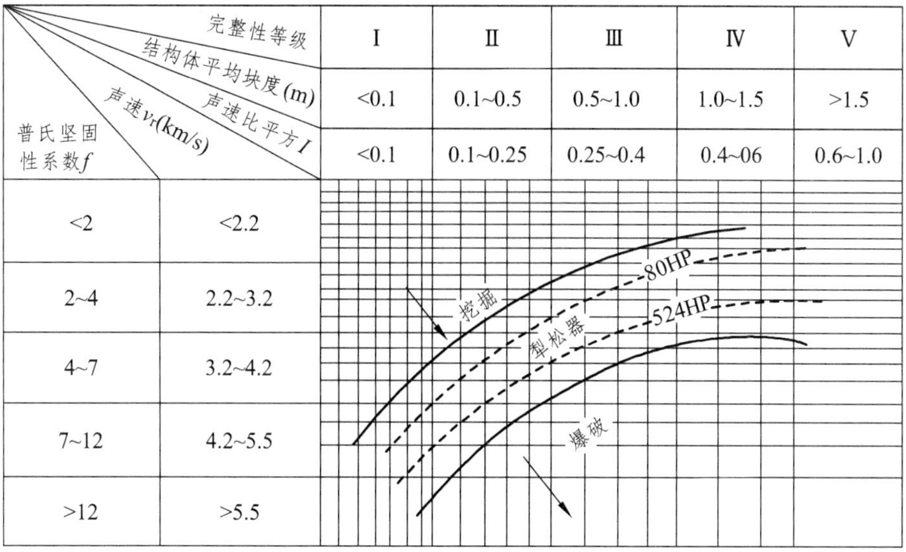

完整性等级	I	II	III	IV	V
结构体平均块度(m)	<0.1	0.1~0.5	0.5~1.0	1.0~1.5	>1.5
声速比平方 I	<0.1	0.1~0.25	0.25~0.4	0.4~06	0.6~1.0

普氏坚固性系数 f	声速 v_r(km/s)					
<2	<2.2					
2~4	2.2~3.2					
4~7	3.2~4.2					
7~12	4.2~5.5					
>12	>5.5					

图 8-4 不同坚固性和完整性岩石的露天采掘方法

表 8-4 岩体质量影响因素和工程分类

类别		名称	可黏性	爆破性	稳定性	
					①	②
岩体质量基本因素	完整性	平均1m岩段通过的裂隙条	○	○	○	○
		数完整性系数	△	○	○	○
		岩芯提取率	○	○	○	○
	岩石质量	单轴抗压强度	○	○	○	○
		纵波速度	○	○	○	○
		纵横波速度比或动泊松比	△	○	○	○
		风化系数	○	○		○
岩体质量辅助因素	结构面状态	组数	△		△	△
		延续性		△	△	△
		裂隙间距			○	○
		方法与工程走向的关系		△	○	○
		张开程度及充填情况			△	△
		含水情况		△	△	△
	含水情况	状态			○	
		渗透方式				○
工程性质		穿爆方式	○		○	
		凿岩钻进速度	○			
		凿碎比功				
		单位炸药消耗		○		
		标准抛掷爆破漏斗炸药单耗		○		

注：○—主要因素；△—辅助因素；稳定性①—井巷（隧道）围岩稳定性；②—露天边坡稳
　　定性；辅助因素中的"应力状态"未进行测试。

表 8-5 岩体分类基本参数

岩体完整性 K_v	平均 1 m 长岩石段通过的裂隙系数	<1.0	1~3	3~5	5~8	>10
		巨块状	块状	中等块状	小块状	破裂状
	完整性系数 K_v	0.9~1.0	0.75~0.9	0.5~0.75	0.2~0.5	<0.2
		极完整	完整	中等完整	完整性差	破碎
	岩石质量指标 RQD（%）	90~100	75~90	50~75	25~50	<25
		很好	好	中等	差	最差
	评分	65~70	55~65	40~55	25~40	<25
			50~25*		<25*	
岩石质量 Q_R	单轴抗压强度（干）S_c（MPa）	100.0>	60.0~100.0	30.0~60.0	10.0~30.0	<10.0
	纵横波速比值（或动泊松比）v_p/v_s	<1.7	1.7~2	2~2.5	2.5~3	>3
	岩石纵波速度 v_p（m/s）	>5 000	3 800~5 000	3 000~4 000	2 000~3 200	<2 000
	风化系数 R	0	0~0.2	0.2~0.4	0.4~0.8	0.8~1.0
		新鲜	稍风化	风化	强风化	严重风化
	评分	25~30	15~25	10~15	5~10	<5

*适用于软质岩石（体），$S_c \leqslant 30.0$ MPa；以 $S_c = 30.0$ MPa 为界，大于此值者为硬质岩，小于或等于此值者为较软质岩。

五、岩体分级

岩体爆破性是岩石本身物理力学性质和炸药性能、爆破参数和爆破工艺的综合效应。因此，岩体爆破性不是岩石单一的固有属性，而是岩体在爆破过程中多因素的综合反映。

岩体爆破性以能量平衡为准则。当爆破器材、参数、工艺等能量标准条件一定时，根据爆破漏斗的体积，与相应的单位体积标准装药量和岩体弹性波指数 Z_w 综合统一分级。

弹性波指数 Z_w 是中科院地质所，根据裂隙发育规模不同，所形成的 4 种岩石结构，即块状结构、层状结构、破裂结构、散体结构。结构类型的划分，综合地反映了各类结构体在变形性质、强度性质、完整性和坚固性方面的差异。

中科院地质所王思敬通过大量试验研究提出了计算弹性波指数 Z_w 的计算式，以此来划分 4 种岩体结构的定量关系。

Z_w 值的计算式为：

$$Z_w = \frac{c_{PR}}{1\,000} \cdot \frac{c_{Pm}}{c_{PR}} \cdot c_{Pm} \frac{1}{\dfrac{S}{2}+1} \tag{8-2}$$

式中　c_{PR}——岩石纵波速度（m/s）；

　　　c_{Pm}——岩体纵波速度（m/s）；

　　　S——岩体上小于 1 500 m/s 波速的测点，占全测段的百分数。

岩体可爆性定量评价的方法：根据弹性波指数 Z_w 决定岩体结构类型，用与岩体类型相适应的岩石抗压强度试验，作定量的分级准则，同时按利文斯顿的爆破漏斗理论进行爆破漏斗试验，确定单位炸药消耗量为分级的原则之一。并相应地将岩体结构分类[4],[8-10]归纳其中，进行统一分级，如表 8-6 所示。

表 8-6　岩体分级

级别	岩体结构		结构面间距 (cm)	结构面组数	岩体完整性		结构面特征	岩体分级				备注
	类型	亚类			完整性系数	结构面摩擦系数 $\tan\varphi$		弹性波指标 Z_w	爆破性程度	普氏坚固性系数 f	标准抛掷爆破炸药量（kg/m²）	
Ⅰ	块状岩体	整体结构	>200	1组或无	>0.75	≥0.6	闭合，粗糙，无充填。闭合，无填，有粗糙。张开，有无填，粗糙	≥7 000	极难爆	>15	2~2.5	裂隙块体岩体 Z_w>100
		块状结构	200~60	<2+随机	0.5~0.75	0.4~0.6						
		块裂状结构	50~100	2	0.3~0.5	0.32~0.4						
Ⅱ	层状岩体	板状结构	70~30	一组最发育，其他次要	0.6~0.3	0.3~0.5	层间结合力差，闭合，无充填。强度低，张开，粗糙多变	1 000~10 000	难爆	8~15	1.7~2.0	层状岩体 Z_w≈10 000
		板裂状结构	20~70	一组发育密集，有随机	0.25~0.50	0.2~0.4						
Ⅲ	破裂岩体	镶嵌结构	30~10	3~4组+随机	0.35~0.25	0.4~0.6	节理，隐微裂隙闭合，粗糙无充填。充填泥夹碎屑，断层泥，张开或闭合，光滑	70~2 000	中等易爆	3~8	1.4~1.7	镶嵌结构岩体 Z_w≈2 000
		破碎结构	10~5	4~5组+随机	0.25~0.1	0.2~0.4						
Ⅳ	松散岩体		<5	≥5	<0.1	0.2±	断裂破碎带，强风化带，节理密集无序，呈块状夹泥的松散状	<100	极易爆	≤2	1.1~1.4	破裂松散岩体 Z_w≈100

六、岩石分级

在 3000 多年历史的采掘工程实践中，人们长期和岩石打交道，归结起来，最基本、最经常的活动表面为两个方面：其一是按人们的需要把岩石从原岩体中破碎下来，即破岩；其二是对已开挖形成的临空面进行必要的维护即支护。

岩石和宇宙间一切物质一样，有其自己的固有属性，岩石的物理力学性质是表征岩石固有特征的一些物理量和力学指标的概括，这些知识在《岩石力学》等教科书里面有详细的阐述，本书不再重复。

1. 岩石分级的目的

揭示岩石在采掘动态作用下的特征效应有利于比较全面地掌握这种效应的影响因素和破碎机理的规律，用合理的定量指标对岩石破碎进行评价和分级，从而正确地应用于采掘工程各个工序，特别是爆破工序、岩石稳定性等维护工序等，合理地改善爆破工艺，提高爆破效果，并为科学技术、生产管理提供可靠的技术参数，因此，分级的正确与否直接影响到定额的制定和工程的经济效益。所以分级必须紧密地结合生产实际，为科研、设计提供一种基础性的研究资料，为生产部门提供一种可靠适用的管理指标。为此，合理的岩石分级应具备以下特点：科学性、实用性、简易性。

2. 岩石的分级与分类是不同的两个概念

所谓分类是以岩石成因和成分上的差别对岩石加以质的区分，如：按岩石成因将岩石分为三类即岩浆岩（火成岩）、沉积岩、变质岩。

对于岩石的分级目前没有统一的方法，均是以本行业为其目的，例如：水电、交通、建筑等部门，围岩分类侧重于稳定性分类。所谓分级则是用一些量方面的指标来划分各种岩石的等级，如岩石的钻眼性分级、爆破性分级、坚固性分级等。而新疆有色局可可托海矿务局，历来重视岩体的分级，1956 年对三号矿脉进行十级分类。1964 年在 1956 年基础上又进行全面系统的岩体统一分级。

内容分级：岩体纵波波速（m/s）、岩体质量指标（Q_m）、岩体坚固性系数（f）、岩体工程性质（含爆破性、可钻性、稳定性）等 6 个方面 9 个指标[7]。

国内外现在影响较普遍的岩石分组框架、方法、结构图如图 8-5 所示。

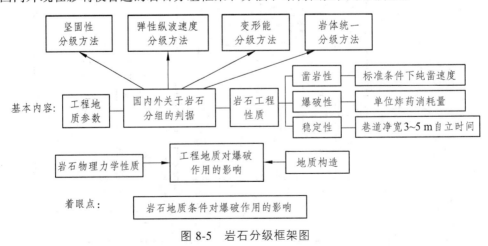

图 8-5　岩石分级框架图

第二节　岩体结构面类型及特征

地质体结构在形成过程中受不同规模边界条件应力场的控制，产生大小不一、级次不同的结构面。同时结构面的频度，即发育程度又和它的规模有关，规模越大，则数量越小。因此，岩体呈现的复杂性，如各向异性、不均质性、破坏的不规律性等非线性特征，都与其内部的结构面、断裂有密切的关系。所以岩体的爆破性、稳定性和力学特性等问题，必须首先了解岩体中的结构面的分布情况。其中最关键的又首先应了解优势结构面的分布。

衡量结构面对岩体的切割程度的主要指标是：结构面的平均间距、体积节理数、RQD 值结构面的迹长、岩体的完整性系数。实践表明，如果综合考虑结构面的影响，岩体的完整性系数能较全面地说明岩体中结构面的发育程度。

一、结构面特征

1. 结构面间距

结构面间距用结构面的密度来说明，结构面的密度一般分为线密度、面密度、体密度等三种，其中面密度指标使用较少，本节不作论述。

（1）线密度：线密度即单位长度内结构面的条数，也称结构面的频数，常用的是它的倒数，即结构面平均间距。结构面平均间距可用下面的公式进行计算。

$$a_p = L / N \tag{8-3}$$

式中　a_p——结构面的平均间距（m/条）；

　　　L——测线长度（m）；

　　　N——与测线相交的结构面条数（条）。

（2）体密度：岩体的体积节理数。根据分级标准，其计算公式如下：

$$J_v = S_1 + S_2 + S_3 + \cdots + S_n + S_k \tag{8-4}$$

式中　J_v——岩体的体积节理数（条/m³）；

　　　S_n——第 n 组节理每米长测线上的条数；

　　　S_k——每立方米岩体非成组节理的条数。

测量时必须注意：

① 在有代表性的露头或开挖壁面上进行。

② 选定的范围不小于 2 m×5 m。

③ 延伸长度大于 1 m 的分散节理应予统计。

④ 在现场一般是采用测线法获得的，为了减少测量误差，应采用长测线，当然工作量是大的。

⑤ 国外的研究表明，在给定的误差下测线的长度与结构面的间距有一个最估值。文献[11]介绍 Priest S·D 和 Hundsson J·A 在假定结构面为负指数分布的前提下，导出了最佳测线长度公式，可用图 8-4 来表示。通常相对误差率应取 5%～7%。

从图 8-4 中可看出，当 $a_p=1$ m 时，$\lambda=1/a_p=1$，可查得最佳测线长度应取 5 m。当结构面的平均间距小于 1 m 时，根据图 8-4，测线长度也应相应加大。

2. 结构面的迹长

结构面的迹长又称结构面的延展性，是指在平面上看到的结构面的长度，结构面越长，对岩体影响越大。所以结构面的迹长对工程岩体的影响与工程范围有关，区域性或规模较大的断层对所有的工程而言是贯通性的结构面；小断裂错动面、层间错动及软弱夹层相对于大型工程岩体（如大型露天矿、坝基等）仅某部位是连续性结构面，对一般工程（如地下洞室、隧道等）则是连续的结构面；而节理、层理等对一般工程仅有局部的影响，而对一般路基边坡而言，影响较为普遍，所以，要结合不同类型的工程分别给予评价[10,11]。

二、结构面类型

岩体内的结构面是在各种不同地质作用中生成和发展的。它们的性质与成因类型有密切关系，根据成因结构面分为沉积结构面、火成结构面、构造结构面和次生结构面等5种类型。

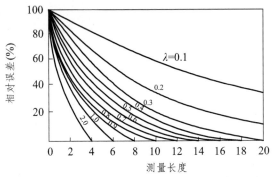

图 8-6　结构面间距中相对误差与测线长度的关系

（1）结构面平均迹长：由于岩体埋藏在地下，揭露的面积有限，因此常常只能看到其部分长度，而不能看到全长，所以如果估计和计算结构面的全迹是一个困难的问题。

① 测线方式：Priest S·D 和 Hundsson J·A 采用测线方法，在假定结构面迹长为负指数分布时，得出结构面平均迹长的估算式：

$$L = \frac{C}{2(1 - \sqrt{n - r / n})} \tag{8-5}$$

式中　L——结构面的平均迹长；

　　　C——结构面删半迹线长度；

　　　n——在删截半迹线的制样总体中交切的全部样本数；

　　　r——在删截半迹线的抽样总体中半迹张长度小于 c 值的样本数目。

该公式的使用条件是有足够大的样本。

② 取样窗法：结构面的迹长也可以用取样窗法确定，即在岩体露头面上确定一长度为 a、宽为 b 的矩形区域，在该区域内记录结构面的数目和迹长与取样窗的关系。然后根据结构面与取样窗的包容、相交、切割的关系推导出结构面平均迹长计算公式。

（2）迹长的平面密度：迹长的平面密度定义为单位面积的岩体内包含的所有结构面的长度之和[11]。即：

$$L_P = (L_1 + L_2 + \cdots + L_n) / A \tag{8-6}$$

式中　L_P——迹长的平面密度（1/m）；

L_1、L_2、$\cdots L_n$——包含在面积 A 内的各结构面的长度（m）；

A——结构面测量范围的面积（m²）。

结构面的迹长平面密度 L_p 不仅可表达间距对岩体的影响，同时也反映了迹长对岩体的影响。

三、岩体结构面类型及特征框架

岩体结构面类型及特征见图 8-7。

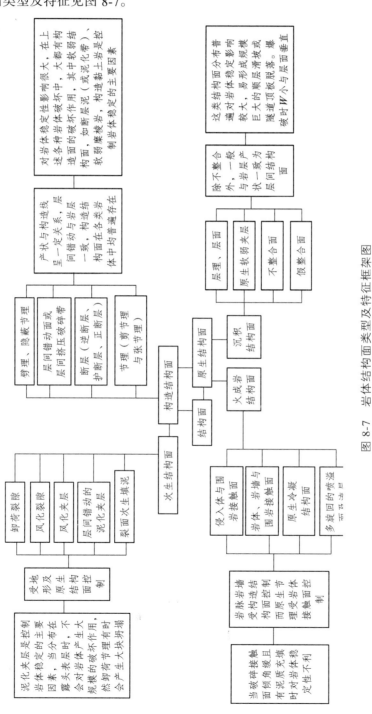

图 8-7 岩体结构面类型及特征框架图

第三节　裂隙岩体的声学性质

岩体并不是完全弹性的，即使最均匀的岩体，其声学性质也和其他物理力学性质一样，具有很大的随机性，但仍可以利用实验方法来研究它们的规律。

一、弹性波速度

弹性波速度是物质的密度、弹性模量、剪切模量、泊松比的函数，而这些因素又主要取决于岩体的结构特征、物理状态等的变化。例如：

（1）纵波（膨胀波）的传播速度：

$$c_p = \sqrt{\frac{E(1-v)}{\rho(1+v)(1-2v)}} \tag{8-7}$$

式中　c_p——纵波波速；

　　　E——介质的弹性模量；

　　　ρ——介质密度；

　　　v——介质泊松比。

（2）横波的传播速度：

$$c_s = \sqrt{\frac{E}{2(1+v)\rho}} \tag{8-8}$$

式中　c_s——横波波速；

　　　其他符号意义与前同。

二、声波在岩体内的传播规律

声速在裂隙岩体中传播，受控于岩体结构面。结构面分为两类：一类是同种岩石中的节理裂隙面，另一类是不同岩层间的层面。

（1）岩体内动应力与波阻抗和质点速度间的关系为

$$\sigma = c_p \rho v_p \tag{8-9}$$

$$\tau = c_s \rho v_s \tag{8-10}$$

式中　σ——纵波作用产生的正应力；

　　　τ——横波作用产生的剪应力；

　　　其他符号意义与前同。

（2）声波在岩体内传播受地质构造控制：当声波经过层面时，由于介质特性发生变化，将产生透射和反射。一部分能量由于透射而穿过层面继续向前传播，另一部分能量反射回来。若地震波垂直，则入射应力、反射应力和透射应力有如下关系：

$$\sigma_R = \frac{c_{P2}\rho_2 - c_{P1}\rho_1}{c_{P1}\rho_1 + c_{P2}\rho_2} \sigma_i \tag{8-11}$$

$$\sigma_t = \frac{c_{P2}\rho_2}{c_{P11} + c_{P22}}\sigma_i \tag{8-12}$$

$$\sigma_t = \sigma_i - \sigma_R \tag{8-13}$$

式中　$c_{P1}\rho_1$、$c_{P2}\rho_2$——入射侧岩层、透射侧岩层的波阻抗；

　　i、r、t——入射、反射和透射；

　　σ_t、σ_i、σ_R——声波在层面产生的透射、入射和反射应力。

　　质点的震动强度也相应地受到岩层的影响；

$$v_t = v_i - v_R \tag{8-14}$$

式中　v_t、v_i、v_R——振动波经过层面时的透射波、入射波和反射波的质点振动速度。

三、岩石的物理力学性质与弹性波速度的关系

了解岩石物理力学性质与岩石声学性质的关系，是利用声学方法研究岩石的物理力学性质的基础[13]。

弹性波速度与密度（ρ）、孔隙率（η）、抗压强度（S_c）和弹性模量（E_s——静态杨氏模量，E_d——动态弹性模量）的关系，如表 8-7 所示。

表 8-7　弹性波速度与孔隙率、密度抗压强试行弹性模量的关系

v_P 与 ρ 的关系	① $\rho = 1.75 + 0.266v_P - 0.015v_P$ ② $\rho = 1.8375 + 0.167v_P$
v_P 与 n 的关系	① $n = b \cdot e^{-a}v_P$，a、b——为常数 ② $n = \rho \cdot W_f$，W_f——吸水量
v_P 与 S_c 的关系	$S_c = a_k \cdot v_P^2$，a_k——系数，a_k 取 10
v_P 与 E_s 的关系	$E_s = \alpha \cdot v_P^3$，α——取决于岩石坚固程度的系数 E_s 小时，$E_d/E_s = 5 \sim 20$；E_s 大时，$E_d/E_s = 1 \sim 7$

第四节　裂隙岩石波传播特性实验研究

岩体中的结构面及其组合是决定岩石强度及其稳定性的主要因素。由于结构面（即不连续）的存在，波发生反射、折射和绕射，对波的传播速度和振幅都将产生影响。已有的研究表明：由于节理裂隙的存在，岩石中机械波的传播速度将降低，这是因为波的能量绕裂隙而衍射，走的是一条迂回的路径，或者是因为穿过空气间隙的走时增加。因此，测量声波在介质中的传播速度以及振幅衰减变化，可作为区分介质和衡量介质质量的特征判据。

一、混凝土试块模型的声波波速

室内混凝土试块模型试验，采用 SYC-2 型声波仪、表面透射波法进行测试。

（1）无裂隙试件的声波波速：试验中用 7 cm×7 cm×7 cm 混凝土试件来模拟岩块，试验按 A、B[14] 两种不同水泥标号和比例，获得如表 8-8 的结果。

表 8-8　无裂隙试件的声波波速

项目	A				B		
试件数（个）	2	2	2	平均	9	3	平均
波速（m/s）	2 593	2 572	2 555	2 573	3 500	3 680	3 545

（2）裂隙介质模型的声波波速：在使试件测试方向不变，以每两个试件或三个试件合在一起组成一组，中间形成一条或两条闭合裂隙，测试结果见表 8-9。

表 8-9　裂隙介质声波波速

裂隙条数	级别	A				B						
	组数	1	1	1	平均	8	4	4	4	3	3	平均
1	声波（cm/s）	2 238	2 203	2 215	2 218	3 111	3 333	3 256	2 857	2 812	2 745	3 051
2	组数	1	1			2	2	1	1	1	1	平均
	声波（cm/s）	1 945	2 019		1 982	2 916	2 837	2 877	2 962	2 800	2 449	2 789

（3）小结：从以上模型试验可以看出：若以完整试件的波速为 100，则有一条裂隙时其波速下降为 86%，有两条裂隙时，仅为裂隙试件的 77%~78.7%。另外裂隙越宽声速降低越大，介质密度愈低声速降低愈严重。如此看来，岩体裂隙的存在削弱了能量的传递和作用。试验表明，闭合裂隙对应力波传播影响不太大，但减弱了入射波的能流密度，因为有反射、吸收等。

二、裂隙岩体声波波速

（1）裂隙岩体不同裂隙宽和充填物性质的波速：表 8-10 中 A 组为原岩体中人工制成的 5~20 mm 宽的裂隙，裂隙长与试件相等，裂隙深度为试件全高的 4/5，裂隙充填物为不同水灰比的混凝土，灌入裂隙中，养护 1~2 月后进行测试的结果。

表 8-10　有无裂隙情况下几种岩石的波速测量结果

级别	岩石名称	无裂隙声波（m/s）		有裂隙				
				充填物力学参数			声速（m/s）	
		一般	平均	裂隙宽（mm）	抗压强度（×10³N/m²）	声速（m/s）	一般	平均
A	砂岩	3 533	3232	5	5.3	2 400	2 700	2 509
		3 425		10	5.3	2 400	2 600	
		3 030		15	5.3	2 400	2 450	
		2 941		20	5.3	2 400	2 286	
	大理岩	5 882	5970	5	6.12	2 650	4 585	4 513
		6 118		10	6.12	2 650	4 560	
		5 941		15	6.12	2 650	4 500	
		5 941		20	6.12	2 650	4 407	

级别	岩石名称	无裂隙声波（m/s）		有裂隙				
				充填物力学参数			声速（m/s）	
		一般	平均	裂隙宽（mm）	抗压强度（×10³N/m²）	声速（m/s）	一般	平均
	花岗岩	5 167	5 316	5	6.12	2 650	4 397	4 227
		5 167		10	5.3	2 400	4 302	
		5 723		15	5.01	2 305	4 131	
		5 208		20	4.56	2 215	4 079	
C	砂岩	5 000～6 000					2 000～3 000	
	石灰岩	5 200～6 000					4 600～5 000	
	花岗岩	4 000～6 500					2 500～4 000	

表 8-11 为乌江渡玉龙山灰岩夹层中波速随炭质岩含量的变化[14]。

表 8-11 灰岩夹层中波速随炭质页岩含量的变化

夹层编号	1	2	3	4	5	6	7
炭质页岩占夹层的厚度比（%）	0 新鲜	13	15	19	29	51	100
波速（m/s）	5 340	4 450	4 120	3 950	3 270	3 190	1 560

（2）节理裂隙岩体不同方向的波速[14]：在黑河导流硐开挖的上中导硐内，向下游距支硐口 10.8 m 和 19.5 m 两个测点测试了垂直节理、平行节理及节理方向倾斜 45°三个方向的波速。文献[13]介绍了垂直节理和平行节理两个方向的波速，如表 8-12。

表 8-12 节理裂隙岩体不同方向的波速

级别	夹层名称	波速（m/s）			各向属性表示		
		垂直节面	平行节面	节理方向倾斜45°	$V\perp/V=$	$V=/V\perp$	$V\perp/V45°$
$B^{[14]}$	上	4 444	4 578	4 186	0.97	1.03	1.062
	中	3 303	3 378	2 631	0.98	1.023	1.255
$C^{[13]}$	D_1^1	4 296	4 870		0.88	1.13	
	D_3^1	5 245	5 370		0.98	1.02	
	D_6^1	4 110	5 260		0.78	1.28	
	D_2^2	4 205	5 930		0.71	1.41	
	D_6^2	5 330	5 760		0.93	1.08	

（3）小结。

① 从以上测试结果可以看出，在完整岩石中，平行于节理裂隙方向的波速都大于垂直和倾斜于节理裂隙方向的波速。可以认为平行节理面和结构面上的波速不受节理裂隙的影响，声波不经过节理裂隙直接到达接受端。

② 垂直与倾斜节理裂隙方向的波速都要经过节理裂隙面，所以波速变小。这主要是节理

裂隙的存在对应力波传播速度的影响。而倾斜方向波速小于垂直方向的波速，这主要是与应力波入射方向，即入射角大小有关。

③ 岩体中的波速还与风化程度有关，新鲜完整的岩体波速较高，风化岩体由于结构疏松，矿物颗粒间联系减弱，故吸收衰减增大，传播波的能力大大减低，表现为振幅减小，波速降低，如表 8-13 所示[13]。

表 8-13　风化岩体的波速

风化分类	风化描述	波速（m/s）
强风化	形成疏松、半疏松半坚硬岩体	2 620～3 700
弱风化	沿裂隙风化，宽度 1 cm 以上矿物风化较轻	3 500～5 680
微风化	原岩矿物无变异，沿裂隙面微有风化现象	5 680～5 780

④ 裂隙越宽声速降低越大，介质密度愈低声速降低愈严重。

⑤ 产生这种原因是应力波或声波与和其他波动一样，在介质密度、弹性模量或截面积有显著变化的界面，要产生波的透射和反射。

⑥ 充填物强度小、裂隙充填物界面上的点只受透射过来的顺波作用，即由于 $\rho_{充}c_{充} < \rho_{\lambda}\rho c_{\lambda}$，$v_r<0$，$v_t>0$ 即在交界面处既有透射压缩波，又有反射拉伸波。

⑦ 本试验交界面为直立，应力波向界面是垂直入射，透射波和入射波的方向是一致的，即入射波为压缩波，透射波也为压缩波，所以当充填物的透射波以压缩波的形式向另一侧岩石入射时，即说明在交界面上有反射波也有透射波。$v_{充透} = v_{岩侧} + v_{(岩侧)透}$。

第五节　裂隙岩体中应力波传播的规律

天然岩体中含有方向不一、规模各异、强度不等的结构面。岩体爆破破碎主要是结构体沿结构面相互分裂的结果。

结构面影响应力波传播包括：结构面宽度及充填情况（充填物的物理化学性质）、结构面的强度性质和结构面的几何参数。

一、高强度结构面处应力波的传播

许多研究者[15]指出：如果结构面的强度够高，则其在应力波的作用下，不会发生滑动。在这种情况下结构面处无反射波和透射横波，而只有透射纵波，透射纵波的波矢与振幅都等于入射纵波的波矢与振幅。由此可知，并非岩体内的所有结构面都对应力波有影响。强度高、厚度小的结构面具有良好的传播特性。

二、低强度结构面处应力波的传播

如果结构面的强度很小，在应力波的作用下，结构面可能产生相对滑动，由图 8-8 可知透射纵波的位移幅值随入射角（0°～80°）增大迅速减小，在 80°～90°又急剧增大。说明对于滑动的结构面，结构面处有反射波和透射波，反射波和透射波都有纵波和横波。透射波由于结构面滑动幅值变小，但方向与入射波相同。在入射角 70°～80°的范围内，透射纵波位移幅值达到最小，只有入射纵波位移幅值的 60%，可见结构面强度对应力波传递具有重要影响。

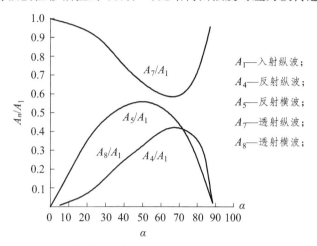

A_1——入射纵波；
A_4——反射纵波；
A_5——反射横波；
A_7——透射纵波；
A_8——透射横波；

图 8-8　透射波、反射波位移幅值与入射角之间的关系

三、应力波作用在不同间距和不同方向的结构面

（1）三轴试验时，主应力施加方向的变形（另两主应力保持常数），随主应力与裂隙面的夹角由 0°到 90°的增加而增加，而随裂隙间距的减少而增加。

（2）若结构面的倾角适宜，则裂隙岩体的强度为最小；若结构面的倾角不适宜，则裂隙岩体的强度增大，即破坏必由横穿岩体的断裂面发生，不沿已有的节理滑动面发生。

（3）横穿岩体的断裂面发生破坏时的强度，随破坏面交切的节理（裂隙）数的增加而差值增大。

（4）在足够的侧向压力下，无裂隙岩体的强度在本质上与侧压无关。在同样高的侧向压力下，裂隙岩体无论其裂隙节理的间距或方向如何，均与无裂隙岩体具有相同的强度。

（5）入射应力波在通过有厚度而无充填的裂隙面时，经历两个阶段：自由边界反射阶段和结构面透射阶段，若裂隙面厚度为零，则不存在第一阶段，即无厚度结构面处应力波透反射的特殊情况。

（6）入射应力波能否通过裂隙面主要取决于裂隙的厚度、应力波的波幅和脉冲时间及入射角等因素。若存在裂隙面闭合时刻 $t_1 < t_2$，则可通过裂隙面，若 $t_1 > t_2$，则不能通过裂隙面，此时，不存在应力波透射的第二阶段。

（7）从应力波入射的整个过程可看出：t_1 决定了应力波能否通过裂隙面和透射量的多少，第二阶段 $\delta T / \delta I$ 又确定了通过裂隙面的应力波的衰减程度，它主要与应力波的入射角、裂隙面闭合的动摩擦角和介质的弹模与泊松比有关。

第六节　裂隙岩体爆破中的结构效应

研究爆破岩体结构效应，就是研究岩体结构与爆破作用之间相互关系，从而深入揭示岩体中爆炸作用机制。

　　岩体的不连续面对于爆破作用和效果的影响在爆破工程地质中已有不少研究，并在实践中推动着岩土爆破工程的发展。然而这些研究多数偏重于表面的定性研究方法，不足以深入揭示爆破过程中爆炸能量与爆破岩体介质的相互作用关系，例如，爆炸波在岩体中的传播规律，岩体中爆炸鼓包膨胀作用规律，爆炸岩体的内部介质和表面介质的运动规律，爆炸时岩体本身的变形和破坏机制等。因而，在同种岩体中爆破，用相同爆破参数和装药却获得不同的爆破破碎效果，崩落矿岩量相差甚远；设计抛掷方向的改变和产生明显的飞石，造成了显著的不安全问题。这些问题的出现，明显源于岩体本身。20 世纪 40 年代爆破专家逐渐认识到岩体本来就是非均质的，岩石在爆炸作用下应遵循裂隙介质的变形和破坏规律，必须从裂隙岩体本身去探索岩石爆破理论与应用技术。

　　在 20 世纪 40 年代末 50 年代初 Obert 等率先开始以结构面角度研究岩石爆破破碎，他们首先指出：结构面的存在是应力波在裂隙岩体和相对均质岩体中传播差异的原因所在，应力波通过结构面的传播取决于结构面的闭合、张开或充填程度。从此，国内外学者重视确定工程地质条件对岩石爆破破碎的关系。并认为严重影响爆破效果和设计参数的地质构造，主要是岩层层理，断层、节理，不整合面、沉积间断面。岩浆岩与围岩的接触面以及各种成因的软弱夹层等，这些地质构造几乎到处都存在，因此，在爆破设计时充分了解爆破地段内所有构造的分布、产状等特征，并深入研究它们对爆破效果的影响，是达到合理利用其有利条件和化不利因素为有利条件的主要方法。

一、裂隙岩体、平面漏斗爆破和台阶（梯段）深孔或硐室爆破的结构效应

裂隙岩体平面漏斗爆破和台阶深入或硐室爆破如图 8-9 所示。

结构面走向与炮孔轴线相垂直，即爆破作用方向 $W_小$ 与结构面走向垂直　　结构面走向与炮孔轴线相平行，即爆破作用方向 $W_小$ 与结构面走向平行　　结构面走向与炮孔轴线相斜交，即爆破作用方向 $W_小$ 与结构面走向斜交

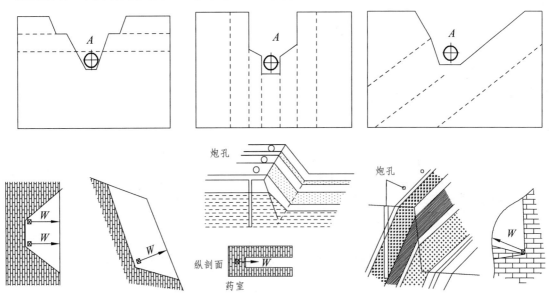

图 8-9　裂隙岩体平面漏斗爆破和台阶深入或硐室爆破

二、爆破作用方向（$W_{小}$）与结构倾向一致的药包布置

爆破作用方向（$W_{小}$）与结构倾向一致的药包布置如图 8-10 所示。

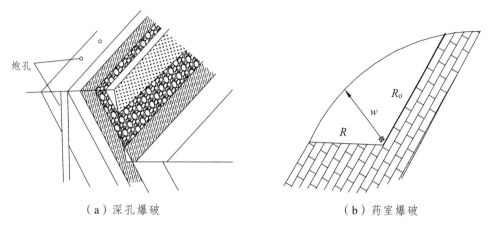

（a）深孔爆破　　　　　　　（b）药室爆破

图 8-10　爆破作用方向（$W_{小}$）与结构倾向一致的药包布置

三、爆破作用方向穿过多层节理面（或水平或倾斜或垂直）

爆破作用方向穿过多层节理面（或水平或倾斜或垂直）见图 8-11。

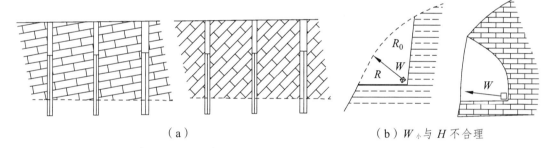

（a）　　　　　　　　　　（b）$W_{小}$ 与 H 不合理

图 8-11　爆破作用穿过多层节理面（或水平或倾斜或垂直）

四、两组以上节理的交错角有大小时的布置药包方法

两组以上节理面（或层理面）的交错有大小时，应选择锐角的等分线即最小抵抗线（$W_{小}$）为两组主结构面走向的钝角等分线，如图 8-12 所示。

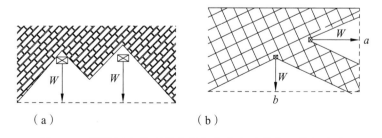

（a）　　　　　　　　（b）

图 8-12　两组以上节理的交错角有大小时的布置药包方法

五、小　结

研究岩石构造分布和对爆破的影响，以及如何有效地布置钻孔和药室进行装药爆破等，就是在现场进行挖掘之前，要查明岩石的构造产状。岩体中宏观裂隙的影响往往掩盖了岩石的物理力学性能的影响。地质上的非连续性使得药包能量的分配不均匀和使岩石产生不均匀的破裂和破碎度。

1. 爆破作用方向（$W_小$）与结构面走向垂直

由图8-8（a）看出：装药在A点爆炸后，除了最小抵抗线外，对于其他点，应力波都是倾斜入射，当遇到节理面后，发生了复杂的透反射，引起了节理面的滑移，从而大大降低了应力波幅值和强度，同时在反射拉伸波的作用下，自由面附近出现了新的裂隙，最后在爆生气体共同作用下，所爆区域内的节理（裂隙）岩石抛掷飞出，从而形成了阶梯状漏斗。

2. 爆破作用方向（$W_小$）与结构面走向平行

由图8-8（b）可知漏斗半径小。这是因为爆炸后，应力波一旦遇到结构面，除了在垂直入射时的结构面上没有改变方向外，其他点上都是倾斜入射，而结构面又是直接自由面，所以一旦裂隙与节理贯通，节理（层理）则即产生滑移，致使爆生气体很快逸出。因此，爆破能量衰减很快，因而形成了图8-8（b）所示的漏斗。

3. 爆破作用方向（$W_小$）与结构面倾斜相交

可见漏斗形状如图8-8（c）所示，其爆破范围比上述第二种情况大，这是因为装药A点起爆后，一条轮廓线是应力波作用产生的径向裂隙，一旦遇到结构面，便使结构面（节理、层理面）产生滑移而形成。另外，轮廓线是应力垂直于斜结构面时形成的径向裂隙，当与节理面相遇后，又由于自由面的反射拉伸以及爆生气体等共同作用以及惯性效应而使岩石抛出，从而形成图8-8（c）所示的漏斗。

图8-8（d）所示为爆破作用方向（$W_小$）与结构走向垂直布置药包和爆后示意图。图8-8（e）所示为爆破作用方向（$W_小$）与平行节理面和岩层走向布置药包示意图。图8-8（f）所示为爆破作用方向（$W_小$）与结构面倾向相反的药包布置和爆后效果示意图。爆破作用方向（$W_小$）与结构面倾向一致，结构面急倾斜，这样炸药能的利用较充分；爆破底板平整，爆堆较低，由于重力作用后冲较大，如图8-9所示。

4. 爆破作用方向（$W_小$）穿过多层面的爆破

爆破作用穿过层面如图8-10，在这种地质条件的情况下，在两个炮孔之间的同一水平的岩层或层理数逐渐增多，即表明同一水平爆破介质的均质性愈差。根据冲击波在介质中的传播理论分析，它在层理面产生两种波能，即折射波和反射波。当冲击波通过层理面传入另一层理面时，其折射波的能量就减弱了，穿过的层理面越多，减弱得越快。因而得出透射波能与岩石倾角成反比例关系，炮孔的间距随岩层倾角的增大而缩短。但是随着岩层倾角的增大，冲击波入射角逐渐减少，孔距缩短的变化率逐渐减慢。这说明炮孔间距与岩层倾角的几何图形是一条曲线，而不是直线。

5. 爆破方向与结构面水平相交

水平成层的岩层和节理裂隙，爆破后一般都形成陡峻的上边坡，个别情况下出现反坡，甚至能形成倒坡或半山洞，有可能下边沿水平层炸开。当岩质松软时难于形成较陡边坡，如图 8-10（b）。

6. 台阶爆破结构面组数控制爆破效果

（1）爆破作用方向与两组以上结构面的交错角大小不同的爆破效果。

当岩体具有两组以上节理裂隙时，其节理裂隙交错角大小不等；布置的最小抵抗线相交于交错角处，爆破后的岩体也沿交错的两组主节理裂隙滑出，随着两组主节理交错角的大小不同，将影响到群药包的间距。通常情况下易使两药包间靠山一侧残留三角形岩埂如图 8-11（a）。

（2）爆破作用方向为两组主结构面走向所夹锐角的等分线。

当最小抵抗线方向为爆破岩体两组主结构面（节理、裂隙面）走向所夹锐角的等分线时，爆破方量少，爆炸能得不到充分利用，如图 8-11（b）a 所示。

（3）爆破作用方向为两组主结构面走向所夹钝角的等分线。

当最小抵抗线方向为两组主结构面走向所夹钝角的等分线时，爆破方量较多，爆炸能得到充分利用，药单耗降低，爆破质量提高，如图 8-11（b）b 所示。

综上所述：岩石破碎受控于工程地质条件，尤其受到结构面特性的制约，从认识自然的角度，这一工作初步揭示了结构面对岩石爆破破碎的可控性。但是，并非在开然岩体中，任意爆破都会获得相同的爆破效果。怎样利用结构面进行爆破设计以获得最优块度分布还需继续研究。

第七节　岩体结构的裂隙控制爆破的效果

一、裂隙密度控制爆破效果

裂隙对爆破影响的大小取决于它的几何参数，如裂隙宽度、延展长度、充填材料、密度、方向等。一般说来，裂隙越宽，延展越长，对爆破影响越大。

岩石中裂隙的密度是指裂隙的密集强度，以单位长度岩石中裂隙的数量表示。密度的影响主要取决于炮孔之间以及炮孔与自由面之间的裂隙数量。

具有连续弱面的裂隙把岩体分割成很多块，减小了强度，甚至使其失去承受张力荷载的能力。因此，在爆轰气体的尖劈作用和应力波作用下，岩体易破碎。例如，苏联 KYTY306B6.H，研究证明裂隙存在会恶化爆破效果。不合格大块产出率随裂隙的数量增多而增大，并有如下有关系式：

$$U_{\mathrm{H}} = U_{\mathrm{e}}(1 - K_{\mathrm{a}} \cdot q) \tag{8-15}$$

式中　U_{H}——不合格大块体积同岩石总体积之比；

　　　U_{e}——爆破前岩体裂隙的含量；

　　　K_{a}——不合格大块产出量为零时的炸药单耗的倒数；

　　　q——单位炸药消耗量。

所以，在控制爆破时，裂隙密度直接控制爆破质量，如果裂隙的间距小于孔距，则会使形成的光面不平整，产生后冲，而且会由于频繁的裂隙破坏造成后冲龟裂。

二、裂隙方向控制破碎质量

所谓裂隙的方向是指结构面与自由面在剖面上的关系。

节理裂隙的方向对岩石破碎块度和形状以及爆破效果也起着重要的控制作用。裂隙的形成与扩展主要受控于节理的形态，所形成的爆破漏斗与弱面的几何形状完全一致。当主节理为水平节理时，爆破漏斗将呈台阶状；在具有水平节理和垂直节理的块状岩体中，爆破漏斗将近似于直角平行六面体。拜伦德指出：当主节理面平行于自由面时可提高爆破效果。当主节理面与自由面的夹角为 30°~60° 时，爆破形成的长而宽的裂隙会发展成不规则的破碎面。当破碎面平行于节理斜面和处在节理斜面上时，就会发生过大的滑动，也会产生光滑的底板和使炮孔口部超爆。当对着斜面爆破时，会留大量根底，底板不平整和出现悬挂现象。

碎块质量、平均块度、岩块表面积、碎块指数以及粗块指数等受节理、裂隙面角度的影响也很大。例如与水平成 40°、60° 和 90° 这种角度的节理与工作面垂直的砂岩模型进行单孔试验，模型 875 mm×450 mm×300 mm 台阶高 100 mm，对每种方位分别以 20 mm、30 mm、40 mm 的抵抗线做试验。炮孔直径为 6.5 mm，孔深与台阶高度相等，用导爆索起爆。

在 90° 模型中爆破漏斗体积为最小，而 45° 模型中为最大。45° 与 60° 模型中随抵抗线增大，因为加大抵抗线会加大药包的侧限，节理的影响也会更大，故漏斗体积小，在 45° 与 60° 模型中，靠药包右边爆破效果较好，这是因为受力作用，爆炸气体在右侧比在左侧更容易泄出，由于爆层向右侧的推力作用和爆炸气体经裂隙泄出，在这两种模型中裂隙向右侧张开。这种效应在 45° 模型中尤为明显，其原因是节理与水平面的倾角越小，药包交切的裂隙数越多。

破坏质量随倾角的加大而减小。倾角为 90° 时药包留在一个岩面上且受两侧节理的限制，所以碎块质量最小。

平均块度随倾角的加大而减小，因为爆破受较小数量岩面的限制。倾角小时，药包穿过更多的节理，引起质量的损失，导致有效破碎能减少，所以产生更多的大块。

例如：印度人 D.P.Singh 和 K.S.Sarma 证明，裂隙方向对破碎质量、破碎块度有很大影响。

其近于垂直方向（90°~120°）的裂隙使爆破产出的岩石块度很大。若岩层为层状，可观测到严重的超爆。若裂隙方向与抵抗线方向平行则后冲严重，只有在二垂直时后冲才可能减小。

所以对炮孔来说：① 垂直于炮孔的节理对爆破影响比平行于炮孔的裂隙要小。即是说节理面，平行于炮孔爆破抛掷方向，比节理面垂直于炮孔爆破抛掷方向的影响要小。特别是与炮孔处于同一平面上的节理裂隙会使爆破大块增多，且气体逸散严重。② 节理面与爆破炮孔抛掷方向斜交，爆破效果好，大块率降低。

三、岩体裂隙是大块产生的主要因素

以新疆有色金属公司[17]可可托海矿务三号矿脉为例，该矿是一个多金属的稀有金属矿床，有 20 种不同硬度岩石种类，主要岩种为辉长岩、角闪岩、伟晶岩、闪辉岩、钾长石等。岩石的普氏硬度系数，一般都在 10~15，最风化辉长岩 $f=0.4~1.0$，最坚硬致密角闪辉长岩 $f\geqslant22~$

25，角闪岩 f=18～20，中细粒伟晶岩 f=15～20，细粒辉长岩 f=18，凿岩爆破难度大，这里气候严寒1月份平均气温零下37℃。三号矿脉，原为地下开采，竖井40 m深，1955年夏季开始露天剥离工作，1957年地下开采结束。

1. 露天开拓方法[17]

该矿露天采用螺旋式内部绕道的开拓方法，采场东西、南北走向长度都不超过500 m，剥离台阶10～15 m，设计台阶宽34 m，工作线长60～90 m，采用By-20-2型钢丝绳冲击钻机凿岩，钻头直径148～198 mm。爆破采用露天二号铵锑岩石炸药和苏制十号硝铵炸药，采用分层、分节和一次装药的方法，用沉积土和风化岩尘充填，采用导爆线索，一次或间隔（微差）起爆。露天初剥离时也采用硐室爆破或深孔硐室联合瞬时和微差爆破。常因为爆破所产生的岩石大块降低装载机械运输生产率，同时对矿车容积的利用也有不良影响，1966年以前，特别是该矿使用0.75～1.00 m³电铲装岩和3.5 t的自卸汽车运输影响更大。因此在凿岩爆破实际工作中研究与解决减少大块问题和采用不同的爆破方法，及其应用范围的研究，具有重要的现实意义。

2. 大块岩石产生的原因的调查

由于岩石物理性质不同，所产生的大块百分率也不一样，从爆破工作证明：一般韧性大、硬度大、结构致密或裂隙发达的岩石（f=10～15）产生大块较多。大块百分率变化一般在 P_H=23.2%～34%。均质辉长岩（f=6～15）大块百分率 P_H=16～21%，均质风化辉长岩（f=0.4～4）大块百分率 P_H=1.5～4.5%（图8-13、图8-14）。

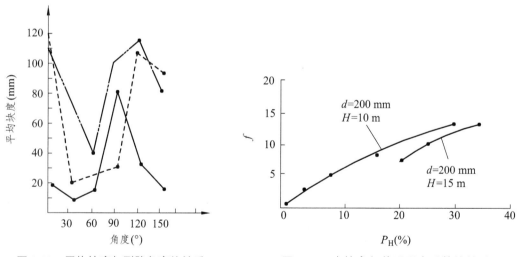

图8-13 平均块度与裂隙角度的关系　　　　　图8-14 大块率与普氏强度系数的关系

其次，对6次爆破资料的分析中发现全都是沿风化面结构面破裂的大块占72%，沿一个断裂破碎面的大块占17.7%，二个断裂破碎面的大块占9.1%，三个断裂面破碎的大块1.2%（均按5个面计算）。

由此可见不同结构和不同性质的岩石带及其裂隙面（节理层理面）是大块或硬根产生的自然条件。其次，与底盘抵抗线的大小和爆破参数密集系数也有关系，如图8-15、图8-16所示。

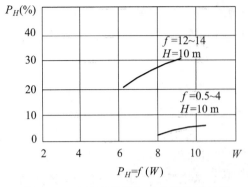

图 8-15　大块百分数与底盘抵抗线关系　　图 8-16　大块百分数与密集指数的关系

3. 几点初步结论

① 炮孔周围的压碎圈，受结构面的限制。

② 结构面越多越难改变块度 R_{50}。

③ 结构面越多，岩体爆破破碎性质越趋于平均质体。

④ 当爆破作用方向垂直于主要结构面时，后冲破裂小。

⑤ 当爆破作用方向平行主要结构面时，爆破量相对减少。

⑥ 当爆破作用方向斜交主要结构面时，不宜采用定向爆破。

⑦ 当爆破作用方向为爆破岩体两组主结构面走向所夹锐角的等分线时，爆破能利用较差，爆破量少。

⑧ 当爆破作用方向为爆破岩体两组主结构面走向所夹钝角的等分线时，爆破能得到充分利用，爆破量大。

4. 炮孔布置

从以上分析和实践结果不难看出，根据岩体结构构造，查明其主节理裂隙或层理的走向及倾向，并使钻孔布置尽量斜交于主节理的走向，或者说使钻孔排列尽量平行于起控制作用的节理线，如有两组主结构面炮孔的布置最小抵抗线为两组结构面走向所夹钝角等分线，这样可得到最大限度的破碎。而许多工程实践证明采用这样的炮孔布置爆后壁面整齐，在此条件下，钻孔间距可以大大超过抵抗线。

第九章 岩体初始损伤与工程地质性质及其动态损伤实验

采掘工程是社会进步和文明的基础，它与资源开发和城镇建设事业相关。采掘工程目前都是在地球的表层（地壳）实施，地壳的厚度各地有很大差别，大约变化在 5~70 km，平均厚度为 16 km[18]。其中大陆地壳厚度大，平均为 33 km，越往高山地区厚度越大，我国的西藏高原及天山地区厚度可达 70 km，而大洋地壳厚度小，而在太平洋最小厚度只有 5 km，大西洋和印度洋厚度为 10~15 km，整个大洋型地壳平均厚度为 7.3 km，整个地球平均厚度为 20 km（罗诺夫，1976 年）[18]。

第一节 岩体初始损伤

一、地质作用

在漫长的地球历史中，地壳（地球）每时每刻都在运动着、变化着，地貌在发展，矿物和岩石在改变。促使地壳的组成物质、构造和地表形态不断变化的作用，统称地质作用。详见图 9-1[18]。

众所周知，构成地壳的岩石，在其形成过程中长期受到地质构造应力的作用，存在不同程度的微观或宏观的不连续状态，形成了各种各样的微缺陷和断裂，这些不同形式的缺陷和断裂与地质学上的断层、溶洞、褶皱、节理、层理、片理、界面、晶面和空隙相对应。

所以，岩体是由包含着断层、断裂带、软弱夹层、节理、层面等天然间断面相互组合，具有初始损伤特性的地质体。岩体内存在着客观上的不连续性和非均质性，使得爆破波在岩体介质中的传播存在几何衰减和物理衰减。限于技术水平及经济因素，目前，露天边坡、井巷掘进与隧道掘进多采用传统的"钻爆法"进行开挖作业，由于在进行工程爆破设计时缺乏围岩体初始损伤对爆破作用影响的认识，造成了许多爆破工作的失败，井巷及隧道超、欠现象非常严重。轻则浪费炸药，增加工程投资；重则可能造成井巷与隧道的大面积塌方，影响工期，甚至造成人员伤亡。而井巷与隧道中岩体爆破的质量直接决定着围岩支护费用的高低及支护结构的稳定性与安全性。因此很有必要引入损伤力学理论研究岩体的初始损伤对爆破作用的影响，以优化工程爆破设计，降低工程成本，提高爆破质量。在这方面，中国地质大学刘贵应先生等早有论述[19]，并研究了损伤对爆破影响的因素。

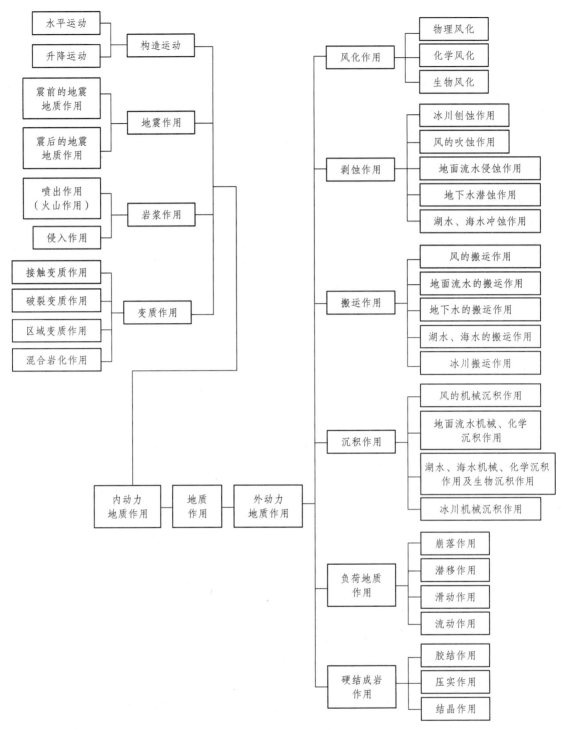

图 9-1　地质作用框架图

二、岩体初始损伤

根据裂纹或缺陷的大小，有的学者将材料分为损伤体和断裂体。裂纹宽度小于 1 mm 的材料介质称为损伤体，属于损伤力学的范畴，而裂纹宽度大于 1 mm 的材料介质称为断裂体，属于断裂力学研究的范畴。由此可见，岩体既是断裂体，又是损伤体。岩体初始损伤特性对露天边坡和地质建筑物影响很大。

第二节　岩体的工程地质性质

采掘工程或称岩土工程，是利用地质体建筑的露天开采场所和交通工程、地下矿井巷工程和地下建筑物。

采掘工程的主体是由土体和岩体直接组成的构筑物，如矿业工程的露天矿由露天矿边坡、坑底、采场等土体或岩体直接开挖形成，地下采掘工程的井巷工程直接由竖井、斜井、平硐、井巷、采场等土体或岩体构成。铁路、公路工程的隧洞、路堑由边坡、路基等土体或岩体构成。

一、土体和岩体是采掘工程工作的对象

土体和岩体，即地质体，是采掘工程的对象，也是采掘工程研究的对象。在采掘工程的构筑中，首先必须搞清楚作为采掘工程构筑的结构物——地质体及其赋存环境条件。

1. 土体和岩体赋存环境及条件

工程地质工作是采掘工程建设的基础，工程地质学是采掘工程科学的基础科学，必须给予充分的重视。

研究采掘工程地质，必须首先对岩体有一个明确的认识。岩体是地质体，它的形成过程延续了漫长的地质年代，在岩体形成和存在的整个地质历史中，它经受着各种地质构造力的作用，因此，即使是由相同物质组成的岩体，也会存在着差异，这是岩体性质非常复杂的基本原因。

如何深入认识岩体（或地质体）？采用什么方法（手段）认识得更清楚，了解得更彻底呢？作为采掘工作者在这些方面则需要加强学习和研究。工程地质学是研究与工程建筑有关的地质问题的科学，它必须研究与工程建筑物有关的地质条件或工程地质条件，其中最主要是岩体和土体性质、地质构造、地貌、水文地质条件及物理地质作用等几个方面。随着时代的发展，为适应着日新月异的采掘工程需求，工程地质学便应运而生。

2. 采掘工程地质效应

正确认识工程地质体的赋存环境及条件对工程建设及矿山开采极为重要，否则，地质体及其赋存环境会对工程建设进行强烈的报复，这种事例国内外屡见不鲜。甘肃省某矿区，由于对工程地质环境情况了解不够，在隧洞和井巷施工中遇到很多困难，造成大量浪费。在煤矿建设中，这类事例也不乏见。改革开放初期，煤矿建井过程中大多数事故是水文地质条件没有查清造成的。在煤矿井下开采中，对瓦斯分布情况未弄清楚，对煤体透气性认识不清，瓦斯压力测不准，没有采取超前预防措施致使造成瓦斯爆炸的现象也时有发生。另外，随着开采深度的增加，对煤炭开采冲击地压的发生性质、活动规律、能量大小认识不清，重视不够，措施不力，往往是影响矿山正常工作的重要因素之一。

近年来，我国铁路、公路和煤矿建设取得了巨大的成就，开采能力和交通建设规模居世

界前列。煤炭行业的神华集团、华亭集团等一批矿山企业，其开采能力和技术水平已达到国际先进水平。随着开采规模的不断扩大，地质问题日显突出。1983 年 1 月，某煤矿二井建设中发生瓦斯突出事故导致重大伤亡。国内某大型煤矿企业 2008 年初由于冲击地压发生人员伤亡、矿井停产维修事故，造成较大的经济损失。汾西某矿一条穿过铝土页岩的大巷道投入使用后产生破坏，三次维修也控制不住巷道变形，最后只得放弃报废，改建在下部石灰岩内。由于对矿井矿山建设工程地质条件缺乏正确认识和研究，造成投产后每年投入大量资金对矿山工程进行维护和翻修，甚至报废的例子不胜枚举。

二、岩体的工程地质性质

1. 岩体的工程地质性质

岩体的工程地质性质如图 9-2。

2. 岩体的工程地质特性

岩体的工程地质特性是工程施工、设计、研究者重点关注的关键问题。

（1）岩体是非均质各向异性的。这一特点是由于它的形成和存在均受地质构造力作用的结果。这大大增加了研究工作的复杂性。

（2）岩体内存在着原始应力场，主要包括重力和地质构造力，重力场是以铅垂应力为主，构造应力场通常以水平应力为主。一般来讲，地壳内的应力以水平应力为主，土体内构造应力释放得比较彻底，故只存在重力场，这正是区别岩体与土体的基本特征之一。

（3）岩体内存在着一个裂隙系统。岩体既是断裂的又是连续的，岩体是断裂与连续的统一体，可称之为裂隙介质或准连续介质。当岩体承受的应力超过其强度时，就会使原有的断裂进一步扩展或形成新的断裂，而旧断裂的扩展与新断裂的形成又会导致岩体的应力重新分布。

三、解决地应力问题是采掘工程地质学的重点

由于采掘工程建设规模和矿山开采能力的扩大，矿体露天边坡和隧道及地下采场围岩暴露面积呈现不断扩大趋势，开采深度的增加会引起剧烈的矿山压力，使控制矿山压力问题复杂化。

1. 重力应力与构造应力存在的一般规律

必须指出，在过去的设计中，对于重力引起的地压问题较多，这也是自然的，一般来说，浅部引起的矿山压力的主要原因是重力，但随着开采深度的增大或者向更复杂的地区开采，构造应力引起的矿山压力成为主要地压形式，相比之下，重力引起的地压就处于次要地位。

2. 岩体的应力状态是确定岩体稳定的重要因素

长期以来，人们对岩石的结构和地下水的重要性有较全面的认识，但就地应力对岩体稳定性的影响，几乎没有什么认识或认识不深刻，关于对岩体稳定的理论研究一般也很少见。岩体的应力状态，是确定矿山压力显现的重要因素之一。总体说来，岩体是在周围地质体应力作用下承载破裂结构体的一种复合介质，在解决各类工程问题时，应根据岩体结构性区别对待，而不应当用一种方法、一个公式来概括各类岩体的地压问题。目前，已有的关于矿山压力的假说、理论和计算公式，还不能满足生产的需要，这就给矿山压力控制带来了某种不确定性，有时，甚至只能根据经验和相似原则直观地解决问题，而不是根据有充分依据的计算。

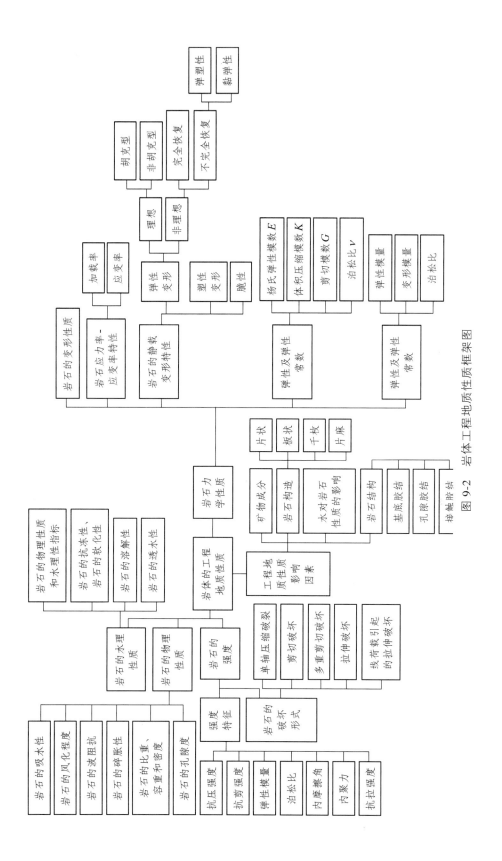

图 9-2　岩体工程地质性质框架图

3. 采掘工程地质重点解决和探讨的问题

（1）采掘工程主应力的性质和方向。

（2）采掘工程应力与构造应力的关系。

（3）采掘工程应力与岩体稳定性的关系。

第三节　岩体初始损伤对爆破的影响

岩体初期损伤中，主要影响爆破波衰减的主要因素是岩体综合耗能机制，即岩体中的节理裂隙、夹层、断层等地质损伤，岩体在爆破动载作用下是一个极其复杂的动力过程，与静态破岩不同，岩体的初始损失改变了岩体本身的性质，将带来爆破的一系列影响，见图9-3。

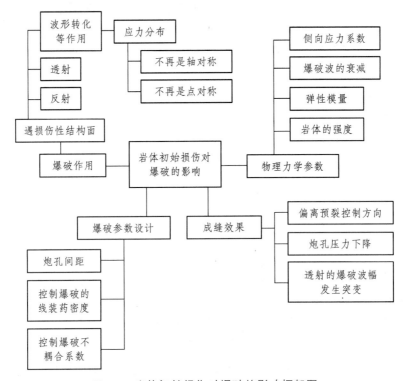

图9-3　岩体初始损伤对爆破的影响框架图

第四节　岩体爆破损伤的度量与计算

在边坡及建筑物基础开挖工程中，普遍存在着爆破开挖岩体和维护岩体稳定性这一互相矛盾而又亟待解决的问题。人们采用断裂力学、损伤力学、爆破力学相关知识并结合现场观测情况，在理论、数值模拟和试验等方面对岩体在爆破荷载作用下的损伤问题进行了大量研究。岩体爆破损伤破坏作用机理是，在爆炸荷载作用下，岩石内部有大量微裂纹形成、扩展和贯穿，从而导致岩石宏观力学性能劣化直至最终失效或破坏，这是一个连续损伤演化累积的过程，即爆破动荷载导致岩体宏观失效的过程并不是单次爆破作业造成的，而是多次爆破共同作用的结果。在持续或反复的爆破动荷载作用下，由于损伤的不可逆性导致损伤累积，当岩体爆破损伤程度累积超过岩体稳定安全阈值时就会产生动力失稳破坏[20]。

损伤力学是固体力学的一个分支学科，是应工程技术的发展对基础学科的需求而产生的。经过几十年的发展，目前它已经成为一个集中固体力学前沿研究的热门学科[18]。1958 年，Kachanov 在研究金属的蠕变破坏时，为了反映材料内部的损伤，第一次提出了损伤的概念。但是一开始并未受到重视，直到 20 世纪 70 年代后。到目前，它已经渗透到与材料科学有关的众多领域，并取得了重大的研究进展，同时也取得了令人瞩目的成就[21]。

早期确定岩体开挖损伤范围主要依赖于现场试验。岩体的声波测试是对损伤区的分布特征进行研究的有效方法，朱传云等[18]和李俊如等[19]分别通过爆前、爆后岩体声波波速的变化率，量测了爆炸荷载作用下岩体的损伤范围。但这种事后的检测方法不利于爆破开挖中对于保留岩体损伤的主动控制，给工程的施工与运行带来了诸多不便和损失，代价昂贵。随着计算机技术的发展，岩体爆破损伤区的数值模拟成为研究爆破损伤的重要方法。岩体爆破损伤模型是研究岩体爆破损伤效应的有效工具[22]。

一、损伤及损伤变量

损伤是指在一定的荷载与环境条件下，导致材料和结构力学性能劣化的微结构变化，而这种微结构的变化达到一定程度就会导致材料的破坏。所以在一般情况下，材料的破坏可以说都是损伤累计的过程[23]。

对损伤变量可以有各种定义：一方面，由于损伤是由材料内部微结构的变化而引起的，因此，可以根据材料内部微结构变化的程度来定义损伤变量；从另一个方面说，由于材料微结构的变化而导致的损伤总是以宏观力学现象如材料弹性常数等的形式表现出来，所以，也可以用这些宏观量来对材料的损伤进行定义。所以，材料的损伤可以从宏观和微观两个方面来选择度量损伤的基准。从微观方面，可以选用的变量包括空隙数目、长度、面积、体积等；从宏观方面，可以选用的变量包括弹性常数、应力、密度、超声波速等[21]。

二、岩体损伤度量框架

岩体损伤度量框架见图 9-4。

三、岩体爆破损伤计算公式的改进

岩体爆破损伤计算公式的改进，是武汉科技大学理学院钟冬望先生等[3]提出的。

根据波动方程的静力学推导，岩体中纵波速度与横波速度为：

$$c_{\mathrm{P}} = \sqrt{\frac{E(1-\upsilon)}{\rho(1+\upsilon)(1-2\upsilon)}} \qquad (9\text{-}1)$$

$$c_{\mathrm{S}} = \sqrt{\frac{E(1-\upsilon)}{2\rho(1+\upsilon)}} \qquad (9\text{-}2)$$

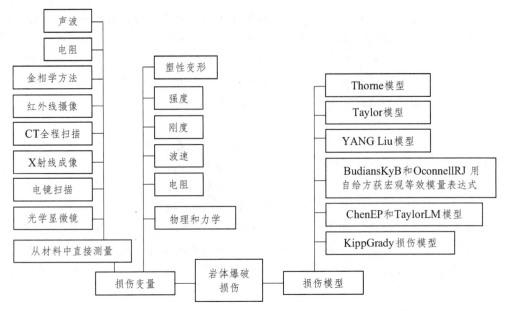

图 9-4 岩体损伤度量框架图

式中：c_P、c_S 分别为岩体中的纵波速度与横波速度（m/s）；E 为岩体介质的弹性模量（Pa）；ρ 为岩体介质的密度（kg/m³）；υ 为岩体介质的泊松比。

由式（9-1）、式（9-2）可以看出，岩体中超声波波速与岩体介质的弹性模量、密度及泊松比等力学参数密切相关，而这些力学参数直接决定着岩体介质的抗压、抗拉强度和密度程度，因此可以通过岩体中超声波波速间接反映岩体的损伤程度。

基于超声波速度检测的岩体爆破损伤度 D 与爆破前后声速降低率 η 的关系可表示为[20]：

$$D = 1 - \frac{E'}{E_0} = 1 - \left(\frac{c'}{c_0}\right)^2 = 1 - (1-\eta)^2 \tag{9-3}$$

式中：E_0 为爆破前岩体的弹性模量（Pa）；E' 为爆破后岩体的等效弹性模量（Pa）；c_0 为爆破前岩体中的纵波速度（m/s）；c' 为爆破后岩体中的纵波速度（m/s）。

在频繁开挖扰动和爆破振动双重耦合作用下，岩体爆破损伤逐渐累积，表现为岩体宏观力学性能不断劣化，n 次爆破作用下，岩体爆破损伤增量的经典计算公式如下[20]：

$$\Delta D_1 = 1 - \left(\frac{c_1}{c_0}\right)^2 = 1 - (1-\eta)^2$$

$$\Delta D_2 = 1 - \left(\frac{c_2}{c_0}\right)^2 = 1 - (1-\eta_2)^2 \tag{9-4}$$

$$\Delta D_n = 1 - \left(\frac{c_n}{c_0}\right)^2 = 1 - (1-\eta_n)^2$$

式中：ΔD_i 为第 i 次（$i=1,\cdots,n$）爆破时岩体爆破损伤增量；c_i 为第 i 次爆破后岩体中声波速度（m/s）；η_i 为第 i 次爆破后岩体中声波速度降低率。

故 n 次爆破振动作用后，岩体爆破累积损伤度 D_n 可表示：

$$D_n = D_0 + \sum_{i=1}^{n}\left[1-\left(\frac{c_n}{c_0}\right)^2\right] \qquad (9\text{-}5)$$

式中：D_0 为岩体初始损伤（原生微裂隙及孔洞）。

四、岩体损伤计算公式的改进

通常情况下，保留岩体在爆破振动作用下会产生新的爆破损伤增量以及超声波速度的变化，且爆破损伤增量大小是以本次爆破作用前岩体宏观力学参数水平为前提的，即损伤增量具有延续相对性，故对损伤增量经验计算公式（9-4）进行改进，定义 n 次爆破振动作用后岩体爆破损伤增量为：

$$\Delta D_1 = 1-\left(\frac{c_1}{c_0}\right)^2 = 1-(1-\eta_1)^2$$

$$\Delta D_2 = 1-\left(\frac{c_2}{c_1}\right)^2 = 1-(1-\eta_2)^2 \qquad (9\text{-}6)$$

$$\Delta D_n = 1-\left(\frac{c_n}{c_{n-1}}\right)^2 = 1-(1-\eta_n)^2$$

爆破损伤增量计算式（9-6）更能充分体现爆破损伤累积的本质，即爆破损伤效应是客观存在的，其不可逆性导致爆破损伤的逐级累加，且在频繁爆破振动作用下，各次爆破损伤的增量均是以之前数次爆破作用后岩体中微观裂隙和孔洞的发育程度以及宏观力学参数的劣化程度为前提的，而每次爆破前岩体中声波速度恰恰能够对当前岩体质量进行定量描述，故该计算式具有确切的物理意义。

因此，n 次爆破振动作用后，改进后的岩体爆破累积损伤度 D_n 的计算公式为[3]：

$$D_n = D_0 + \sum_{i=1}^{n}\left[1-\left(\frac{c_i}{c_{i-1}}\right)^2\right] \qquad (9\text{-}7)$$

五、质点峰值振动速度作为爆破损伤的判据

在工程实践中，质点峰值振动速度（Peak particle velocity，PPV，记作 v_{pp}）作为岩体损伤的判据，在工程中被广泛使用。结合 PPV 判据可以事先通过理论计算预测爆破施工所引起的岩体损伤范围，调整爆破参数，从而对控制爆破损伤进行指导。

采用 PPV 判据确定岩体损伤范围的关键在于确定临界爆破损伤 PPV（记作 v_{pp}^*）大小，临界损伤 PPV 的选择精确与否直接影响着爆破损伤控制的有效性和经济性[22]。

Persson 指出，爆破对保留岩体的损伤与岩体内的应变能有关，而在炸药爆破中，岩体内产生的应变与所产生的质点振动速度成正比；大量的研究者也证实，由爆破所产生的质点峰值振动速度与其所造成的损伤有很好的相关性。可见，用质点峰值振动速度作为爆破损伤的控制标准是合理的[24]。

基于最大应力的 PPV 损伤判据[22]：

目前被广泛采用的 PPV 损伤判据的理论依据是一维弹应力波理论：

$$v_{pp}^* = \sigma_t / (\rho v_p) \qquad\qquad (9-8)$$

式中：σ_t 为最大拉应力。该方法的优点在于物理意义明确，参数少，简便易行。但该判据基于一维、弹性的假设，实际上由于近区岩体处于复杂的三向应力状态，结果可能存在一定的偏差。

根据文献[5]引用资料中通过爆前爆后岩体中新增裂隙的调查、声波的对比测试等方法建议的爆破损伤质点峰值振动速度判据如表 9-1 和表 9-2 所示。Holmberg 和 Persson 认为，硬基岩的质点峰值振动速度安全上限为 70 ~ 100 cm/s。

表 9-1 不同 PPV 下岩石损伤效果[18]

$v_{pp}(cm \cdot s^{-1})$	岩体损伤效果
（0，25）	完整岩石不会致裂
（25，63.5）	发生轻微的拉伸层裂
（63.5，254）	严重的拉伸裂缝及一些径向裂缝
（254，∞）	岩体完全破碎

表 9-2 岩石爆破损伤的质点峰值振动速度临界值[23]

岩体损伤表现	损伤程度	$v_{pp}(cm \cdot s^{-1})$		
		班岩	页岩	石英质中长岩
台阶面松动岩块的偶尔掉落	没有损伤	12.7	5.1	63.5
台阶面松动岩块的部分掉落	可能有损伤但可接受	38.1	25.4	127.0
部分台阶面松动、崩落	轻微的爆破损伤	63.5	38.1	190.5
台阶面严重破碎	爆破损伤	>63.5	>38.1	>190.5

第五节 岩石动态损伤与破坏的实验

岩石的动力学性质是工程实际中提出的课题，不但在国防工程上应用，而且在目前的民用工业中也有越来越多的应用，主要的目的是了解和控制岩石的强度以及破坏的影响因素和物理机制。

为了研究材料的动态物理学性质，1946 年美国人研制了第一门利用轻气体作发射的气体炮，以后，轻质气体为工作介质的各种类型轻气炮装置相继问世，并广泛用于研究金属、岩石、绝缘材料及其他有关材料的动态物理力学性质，包括高压状态方程、材料破坏性准则、弹塑性本构关系、绝缘材料的导电率等不同材料中冲击波和应力波的传播等特性[8, 9]。

一、岩石冲击损伤实验框架

岩石冲击损伤实验框架如图 9-5 所示。

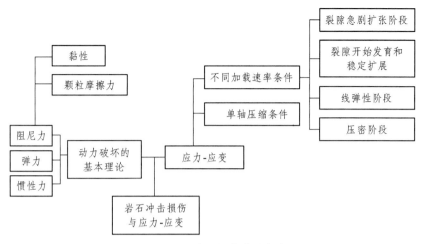

图 9-5　岩石冲击损伤实验框架图

二、试验目的

本试验目的是对石灰岩试件进行动态冲击实验，研究石灰岩动态断裂特性。通过张贴在岩体上的应变片（或应力计）记录的波形，计算出施加在试样上的动荷载及加载点位移随时间的变化关系，进而得到试样瞬时裂隙长度、破碎状况与冲击响应的关系，由此建立一维弹塑性断裂条件下测试岩石动态裂纹、起裂、扩展和碎裂过程力学参数的动态分析方法。应用此方法进而得到石灰石的动态断裂韧性和裂纹扩展速度特性，达到在露天边坡设计中有效地实施起裂控制和止裂控制。

三、气炮的选择

从动力源来分，气炮有以轻气为动力的轻气炮和以火药为动力源的滑膛炮，一般地，采用压缩气炮试验岩石损伤与用火药驱动的滑膛炮比有以下的优点：

（1）它没有火药炮的噪声干扰和废气污染，便于在室内应用，因而可以使用更为完善的测量技术，同时可以提高工作效率。

（2）压缩气炮是以调节驱动气压改变弹速的，它连续可调，重复性好，对于需要精确对比的试验是很重要的。

（3）在需要考察弹内零部件（如引信、炸药）生存性和进行弹内测量（如加速度、应变）的试验中，火药炮的高压高温气体和极高的发射加速度对试验的成功构成了严重威胁，而压缩气炮的麻烦就少得多。

当然采用气炮做岩石损伤试验也有以下的缺点：

（1）需要大的靶室和回收室，使它能容纳大的靶体以及良好的密封性能。

（2）岩石试件可能发生弹道偏斜和跳弹现象。

（3）岩石试件在冲击压缩过程中产生大量飞散碎块和粉尘。

试验时我们选用直径 57 mm 单级（一级）压缩轻气炮，管长 16 mm。

四、气炮结构及相应的装置材料及规格

一级轻气炮的主要结构如图 9-6 所示。

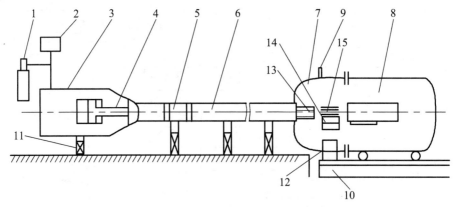

图 9-6 一级轻气炮简图

1—气瓶；2—增压装置；3—气室；4—锥阀；5—弹体；6—发射管；7—靶室；8—回收室；9—抽真空系统；
10—导轨；11—支架；12—电线插座；13—磁感应测试装置；14—靶座；15—岩样

1. 一级轻气炮的装置材料及试验材料规格

一级轻气炮的装置材料及试验材料规格见图 9-7（详见参考文献）。

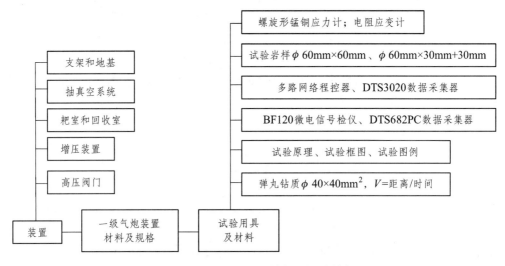

图 9-7 一级轻气炮的装置材料及试验材料及规格

2. 试验结果与分析

岩石动态损伤大致可以分为两类：一类是从细观上直接测量冲击损伤岩石的裂纹密度——单位体积的裂纹数；另一类是从细观上直接测量冲击损伤岩石的波速变化，进而以波速定义岩石类脆性材料的损伤参数。本节以波速变化作简化分析。

（1）试验结果。

试验共进行 6 次，对完整性较好的岩样进行了横切割分段量测声速，试验前后的岩石试件的声速测试结果见表 9-3 和表 9-4。

（2）试验岩样的应力—应变和损伤变量的关系。

试验岩样的应力-应变和损伤变量的关系如表 9-5、图 9-8、图 9-9 所示。

表 9-3　试验前后岩样

时间（年月日）	试验编号	试验前声速（m/s）	试验后声速（m/s）	碰撞速度（m/s）	波速变化率 R
2004 年 8 月 26 日	7-18	5 774	3 963	64.0	0.314
2004 年 8 月 27 日	7-10	6 028	3 816	36.2	0.370
2004 年 9 月 25 日	1-4	5 600	2 650	273.5	0.524
2004 年 9 月 25 日	4-7	6 075	2 810	227.2	0.540
2004 年 9 月 26 日	7-19	5 844	2 424	191.0	0.590
2004 年 9 月 26 日	2-10	6 136	2 822	169.2	0.540

表 9-4　试验后横向切开每部分的声速

试件编号	横切编号	岩样厚度（mm）	纵向声速（m/s）	波速变化率 R	备注
7-18	1	15.19	3 568	0.382	表示岩样受弹丸撞击部分
	2	17.2	4 310	0.254	指岩样中间部分
	3	19.9	4 021	0.304	指岩样尾部
7-10	1	15.2	3 455	0.570	表示岩样受弹丸撞击部分
	2	18.1	4 114	0.320	指岩样中间部分
	3	18.6	3 875	0.357	指岩样尾部

表 9-5　1-3 号岩样测试应力-应变与损伤变量的关系（试验前声速 5 600 m/s）

冲击顺序	组合岩样厚度（mm）	冲击和测试压力（MPa）	与压力相对的量大微应变（μs）	损伤变量
1	30	1 151.6（碰撞压力）	−600	0.506
2	10	900	400	0.88
3	10	600	−670	0.89
4	10	1 333		0.705

① 从以上损伤变量的计算可知，冲击荷载对岩石的损伤作用越大，岩石的完整性越小。当岩石未损伤时，即 $D=0$；岩体完整，当岩石发生破裂时 $D=1$。

② 从宏观上观察，$D \leqslant 0.5$ 时，岩石未破坏，仅有个别裂纹；当 $D>0.5$ 时，岩石破裂；当 $D \geqslant 0.7$ 时，岩石破裂成碎块。

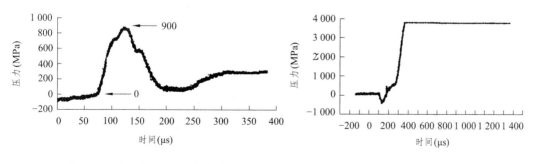

（a）2 号传感器记录的波形图　　　　　（b）3 号传感器记录的波形图

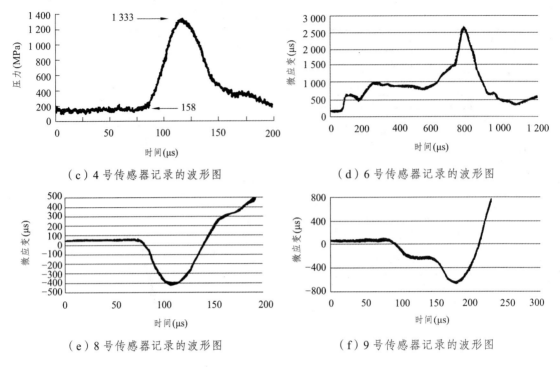

（c）4号传感器记录的波形图　　　　　　（d）6号传感器记录的波形图

（e）8号传感器记录的波形图　　　　　　（f）9号传感器记录的波形图

图 9-8　轻气炮冲击试验石灰岩样应力-应变时程曲线

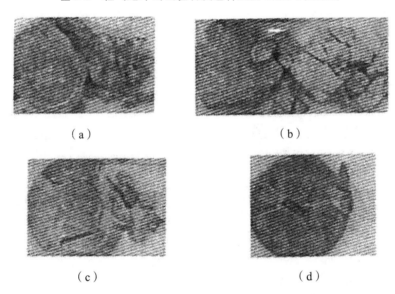

（a）　　　　　　　　　　　　　　　（b）

（c）　　　　　　　　　　　　　　　（d）

图 9-9　岩石冲击卸载后破损情况

（3）结果分析。

① 从轻气炮冲击试验测得的 t-p 曲线图来看，具备冲击波特点，冲击波峰值上升较快，到达峰值后，大致成指数衰减。例如：2 号应力计绝对上升时间为 50 μs，峰值压力为 900 MPa，冲击起始点作用时间为 127 μs；3 号应力计沿负方向下降 25 μs，这时峰值压力为-450 MPa，作用时间为 70 μs，后以 60°斜率作用，峰值达到+500 MPa，作用时间持续 100 μs，后以 80°的斜率继续上升，又历时 100 μs，峰值压力达到+3 650 MPa，距离冲击起始点时间为 300 μs，

然后波形平直移动作用时间 1 060 μs，距离冲击起始点时间 1 335 μs；4 号应力计绝对上升时间为 35 μs，应力峰值达到 1 175 MPa，作用持续时间 116 μs。

② 根据轻气炮冲击试验测得的应变波形图（图 9-8）来看，径向（应变片的轴向垂直于岩石试样的轴向表面）6 号测点最大微应变为 480 με 时上升时间 23 μs，作用时间 94 μs，经稳定 47 μs 后，应变曲线稍微下降 35 μs 后，又上升至 +950 με，上升时间 88 μs，作用时间 247 μs，然后应变曲线又稍微下降延时 294 μs，然后以 60°斜率上升至 2 600 μs，上升时间 235 μs。作用时间 735 μs；8 号测点最大微应变 -430 με，上升时间 30 μs，作用时间 108 μs，后以 30°斜率上升时间 40 μs，作用时间 90 μs，应变达到 450 με。

切向（应变片的轴向平行于岩石试样轴向的表现）测点 9 第一次出现最大微应变 -337 με，上升时间 50 μs，作用持续时间 120 μs，应变曲线平移 25 μs 后以 60°斜率上升最大微应变 -670 με，上升时间 40 μs，作用时间 176 μs 后以 60°斜率上升最大微应变 728 με，上升时间 50 μs，作用时间 230 μs。

（4）结论。

① 在相同条件下，切向应变值比径向应变值小，一般切向应变值大约是径向应变值的 0.73 倍。

② 根据试验，双马集团水泥股份有限公司张坝沟石灰石矿岩样的切向应变与径向应变关系可近似用 $\varepsilon_{切}=\dfrac{\upsilon}{1-\upsilon}\varepsilon_{径}$ 表示，式中 υ 取 0.4，两者相位相反。

③ 从冲击试验可知，冲击波的作用不仅对于冲击中区的岩石破裂质量有影响，而且对于冲击远区的岩样也具有举足轻重的影响。

④ 岩石中宏观缺陷的存在使岩石承载能力明显下降，使应力波传播速度降低，峰值衰减明显下降，使应力传播速度降低，峰值衰减，能量耗散。

⑤ 动荷载在冲击岩石试样时，在岩样中产生应力波，从而在岩石中产生膨胀挤压作用，因而在应变测点的 6 号和 9 号记录的 $\varepsilon\text{-}t$ 曲线出现多次折曲波形，特别是 6 号测点延续 1 000 ms。

⑥ 从 4 号传感器测试的结果看，应力大于碰撞压力，主要原因是：4 号压力传感器靠近自由面的岩石试样只有 10 mm，应力波到达自由面时，投射波（$\sigma_1=0$）等于 0；$\sigma_r=-\sigma_i$，这时入射波全部反射，提高了能量利用率，增大了应力值。

第六节　冲击荷载作用下岩石的拉、压损伤与破坏

一、霍普金森杆设备主要试验内容

SHPB（Split Hopkinson Pressure Bar）法是目前测量岩石中，高应变率（101～103/s）的理想设备。它不仅可以测量岩石试件的应力、应变、应变率的关系，而且可以研究在不同加载条件下岩石中的破坏效果，并可以解决以下试验内容：① 冲击荷载作用下固体材料裂纹的起裂；② 岩石拉伸破坏及损伤特征；③ 岩石临界破坏强度；④ 岩石线弹性断裂过程的动态分析及其他。

SHPB 压杆除了可进行常规的压缩试验外，还可以进行层裂、冲击拉伸、劈裂拉伸、动态

曲面等多种试验，进而可以研究各种材料的动态压缩力学性能、应变率硬化和损伤软化效应，动态拉伸、动态扭转力学性能和动态劈裂，动态损伤、动态断裂和裂纹扩展速度，等。随着对其研究的不断深入和对试验装置的改进，SHPB压杆技术在岩石领域也得到了越来越广泛的应用。

二、霍普金森杆（SHPB）装置

SHPB装置源于1914年B.H.PKinson设计的一种压杆，即Split-Hopkinson Preessure Bar实验方法。将SHPB装置引入岩石动载试验相对较晚，最早是在1968年，Kumar首次使用短试件在SHPB装置上进行了岩石动态强度试验；H3kalehto用这种装置进行岩石荷载下的动态性能试验；1972年Christensen研究成功了一种对岩石加围压的三轴SHPB装置，可以在不同围压下对岩样进行冲击试验。在国内1980年后才有这类装置投入使用。一些断裂和破碎的研究差不多都是在这种装置或类似的装置上进行的。Hajakehto研究了岩石在脉冲载荷下的脆性断裂，Christensen等人研究了关于岩石在围压下的SHPB实验，Janach分析了快速压缩下岩石脆性破坏中的剪胀作用，等等。以后又相继研制了多种类似装置和进行金属材料试验的扭杆和拉伸杆，以满足不同的试验目的，并实现了试验过程和数据处理的电脑化。如中国科学院力学研究所、中国动载火箭技术研究院材料与工艺研究所、哈尔滨工程大学、武汉理工大学土木工程学院、总参工程兵三所、中国工程物理研究院、长江科学岩基研究所等。图9-10是其中一种的霍普金森（SHPB）装置。

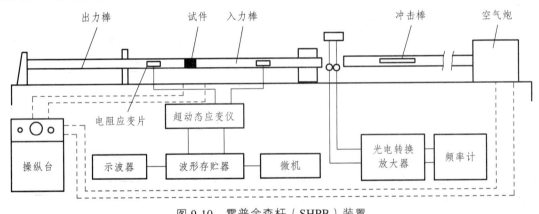

图9-10 霍普金森杆（SHPB）装置

三、SHPB试验装置原理

SHPB压杆本质上是一种弹性杆，在杆的一端施加与时间相关的压力荷载，产生一个弹性波并在杆中传播，弹性波通过试件时，使试件发生变形。通过测试技术测量入射杆和透射杆的微应变，再应用弹性波理论计算岩石的应变、应力等力学参数。SHPB压杆装置主要由动力源系统、压杆系统、测量系统、数据采集系统和数据处理系统组成。试验所采用的装置是总参工程兵三所自行研制的直径为100 mm的SHPB装置。

四、霍普金森杆（SHPB）装置系统框架及原理

霍普金森杆（SHPB）装置系统见图9-11。

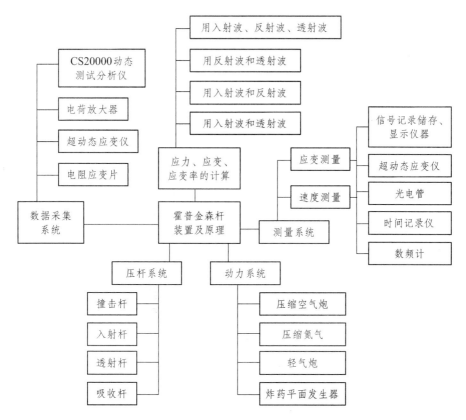

图 9-11　霍普金森杆（SHPB）装置系统框架图（详见参考文献[18]200～221）

1. 速度测量系统框架

SHPB 试验中要求准确测量撞击杆撞击入射杆时的速度，图 9-12 为常见的速度测试系统，当撞击杆撞击入射杆时，将依次遮挡第一、第二激光束，通过光电放大转化电路可以得到撞击杆通过激光束的时间差，利用时间记录仪记录其时间差，如图 9-12，由于两激光束的距离 L 已知，因而即可求得撞击杆撞击入射杆时的速度：

$$v = \frac{L}{\Delta t} \tag{9-9}$$

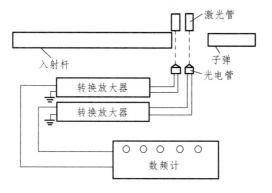

图 9-12　速度测量系统框架

2. SHPB 试验基本原理

试验中撞击杆以一定的速度沿轴向撞击入射杆，在入射杆中产生压缩应力波。假定入射杆和透射杆只发生弹性变形，杆中应力波作一维传播。当应力波到达试样时，如果试样的波阻抗小于压杆的波阻抗，将反射一个波返回到入射杆中，并经过试样透射一个波到透射杆中。压杆中的脉冲信号通过应变片来测量，入射杆表面的应变片测量入射和反射信号 ε_i 和 ε_r，透射杆表面的应变片测量透射信号 ε_t，原理如图 9-13 所示。假定压杆为同一种材料并且有相同的横截面积，其中压杆的弹性模量、波速和横截面积分别为 E、c_0、A。试样的横截面积和厚度分别为 A_s 和 L_0。现根据应力波传播理论[10]，推导如何利用应变片测量的入射、反射和透射信号 ε_i、ε_r 和 ε_t 来确定试样中的应力、应变关系。推导过程中均假设压力为正、速度以向右为正。

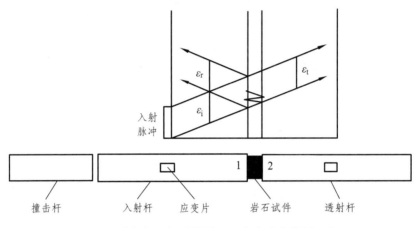

图 9-13　试件与压杆的接触界面应力波的传播示意图

五、霍普金森杆冲击拉杆装置

1. 岩石 Hopkinson 拉杆测试装置

Hopkinson 拉杆测试系统是由 Nicholas T[28]提出的，这种装置主要由撞击杆和两根实心压杆组成，后来由我国的宋顺成、田时雨把实心杆改进为空心杆[12]，改善了试验测试精度，改进后的装置如图 9-14，由两根 Hopkinson 空心拉杆组成，螺纹试件连接两长杆。试验前将螺纹旋紧，使两空心长杆紧密衔接。当冲击杆（子弹）撞击 No.1 长杆端部时产生压缩波。压缩波通过两杆连接处几乎无损失地传入 No.2 长杆，并在自由端部反射为拉伸波。此时由于应力波的拉伸作用，两杆相互分离，向后传播的拉伸脉冲通过试件又透射到 No.1 杆。

2. New-Hopkinson 拉伸测试系统（图 9-14）

New-Hopkinson 拉杆为改进后的空心拉杆，主要特点为：

（1）除去岩石试件两端的螺纹部分（图 9-15）。

（2）在测试系统两空心杆处设计了一对空心螺柱，每只空螺柱分成对称的两部分（图 9-16）。

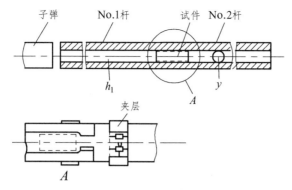

图 9-14　Hopkinson 空心杆装置示意图

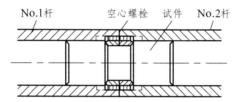

图 9-15　New-Hopkinson 杆装置示意图

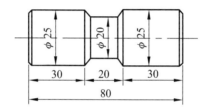

图 9-16　岩石拉伸试件尺寸设计（单位：mm）

3. 测试原理

（1）测试安装。

首先把空心螺柱对称地卡在岩石试件的拉伸段上，然后旋入两空心拉杆连接端即可。

（2）测试原理。

当冲击杆（子弹）打击 No.1 空心杆端部时，压缩波几乎无损失地传入 No.2 杆，压缩脉冲继续传播到 No.2 杆自由端部时反射为拉伸波并向后传播。拉伸波到达试件处，部分通过空心螺柱—试件—空心螺柱透射到 No.1 杆并利用空心杆应变片 g_1 记录下该透射应变波 ε_t。另一方面，由于试件的变形，拉伸波的另一部分被反射进入 No.2 空心杆，该反射应变波 ε_r 通过应变片 g_2 被记录下来。与 Hopkinson 压缩试验一致，认为试件两侧轴力相等，即

$$\varepsilon_i + \varepsilon_r = \varepsilon_t \tag{9-10}$$

从而可得出

$$\sigma = E_0 \frac{A_0}{A_s} \varepsilon_t \tag{9-11}$$

$$\varepsilon = -2c_0 l_g \int_0^l \varepsilon_r \mathrm{d}l \tag{9-12}$$

式中：ε_i、ε_r、ε_t 分别为拉伸波到达试件时入射波、反射波和透射波的应变；σ、ε 分别为岩石试件的应力和应变；E_0 为空心杆材料的弹性模量；A_0、A_g 分别表示空心杆和试件截面积；

c_0 表示空心杆内弹性纵波波速；l_g 表示试件拉伸段长度。

六、大理石拉杆测试

利用 New-Hopkinson 拉杆对岩石的动态拉伸力学性能进行测试，所测试的大理石的密度 ρ=2.73 g/cm³，静态弹性模量 E=1.8×10⁴ MPa，在岩石体内部纵波波速 c=4.4×10³ m/s。

1. 拉杆测试结果

图 9-17 是大理岩拉伸试件测试得到的入射波、透射波和反射波波形。

图 9-18 是测试得到的大理石材料的动态应力应变曲线图。

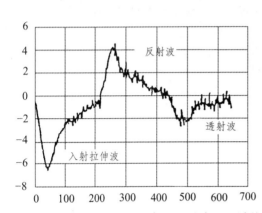

图 9-17　New-Hopkinson 杆测得的大理石试件

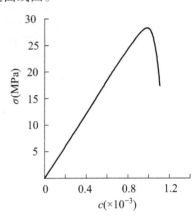

图 9-18　大理石动态拉伸应力-应变曲线

2. 测试结果分析

测试表明，在冲击拉伸荷载下大理岩的力学性能有很大改变（表 9-6）：

（1）动态断裂强度较静态断裂强度高出 2～4 倍。

（2）动态断裂临界应变值较静态断裂应变值高出 2～3 倍。

（3）动态弹性模量较静态弹性模量高出 1～2 倍。

表 9-6　大理岩的力学参数

加载情况	断裂强度（MPa）	σ_a / σ_s	临界应变（×10⁻³）	$e_d / e_s /$	弹性模量（×10⁴ MPa）	E_a / E_s
静态	7.2	3.75	0.4	2.75	1.80	1.36
动态	27		1.1		2.45	

小结：

通过对大理岩的动态拉伸力学性能测试证明 New-Hopkinson 冲击拉杆完全适用于岩石的动态拉伸性能测试，且试验装置及岩石试件容易加工。

七、大理石的霍普金森压杆试验

1. 试件设计

在 SHPB 试验中，通常存在弥散效应、摩擦效应、波动效应引起的二维效应。所以为了保证试验结果的有效性，须对试件尺寸进行合理的设计。理论分析表明，不考虑试件横向和轴向惯性效应的试件最佳长径比为 $l/r = \sqrt{3}/2$ [30]，其中 l、r 分别为试件的长度和半径；二维数值计算的结果也证明，当试件长径比在[0.6，1.2]时，附加应力可以不计[31]；另外也有分析表明，当试件长径比为 $l/r \approx 1$，界面处又给充分的润滑（$\mu = 0.02 \sim 0.06$）时，试件端部的摩擦效应可不予考虑[32]。岩石是不均匀的介质，为尽量减小不均匀性的影响，就必须加大试件的直径，但是加大试件的直径同时会增加波形的弥散效应。本次试验采用直径为 100 mm 的 SHPB 装置来消除岩石不均匀性的影响，同时利用波形整形器、变截面的梭子型子弹等方法来减小由压杆直径的增加引起的弥散。

基于以上思想，最后采用了直径为 90 mm、厚度为 45 mm 的试件。

本次试验采用的是取自于四川省雅安市的大理石。为保证岩石试件力学参数基本相同，所有岩石试件由一块较大的岩石分割而成，其力学参数如表 9-7 所示。

表 9-7　被测岩样的性能参数

材料名称	密度（t/m³）	单轴抗压强度（MPa））	抗拉强度（MPa）	纵波速度（m/s）	弹模（GPa）	泊松比
大理石	2.75	112	17.5	3 667	23	0.30

2. 试验概况

试验是在总参工程兵三所自行研制的直径为 100 mm 的 SHPB 装置上完成的。该装置的入射杆长 4.5 m，透射杆长 2.5 m，杆的弹性模量为 200 GPa，密度为 7 850 kg/m³。应变片型号为 BF120-5AA，灵敏系数为 2.00，电阻为 120 Ω，分别粘贴在入射杆、透射杆表面距离试件 2 m、0.8 m 处。为消除压杆弯曲对试件结果的影响，分别在压杆两侧对称位置上粘贴应变片，最后取其平均值。

（1）消除 SHPB 的不利影响因素。

近几十年，SHPB 试验技术在研究岩石动态力学性能方面的应用越来越多，但其通常存在弥散效应、摩擦效应、波动效应等引起的二维效应，这将对试验结果的精度甚至可信性产生一定程度的影响，同时岩石的破坏应变小和不均匀性也给试验造成了很大的困难。为了能够消除这些影响，得到可靠的试验数据，本次试验将从以下几个方面来解决。

① 大直径的试验装置：为了消除岩石材料的不均匀性的影响，试验中采用了直径为 100 mm 的 SHPB 压杆装置。

② 大直径的岩石试件：采用直径为 90 mm 的岩石试件，消除岩石不均匀性的影响；采用厚度为 45 mm 的试件，能够保证应力波在岩石中来回反射多次以达到应力均匀的要求。

③ 变截面的梭子型子弹：试验中采用截面的梭子型子弹，如图 9-19。通过该子弹撞击入射杆可以得到不对称的三角波，如图所示 9-20。这种三角波的弥散小，波形上升前沿的时间比较长，大概为 110 μs，这就可以保证岩石在破碎之前达到应力均匀。

④ 波形整形器：张磊[16]通过纸片整形器得到了有、无波形整形器的入射压缩波，如图 9-21，从图中可以看出加有波形整形器后，波形得到了很好的改善，波的弥散较小，波形更加光滑。试验中采用厚度为 1 mm 的纸片作为波形整形器，得到了波形弥散小、波形光滑的入射波，并且延长了入射波形上升沿的时间，如图 9-22。

⑤ 试验时在试件和压杆的各个接触面上都均匀地涂有凡士林并挤压紧密，以减小摩擦对

试验结果的影响。

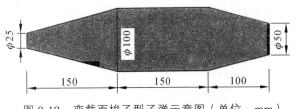

图 9-19　变截面梭子型子弹示意图（单位：mm）

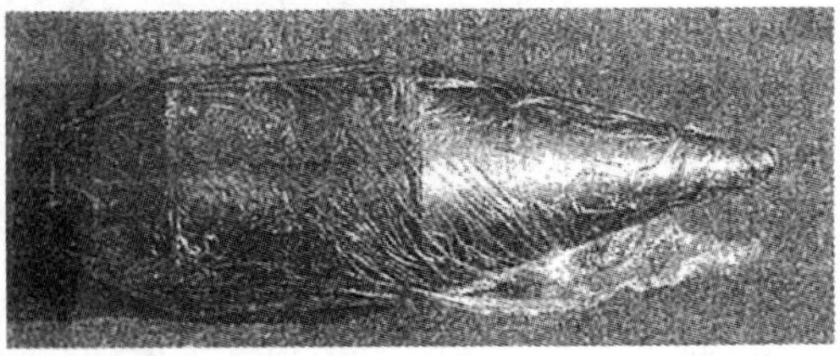

图 9-20　变截面梭子型子弹实物图

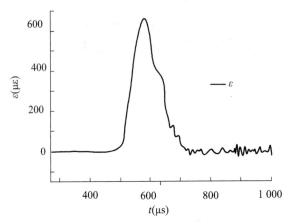

图 9-21　采用变截面梭子型子弹得到的入射波

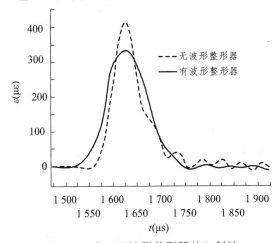

图 9-22　有、无波形整形器的入射波

（2）试验装置有效性验证。

为了得到可信的结果，就须事先验证 SHPB 试验系统所测数据的可靠性和精度。验证时，测试在空炮（入射杆和透射杆之间不加任何试件）时入射杆中的入射波、反射波和透射杆中的透射波。由于入射杆与透射杆之间没有试件而且入射杆和透射杆的材料和横截面相同，应力波遵照一维波的传播理论，即入射波从入射杆直接传播到透射杆，透射杆中的第一个透射波的波形大小应与入射杆中的入射波相同，且没有反射波。

当子弹以 7.7 m/s 的速度撞击入射杆时，入射杆和透射杆应变波形如图 9-23。从图中可以看出入射波和透射波的波形基本一致。入射波应变为 653 με，透射波应变为 655 με，而反射波很小，可以忽略不计。因此可以认为入射波在两杆界面上发生的是全透射，并且两杆的端面平行且已对中，所以能够保证测数据的可靠性和精度。

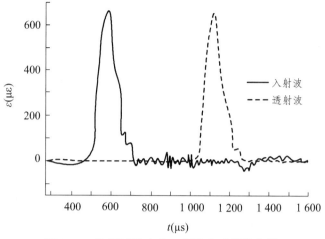

图 9-23 验证试验中的入射波和透射波曲线

3. 试件的安装

试件安装如图 9-24 所示。

图 9-24 岩石试件的安装图

4. 试验内容

为研究在相同冲击速度下，具有不同保护层厚度的岩石的动态力学特性和保护层在岩石整个破坏过程中所起的保护作用，试验时采用相同加载气压，气压为 0.41 MPa，最后得到的子弹速度都在 7.8 m/s 左右。保护层分别为 0 mm、2.14 mm、3.12 mm、4.4 mm 和 6.24 mm 几种，每种厚度至少进行两次试验。共进行了 11 次试验，其中有 8 次采集到了有效数据，保护波速均为 1 939 m/s。

5. 试验结果与分析

岩石试件在加载气压为 0.43 MPa 的冲击作用下都发生了不同程度的破坏，有的破碎成多块，如表 9-8。

表 9-8 大理石压杆试验结果

试验岩样编号	加载气压（MPa）	子弹速度（m/s）	试件宏观破坏情况
7	0.43	7.8 左右	破碎成 8 块
8	0.43	7.8 左右	破碎成 6 块
11	0.43	7.8 左右	破碎成 11 块

第十章 爆破对保留岩体的损伤

爆破是矿产资源开发和岩土工程开挖最主要的施工工艺，虽然无爆破采掘越来越深入、广泛，但对金属矿山的坚硬岩石，适应性难度较大，爆破方法用于坚硬岩石采掘工程还会有一个相当长的时间，但爆破工艺给保留岩体或围岩造成破坏、损伤与滑塌也是较严重的。

第一节 爆破对围岩或保留岩体损伤范围与分区

在岩土工程中广泛采用爆破技术，爆破作用在破碎需要开挖岩体的同时，也对需要保留的岩体造成损伤。无论何种控制爆破方式，炸药爆炸的冲击荷载都在破坏确定范围的岩土介质的同时也对邻近需要保护的岩体产生强烈扰动(损伤)，受损岩体在上覆岩层的压力作用下，会使损伤进一步加剧，从而使得岩层的承载力以及稳定性降低[1]。围岩稳定性的评价一定要考虑爆破等冲击荷载引起的损伤，该问题的研究已成为矿山采掘工程以及边坡工程、隧道工程中迫切需要解决的问题。爆炸的强冲击扰动对围岩产生何种程度的损伤，不同位置和不同性质的岩体受损伤后的承载性能有何变化，这些问题的研究对于爆破参数的合理设计、围岩的有效加固和高边坡工程的稳定支护设计都具有十分重要的理论和实际指导意义。目前有关这方面的研究还主要是采用在现场实验基础上的统计方法来描述保留岩体在爆炸冲击荷载下的损伤特征。统计方法比较直观便于应用，但由于缺乏理论基础，并在不同的条件下具有较大的离散性，所以难以令人信服。此外，目前的研究都没有对爆破作用下保留岩体损伤的特征进行详细的描述。作者根据多年从事矿山研究工作的经验，本着承前启后的目的，引用几个典型测试资料进行总结，供试验研究时参考。

围岩或保留岩体爆破松动范围及分区：

一、围岩的松动圈

在原岩中采掘工艺过程破坏了围岩的三向应力状态，从而使应力重新分布，现以巷道掘进为例。径向应力减小，周边径向应力为零，切向应力增大产生了应力集中，直至达到另一新的三向应力平衡状态。围岩受力状态的改变，使岩石强度下降；当集中的应力值大于围岩强度时，岩石将会破裂，从周边向深处扩展，形成一破裂区。由应力作用而产生的破裂区称为围岩松动圈。

根据松动圈及其影响因素的相似模拟试验可知[34]，松动圈的大小与岩石单轴抗压强度的关系最大，与原岩应力关系较大。这说明松动圈是原岩应力与岩石强度的函数，证明巷道收敛变形量主要是松动圈形成过程中的碎胀变形，因此，巷道研究的主要对象是碎胀变形产生的碎胀力。若原岩应力越大，岩石强度越低，则松动圈厚度越大，支护越难，如图10-1所示。

从物理场的角度分析，可以认为，在原岩中开挖的巷道是外界传播能量的结果。传递能量的主要方式为外界做功。由于外界做功破坏了原岩的原有结构，从而开挖出了巷道，进而形成了围岩松动圈。

二、围岩松动圈与岩石爆破的关系

以单个炸药在无限岩体内的爆破来分析。岩石爆破破碎，主要是由炸药爆炸所引起的。炸药爆炸是要进行能量转变的，首先转变成热，再由热能转变为机械能对外做功，做功的本质为爆炸时产生的大量气体在高温下膨胀而对外做功。做功的结果，使岩体除在炸药爆炸形成扩大的孔腔外还产生粉碎区、裂隙区和震动区，见图10-2[34]。

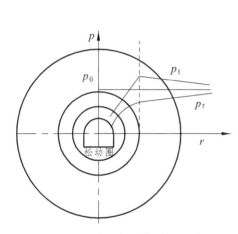

图 10-1　理论分析的松动圈示意图

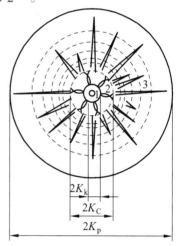

图 10-2　球形装药在岩体内的爆破作用

三、爆破引起的岩石分区

图10-3表示岩石介质在爆炸作用下引起的岩石分区。各区的变形与破坏特征如下：

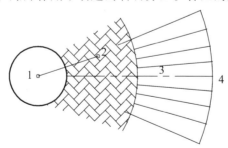

图 10-3　爆破作用下岩石的变形与破坏特征[35]

1—空腔；2—破碎区；3—径向裂隙区；4—弹性振动区

（1）破碎区的特征是介质受到弹体的挤压而全部破坏形成松散材料，松散介质的运动起着主要作用，类似流体运动，但破碎区岩体松散的摩擦型介质不同于流体而具有一定抗剪性状。

（2）径向裂纹区的特征是介质受到裂缝破坏，形成类似径向柱杆，主要把破碎带传来的压力过渡到弹性区介质中去。

（3）弹性振动区的特征是具有原始性质的弹性介质。该区中变形属于弹性范围即小变形范畴质点的运动是主要的。

值得指出的是炸药爆炸的能量主要分配在介质体积、形状（剪切）和动能的变化上，但是对具有自由表面的松动爆破，消耗在介质体积变形上的能量仍远小于消耗在形状变形上的能量，因此岩石介质实际上可视为不可压缩的。

第二节　岩体损伤基础理论与损伤检验

岩体损伤基础理论与损伤检测框架见图 10-4（详见参考文献[36]第 180～203 页）。

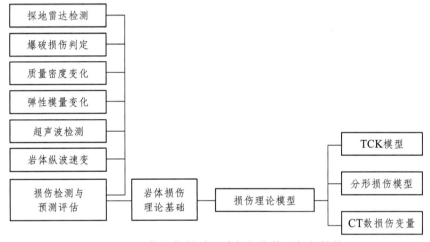

图 10-4　岩体损伤基础理论与损伤检测框架结构

第三节　露天台阶爆破岩体破坏程度或损伤范围

一、不同炸药类型与露天台阶爆破破坏程度及范围

不同炸药类型对岩体程度与台阶爆破对岩体损伤范围框架如图 10-5 所示。

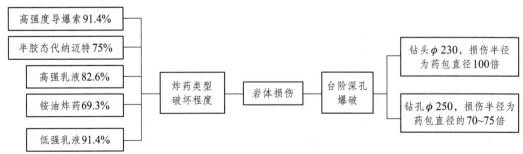

图 10-5　不同炸药类型对岩体引起的破坏程度与台阶爆破对岩体损伤范围框架结构

二、露天台阶深孔爆破对岩石的破坏和损伤范围[37]

1.爆破震动岩石的破坏和损伤范围

（1）根据 C.O.Brawner 教授的经验，当 v_c=5 cm/s 时，石膏类软岩将发生破坏；当 v_c=30 cm/s 时，坡面岩石发生崩解；当 v_c=250 cm/s 时，岩石将产生压缩破坏。

（2）C.O.Brawner 还指出，一般情况下，采用齐发爆破，一次起爆的总药量为 10 t 的话，距边坡 50 m 的地方会发生破坏；采用微差爆破，每一段起爆 3 个炮孔，药量为 1 t 的话，距边坡 18 m 处也将发生破坏。

2.露天台阶柱状药包爆破岩体深部和后侧破坏特征（图 10-6、图 10-7）

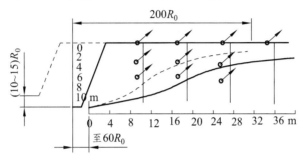

图 10-6　裂缝向介质深部和后侧延伸示意图（箭头表示位移）的大小和方向

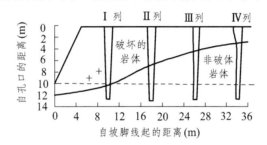

图 10-7　西巴衣斯克矿岩体破坏的特征符号（+表示孔壁开始破坏）

3. 常用普通爆破方法对岩石的损伤范围

采用耦合装药，炸药直接与炮孔壁接触，爆炸冲击波、应力波直接冲击岩石形成粉碎区和裂隙区，对岩石的损伤范围更大。据国内外的研究，一般深孔爆破损伤半径为炮孔（药包）直径的 70～100 倍，下向损伤为药包直径 23 倍左右，如图 10-8、图 10-9、表 10-1 所示。

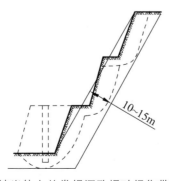

图 10-8　边坡岩体上的常规深孔爆破损伤带 10～15 m

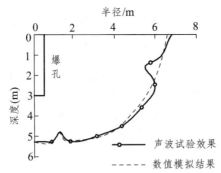

图 10-9 $\phi=90\,mm$ 炮孔爆炸荷载作用下的岩体损伤范围，
损伤半径平均 6.58 m 损伤区深度平均 2.25 m（夏祥李俊如等 2007.12）

表 10-1　普通爆破（$\phi=90\,mm$，孔深 11 m）爆后波速变化率 η 和岩体损伤变量 D

距爆源（m）	损伤变量 D 与波速变化率 η	超声波测试钻孔从孔口至孔底的深度（m）									
		1	2	3	4	5	6	7	8	9	10	11
10	D	0.239	0.111	0.134	0.107	0.117	0.113	0.291	0.111	0.091	0.212	0.103
	η（%）	15.888	5.723	6.697	2.985	6.032	5.8	15.813	5.75	1.649	11.21	5.28
6.5	D		0.366	0.366	0.244	0.221	0.171	0.434	0.308	0.382	0.355	0.221
	η（%）		20.36	20.34	13.04	11.70	17.09	24.76	21.38	21.38	19.66	11.73

　　根据国家规范，爆破前、爆破后波速变化的 10% 作为岩体损伤的安全阈值，其对应的损伤阈值为 $D=0.190$。表 10-1 是广西鱼峰水泥股份有限公司 2011 年科研项目的试验结果，$\phi=90\,mm$ 耦合装药从炮孔底部（台阶底部）距爆源 6.5 m 均受到严重损伤，应当是 6.5 m＜D＜10 m。

三、预裂爆破造成边坡保留岩体的破坏损伤范围

　　国内外试验较常用的破坏和损伤的范围如图 10-10、图 10-11 和表 10-2 所示。

　　（1）边坡断面岩体松弛深度，朱焕春测试结果：表层松弛 0.3～0.5 m，浅层 2.3～3.0 m，深层大于 5 m。

　　（2）ϕ 90 mm 炮孔爆炸荷载作用下的岩体损伤范围：损伤半径平均 6.58 m，损区深度平均 2.25 m（夏祥、李俊如，2007 年 12 月）。

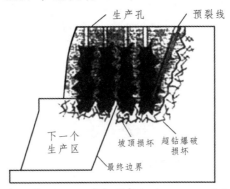

图 10-10　预裂爆破超爆造成的坡顶和最终边帮的损坏（75～100 药包直径，苏联 M.F.巴伯等）

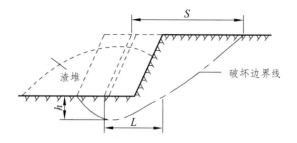

图 10-11　边坡保护控制爆破（秦明武等，1995 年 3 月）

表 10-2　破坏范围实测数据（330 工程实测数据）

岩石性质	台阶后冲表面破坏范围 S（药包直径的倍数）	台阶底部水平破坏范围 L（药包直径的倍数）	台阶底部垂直破坏范围 h（药包直径的倍数）	苏联 M.F.巴伯等
裂隙发育（或有软弱夹层）	120～190	140	15～36	预裂爆破造成坡顶和最终边坡的损坏（药包直径的倍数）
中等裂隙	60～100	20～40	5.5～10	75～100

四、光面爆破造成边坡保留岩体的破坏和损伤范围

（1）露天边坡光面爆破一般采用倾斜孔 75°～80°，爆破的松弛深度一般都在 2 m 以上。图 10-12 为断面岩体松弛深的分布，其深度的表层松弛 0.3～0.5 m，浅层 2.0～3.0 m，深层大于 5 m；图 10-13 为四川双马水泥股份有限公司石灰石矿，在永久边坡帮壁采用钻孔取样的结果；图 10-14 为取样后的切片的微观图片。

图中 1-3-4，即第一个取样炮孔第三段岩芯（1.0～1.5 m）第四节的岩芯还有裂纹，即松弛深度≥1.5 m。

（2）光面爆破对保留岩体和围岩的破坏和损伤范围见表 10-3。

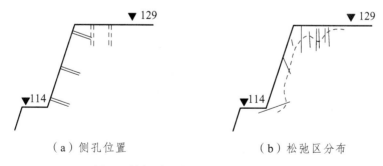

（a）侧孔位置　　　　　　（b）松弛区分布

图 10-12　断面岩体松弛深度分布（朱焕春，1994 年 4 月）

图 10-13　露天边坡光面爆破药包直径 150～160 mm，倾斜孔（75°～80°）经钻孔取样，
孔内宏观松弛范围 1.5～2.5 m（四川江油水泥厂张坝沟石灰石矿，1976—1980 年）

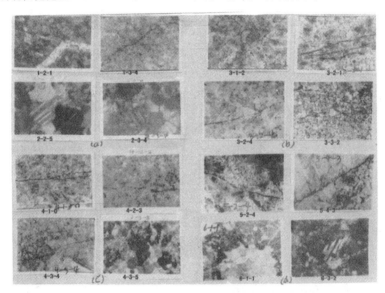

图 10-14　倾斜孔（75°～80°）边坡光面爆破半边孔壁保留岩体损伤取岩芯的微观图片（三）
（西南科技大学环资学院中心实验室，侯兰杰）

表 10-3　石灰石矿山光面爆破

矿山名称	炮孔直径（mm）	声速降低率 η（%）	距炮孔中心（m）	岩体损伤度 D	损伤距炮孔中心（m）	岩体松弛范围（m）
四川双马水泥股份公司张沟石灰石矿	150～160	8.83～12	3.57	0.169～0.226	3.5	≥1.5 m
广西鱼峰水泥股份公司水牯山石灰石矿	90	9.86～17.28	3.24		3.24	1.52
四川双马水泥股份公司砂岩矿	40	12	0.20	0.206	0.20	

第四节　平巷和隧道工程周边孔爆破原有一些爆破方法对岩石的破坏

（1）部分矿山常用光面爆破、切缝药包爆破、切槽爆破的超挖量和周边孔痕等定向断裂控制爆破对隧道周边轮廓线的超挖和破损见表 10-4。

表 10-4　周边孔常用爆破的效果

矿山名称	安徽新集三矿		河南车集矿		协庄煤矿		四川金河磷矿	
岩石名称	泥岩·沙质泥岩		泥岩·沙质泥岩		沙质页岩		花斑状白云岩	
硬度系数 f	4~6		4~6		4~6		4~8	
爆破方法	光爆	切缝药包	光爆	切缝药包	光爆	切缝药包	光爆	切缝药包
超挖量（mm）	200	95	250	80	200	95	280	110~120
周边孔痕率（%）	20	90	10	87.5	20	85	31~53	69~76
爆破损伤范围（m）							0.38~0.40	0.25~0.28
循环尺寸（m）	1.3	1.5	1.14	1.71	1.6	1.8	1.43	1.6~1.65

（2）原有的普通爆破方法在地下隧道（巷道）掘进周边孔爆破对保留围岩的损伤。

地下巷道掘进周边孔爆破对围岩的损伤如图 10-15、图 10-16 所示，声波测试结果如表 10-5 所示（巴昆水电站，周黎明等）。

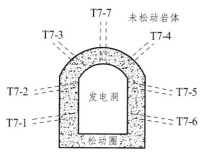

图 10-15　松动圈测试剖面钻孔布置图

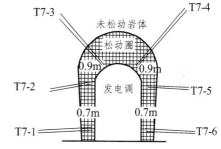

图 10-16　松动圈分布示意图

表 10-5　声波测试结果

岩石名称	砂页岩互层	砂岩	页岩
松弛区厚度（m）	0.80~2.0	1.0 左右	1.0 左右
完整岩体降低率（%）	55.8	58.7	12.2

第五节　地下深部大于或等于 900 m，巷道掘进后的离层现象及分区

地下深部≥900 m 巷道掘进后的离层现象及分区如图 10-17、图 10-18 所示。

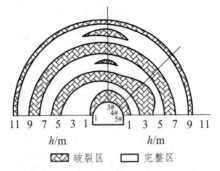

图 10-17　俄罗斯 Mark 矿分区破裂化现象（I.Shemyakin 等）

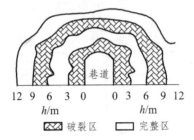

图 10-18　我国金川镍矿区深部巷道分区破裂现象（李述才等）

第六节　爆破对保留岩体和围岩破坏或损伤引起露天滑塌的典型事例

一、国内煤炭、冶金、铁路发生边坡滑塌与变形事例

（1）煤炭系统露天矿曾多次发生滑坡，仅至 1977 年 10 月止，全国煤矿滑落土石方达 8 200 万立方米。

（2）20 世纪 60 年代初至 70 年代中期我国大型露天铁矿发生滑坡事故 29 次。

（3）根据铁路工程的宝成、兰新、鹰厦铁路线边坡稳定情况统计，发生边坡变形的工点有 198 处。

二、国内外有记载公开的边坡滑落事例

爆破对保留岩体和围岩的破坏、损伤是显而易见的，爆破造成的危害也是触目惊心的。由于爆破对保留岩体和围岩长期周而复始的隐形累积损伤，破坏了原始应力状态和地质结构构造，促使保留岩体和围岩裂隙的累积扩展效应，最后诱发滑塌事故在国内外不计其数，有记载公开的一些典型事例如表 10-6 所示。

表 10-6　爆破诱发边坡滑塌事故和岩石软弱强度低开挖失稳发生坍塌（李通林、周昌达等）

矿山名称	时间	滑塌性质	滑塌规模	后果
美国怀俄明州高岭土矿		矿山边坡滑塌	3 800 万立方米岩土	堵塞河谷形成 60 m 长的湖泊，矿山报废
捷克东拉维亚的黏土矿		岩石软弱	矿山整体滑塌	淹没了村庄，死亡 2 000 多人，矿山报废

矿山名称		时间	滑塌性质	滑塌规模	后果
美国利波尔铜矿				一次滑落量达 600 万立方米	造成矿山停产半年
美国宾汉康绪露天矿			采深 467 m	滑坡量 608 万立方米	掩埋露天矿场一半以上的深度和大部分宽度
苏联马格尼托哥斯克露天矿				在 200 m 长的工作线上，8 个台阶同时滑落，总量达 200 万吨	
菲律宾阿塞来联合公司		1981 年采深达 100 m		滑坡体积达 5 500 万立方米	世界上最大的采矿联合公司，日采出 10 万吨矿石
加拿大捷曼斯格石棉矿			每剥离一段深度，由于应力释放，岩石回弹打断排水管，大量水潜入而滑坡	深达 350 m 滑动量 3 000 万立方米	将四幢房屋滑入坑内
我国	大冶铁矿	1973 年	边坡滑塌	1967 年以来 25 次不等规模，1973 年滑塌采场高 72 m，长 117 m，36.46 万立方米，清方达 59 万立方米	清理达 2 年，清方 59 万立方米，影响推进达一年半之久
	抚顺西露天矿	1914 年—1980 年 48 次滑坡	连起滑塌、岩石软弱，强度低	1964 滑坡达 105 万立方米，1978 年滑坡清理 750 万立方米，1978、1979 分别滑坡量 70 万立方米和 293 万立方米	1945 年使南帮全部采煤工作面被埋
	义马露天矿	1982 年	顺层滑坡	1960 年扩建以来底帮沿走向滑坡，达 20 余次，1982 年滑坡量 30 万立方米	危及矿山公路及陇海铁路
	宜万铁路高杨寨隧道	2007 年 11 月 20 日	隧道口边坡岩体受爆破动力作用	边坡岩体沿着原生隐蔽节理面与母岩分离	35 人死亡，1 人受伤，经济损失 1498.68 万元
	攀钢巴关河石灰石矿	1981 年 6 月 16 日	爆破动力作用诱发滑坡	该矿多次采矿爆破诱发滑坡，6 月 16 日 15 点爆破 20 点 40 分就发生滑坡量达 416 m³	给生产安全造成严重影响
	峨眉山顺江采石矿	2010 年 4 月	爆破频繁、岩体结构构造长期累积损伤破坏	13 人遇难	社会影响极大

矿山名称		时间	滑塌性质	滑塌规模	后果
我国	白银厂露天矿	1971 年 3 月 20 日			公路受阻，1 793 m 水平掘沟被迫停止，露天矿寿命缩短 2 年
	煤炭系统	1977 年 10 月止	曾多次发生滑坡	全国露天煤矿滑落的土石方达 8 200 万立方米以上	仅抚顺西露天矿边坡走向长达 6 km

三、露天边坡滑落的原因

1. 露天边坡滑落事故的因素

一般边坡的滑坡原因有：① 确定的边坡角不合理；② 地质因素对边坡的影响；③ 岩体中的地下水；④ 爆破震动。

2. 爆破震动对边坡滑坡事故的分析

① 岩体结构构造因素：金属矿的断层、节理，煤矿的层理、节理面、软弱夹层等提供了滑坡的内在因素。

② 爆破的危害：第一，爆破对岩体和围岩的破坏和损伤是显而易见的；第二，靠近边坡的炮孔爆破使炮孔保留一侧的岩体和围岩破坏、损伤；第三，爆破震动、削弱了岩体层间的依附和承载作用，并加速破坏了岩石层面、节理面等结合面的黏结力，即层面之间黏着力降低。

第七节　爆破振动是矿山采掘工业不安全因素的动力源

一、采掘工业是国民经济的基础工业，井巷隧洞工程是先行工程

采掘工业是国民经济的基础，同样，要发展冶金工业、加工工业以及其他工业，如果没有采掘工业，那就是搞"无米之炊"。在发展采掘工业的同时，又必须实行"采掘并举，掘进先行"的方针。平巷在一个矿山的井巷工程量中占了最大的比重，一个中型矿山，其井巷工程量达 5 ~ 10 万立方米，据全国 36 个金属矿山的统计，每 1 000 t 矿石其开拓、采准、探矿工程量为 20.8 m³。随着采矿强度的提高，矿山开采的年平均下降速度也在不断增加，一般矿山为 15 ~ 20 m³，有的甚至达 30 m³。掘进工程相应增多，花时间多，劳动力也多，安全事故也多。这对于地下矿采掘工业的企业和个人是值得重视的主要问题之一。

二、采掘工程隧洞工程的爆破工序产生松石是危及矿山安全的主要因素

采掘工业的爆破工序使岩石的完整性受到爆破破坏，井下形成大小不等的空间，破坏了原岩的应力平衡关系，由于地质条件、生产技术和组织管理等原因，在强大的地压作用下，可能导致巷道和采场出现冒顶、片帮、底鼓、支架变形甚至大面积塌落、地表移动以及煤和

瓦斯喷出等一系列事故。

1. 松石冒落事故是冶金矿山事故的主流

从国内外看，冶金矿山的岩石冒落大致可分为大面积地压活动、局部岩体冒落和松石冒落三种。从国内外的文献报导来看，大面积地压活动和局部岩体冒落引起的事故并不多，主要是松石冒落引起的事故，其在矿山事故占有很大的比重，而且严重威胁着工作人员的生命安全。据冶金部安全技术研究所的统计，我国冶金矿山松石冒落事故占矿山事故总和的 30% ~ 40%。1964 年以前，几个主要矿山的冒落比率如表 10-7 所示。

表 10-7　我国几个地下矿山松石冒落比率

矿山名称	邯邢矿山管理局	锡矿山	大厂矿务局
松石事故比率（%）	35	33	37

2. 国外金属矿山松石冒落比率

国外冶金矿山的情况见表 10-8。这些国家工业都比较发达，技术比较先进，但松石冒落事故的比率也是很高的。此外，深矿井和超深矿井的不断出现也是松石冒落事故的原因之一。随着我国工业化的推进，治理松石冒落对减少矿山工伤事故具有越来越重要的意义。

表 10-8　国外 20 世纪冶金矿山井下冒落事故比率

国名	日本	波兰	美国	加拿大
年别	1967	1975	1975	1978
松石事故比率（%）	35	38	45	46

三、松石冒落产生的主要原因

1. 采掘破坏

未采掘前岩矿在地壳内部处于应力平衡状态。由于采掘的破坏，岩体的应力重新分布，使岩矿出现变形、开裂、移动甚至塌落。岩体往往首先沿着岩层节理、断裂构造等薄弱带变形，逐渐扩大导致巷道或采场的顶板和两帮岩石的完整性遭到破坏，发生顶板岩石冒落或两帮岩石片帮事故。顶板事故的发生一般是自然条件、生产技术、组织管理等多方面因素综合作用的结果。大多数为局部冒顶和松石片落，而大冒落和大片帮事故较少。

2. 岩体结构构造因素

（1）金属矿的断层、节理、破碎带，煤矿的层理、软弱夹层和裂隙等提供了冒落的内在因素。

（2）层面间黏着力低的岩体。

3. 爆破产生的爆破地震波和爆破冲击波提供冒落的动力源

（1）爆破产生地震波，使岩体松弛和节理张开甚至破坏。由于爆破产生的地震，可以使岩体松弛和节理张开，甚至还可能使附近的岩体破碎，当爆破地震波通过岩体时，给潜在破坏面上的岩体以额外的动力，促使岩体破坏。

（2）爆破振动削弱了岩体层间的依托和承载作用，受多次震动必然发生变化。

（3）爆破爆炸振动波加速破坏了岩层、层面、节理面、泥化夹层等结合面的黏结力，使其在爆破振动波和分离体自重的共同作用下产生冒落。

四、松石冒落实例

（1）湘西金矿：巷道中间冒落事故占 25%；巷道工作面 10 m 以内占 62.5%；其他事故占 12.5%。

（2）锡矿山矿务局：1952 年—1980 年顶板冒落事故中巷道占 24%，松石冒落占 28%。

（3）邯邢冶金矿山局王石洼矿：1978 年平巷掘进放炮前，除放炮工外，其他 4 人在距离爆破工作面以远的同一水平巷道旁坐下，爆破响后一瞬间 4 人背靠着巷道帮的一块岩体在爆破动力作用下掉落，4 人当场死亡。

五、自然地震诱发露天大滑坡

加拿大西部一露天矿，一天清晨 5 点钟，由地震引起 6 000 万立方米岩体滑落，冲毁了高速公路，掩埋了 4 辆汽车 5 人丧生。成因是边坡岩体中有连续光滑面节理，其倾角小于边坡。不难看出，地震是发生露天滑坡和采掘松石冒落的起因，是滑坡和松石冒落的根据。

因此，降低人工地震乃是我们采掘工作者应尽的职责。

第八节　岩体损伤对爆破作用的影响

岩体损伤分岩体初始损伤和工程损伤两种，无论哪种损伤对爆破作用往往都有很大影响，本节主要论及岩体初始损伤对爆破作用的影响。

一、岩体初始损伤

岩体是由包含着断层、断裂带、软弱夹层、节理、层面等天然间断面相互组合形成的具有初始损伤特性的地质体。岩体内存在着客观上的不连续性和非均质性，使得爆破波在岩体介质中的传播存在几何衰减和物理衰减[5]，限于技术水平及经济因素，目前我国采掘工程多采用传统的"钻爆法"进行开挖作业。由于在进行工程爆破设计时缺乏岩体初始损伤对爆破作用影响的认识，许多爆破工作因此失败。以平巷隧道开挖而论，超、欠挖现象非常严重，轻则浪费炸药，增加工程投资；重则可能造成工作面大面积塌方、影响工期，甚至造成人员伤亡。而采掘工作面中岩体爆破的质量直接决定着围岩支护费用和采场矿柱维护费用的高低及巷道支护结构的稳定性与安全性。因此，很有必要引入损伤力学理论研究岩体的初始损伤对爆破作用影响以优化工程爆破设计，降低成本，提高爆破质量。特别是在进行控制爆破参数设计时，应当充分考虑岩土体的初始损伤效应，在损伤性岩土体中实施控制爆破的单孔装药量应比相应的未发生损伤介质中的设计值要小，而周边眼不耦合系数和孔间距都比相应的未发生损伤介质中的设计值要大。目前，在控制爆破工程实践中，大多未考虑岩土体初始损伤的影响，这也是许多控制爆破效果往往较差的主要原因。

笔者有深刻的体会，所以研究岩土体中的初始损伤规律并相应进行爆破参数的优化、装药结构的调整，以进一步提高岩土体的控制爆破效果，将是未来控制爆破理论与技术研究的主要方向。

二、岩体初始损伤对爆破作用影响框架结构

岩体初始损伤对爆破作用影响框架结构见图 10-19。

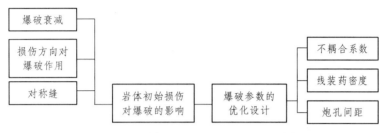

图 10-19　岩体初始损伤对爆破作用影响框架

三、影响岩体可爆性的因素

影响岩体可爆性的因素主要有两个方面：其一是岩石本身的物理力学性质；其二是炸药性质。详见图 10-20。

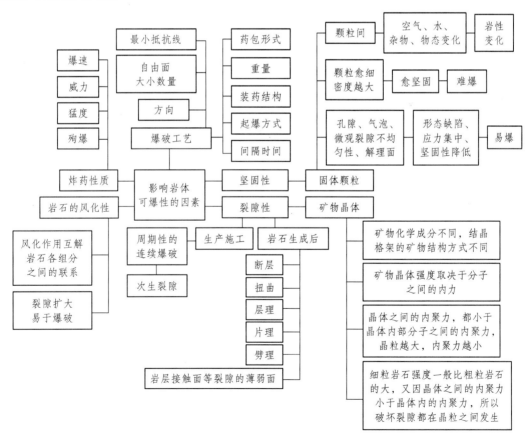

图 10-20　影响岩体可爆性因素框架

四、裂隙岩体对于可爆性的影响具有两重性

裂隙岩体对于可爆性的影响有两重性：一方面，裂缝能导致爆生气体和压力的泄漏，降低爆破能的作用，影响爆破效果；另一方面，这些裂隙破坏了岩体的完整性，易于从弱面破裂、崩落，而且弱面又增加了爆破波的反射作用，有利于岩石的破碎。

但必须指出，当岩体本身包含着许多尺寸超过生产矿山所规定的大块（不合格大块）的结构尺寸时，只有直接靠近药包的少部分岩石得到充分破碎，而离开药包一定距离的大部分岩石，由于已被原生或次生裂隙所切割，在爆破过程中，没有得到充分破碎，反而受爆破震动或爆生气体的推力作用，脱离岩体、移动、抛掷成大块，这就是裂隙性岩石有的易于爆破破碎，有的则易于产生大块的两重性。因此，必须了解和掌握岩体中裂隙的宽窄、长短、间距、疏密、方向、裂隙内的充填物、结构尺寸和含量百分率以及它们与炸药、爆破工艺参数的相互关系等等。例如垂直层理、裂隙的爆破比较容易破碎，而平行或顺着层理、裂隙的爆破则比较困难。

参考文献

[1] 张倬元，王士天，王兰生. 工程地质分析原理[M]. 北京：地质出版社，1981.

[2] 吴力文，孟澍森. 勘探掘进学[M]. 北京：地质出版社，1981.

[3] 中国矿业学院. 露天采矿手册（总论、地质……）[M]. 北京：煤炭工业出版社，1985.

[4] 李前，张志呈. 矿山工程地质学[M]. 成都：四川科学技术出版社，2008，10：120-127.

[5] 陶纪南，张占国，张克利. 地下深孔爆破中矿岩结构面的调查统计与应用[J]. 爆炸与冲击，1991，1：64～69.

[6] 何绍勋. 构造地质学中的赤平投影[M]. 北京：地质出版社，1979.

[7] 张志呈. 论矿山岩体分类[J]. 非金属矿，1986.1：1-5.

[8] 黄苹苹. 岩体可爆性的研究及其初步分级[C]//第一届全国采矿学术会议论文. 1983.

[9] 王思敬，杨志法，刘竹华. 地下工程岩体稳定分析[M]. 北京：科学出版社，1984.

[10] 王鸿渠，陈建平. 爆破工程地质学[M]. 北京：人民交通出版社，1980.

[11] 赵文，等. 结构面间距和亦长的测量理论[J]. 中国矿业，1998.

[12] 张志呈，肖正学，郭学彬，等. 裂隙岩体爆破技术[M]. 成都：四川科学技术出版社，1999：16-49.

[13] 田野. 工程岩石力学[M]. 水电部长江流域规划办公室，1987.

[14] 段庆伟. 节理岩体的动力损伤研究与数值试验[D]. 西安：西安理工大学，1997.

[15] HERBERT H. Einestein Journal of the Soll Mechanice and Foundationc Divesion.

[16] 郭文章. 节理岩体爆破过程数值模型及其实验研究[D]. 北京：中国矿大北京研究生部，1977.

[17] 张志呈，刘文炎. 对露天采场大块问题的讨论[J]. 1958，7：18-27.

[18] 岩石动态损伤机理与损伤变量[J]. 张志呈，蒲传金，史瑾，译. 矿业研究开发：2006. 4：75-78，101.

[19] 刘贵应，周传波，刘新喜. 岩体初始损伤对爆破作用的影响[J]. 爆破，2001，2：12-14.

[20] 钟冬望，何理，段秀红. 岩体损伤计算公式的改进[J]. 武汉科技大学学报，2015，3：211-214.

[21] 刘红岩，胡刚. 有关爆破损伤变量定义存在的问题及探讨[J]. 爆破，2003，3：1-4.

[22] 胡英国，卢文波，陈明，等. 岩体爆破近区临界损伤质点峰值震动速度的确定[J]. 爆破与冲击，2015，4：547-554.

[23] 杨更社，张长庆. 岩体损伤及检测[M]. 西安：陕西科学技术出版社，1998.

[24] 蒋伯杰，邹奕芳. 大坝基础开挖中爆破损伤的度量与控制[J]. 爆破，2004，1：1-4.

[25] 李前，张志呈. 矿山工程地质学[M]. 成都：四川科学技术出版社，2008，10：17-20.

[26] 杨顺清，向开伟，鲍武，等. 爆破理论与实践（张志呈教授论文选集）[M]. 重庆：重庆出版集团，2015：54-67.

[27] 王礼立. 应力波基础[M]. 北京：国防工业出版社，1985：5-20.

[28] Nicholast Tensiletesting of maferials at hih rate of stram Exprimental mechanics. 1981，21（5）：177-185.

[29] 宋顺成，田时雨，HOPHINSON. 冲击拉杆的改进及应用[J]. 爆炸与冲击，1993，12（1）：

62-67.

[30] K C VALANIS. A Theory of viscoplastieity without A Yield Surface[J]. A Archives of Mechanics，1971（23）：517-551.

[31] 谢建军. 两类新型混凝土材料动态性能的试验研究[D]. 长沙：国防科技大学，2004.

[32] 胡时胜. 霍普金森压杆技术[J]. 兵器材料科学工程，1991（11）：40-47.

[33] 张磊. 混凝土层裂试验的研究[D]. 合肥：中国科学技术大学，2006.

[34] 张志呈，王刚，杜云贵. 爆破原理与设计[M]. 重庆：重庆大学出版社，1992：16-18.

[35] 陈士海，王明祥，赵跃堂，等. 岩石爆破破坏界面上的应力时程研究[J]. 岩石力学工程学报，2003，11：1784-1788.

[36] 张志呈. 定向卸压爆破[M]. 重庆：重庆出版集团，重庆出版社，2013：193-197.

[37] B K PYOUS，B A E A 3APKOBUU. 多排炮孔中岩体深处爆破作用的研究[J].

第三编

定向断裂控制爆破

一、定向断裂控制爆破概述

定向断裂控制爆破的技术原理或特征就是利用爆炸冲击波（或应力波）在炮孔连心线方向的炮壁两侧产生初裂纹，继后在爆生气体的尖劈作用下沿炮孔连心线裂隙贯通。

不同的断裂控制爆破技术方法，初始裂纹的形成不同，例如：切槽爆破技术的初裂纹是人工在炮孔连线方向的孔壁两侧刻槽，光面爆破、预裂爆破加密爆孔之间距离，利用空孔（或后爆破）导向，而聚能药包爆破、药爆破利用装药结构的能量集中（应力集中的聚能作用）冲击成初始裂纹。但都是冲击波（应力波）作用产生初始裂纹。

虽然 20 世纪 80 年代中期国内外一些科研院所、大专院校兴起切槽爆破、切缝药包爆破、聚能药包爆破，但均为爆炸波多方控制的一些方式，目的是使炮孔连心线方向炮孔两侧壁面易于有效产生初始裂纹。因此，作者将这三种爆破技术与光面、预裂爆破技术共称为定向断裂控制爆破。

从目前来看，光面爆破、预裂爆破技术在实施中较其他方法简单易行，是当前应用最普通的断裂控制技术的有效方法。本编将逐一论述。

众所周知：通常的爆破方法，常常使开挖限界以外的岩体和围岩的完整性受到破坏，爆破后轮廓线不甚平整，甚至出现许多裂隙和裂缝，影响到岩体的稳定性；地下井巷和隧洞的开挖出现相当大的超挖量，施工中需要大量木料作临时支护，预防塌方落石，确保安全。长期以来，在岩石爆破施工中，人们均认为上述现象是不可避免的[1]。

然而矿山露天开采，水工堤坝开挖岩石基础，铁路、公路开挖石质路堑，以及码头和电站的岩石岸壁，都需要保留一定的边坡。对于地下的隧洞工程、矿山的井巷工程、国防工程，经常出现围岩受到扰动、破坏而松动落石，轮廓线不平整和大量超欠挖等现象。

20 世纪 50 年代初在瑞典问世的光面爆破，以及光面爆破促进预裂爆破的产生，国外到 60 年代已广泛地应用于公路和铁路的岩石路堑开挖工程中。光面爆破提高了爆破工程质量，保持了露天岩石边坡的稳定，减少了隧洞和井巷开挖的超欠挖数量，保持了围岩的稳定，因此引起了人们的重视，在世界范围内得到日益广泛的应用。

20 世纪 60 年代初以来，我国的水利水电、铁道、公路、建筑、矿山等部门采用了光面爆破和预裂爆破。随着石方施工机械化和深孔爆破的发展，在露天工程中也广泛地采用预裂爆破和光面爆破。矿山井巷工程、铁路、公路、水工隧洞工程，军工的地下建筑，进一步采用光面爆和锚杆喷射混凝土支护技术（简称光爆锚喷）。据文献[1]中 1986 年的资料介绍：目前，煤炭采用这项技术的井巷近 4 000 km，铁道系统应用于隧道和隧道病害整治共 35 km，冶金系统采用近 300 km，水电系统从用于大跨度厂房发展到用于不良地层的水电站引水隧洞及厂房开挖施工等，广泛应用光面爆破技术和预裂爆破技术，以及国防地下建筑、人防工程、地下油库等，都大量采用光爆锚喷技术。普遍认为，光爆后地下工程成形好，围岩受到破坏很轻，加上锚喷技术及时加固，更减少或避免了岩石的位移、松动或破坏。采用光爆锚喷新技术的地下工程质量好、强度高，经得起动荷载和地震的考验。这些新技术能简化施工工艺，便于实施机械化，一般可节省劳动力 40%，减少超挖量 15～20%，混凝土衬砌厚度减少一半，节省了临时支护所需的钢材或木材，降低成本 30%左右。

我国水电、冶金、煤炭、交通系统到现在已有 50 余的历史，在理论和实践中有较大的发展，已经成为保证工程质量、加快施工进度、降低工程成本的重要手段，这项技术已列入水利电力部颁规范[2]。如果说过去光面、预裂爆破还处于试验和推广时期，那么 80 年代以后，就到了每个工程都必须采用的阶段[2]。所以水电行业比其他部门应用普遍，效果也优于其他部门，其根本原因是在实践中精细设计、认真施工；采用一炮一设计的个性化爆破设计，造孔时必须搭设造孔导向定位架进行造孔角度及方向的控制。因而本编将重点介绍水电和交通的典型事例。

二、切缝药包切槽爆破、聚能爆破

作者在多年的实践与研究中发现，光面、预裂爆破技术的不足与缺点，就是不能完全或有效控制爆炸波的作用范围和方向，仍然对炮孔周围壁面产生破损。因此，20 世纪 80 年中期前后，国内外兴起试验研究切缝药包爆破、切槽爆破、聚能爆破。由于多种原因，这三种不能广泛推广使用。作者从 21 世纪初开始试验研究的隔振护壁爆破、定向卸压隔振爆破，又是定向控制爆炸波的运动方向和作用范围的，达到了较好的效果。

三、光面爆破和预裂爆破

（1）光面爆破是 20 世纪 50 年代初由瑞典人发明的，预裂爆破是 50 年代后期是由光面爆破演变而来的。光面爆破是采用特殊的装药结构，选择合理的起爆次序和起爆方法，使开挖的岩石面平整，且接近轮廓线的爆破方法。它要求正确选择周边眼的间距和周边眼的最小抵抗线，正确选择适合于当时的地质条件和炮眼情况的炸药品种、不耦合系数、装药集中度等。其周边眼的爆破通常是后于主爆体岩石爆破之后紧接着进行的。[1]

（2）预裂爆破是在开挖面区（或称主爆孔）未爆破时，或在开挖断面其他炮眼起爆以前，沿着设计轮廓线预先钻一些周边炮眼。这些周边炮眼起爆后，形成有一定宽度的贯穿裂缝（称为预裂面），将开挖主爆区与保留区岩体分离开，使后来进行主爆区爆破时产生的应力波，在裂缝面上发生反射和折射，从而使岩在主体爆破时受到的震动和破坏大为减轻，结果使保留区的岩石沿预定的轮廓留下光滑平整的岩面。它的周边炮眼也像光面爆破一样，要适当缩小炮眼间距，控制装药集中度，并尽可能同时起爆。它与光面爆破法的主要不同之处，是其周围是在主爆区爆破之前先行起爆[1]。

第十一章　光面爆破

第一节　光面爆破概述

一、简　述

沿开挖边界布置密集炮孔，采取不耦合装药或装填低威力炸药，在主爆区之后起爆，以形成平整轮廓面的爆破作业，称为光面爆破。

光面爆破是 20 世纪四五十年代发展起来的一种爆破技术。它是控制爆破的一种方法。应用光面爆破，可以使爆破出的巷道断面轮廓符合设计要求，帮顶表面光滑，裂隙少，稳定性高，便于支护。目前各矿所推广的光面爆破与普通爆破的不同之处在于周边眼的布置及周边眼的爆破参数。随着爆破技术的发展，光面爆破的方法及内涵也在不断充实，应在所有锚喷支护的巷道里普及光面爆破。

光面爆破原来大多用于地下隧道开挖，现在明挖中也逐渐多用。

应当指出：不论在何种岩质条件下，采用光面爆破与不采用光爆或其他控制围岩轮廓爆破法相比，效果相差甚远。即使围岩岩质很差而不能留下半个孔壁，在对减轻围岩破坏、减少超挖以及防止冒顶等方面，其作用都是不能忽视的。

因为光面爆破存在第二个自由面，进行光面爆破的一个重要而必备的条件是孔间距应小于抵抗线。采用与之相反的做法，孔间岩壁不易形成平整壁面或者壁面不平整度差[1]。

二、光面爆破作用机理

当药包处于自由面的附近时，冲击压缩应力波自药包中心向外传到自由面，立刻反射成拉伸应力波。当反射的拉伸应力大于该处岩石抗拉强度时，岩石便被拉断。表现在自由面附近的岩石形成一系列拉断裂缝。当最小抵抗线合适时，自由面附近的裂缝和药包周围的裂缝贯穿在一起。在爆生气体膨胀做功的作用下将已破坏的岩石抛出，从而在岩体中形成爆破的距离，

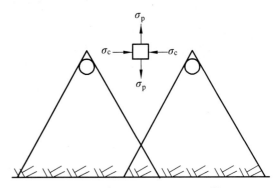

图 11-1　周边眼贯通的形成[2]

即使两个爆破漏斗更靠近一些（图 11-1）。当两个炮眼的药包同时起爆时，各药包所引起的压缩应力波将在两孔中间相遇，于是两孔连线上的岩块在压缩应力波 σ_c 的作用下产生垂直方向上的拉应力 σ_p，若此拉应力超过岩石极限抗拉强度，将沿两孔连线产生裂缝。这时，爆生气体的膨胀压力也将在两眼连线上产生很大的集中应力，促进了裂缝的形成。最理想的眼距应

使爆破时产生的拉应力刚好克服岩石的极限抗拉强度，使两眼之间产生平整的拉断裂缝而将轮廓线内的岩石崩落并留眼痕[2]。

三、光面爆破结构框架

光面爆破结构框架见图 11-2 所示。

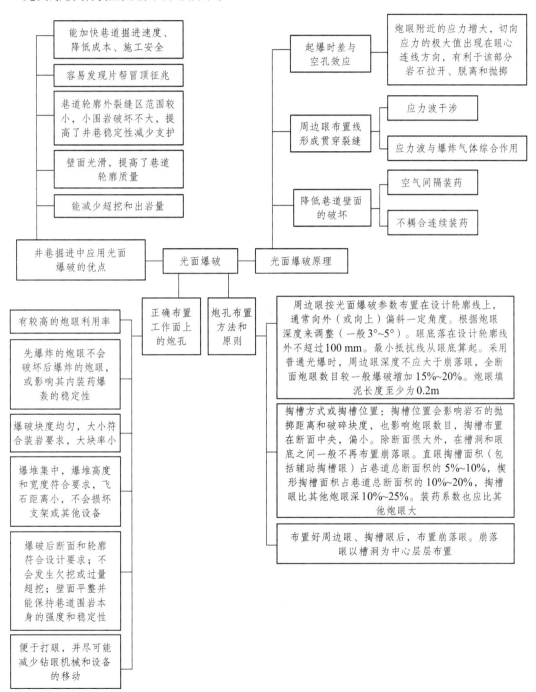

图 11-2　光面爆破结构框架图

第二节　隧道（巷道）掘进中光面爆破参数的设计与选择

一、光面爆破参数的设计

光面爆破的设计，首先应该查阅工程图纸及资料，而后根据现场设计、施工要求综合考虑。设计方法、内容和主要研究的等问题见图 11-3。

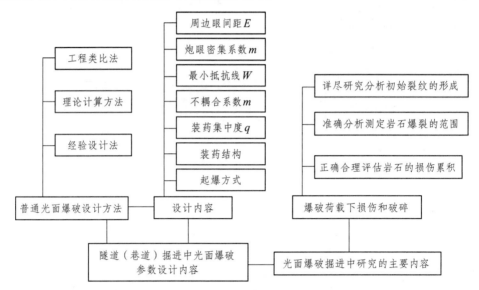

图 11-3　隧道（井巷）掘进中光面爆破参数设计方法、内容和主要研究等问题框架

1. 炮眼间距

决定光面爆破效果好坏的重要因素是周边炮孔的间距，因为周边孔的间距布置合理与否直接与光爆效果相关。目前，众多学者对周边孔间距进行了大量的研究，可根据豪柔公式、断裂力学等理论分析方法对周边孔间距进行计算，也可根据爆破施工的经验方法进行估测。

（1）文献[3]分别采取理论计算和半经验理论分析方法对其进行了量化，并分别作了如下的演算和分析：

① 爆破原理计算炮孔间距。

根据爆破原理，在距离炮眼中心 r 处，岩体所受到的径向应力、切向应力分别为：

$$\sigma_r = P_2 \left(\frac{T_b}{T} \right)^a \qquad (11\text{-}1)$$

$$\sigma_\theta = b\sigma_p \qquad (11\text{-}2)$$

式中：σ_r 为径向应力；σ_θ 为切向应力；b 为切向应力与径向应力的比值，$b = \dfrac{\upsilon}{1-\upsilon}$，$\upsilon$ 为泊松比；a 应力波衰减指数，$a = 2 - b$；T_b 为炮眼半径；P_2 为炮眼壁上的冲击应力。

采用不耦合装药，炮眼壁上的冲击压力为

$$P_2 = \frac{1}{8} \rho_0 D^2 \left(\frac{d_c}{d_b} \right)^6 n \qquad (11\text{-}3)$$

式中：ρ_0 为炸药密度；ρ_0 为爆炸爆速；d_c、d_b 分别为药卷直径、炮眼直径；n 为爆轰产物撞击炮眼壁压力增大系数。

采用空气间隔不耦合装药，炮眼壁上的冲击压力为：

$$P_2 = \frac{1}{8}\rho_0 D^2 \left(\frac{d_c}{d_b}\right)^6 \left(\frac{L_c}{L_c + L_a}\right)n \tag{11-4}$$

式中：L_a 为空气柱间隔长度；L_c 为炮眼装药长度。本项目采用的是空气间隔不耦合装药，计算得到 P_2=5 122 MPa。

岩石在切向拉应力作用下，产生拉断裂隙的条件为

$$\sigma_\theta \geqslant S_{td} \tag{11-5}$$

式中：S_{td} 为岩石的动抗拉强度。

裂隙区半径为

$$T_k = \left(\frac{bP_2}{S_{td}}\right)^{\frac{1}{a}} T_b \tag{11-6}$$

通过 P_2 的计算结果，得到裂隙区半径 T_k 为 0.21 m。

光面爆破机理基础是：保证相邻两装药孔同时起爆，尽量使得周边孔与孔之间发生冲击波、应力波的叠加。但由于雷管本身的误差以及钻孔精度的误差等原因，难以保证应力波在装药连线上发生预期的相互作用，并且往往相邻装药孔的贯穿裂缝不是靠应力波的叠加形成的，而是各装药孔爆炸激起的应力波导致的。其先由爆破冲击波在各自炮眼壁上产生初始裂缝，然后在气体的静态压力作用下，致使孔间裂缝扩展贯穿，也就是通过动态冲击压力与气体静态压力共同作用下贯穿。所以，形成贯穿裂缝的条件可近似用下列方程表示。

$$2T_b P_b = (E - 2T_k)S_{td} \tag{11-7}$$

式中：E 为炮眼间距；P_b 为爆生气体充满炮眼时的静压。除了 E 与 P_b 之外，其余所有未知数均可通过上述的计算公式得到，P_b 的计算过程如下。

当气体充满炮眼时，其静压可按等熵膨胀过程计算，如下。

$$P_b = \left(\frac{P_a}{P_k}\right)^{\frac{k}{h}} \left(\frac{V_c}{V_b}\right)^k P_k \tag{11-8}$$

式中：P_a 为爆压，$P_a = \frac{1}{8}\rho_0 D_i^2$，$D_i$ 为炸药的理想爆速；V_c 为装药体积；V_b 为炮眼体积；k 为凝聚炸药的绝热指数，取为 1.4；h 为凝聚炸药的等熵指数，取为 3；P_k 为爆生气体膨胀过程临界压力，近似取 100 MPa。计算得到 P_a 为 2 000 MPa，P_b 为 71 MPa。

根据式（11-7），计算可得炮眼间距 E 为：

$$E = 2T_k + 2T_b \left(\frac{P_b}{S_{td}}\right) \tag{11-9}$$

② 断裂力学原理计算炮孔间距。

光面爆破从断裂力学观点出发，其原理是：应力波在岩体中造成光面层的微裂缝，爆生气体对已形成裂缝施加断裂应力导致裂缝扩展、互相贯通。

由此可知，岩石沿光面层裂开的强度条件主要由爆生气体引起的准静压力控制，从而导致微裂隙的扩展贯通。可得炮眼间距 E 为：

$$E = K_1 f^{\frac{1}{3}} T_b \qquad (11\text{-}10)$$

式中：f 为岩石的坚固性系数；K_1 为调整系数，一般而言，$K_1=10 \sim 16$，岩石坚硬的时候，取较大值，岩石破碎时，取较小值。

③经验方法确定炮孔间距。

根据爆破施工工程经验，炮眼间距一般为炮孔直径的 10 ~ 15 倍，在此基础上，在爆破施工中，预先按照一定的炮眼间距进行试验。根据爆破效果，逐渐对岩体质量有了深入了解，从而对爆破参数进行优化，特别是炮孔间距。一般而言，在岩体质量情况较好的情况下，炮眼间距可适当加大，周边孔的装药量适当增加；在岩体质量较为破碎的情况下，炮眼间距可适当减小，并多打空眼，与装药眼相邻布置，周边孔的装药量适当减小。

$$E = 10 - 15 d_b \qquad (11\text{-}11)$$

（2）文献[4]根据工程使用炸药类型、装药结构和起爆方式，将炮孔裂缝的扩展简化平面应力问题进行一列演算，并指出：为了形成贯通裂缝，就必须使得每单个炮孔爆生裂缝的长度大于等于炮孔间距 E 的一半。炮孔间距的约束关系式可描述为：

$$E \leqslant 2a_m + d_b \qquad (11\text{-}12)$$

式中：a_m——裂缝的长度；

d_b——炮眼的直径。

2. 光面爆破密集系数

目前，隧道、巷道、采矿、涵洞等地下空间工程普遍应用爆破开挖方法施工。炮孔密集系数 M 的取值（$M=E/W$，E 代表孔距，W 代表抵抗线大小）直接影响隧道爆破施工效果。合理的 M，能有效地提高炸药爆破释放能量的利用率，取得良好爆破效果。迄今为止，许多学者对炮孔密集系数进行了研究[5]。文献[6]采用动力有限元方法对不同炮孔密集系数下的爆破开挖过程进行模拟，通过分析炮孔有效应力值的大小规律和现场试验，获得如图 11-4 和表 11-1 的结果。

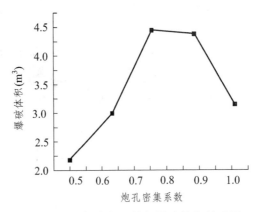

图 11-4　炮孔密集系数与爆破体积关系图

表 11-1　工程效果表[6]

工程效果	M				
	M=0.5	M=0.625	M=0.75	M=0.875	M=1.0
开挖面平整度	岩面不平整，光面质量较差	岩面大体平整，光面质量一般	岩面较平整，光面效果好	岩面平整，光面效果较好	岩面大体平整，光面效果一般
大块率	5.2%	8.4%	9.5%	11.2%	18.7%
超、欠挖情况	形成壁面凹坑，造成超挖	偶尔留有门槛	偶尔留有门槛	底部偶尔留门槛	底部留门槛儿率较大，造成欠挖
开挖进尺（m）	2.5～2.9	2.5～3.0	2.7～3.4	2.8～3.3	2.3～2.8

根据文献[6]运用 ANSYS 数值分析软件，在保证其他条件相同条件下，建立的密集系 M 为 0.5、0.625、0.75、0.875 和 1.0 时的三维模型，通过分析关键部位的应力值大小及分布规律，确定 M 最佳为 0.75～0.875。

3. 最小抵抗线

（1）文献[8]指出：最小抵抗线即光面层厚度，光面爆破效果的好坏，除了受到周边眼间距和周边眼装药结构参数的影响外，更主要受最小抵抗线的影响，光面层厚度不仅影响周边眼间裂纹的形成，而且还影响光面层的破碎和开挖后巷道围岩的稳定。因此，确定合理的光面层厚度，对提高光面爆破效果有积极作用。

文献[4]认为：当周边孔最小抵抗线 W 较大时，爆破后岩体渣块破碎的块度过大，有可能造成欠挖；最小抵抗线过小时，会造成开挖轮廓线外围岩的破坏与剥落。光面爆破层起到屏蔽反射应力波的条件为[7]：

$$\frac{2W}{c_P} \geq \frac{E}{U} \tag{11-13}$$

炮孔密集系数因此应满足

$$m = \frac{E}{W} \leq \frac{2U}{c_P} \tag{11-14}$$

若以极限速度 v_m 代入可得 $m \leq 0.76$。

在此条件下可计算最小抵抗线

$$W = \frac{Eq_L}{q} \tag{11-15}$$

式中：q_L 表示炮孔装药集中度，即线装药密度；q 表示单位炸药消耗量，可据有关定额或经验值确定。

（2）文献[1]推荐经验公式。

$$W = (25 \sim 30)d \tag{11-16}$$

式中：d——炮眼直径。

系数依岩石性质而定，岩石坚硬取小值；反之，取大值。

（3）中铁十六局第二工程有限公司孙供雨建议：

理论和实践均证明光面爆破炮眼间距与最小抵抗线之比取 0.8 为好，即：

$$E / W = 0.8 \tag{11-17}$$

（4）施工中常用豪柔公式计算最小抵抗线。

$$W = \frac{q_b}{C \cdot E \cdot L_b} \tag{11-18}$$

式中：C——爆破系数；一般取 $C=0.9$；q_b——周边炮眼内装药量；L_b——炮眼深度；E——周边眼间距。

4. 不耦合系数

（1）根据经验：炮孔直径与药包直径的比值称为不耦合系数。当不耦合系数 $B=1$ 时，表示药包与孔壁紧密接触；当 $B>1$ 时，表示药包与孔壁之间存在着空气间隙。研究表明，不耦合系数的大小与炮壁上的最大切向应力之间呈指数关系，如图 11-5 所示。因此，当炮眼直径为 32～45 mm 时，不耦合系数 $B=1.5～2.0^{[8]}$。

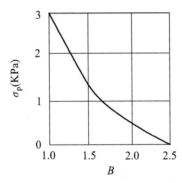

图 11-5　炮眼壁上切向应力与不耦合系数 B 的关系

（2）理论计算法。

理论计算仅介绍岩石爆炸力学计算方法基本思想，炸药在炮眼中爆炸时，作用于在眼壁的压力大小为围岩的挤压强度，不耦合系数 B 为：

$$B = d_b / d_c = \sqrt{(1-\alpha)(P_0 / [\sigma_c]^{1/r})} \tag{11-19}$$

式中　d_b——炮孔直径（cm）；

　　　γ——绝热指数；

　　　d_c——炸药直径（cm）；

　　　α——爆生气体分子余容系数；

　　　P_0——爆生气体的初始压力（Pa）；

　　　$[\sigma_c]$——岩石的三轴抗压强度（Pa）。

5. 线装药密度

线装药密度亦即装药集中度，是指单位长度炮眼中的装药量（kg/m）。

（1）根据光面爆破力学条件，光面爆破的装药量，应该是刚好克服岩石抵抗阻力以形成拉伸贯通裂隙而不造成围岩破碎[10]。

$$q_L = \frac{\pi}{4B} d_c^2 \rho_0 \tag{11-20}$$

式中　q_L——线装药密度（kg/m）；

　　　d_c——药卷直径（m）；

　　　ρ_0——炸药密度（kg/m³）；

　　　B——不耦合系数。

（2）根据经验，

$$q_L = \frac{\pi}{4} d_c^2 \rho_0 \varphi \tag{11-21}$$

式中　φ——类比其他工程实例一般取 0.4。

（3）根据体积应力状态下的岩石强度系数，计算炮眼线装药密度[12]。

$$L_2 \leqslant \frac{8K_b\sigma_c}{n\rho_0 V^2}(d_p/d_y)^6 \tag{11-22}$$

$$q_L = \frac{\pi}{4}\rho_0 d_p K_d^2 L_2 \tag{11-23}$$

式中　L_2——光面爆破的装药系数；

　　　K_b——体积应力状态下的岩石强度提高系数，一般取 10；

　　　d_p——炮眼直径（mm）；

　　　d_y——装药直径（mm）；

　　　q_L——线装药密度（kg/m）；

　　　K_d——光面爆破不耦合系数。

二、光面爆破参数的选择

1. 炮眼数目

炮眼数目的多少直接影响每一循环凿岩工作量、爆破效果、循环进尺、隧洞成型的好坏。巷道炮眼数目 N，常按下式计算。

$$N = 3.3 \sqrt[3]{f\,S^2} \tag{11-24}$$

炮眼数目与岩石的坚固系数 f 有直接的关系，岩石的坚固系数 f 直接影响炮眼数量及炸药单耗，f 系数越大炮眼布置越多。

2. 周边眼的数目 N_1

$$N_1 = \frac{B_L - B}{a} + 1 \tag{11-25}$$

式中　B——巷道宽度（m）；

　　　a——周边炮眼间距（m）；

　　　B_L——巷道开挖断面周边，$B_L = C\sqrt{S}$ 近似计算，C 为巷道现状系数，对于拱形巷道，C=3.86。

3. 掏槽眼、辅助眼和底眼数目[13]

掏槽眼的掏槽方式决定掏槽效果，它又是决定光面爆破效果好坏的重要因素。光面爆破实施的过程是：爆破先从中心部位掏槽爆破开始，依次沿着辅助崩落孔分圈爆破，最后到周边孔的时候全部同时起裂破坏。其中，掏槽孔的爆破效果直接决定了光面爆破的效果，掏槽孔能否充分起爆，掏槽腔体积大小如何，掏槽后所产生的临空面如何展布都对后续辅助孔及周边孔的起爆具有直接影响。

掏槽主要是为了能够产生更为有效的爆破临空面，并且掏槽眼距布置均匀，处于同一圈范围内，可用同一毫秒段雷管同时起爆，与周边辅助眼能够达到更为合理的爆破间隔时间。

N_2 值按一次爆破所需要的总装药量减去周边眼装药量，使剩余的药量平均分配到 N_2 内来计算。

$$N_2 = \frac{Q - N_1 L_1 q_1}{Q_0} \tag{11-26}$$

式中　Q——一个循环的总装药量（kg）；

　　　　q_1——周边眼每米装药量（kg/m），可参考表 11-3 选取；

　　　　Q_0——辅助眼和掏槽眼，每个炮眼内的平均装药量（kg）；

　　　　L_1——周边眼的平均深度。

$$Q_0 = T_0 L_0 \gamma_0 \tag{11-27}$$

式中　L_0——辅助眼和掏槽眼的平均深度；

　　　　γ_0——辅助眼和掏槽眼每米药卷的炸药质量（kg/m）；

　　　　T_0——装药系数 T（装药长度与炮孔长度之比），一般取 0.5～0.7。

4. 炮眼深度

决定岩巷掘进循环深度的因素很多，包括工作面地质情况、施工装备、劳动组织、工人的操作技术水平及管理水平。结合矿山生产实际，根据爆破进尺要求及钎杆长度，炮孔利用率达到 90% 时，炮眼深度计算公式[9]为：

$$L = (40 \sim 70)d \tag{11-28}$$

式中　d——炮孔直径。

5. 掏槽眼深度

如果岩石坚固性系数 f=6～8 时，选择垂直桶形掏槽，掏槽眼直径取 40 mm，炮孔深度为：

$$L_t = L + h \tag{11-29}$$

式中　L_t——掏槽眼深度（m）；

　　　　L——设计炮眼孔深；

　　　　h——掏槽眼超钻深度，取 0.10～0.30 m。

6. 底板眼深度

炮眼直径取 40mm，炮孔深度为：

$$L_d = L + h \tag{11-30}$$

式中　L——炮眼设计深（m）；

　　　　h——底板眼超钻深度，一般取 0.2～0.3 m。底眼间距 W_2 为 0.4～0.6 m，取 0.6 m。

7. 顶眼和帮眼

炮眼深度与（11-28）同，炮眼密度系数 $a_3/W_1 \leqslant 0.8$，W_1 取 0.6 m。

三、光面爆破装药量计算[9]

1. 一个循环的总装药量

$$Q = qSL_b\eta \qquad (11\text{-}31)$$

式中　q——单位炸药消耗量（kg/m³）；

　　　S——巷道掘进断面积（m²）；

　　　L_b——炮眼平均深度（m）；

　　　η——炮孔利用率。

2. 单位炸药消耗量 q

单位炸药消耗量 q 按修正的普氏公式计算[13]：

$$q = 1.1K_0\sqrt{\frac{f}{s}} \qquad (11\text{-}32)$$

式中　q——单位炸药消耗量；

　　　f——岩石坚固系数；

　　　$K_0=525/P$，$P=260$ kg。

3. 掏槽眼单孔装药量 Q_1

$$Q_1 = 2QL_tG / h_1 \qquad (11\text{-}33)$$

式中　Q_1——单孔装药量（kg）；

　　　α——平均装药系数，一般取 0.5 ~ 0.7；

　　　L_t——掏槽眼深度（m）；

　　　G——单个药卷质量（kg）；

　　　h_1——单个药卷长度（m）。

4. 辅助眼装药量 Q_2

$$Q_2 = 2LG / h_1 \qquad (11\text{-}34)$$

式中　Q_2——辅助眼单孔装药量（kg）；

　　　α——平均装药系数，一般取 0.5 ~ 0.7；

　　　L——炮眼深度（m）；

　　　G——单个药卷质量（kg）；

　　　h_1——单个药卷长度（m）。

5. 顶眼和帮眼 Q_3

$$Q_3 = (0.4 \sim 0.6)Q \qquad (11\text{-}35)$$

6. 底板炮眼单眼装药 Q_4

$$Q_4 = 2L_dG / h_1 \qquad (11\text{-}36)$$

式中 Q_4——底眼单眼装药量（kg）；

α——平均装药系数，一般取 0.5～0.7；

G——单个药卷质量（kg）；

h_1——单个药卷长度（m）。

四、光面爆破经验数据法

在长期的实践与试验研究中，一些学者总结出一些经验数据（表 11-2～表 11-8）供选择，然后再通过试验确定合适的参数和装药量。

表 11-2　光面爆破参数[14]

岩石级别	周边眼间距 E（cm）	周边眼最小抵抗线 W（cm）	周边眼密集系数 E/W	周边眼装药集中度 q（kg·m^{-1}）
Ⅰ～Ⅱ	55～70	60～80	0.7～0.9	0.30～0.35
Ⅱ～Ⅲ	45～65	60～80	0.7～0.9	0.20～0.30
Ⅲ～Ⅳ	35～50	40～60	0.6～0.8	0.07～0.12

表 11-3　周边眼参考值[15]

围岩级别	炮眼间距 E（cm）	最小抵抗线 W（m）	密集系数 K	装药集中度 q（kg·m^{-1}）
硬岩	55～77	60～80	0.7～1.0	0.30～0.35
中硬岩	45～65	60～80	0.7～1.0	0.2～0.30
软岩	35～50	40～60	0.5～0.8	0.07～0.12

表 11-4　炮眼装药系数表[16]

炮眼名称	岩石单轴抗压强度（MPa）					
	10～20	30～40	50～60	80	100	150～200
掏槽眼	0.5	0.55	0.6	0.65	0.7	0.8
辅助眼	0.4	0.45	0.5	0.65	0.6	0.7
周边眼	0.4	0.45	0.55	0.6	0.65	0.75

表 11-5　光面爆破参数[17]

岩石名称	周边眼间距 a（cm）	相对距离 a（W）	周边眼抵抗线 W（cm）	装药集中度 q（kg/m）
软质岩	35～45	0.8～0.85	55～75	0.07～0.12
中硬岩	40～50	0.8～0.85	50～60	0.15～0.25
硬岩	50～60	0.75～0.8	45～60	0.25～0.3

表 11-6　国内部分水工隧洞开挖的光面爆破参数[1]

工程名称	岩性	不耦合系数	线装药密度 q（g·m^{-1}）	炮孔间距 a（cm）	最小抵抗线 W（cm）	密度系数（m）
隔河岩引水隧洞	石灰岩 页岩	2.25	150～200（石灰岩） 50～100（页岩）	40～50	60～70	0.65～0.75

工程名称	岩性	不耦合系数	线装药密度 q （g·m^{-1}）	炮孔间距 a（cm）	最小抵抗线 W（cm）	密度系数 （m）
三峡茅坪溪泄水隧洞	花岗岩	2.25	300	50	70	0.71
天生桥一级引水隧洞	泥岩 砂岩	1.56	250~300	40~50	50~60	0.67~0.83
广蓄引水隧洞	花岗岩 片麻岩	1.92	289	60	70	0.86
鲁布革电站引水洞	石灰岩 白云岩	2.0	425	60	100	0.6
东江电站导流洞	花岗岩	2.0	485	56	70	0.8
太平驿电站引水洞	中硬岩		360	50~60	50~60	1.0
察尔森水库输水洞	软岩		300	40~50	50~60	0.8~1.0

表 11-7　隧洞光面爆破参数一般参考值[1]

围岩条件	钻爆参数			适用条件
	炮孔间距 a（m）	最小抵抗线 W（m）	线装药密度 q （g·m^{-1}）	
坚硬岩	0.55~0.70	0.60~0.80	0.30~0.35	炮孔直径 D 为 40~50 mm，药卷直径为 20~25 mm，炮孔深为 1.0~3.5 m
中硬岩	0.45~0.65	0.60~0.80	0.20~0.30	
软岩	0.35~0.50	0.40~0.60	0.08~0.12	

表 11-8　马鞍山矿山研究光爆参数[1]

岩体情况	开挖部位及跨度（m）		炮孔直径 （mm）	炮孔间距 （mm）	最小抵抗线 （mm）	炮孔密集系数	装药集中度 （kg·m^{-1}）
整体稳定性好，中硬到坚硬岩石	顶拱	<5	35~45	600~700	500~700	1~1.1	0.20~0.30
		>5	35~45	700~800	700~900	0.9~1.0	0.20~0.25
	边墙		35~45	600~700	600~700	0.9~1.0	0.20~0.25
整体稳定性一般或欠佳，中硬到坚硬岩石	顶拱	<5	35~45	600~700	600~800	0.9~1.0	0.20~0.25
		>5	35~45	700~800	800~1 000	0.8~0.9	0.15~0.20
	边墙		35~45	600~700	700~800	0.8~0.9	0.20~0.25
节理裂隙发育、破碎、岩性松软	顶拱	<5	35~45	400~600	700~900	0.6~0.8	0.12~0.18
		>5	35~45	500~700	800~1 000	0.5~0.7	0.12~0.18
	边墙		35~45	500~700	700~900	0.7~0.8	0.15~0.20

注：炮孔密集系数宜选取小于 1 的数值。

第三节　光面爆破隧道（巷道）掘进施工

一、光面爆破隧道（巷道）掘进施工工艺

光面爆破隧道（巷道）掘进施工工艺框架图见图 11-6。

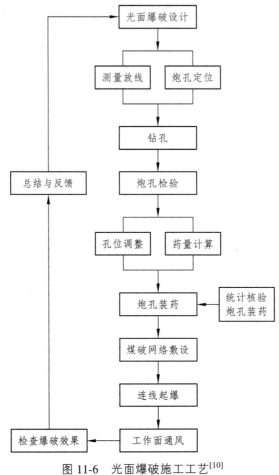

图 11-6　光面爆破施工工艺[10]

二、光面爆破施工要点[9,15]

1. 确定开挖轮廓线及炮眼布置

根据施工现场实际情况，确定拱顶位置以及隧道皱线位置，采用五寸台法自拱顶向下按照 0.5 m 的间距距离量取左右支距，并画定施工期间开挖轮廓线。在此基础之上，根据炮眼布置图确定炮眼位置，并对周边眼位置进行准确定位。

一般的做法是在钻孔之前，施工人员需要利用精准的测量工具准确地测量隧道全断面的中心位置、隧道顶部的高度以及各类所需要的数据，然后再根据这些数据确定开挖的隧道形状，并确定各个炮眼安放的位置。但是，炮眼间距、最小抵抗线等因素并没有一个确定的值，根据围岩类别的不同，其各项因素的数值也不尽相同，如表 11-3 所示，其主要在不同围岩的

情况下，炮眼间距等各项数据值的范围。最后，根据这些数据计算出炮眼的准确位置，并将这些位置精确地用红漆在各个位置做出标记。极其需要值得注意的是，在炮眼的标记过程中，其误差需要控制在 5 cm 内，在确定了炮眼位置后，即可利用钻孔台车进行开钻了，其中，台车需要与隧道的中心线保持平衡。

2. 钻　孔

本环节施工过程中必须同时考虑如下几个方面的问题：第一，现场施工人员需要严格按照前期设计炮眼布置图进行钻孔，确保钻孔位置的准确性；第二，针对现场所钻掏槽眼，眼口间距需要控制在 ±5.0 cm 范围内，眼底间距误差同样按照 ±5.0 cm 标准控制；第三，针对辅助眼而言，其钻进角度与深度必须按照设计要求施工，眼口行距以及排距误差按照 ±10.0 cm 进行控制；第四，对于周边眼而言，若钻孔过程当中其位置正好位于设计断面轮廓线上，可沿轮廓线对钻进位置进行适当调整，调整后位置与设计位置的误差应当在 ±5.0 cm 范围内，眼底位置需要控制在开挖轮廓线 ±10.0 cm 范围以内；第五，内圈炮眼相对于周边眼的排距误差应当低于 ±5.0 cm；第六，若施工现场开挖工作面凹凸面较大，则需要根据现场实际情况对炮眼深度进行合理的调整，其目的是确保光面爆破方案中除底板眼以及掏槽眼外的所有炮眼眼底均位于同一垂直面上。同时，为了确保光面爆破的整体效果，掏槽眼的深度需要较周边眼以及辅助眼深度提高 10.0 ~ 20.0 cm。

3. 清孔装药

装药前炮眼用高压风吹干净，检查炮眼数量。装药时派专人分好雷管段别，按爆破设计顺序装药，装药作业分组分片进行，定人定位，确保装药作业有序进行，防止雷管段别混乱，影响爆破效果。每眼装好药后用炮泥堵塞。装药前先用高压风将孔中岩粉吹净，并用炮棍检查孔内是否有堵塞物，装药分片分组，严格按爆破参数表及炮孔布置图规定的单孔装药量、雷管段别"对号入座"。周边眼孔口堵塞长度不小于 25 cm，其他炮孔堵塞长度不小于 45 cm，堵塞采用分层人工捣实法进行，爆破网络连接采用"一把抓"法，分片分束连接，每 12 根塑料导爆管为一束，每束安装两个即发雷管。

掏槽孔、辅助孔采用连续耦合装药结构，孔底起爆。起爆药包雷管聚能穴朝向炮孔。周边光爆采用不耦合间隔装药，孔底反向起爆。堵塞材料选用黄泥。

4. 起爆网络

采用 ϕ 32 mm × 200 mm 2# 岩石乳化炸药，毫秒延期非电导爆管起爆网络，孔内延期。掏槽孔一段起爆（MS1），辅助孔选用 2 个段位起爆（MS2、MS3），底孔选用 1 个段位起爆（MS4），帮孔选用 2 个段位起爆（MS5、MS6），周边光爆孔同段起爆（MS7），孔外采用导爆管一段起爆。起爆网络采用簇连方式，导爆管按相同区域分片束把（根据安全要求，每把导爆管雷管以不超过 20 发为宜），雷管聚能穴方向朝向导爆管传爆方向，起爆器激发起爆。

三、炮眼布置

炮眼布置见图 11-7 ~ 图 11-10 所示。

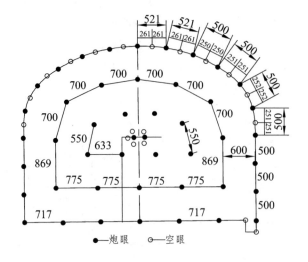

●—炮眼　○—空眼

图 11-7　北山坑探设施主巷道炮孔布置图

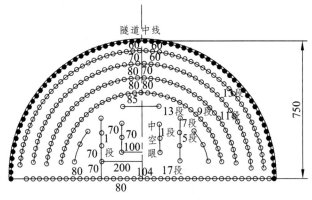

图 11-8　Ⅳ级围岩上台阶开挖炮眼布置（单位：cm）

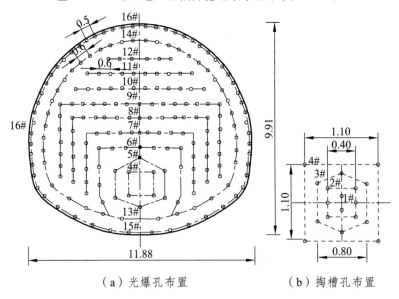

（a）光爆孔布置　　　　　（b）掏槽孔布置

图 11-9　全断面法光面爆破炮孔布置图（单位：cm）[10]

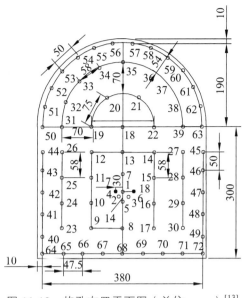

图 11-10　炮孔布置平面图（单位：cm）[13]

四、装药结构

装药结构也是光面爆破效果的影响因素之一，不同类型的孔装药结构亦不一样。其中，掏槽孔一般需连续全耦合装药，装药量饱满（预留出炮泥堵塞长度），能够达到最大限度的开挖量，使掌子面出现尽量大的临空面。辅助孔一般为连续不耦合装药结构，目的是使掌子面岩体充分爆破；周边孔一般为非连续不耦合装药结构，目的是既能爆破岩体，又能尽可能使围岩扰动较小，使壁面平整、光滑，从而达到光面爆破的效果。

炮眼装药结构见图 11-11 ~ 图 11-15 所示。

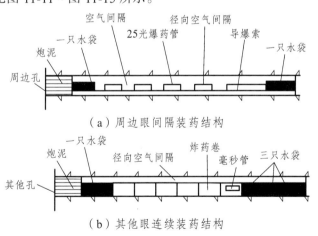

图 11-11　水压爆破时炮眼装药结构调整[4]

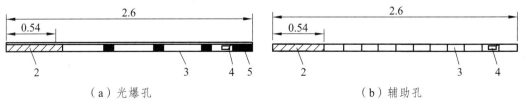

（a）光爆孔　　　　　　　　　　　　　　　　（b）辅助孔

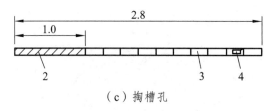

（c）掏槽孔

图 11-12　炮孔装药结构（单位：cm）[9]

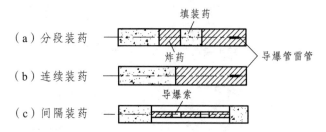

图 11-13　装药结构示意图（单位：cm）

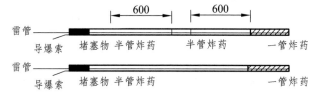

图 11-14　周边孔装药图[9]

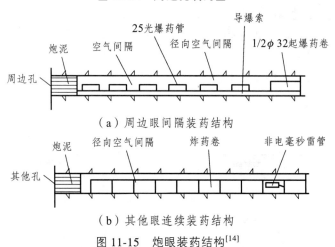

（a）周边眼间隔装药结构

（b）其他眼连续装药结构

图 11-15　炮眼装药结构[14]

五、网络连接[23]

爆网采用复式网络，连接时每组控制在 12 根以内；连接雷管使用相同的段别，且使用低段别的雷管。雷管连接好后有专人负责检查，检查雷管的连接质量即是否有漏联的雷管，检查无误后起爆。

六、起　爆

通常情况下采用复式网络的方法比较多，以此保障起爆的可靠与准确。在对导爆进行连接时，需要安排专人进行检查，杜绝出现拉细或者是打结的现象。同时，将引爆火雷管绑定在一簇导爆管自由端距离 10.0～20.0 cm 的位置，连接后安排技术人员进行检查，检查合格后现场所有人员、机械以及物资均撤离，最后引爆完成光面爆破作业。

网络连接与起爆见图 11-16～图 11-19 所示。

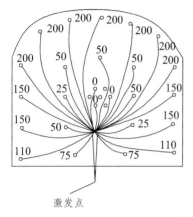

图 11-16　起爆网络（单位：ms）[9]

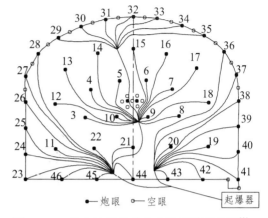

图 11-17　北山坑探设施主巷道爆破网络图[3]

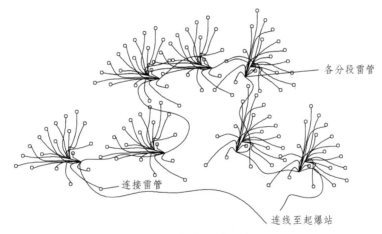

图 11-18　起爆网络示意图

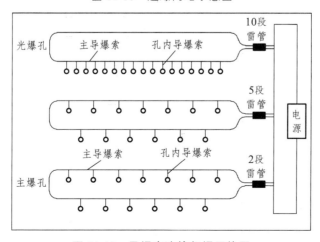

图 11-19　导爆索连接起爆网络图

233

第四节 光面预裂爆破在水电站地下厂房开挖施工中的应用

一、广东清远抽水蓄能电站地下厂房施工中应用光面预裂爆破

1. 工程概述

文献[20]指出：清远抽水蓄能电站位于广东省清远市的清新县太平镇境内，地理位置处于珠江三角洲西北部，直线距广州 75 km。枢纽工程由上水库、下水库、水道系统、地下厂房洞室群及开关站、永久道路等部分组成。电站总装机容量 1 280 MW（4×320 MW），平均设计水头 470 m，最大水头 502 m。

地下厂房由主厂房、副厂房和安装间 3 部分组成。主厂房开挖尺寸为长 108.5 m、宽 25.5 m（岩壁吊车梁以上开挖宽度为 26.5 m）、开挖高度 55.70 m。厂房内装设 4 台 320 MW 立轴单级可逆混流式水泵水轮机发电电动机组，吸出高度为-66 m，安装高程为 42 m，机组间距为 24 m。厂房内设置 1 台 2×2 500/500/100 kN 电动双梁双小车桥式起重机和 1 台 300/50 kN 电动双梁桥式起重机，采用岩壁吊车梁[20]。

安装间长 37 m，宽度与主厂房相同。场地高程为 57.00 m，与发电机层同高，开挖高度为 24.75 m。安装场下游侧连接进厂交通洞。安装场下部开槽净宽 8.6 m，底板高程 49.70 m，与主厂房中间层同高。安装场右侧与进风出渣洞连接。

副厂房长 24 m，宽度与主厂房相同，底部开挖高程为 36.6 m，顶拱高程为 75.65 m，开挖总高度 39.55 m。副厂房端部与排风洞、上层排水廊道连接，下游侧设有 1 条电缆及巡视通道与主变洞相连。

2. 工程地质条件[20]

地下厂房区主要分布燕山三期[γ52（3）]中粗粒黑云母花岗岩，以深成、中深成的侵入体为主。以岩基、岩株和岩脉等出露。花岗岩体中局部可见少量高岭石化蚀变、绿泥石化蚀变等，多呈不规则团块状，局部沿断裂构造和裂隙带两侧发育。地下厂房深埋于微风化—新鲜的燕山三期花岗岩中，岩体新鲜完整，具整体—块状结构，地质条件好。[20]

（1）厂房区地质构造以断层、裂隙为主。裂隙主要有 3 组，以近 NE 向节理最发育，产状 N25°~40°E/NW∠55°~85°，而后依次为 NW、NNW 向，均为陡倾角。厂房区断层主要有 3 组，没有规模较大断层，小断层共有 18 条，围岩类别以Ⅰ~Ⅱ类为主。Ⅰ类围岩 26 段共 441 m，占 53.8%；Ⅱ类围岩 28 段共 245 m，占 29.9%；Ⅲ类围岩 16 段共 132 m，占 16.1%；Ⅳ类围岩 1 段 2 m，占 0.2%。

（2）从厂房区探洞揭露的水文地质条件分析，近 EW 向组构造、裂隙多为张性，胶结一般—较差，地下水活动较强烈。

3. 地下厂房开挖技术

清远抽水蓄能电站地下厂房开挖技术，文献[20]的作者根据《水工建筑物地下工程开挖施工技术规范》（DL/T 5099—2011），地下厂房分 8 层进行开挖，分层情况见图 11-20，厂房系统施工通道布置见图 11-21，分层及施工通道见表 11-9。

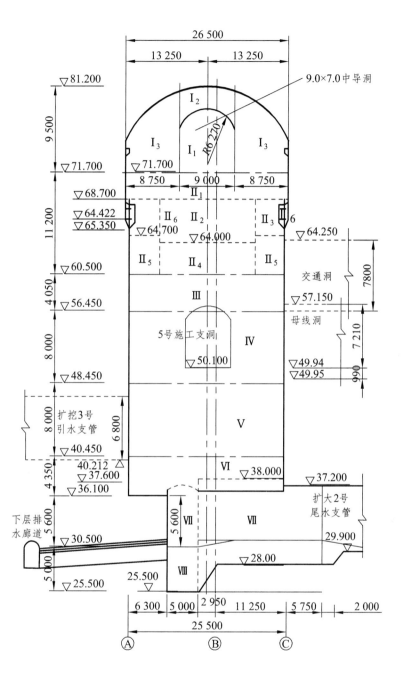

图 11-20 地下厂房开挖分层示意图[19]

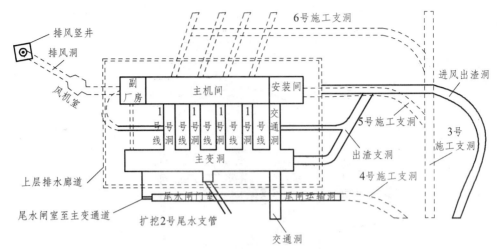

图 11-21　地下厂房系统施工通道布置图

表 11-9　地下厂房开挖分层及施工通道一览表

部位	高程（m）	施工通道
第Ⅰ层	▽82.100～▽71.700	进风出渣洞
第Ⅱ层	▽71.700～▽60.500	排风洞平洞
第Ⅲ层	▽60.500～▽56.450	交通洞
第Ⅳ层	▽56.450～▽48.450	5号施工支洞
第Ⅴ层	▽48.450～▽43.212	扩挖3号引水支管
第Ⅵ层	▽43.212～▽36.100	扩挖3号引水支管
第Ⅶ层	▽36.100～▽30.500	2号尾水支管
第Ⅷ层	▽30.500～▽25.500	2号尾水支管

4．施工程序

文献[19]的作者参考龙滩水电站大跨度地下厂房开挖施工技术拟定了清远抽水蓄能电站地下厂房开挖施工程序，分别叙述了Ⅰ层开挖程序、Ⅱ层开挖程序、Ⅲ～Ⅵ层开挖程序、Ⅵ、Ⅷ层开挖程序等内容。

5．施工方法[20]

厂房采用分层开挖的方法，在施工布置上，充分利用施工支洞条件，按"平面多工序、立体多层次"的施工原则依次展开厂房各层的开挖，并尽早将各主要洞室的上部用永久或临时通风洞（或通风竖井）连通。

（1）厂房Ⅰ层开挖。从进风出渣洞终点底板以12%坡度降至Ⅰ层底板高程作为施工通道，厂房Ⅰ层开挖时分 4 次开挖到设计边线。中导洞、顶拱扩挖和两侧边扩挖：中导洞开挖断面9 m×7 m，顶拱扩挖厚 2.5 m，两边扩挖分别为 8.75 m。分层高 9.5 m，顶拱保护层光爆和锚杆施工。[19]

开挖和造孔采用 YT28 型手持风钻，孔深 3～4 m，中导洞开挖复式楔形掏槽，周边孔采用光爆，两侧扩挖周边轮廓采用标准光面爆破，孔径 50 mm，孔距 50 cm，线装药密度 120~135 g/m。

（2）厂房Ⅱ层开挖。

厂房Ⅱ层开挖由于岩壁梁在此层，开挖分层高度为 11.2 m，分Ⅱ$_1$~Ⅱ$_6$ 6 个区进行开挖施工，其中Ⅱ$_1$~Ⅱ$_5$ 区分层高度分别为 3 m、4.7 m、4 m、3.5 m、4.2 m，每个区分层均考虑对岩壁岩台的影响。[20]

厂房Ⅱ层开挖采用排风洞平洞 53 m 位置处以 12% 的降坡至厂房Ⅱ层底板高程，作为Ⅱ层开挖的主要施工通道。Ⅱ层开挖底板主要作为岩锚梁的施工平台，岩锚梁是地下厂房开挖施工中难度最大、质量要求最高的重要部位，岩台开挖质量的好坏将直接影响到厂房岩壁吊车的运行安全。Ⅱ层开挖轮廓的成型控制，是整个厂房开挖控制的核心。[20]

①Ⅱ$_1$ 层结合下层岩壁吊车梁上拐点的保护层高度的要求，开挖高度为 3 m，施工时采用Ⅱ层边墙预裂在Ⅱ层中间拉槽，预裂孔孔距 0.5 m、深 5 m、线装药度为 280~320 g/m。

② 为了防止爆破对厂房上下游边墙及吊车梁岩台造成破坏，把Ⅱ层（高程为 68.7~60.5 m）分为 5 个区开挖。上下游Ⅱ$_3$、Ⅱ$_5$ 层保护层的开挖均采用人工手风钻施钻，错距跟进。

对Ⅱ$_2$保护层光爆造孔的同时对Ⅱ$_6$岩台垂直孔进行造孔，由于Ⅱ$_6$岩台垂直孔需待Ⅱ$_6$岩台斜向孔钻完后才能爆破，岩壁梁和保护层爆破参数见表 11-10。

表 11-10　岩壁梁及保护层爆破参数表[20]

分区	孔类	孔径（mm）	孔深（m）	药卷规格（mm）	孔距（cm）	抵抗线（cm）	线装药密度（g/m）	单孔装药量（kg）	堵塞长度（cm）
Ⅱ$_3$	光爆孔	42	4	1/6ϕ25	40	60	100~120		20
	缓冲孔	42	4.2	1/3ϕ25	60	60	180~200		60
	梯段孔	42	4.2	ϕ32	100	80~100		3	120
Ⅱ$_5$	光爆孔	42	4.2	1/6ϕ25	50	60	100~120		20
	缓冲孔	42	4.2	1/3ϕ25	60	60	200~240		60
	梯段孔	42	4.5	ϕ32	110	90~100		3.3	120
Ⅱ$_6$	垂直光爆孔	42	2.28	1/10ϕ25	25~35	40~50	60~80		20
	斜面光爆孔	42	1.18	1/12ϕ25	25~35	40~60	70~90		20

③ 造孔。

Ⅱ$_6$岩台垂直光爆孔采用每隔 5 m 搭设钢管样架控制孔向和孔深；Ⅱ$_6$岩台斜面孔采用钢管样架控制孔向、孔深和角度。其做法为：垂直光爆 1.5 m 左右搭设一榀钢管样架，在钻孔孔位上斜向孔钢管架的斜向钢管位置通过测量定位并和现场检查设置导向管，并与纵向钢管固定。Ⅱ$_6$岩台垂直和斜施工锚梁开挖造孔如图 11-22 所示。

另外，为保护斜孔钻孔的精度和保护下拐点，确保其成型质量，拟在岩台下拐点以 65.12 m 上通长布置 1 条∠30 mm×30 mm 的角钢，角钢采用 M12 膨胀螺丝焊接固定，并在角钢以下 1 m 以下范围内先素喷 50 m 的 C25 混凝土[20]。

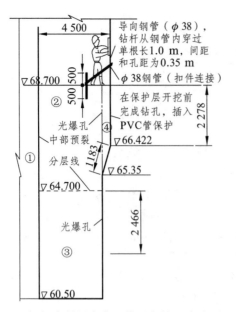

（a）岩锚梁岩台开挖垂直钻孔方法

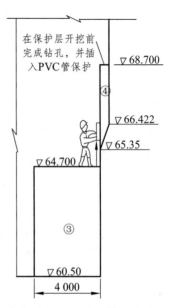

（b）岩锚梁垂直孔钻孔方法

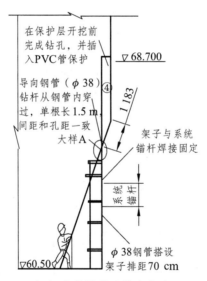

（c）岩锚梁斜孔钻孔方法

图 11-22　岩锚梁开挖造孔示意图

（3）厂房Ⅲ~Ⅵ层开挖[20]。

①厂房Ⅲ开挖。

厂房Ⅲ层分层开挖高度为 405 cm。安装间（底部高程 56.5 m）在此层开挖结束，安装间开挖时，底板预留 1.5 m 保护层，当Ⅲ层结束后，再进行安装间段保护层，水平孔光面爆破开挖，安装间保护层、中部拉槽和边墙保护层均采用手风钻施工。厂房水平梯段爆破设计参数：孔径 φ42，孔深 5 m，孔间排距为 1.5 m×1.2 m，药卷 φ32，堵塞 1.5 m，采用非电毫秒雷管"Ⅴ"型延时起爆网络。每次作业时只起爆 3 排孔。

在岩锚梁混凝土浇筑前，为了使厂房Ⅲ层的开挖不影响岩锚梁混凝土的施工，首先进行了厂房Ⅲ层边墙预裂，预裂完成后再进行锚梁混凝土施工。Ⅲ层开挖沿中部分上（下）游错距跟进开挖。

②厂房Ⅳ层开挖。

Ⅳ层开挖方式与Ⅲ层开挖方式相同，Ⅳ层开挖前，为了保证 5 号施工支洞的延长段边墙与安装间的成型质量，在 5 号施工支洞延长段的两侧边墙及安装间与主厂房相交处均进行预裂爆破，5 号支洞延长段两侧预裂及安装间与主厂房相交和预裂均采用手工钻造孔，孔深 5 m，见图 11-23。

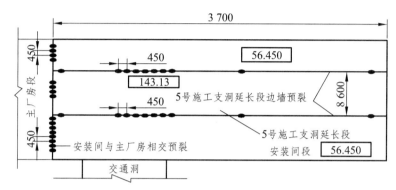

图 11-23　安装间部位Ⅳ层开挖预裂爆破钻孔布置图（单位：mm）[20]

（4）厂房Ⅴ、Ⅵ层开挖[20]。

厂房Ⅴ、Ⅵ层开挖采用扩挖后的 3 号引水支管作为施工通道，3 号引支的扩挖尺寸为 7 m×6.5 m（宽×高），厂房Ⅴ、Ⅵ层开挖前，从 3 号引水支管进入厂房 2～3 m，在洞口周边进行 4m 深的辐射孔预裂。副厂房在Ⅴ层开挖结束后进行开挖，副厂房底板开挖时，预留 1.5 m 保护层[5]，保护层采用手风钻造水平孔光面爆破开挖。开挖方式同Ⅲ层，水平梯段爆破，钻孔深 5.0 m，Ⅵ层设计底板同副厂房预留 1.5 m 保护层。

（5）厂房Ⅶ、Ⅷ层开挖。

先通过 2 号尾水支管开挖厂房 2 号尾水支管、机坑段上部 6.8 m 和集水廊道、管廊道上部 6.8 m，待集水廊道、管廊道上部 6.8 m 开挖完成后再开挖厂房尾水支管、机坑段下部及集水廊道、管廊道下部，其中 1 号、2 号、4 号尾水支管、机坑段由集水廊道、管廊道挖到同时开挖。集水廊道、管廊道和尾水支管、机坑段上部周边均采用光面爆破，线装药密度为 120～135 g/m；下部边墙采用预裂，底板采用光面爆破，线装药密度在 150～180 g/m。钻孔均采用手风钻，在各洞口及交叉段开挖前先施作锁口锚杆，见图 11-24。[20]

6. 爆破效果

文献[20]总结爆破指出：清蓄电站厂房采用了精细爆破关键技术组织开挖施工。施工过程中综合运用预裂与光面爆破技术，有效地控制了围岩的松弛，开挖成型良好，厂房开挖Ⅰ、Ⅱ、Ⅲ类围岩半孔率分别达到 100%、98.6%和 93.5%，不平整度控制在 6 cm 以内。

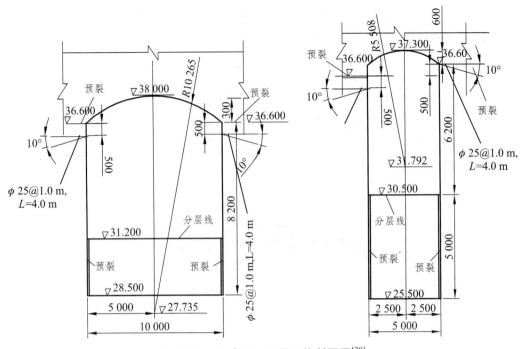

图 11-24　厂房Ⅶ、Ⅷ层开挖断面图[20]

二、三峡地下电站尾水隧洞光面爆破施工技术

1. 工程概况

文献[21]指出：三峡地下电站开挖工程位于三峡坝区右岸白岩尖山体内、茅坪溪泄水箱涵及上坝公路以左。三峡地下电站安装 6 台单机容量为 700 MW 的水轮发电机组，上下游流道采取单机单洞布置。尾水隧洞为 1 机 1 洞布置，变顶高尾水隧洞形式。其进口开挖高程为 20.8 m，出口开挖高程 42.5 m，沿流向分为 4 段，分别为尾水管扩散段、阻尼井段、曲拱面段和变顶高段。尾水洞采取平行布置，与主厂房纵轴线夹角 80°，并偏向河床侧，轴线间距为 37.72 m，变顶高段断面为城门洞型，其尺寸为（16~18）m×28.5 m（宽×高）。1~6 号机尾水洞长分别为 241.4 m、248.05 m、254.69 m、261.33 m、267.97 m 及 274.61 m，其中各洞长度都包含 30 m 尾水出口段，6 条尾水洞总长度为 1548.05 m，开挖总方量 49.75 万立方米，共消耗约 478 t 乳化炸药，平均炸药单耗为 0.96 kg/m³。尾水隧洞开挖支护时段为 2005 年 4 月 6 日至 2006 年 10 月 12 日。

尾水隧洞开挖跨度大、边墙高、尾水洞之间洞壁较薄、地质条件相对较差、围岩稳定问题突出，且尾水变顶高过渡段布置紧凑、体形复杂、施工难度大、干扰多，地质条件复杂、岩性古老、深风化且过渡带不规则，岩块坚硬性脆，在垂直和水平方向都存在差异，断层节理及裂隙发育。尾水隧洞开挖质量要求高，隧洞开挖应采用光面爆破技术，地下电站尾水隧洞不准欠挖，基础最终轮廓开挖中超挖在 15 cm 以内。

2. 开挖施工技术[21]

根据三峡地下电站尾水隧洞招标文件要求及施工设备生产能力，三峡地下电站尾水隧洞将分 4 层开挖。上部第Ⅰ层为顶拱层，高差为 10 m，其余分层高度不大于 8 m，底部预留 2~

4.5 m 保护层。

（1）顶拱层开挖。按照分层开挖布置，尾水隧洞第Ⅰ层为顶拱层，高差 10 m。顶拱层从断面上分 2 序掘进，第Ⅰ序为中导洞开挖，周边预留 2.5～4 m 厚，然后进行全断面扩挖。中导洞断面 7.5 m×6.5 m（宽×高），中央采用楔形掏槽爆破，周边施工光面爆破成型。中导洞施工后，然后进行全断面扩挖，采用两个自制台车并在一起进行施工，周边采用光面爆破成型。顶拱层开挖使用自制台车配 YIP-28 气腿式钻机钻孔，配合人工装药爆破。钻孔孔径 ϕ 42 mm，孔深 3.0 m。周边孔采用 ϕ 25 mm 炸药，不耦合间隔装药；其余炮孔采用 ϕ 32 mm 药卷耦合连续装药。采用非电毫秒雷管和导爆管爆破，光爆孔采用导爆管传爆，起爆采用电雷管。地下电站尾水隧洞第Ⅰ层开挖钻爆设计图见图 11-25。

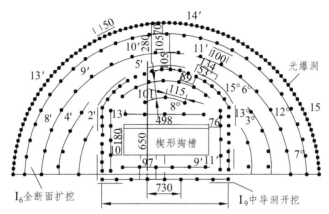

图 11-25　地下电站尾水隧洞顶拱层开挖钻爆设计（单位：cm）[20]

（2）尾水洞第Ⅱ、Ⅲ层开挖。为保护尾水洞中间部位的岩墙，降低爆破对保留中隔墙的冲击震动，减少超、欠挖工作量，尾水洞第Ⅱ、Ⅲ层开挖将采取牟利风钻钻水平孔，两侧光爆孔，中间爆破孔一次爆破施工。钻孔孔径 ϕ 42 mm，孔深 3.0 m。光爆孔采用 ϕ 25 mm 炸药，不耦合间隔装药；其余炮孔采用 ϕ 32 mm 药卷耦合连续装药。采用非电毫秒雷管和导爆管爆破，光爆孔采用导爆管传爆，起爆采用 U 形起爆网络。地下电站尾水隧洞第Ⅱ、Ⅲ层开挖钻爆设计图见图 11-26。

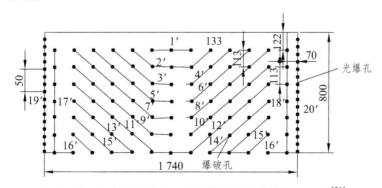

图 11-26　尾水隧洞第Ⅱ、Ⅲ层钻爆设计（单位：cm）[21]

3. 洞室开挖质量要求

三峡地下电站开挖质量要求见表 11-11 所示。

表 11-11　三峡地下电站质量要求[21]

质量要求		边顶拱	底板	微新岩石	弱风化岩石	风化岩石	两孔间	不超过	不大于	不超过
洞室开挖	超挖量（cm）	<5	<10							
	炮孔眼痕迹保存率（%）			>90	>80	50				
	不平整度（cm）						10			
造孔	孔位偏差（cm）							10		
	钻孔角度偏差（°）								<5°	
	孔深偏差（cm）									20

4. 洞室开挖采取的措施[21]

（1）施工测量控制。

① 每个循环钻孔前进行设计规格线测量放样，并检查一循环超欠挖情况，进行现场交底。

② 断面配 TCR1102 断面仪测量，测量滞后开挖面 10～15 m，按 5 m 间距进行。

③ 每月一次洞轴线及坡度的全面检查、复测，确保测量控制工序质量。

④ 采用 NIKON 全站仪精确 放出洞中心线和顶拱、中心线、底板高程、掌子面桩号（每隔 5 m 在隧内侧打 1 条桩号线）设计轮廓线、两侧腰线或腰线平行线。

⑤ 按钻爆图和设计要求采用红外激光定位技术精确放样，准确标出周边光爆孔位及方向。

（2）钻孔精度控制。

周边孔的钻孔质量是控制洞室开挖质量好坏的关键，主要控制钻孔的孔位、孔间、钻孔倾角、孔深等。

① 各钻手分区、分部位、定人、定位施钻，熟练的操作手负责掏槽孔和周边孔。

② 造孔前先根据拱顶中心线和两侧腰线调整钻杆方向和角度，经检查无误后方可开孔。

③ 开孔时用罗盘仪测量钻孔角度，钻孔 10～20 cm 深后再用罗盘仪校正钻孔角度。

④ 采用铅垂线进行校正钻孔垂直度。

⑤ 钻孔完后，用高压风将孔内岩渣、积水吹干净。

（3）爆破作业。

针对不同围岩特性、地质构造进行洞室爆破设计，优化爆破参数，对孔径、孔间距、线装药密度、装药结构、不耦合系数、起爆网络通过现场试验和类似工程经验确定，并将报监理工程师批准后的爆破设计交给爆破作业队，下达爆破任务和技术交底。

要求爆破工严格遵守安全爆破操作规程，严格按照爆破设计图的装药结构、线装药密度进行装药。周边孔、掏槽孔由熟练的炮工负责装药，爆破孔采取柱状连续装药。周边孔采取空气间隔装药，用胶布将小药卷绑扎于竹片上，导爆索串接。炮孔堵塞良好，采用非电导爆管、电雷管起爆网络。药装完成后，由炮工、质检人员、技术人员复核检查，确认无误后，撤离人员和设备并放好警戒，方可进行起爆。

5. 效果及评价

三峡地下电站尾水隧洞开挖施工中，经过精心组织、精心施工、严格控制，尾水隧洞开挖完成后，每隔 2 m 测量 1 个断面进行验收，共测量 125 个断面（共测 2 482 个点）。洞室在开挖轮廓面上，残留炮孔痕迹均匀分布，残留炮孔痕迹保存率达到 95%，周边孔钻孔质量较好，相互平行，平整度较好，钻孔连成一条线，建基面不平整度不超过±8 cm。基本没有欠挖，超挖量平均在 8.5 cm 左右。尾水隧洞开挖质量和超欠挖质量水平控制在预定范围内。

第五节　光面爆破在路堑边坡开挖中的爆破参数计算内容及考虑的有关问题

光面爆破在路堑边坡开挖中的爆破参数计算内容及考虑的有关问题如图 11-27 所示。

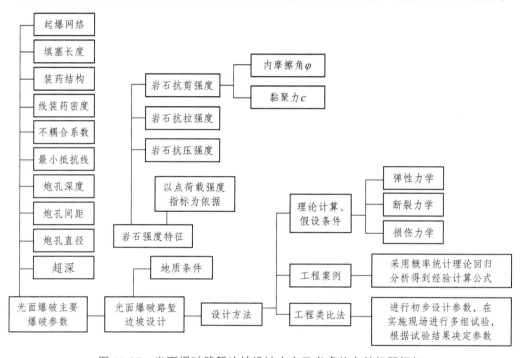

图 11-27　光面爆破路堑边坡设计内容及考虑的有关问题框架

第六节　路堑边坡开挖光面爆破实例

光面爆破技术是路堑边坡开挖使用最广泛的一种控制爆破方法。

一、蒙内铁路路堑边坡开挖概况

蒙内铁路起于肯尼亚蒙巴萨港，线路经肯尼海岸省、东部省、内罗毕特区，止于首都内罗毕，正线全长 472.253 km，站线 136.258 km，港区联络线 7.25 km。全线用中华人民共和国铁 I 级标准设计，1 435 mm 标准距，单线（预留双线）客货共用，设计时速客车为 120 km，货车为 80 km。全线路涉及大量的深挖岩质路堑边坡。最高处开挖深度达 30 m，路堑岩体主要为全风化、强风化片麻岩，节理裂隙发育，有松散的软弱夹层，对路堑边坡稳定十分不利，路堑施工必须采取光面爆破技术，以保证路堑边坡稳定、岩体被破坏和坡面的平整[27]。

本节为蒙内铁路 DK384+820—DK385+270 段路堑边坡光爆实例。

1. 岩体性质[22]

地层自上而下依次为：

（1）粉质黏土。棕红色、黄灰色，硬塑，粉粒含量高，含细砂及角砾，粒径一般小于 20 mm，表层含植物根系，广泛分布，一般层厚 0.5 ~ 5.0 m，Ⅱ级普通土，σ_0=250 kPa。

（2）片麻岩。棕红色、黄灰色、灰绿色，广泛分布。全风化，岩体结构已破坏，岩芯呈砂土状，局部碎块状，粒径 2 ~ 7 cm，手掰易碎，Ⅲ级硬土，σ_0=350 kPa；强风化，粒状变晶结构，片麻状构造，岩芯呈短柱状，单节长 5 ~ 19 cm，部分呈碎块状，粒径 2 ~ 7 cm，岩石矿物成分主要为石英、长石、黑云母、角闪石等，节理裂隙发育，锤击易碎，Ⅳ级软石，σ_0=500 kPa；弱风化，节理裂隙发育，裂隙面呈锈黄色，以岩芯柱状为主，单节长 5 ~ 50 cm，局部碎块状，碎块粒径 2 ~ 9 cm，锤击声脆，不易碎，σ_0=800 kPa，Ⅴ级次坚石。

2. 路堑边坡设计

本段路堑边坡设计有三级坡，一级坡坡率为 1∶1.0，二级坡为 1∶1.0，三级坡为 1∶1.5，分级处设台阶平台，宽 2.0 m，平台设向外 4% 的排水横坡，最大台阶高度约 10.0 m。典型设计断面见图 11-28。第三级坡采用机械开挖，一级和二级坡采用爆破开挖[22]。

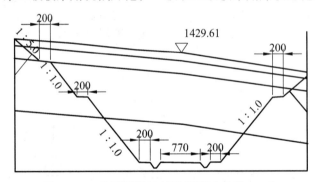

图 11-28　典型路堑边坡设断面（单位：m）

3. 光面爆破参数设计计算

光面爆破依据现有的钻孔设炮孔直径 120 mm 和火工吕炸药的药卷（ϕ 50 mm×550 mm）浮化炸药，爆破参数见表 11-12。

表 11-12　路堑边坡光爆孔参数

炮孔直径（mm）	光爆孔深*（m）	孔距（m）	抵抗线（m）	不耦合系数	线装药密度（g/m）	加强药长度（m）	超深（m）	堵塞（m）
120	经计算 15	1.2	1.5	2.4	450	1.2	0.5	1.5

*光爆孔深 $L = (H+h)/\sin\alpha$，计算式中，α 为边坡角（即钻孔倾角）；加强段长度的装药量为线装药密度的 4 倍，即 1800 g/m；堵塞用黏土含水量在 10% ~ 15%（用手捏能成型为准）。

4. 路堑边坡光面爆破钻孔布置

路堑边坡光面爆破钻孔布置如图 11-29 所示。

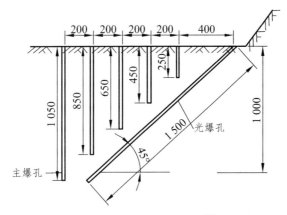

图 11-29　路堑边坡光面爆破钻孔布置[22]（单位：cm）

5. 光爆起爆间隔时间

光面爆破炮孔在主爆孔之后爆破，通常延时间隔 Δt 取值为 50～150 ms。经分析，设计光爆起爆时间 $\Delta t \geqslant 100$ ms。

6. 光爆效果分析

该路段分三次爆完，光爆孔 432 个，主爆孔 766 个，爆破石方约 45 000 m³。结果表明，强风化片麻岩段眼痕率达 52%，弱风化片麻岩炮眼痕率达 86%，超、欠量在 20 cm 内，炮眼痕率与超欠挖量均满足设计要求。岩石表面和半孔孔壁没有出现明显爆破裂纹。路堑坡面上基本无浮石与危石。路堑边坡稳定、路堑边坡光滑平整，爆破未对施工周围环境造成任何影响，光面爆破效果良好。

二、蒙内铁路路堑边坡开挖光面爆破实例[17]

1. 光面爆破的岩体工程地质条件的岩石强度

岩石强度指标采用岩石现场点荷载的强度试验指标，$I_{s(50)}$ 通过试验取得后，换算得到岩体单轴抗压强度 R_c。岩石点荷载强度试验设备简单、体积小、携带方便，设备费用低，试验随时随地都可进行，现场各式岩块都可作试样。

由岩石的现场点荷载的强度试验得到的岩体单轴抗压强度（R_c）计算公式为：

$$R_c = 22.82 I_{s(50)}^{0.75} \tag{11-37}$$

2. 爆破参数设计计算

（1）爆破孔间距.

使两个爆破孔之间形成贯穿纹的条件为两个爆孔之间的距离应满足：

$$\alpha = \left[\frac{0.876 b P_2}{I_{s(50)}^{0.75}} \right]^{\frac{1}{\alpha}} d_b \tag{11-38}$$

式中：α 爆破应力波在岩体中传播的衰减系数，$\alpha = (2-\upsilon)/(1-\upsilon)$，$\upsilon$ 为岩体材料的泊松比；b 为爆破切向应力和径向应力之比，$b = \upsilon/(1-\upsilon)$；$P_2$ 为爆破冲击波的最大初始冲击压力（Pa）；d_b 为爆破孔的直径（mm）。

（2）最小抵抗线。

采用如下理论公式计算光爆最小抵抗线 W：

$$W = \frac{q_b(I_{s(50)}^{0.75})^{\frac{1}{\alpha}}}{cld_b(0.876bP_2)^{\frac{1}{\alpha}}} \qquad (11\text{-}39)$$

式中：c 为光爆系数，相当于炸药单耗量（kg/m³），$c = （0.2 \sim 0.5）$ kg/m³，q_b 为爆破孔的装药量（kg），l 为爆破孔深（m）。

（3）不耦合装药系数。

不耦合的间隔装药结构为路堑岩体边坡光爆装药主要结构形式，有炮孔轴向不耦合与炮孔径向不耦合两类装药形式。

① 径向不耦合装药系数 k_c。为了保护光爆时炮孔壁岩石不会发生压缩破坏，爆破孔径向不耦合装药系数 k_c 需满足：

$$k_c \geqslant \left[\frac{\rho_0 D_1^2}{182 K_b I_{s(50)}^{0.75}} \cdot \frac{nl_c}{l_c + l_a}\right]^{\frac{1}{6}} \qquad (11\text{-}40)$$

式中：l_c 为炮孔中空气柱的长度（cm）；l_a 为炮孔中装药的长度（cm）；ρ_0 为炮孔所装炸药的密度（g/cm³）；D_1 为炸药的爆速（m/s）；K_b 为爆破体应力作用的岩体抗压强度的放大系数值，一般取 $K_b = 10$；n 为爆炸气体同炮孔壁发生冲击时的压力放大系数，依据工程情况，一般 $n = 8 \sim 11$。

② 轴向不耦合装药系数 k_d。为了保护光爆孔壁岩石爆破时产生压缩破坏，沿爆破孔轴线方向的光爆装药不耦合系数 k_d 需满足：

$$k_d < \left[\frac{\lambda\beta P_k}{2.282 I_{s(50)}^{0.75}}\right]^{\frac{1}{r}}\left[\frac{P_0}{P_k}\right]^{\frac{1}{k}}\left[\frac{d_c}{d_b}\right]^2 \qquad (11\text{-}41)$$

式中：P_k 为临界压力，$P_k = 2 \times 10^8$ Pa；$r = 1.3$；k 为等熵指数，$k = 3$；β 为压力放大系数，$\beta = 10$；d 为炮孔装药的直径（mm）；d_b 为爆破孔的直径（mm）；P_0 为爆破气体的初始平均压力，$P_0 = \dfrac{\rho_0 D_1^2}{2(k+1)}$。

研究证明：式（11-41）适用条件为小孔径爆破，当 $d_b < 65$ mm 时，式（11-41）才成立[5]。

（4）线装药密度。

光爆炮孔的装药结构形式常使用空气间隔的爆破装药，可采用下列公式计算光爆线装药密度 $q_{\text{线}}$：

$$q_{\text{线}} = \frac{45.64 d_c^2 K_b}{n\rho_0^2 D_1^2} I_{s(50)}^{0.75}\left[\frac{d_h}{d_c}\right]\pi \qquad (11\text{-}42)$$

式中：各变量的物理意义同前。

3. 工程简介

（1）岩体性质：本实例引自文献[32]，肯尼亚蒙内标轨铁路 DK404+890～DK405+275 段岩体路堑边坡地形为低中山区地形，平面高程为 150～1 640 m，高程差 20～100 m，地形变化很大，路基以挖方为主，道路中心的最大挖方深 12 m，最大边坡高达 12 m，岩土层从上至下见表 11-13 所示。

表 11-13　蒙内 DK404+890～DK405+275 岩体从上至下的性质

从上至下岩石名称	σ_0（kPa）
棕红色、灰黄色粉质粒	150
全风化片麻岩	350
强风化片麻岩	500
弱风化片麻岩	800

（2）岩体边坡设计[32]。

该段路堑岩体边坡设计为 2 级边坡，第 1 级边坡以强风化、弱风化片麻岩石为主，坡率设计为 1：1.0，第 2 级边坡岩体以粉质黏土、全风化片麻岩石为主，路堑边坡坡率设计为 1：1.5，设有 20 m 宽台阶，第 1 级路堑边坡台阶最高达 10 m。路堑岩体边坡典型设计断面见图 11-30。第 2 级边坡体施工以机械和人工开挖为主，第 1 级边坡体施工以爆破开挖为主。

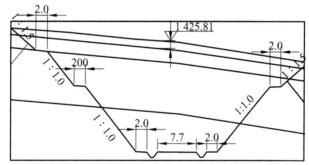

图 11-30　铁路路堑边坡典型设计断面（单位：m）[32]

（3）光爆参数设计计算。

① 设计依据：根据现场施工已有钻爆设备（钻机孔直径 110 mm）和爆破炸药等火工品类型（已使用线 ϕ25×270 浮化炸药、导爆索和毫秒延时电雷管）条件开展设计。

② 岩体强度：在已实施的主爆区现场，利用便携式岩石点荷载强度试验设备进行了 16 组不规则岩块的点荷载强度试验，经试验数据统计最终获得光面爆破区域岩石的点荷载强度 $I_{s(50)}$=2.6。以此实测值作为光爆设计参数的岩体强度取值。

③ 光爆参数。

光爆参数见表 11-14 所示。

表 11-14　光面爆破参数

钻孔直径（mm）	钻孔深度（m）	孔间距（m）	抵抗线（m）	不耦合系数	线装药密度（kg/m）	装药结构	孔底力强段长（m）
110	15	1.0	1.5	3.5	0.350	药卷间距 25 cm	1.2

注：① 堵塞长度为 1.5 m；② 孔底加强段装药量是常规段装药量的 3 倍左右。

4. 蒙内铁路路堑边坡光面炮孔布置图

蒙内标轨铁路 DK404+800～DK405+275 路堑边坡光面爆破布置图见图 11-31。

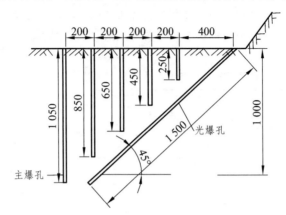

图 11-31 铁路路堑边坡光爆炮孔布置图（单位：cm）[32]

5. 起爆网络

该路堑边坡光面爆破起爆联结网络使用导爆索连接与毫秒延时的电雷管引爆组合形成的闭合复式起爆连接网络。

6. 光面爆破效果分析

该段岩石路堑边坡实施 6 次共爆 642 个坡面炮孔，光爆结果为：强风化的片麻岩地段路堑岩体边坡炮孔痕迹率约为 52%；弱风化的片岩地段路堑边坡孔痕迹率约为 89%；欠挖量和超挖量均控制在 20 cm 以内，光爆后坡面的炮孔痕迹率以及超欠挖值达到了规定，岩体表面与炮孔壁面未产生显著破坏。铁路路堑岩体边坡表面基本无危石与浮石，边坡稳定性好，坡面平整，整个铁路边坡爆破施工没有对工程周边的环境产生任何不良影响，获得了良好的光爆效果。

第七节 工程控制爆破轮廓线上的钻孔技术

工程控制爆破主要是指在露天边坡开挖、井巷（隧道）掘进等轮廓线钻孔爆破和采矿中对多矿带（层）分带（层）进行开采。无论是交通工程、水电工程还是采掘工程，都存在边坡开挖工程和井巷隧道的掘进工程。本节仅对露天边坡爆破钻孔技术进行探讨。边坡质量的标准，是边坡和围岩稳定、平整、美观，实现这一目标的手段，是采用定向断裂控制爆破的光面爆破、预裂爆破的技术，采用该方法施工的目前较多。影响光面和预裂爆破效果的因素很多，但以地质条件、钻孔技术、爆破参数选择最为关键。一般说来，地质条件的影响无法避免，爆破参数选择已经有成熟经验，唯独钻孔技术影响最大，尤其对高边坡高台阶硐室加预裂一次成型综合爆破技术影响更大，甚至于导致爆破失败。在进行光面和预裂爆破钻孔施工时，如何保证钻孔精度，使炮孔在同一平面上，其钻孔技术是一个值得很好研究和应用的课题。

（1）文献[22]认为，光面爆破和预裂爆破技术已广泛地在路堑石方开挖、露天采场边坡工程中应用，研究钻孔技术，尽量减少钻孔误差，是保证光面和预裂爆破的关键。作者根据柳石路、贵新高速公路、焦晋高速公路等总结了施工的技术方法。

（2）文献[23]在总结国内水电建设经验的基础上，结合黄河李家峡水电站坝肩开挖预裂爆破的实际，研究探讨了预裂孔的位置参数、样架法钻孔微调方向和倾角的计算公式及预裂孔倾角与边坡角间的关系等问题。

作者根据以上文献作以下介绍：

一、钻孔误差和钻孔误差的预防

钻孔误差原因和误差的预防见图 11-32 所示。

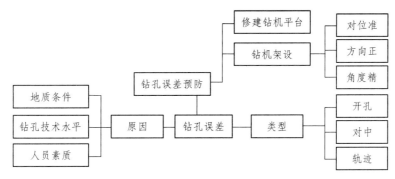

图 11-32　钻孔误差及预防误差框架

1. 方向误差的计算方法[22]

文献[22]对方向误差计算方法见图 11-33 所示。这里 M 为坡度比。

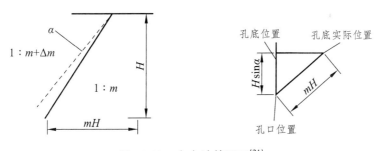

图 11-33　方向计算图示[21]

$$a_实 = a \pm H \sin \alpha$$

$$\Delta W = H(m - \sqrt{m^2 - \sin^2 \alpha})$$

式中　α——钻孔方向偏角；

　　　a——钻孔间距。

2. 方向参数[23]

预裂孔的轴线是一条空间线段，其参数有：

（1）预裂孔孔口位置：如果梯段爆破的台阶顶面为一平面，当预裂面是平面时，则各预裂孔孔口中心点将分布在一条直线上。而在实际的开挖现场，岩面并不平整，局部起伏差数十厘米是常见的事。这时若预裂孔是竖直孔，即孔倾角为90°，则不管岩石表面如何起伏不平，各孔中心的平面位置必在一条直线上，这时孔口定位并不困难。但如果预裂孔为斜向孔，则孔口平面位置将不在一条直线上。当实际孔口比设计孔口高出 ΔH（图 11-34），则孔中心点 A_1 应比 A_0 后移 ΔS；若 ΔH 为负值，则 A_1 比 A_0 前移 ΔS，其关系由下式确定，即

$$\Delta S = \Delta H \cot\theta \qquad\qquad (11\text{-}43)$$

式中　θ 为预裂孔倾角。

在现场具体确定孔口位置时，困难在于点 A_1 未定时，ΔH 无法确定，而由式（11-43）可见，ΔS 又要由 ΔH 确定。此问题可采取逐渐逼近法解决。

（2）钻孔方向角 β：钻孔方向角为钻孔轴线（为自孔口中心至孔底中心的有向线段）在水平面上的投影与正北方向（即地形图坐标 x）的夹角，即从 x 轴顺时针转至钻孔轴线水平投影线的 β 角。$\beta \in (0° \sim 360°)$（图 11-35），在表达时，根据角 β 所在的 4 个象限不同，在角 β 之前冠以 NE、SE、SW、NW。

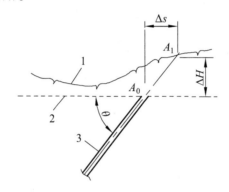

图 11-34　预裂孔孔口位置的确定[23]

A_0—设计孔口位置；A_1—实际孔口位置；ΔH—点 A_1 与 A_0 高差，正为高，负为低；
1—地表面；2—岩面设计高程；3—预裂孔

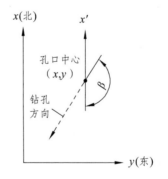

图 11-35　钻孔位置参数[22]

（3）钻孔倾角 θ：钻孔轴线与水平面的夹角。当 $\theta = 90°$ 时，为竖直孔（工程中称为垂直孔）；$\theta = 0°$ 时，为水平孔。当 $\theta = 90°$ 时，就无钻孔方向角 β 可言。

三、钻孔精度

1. 光面、预裂对精度的要求

文献[23]指出：对钻孔精度的要求，主要是根据对保留基岩面超欠挖的要求决定的。例如许多工程中超欠挖值不允许超过±20 cm，这时当深孔梯段爆破的台阶高度取 10 m 左右时，要求孔口位置偏差不超过 5 cm，方向角及倾角偏差不超过 1°。有人认为此要求过高，其实不然。当预裂孔为垂直孔时，孔深与台阶高度相同，10 m 的孔深偏差 1°时，孔底便偏离设计位置17.5 cm，加上孔口偏差 5 cm，则在极限情况下，孔底位置偏差达 22.5 cm。这时未计入孔间岩面起伏差，已略超过超欠挖 20 cm 的限值。若预裂孔是斜孔，孔深大于台阶高度，孔底位置偏差还会更大些。从预裂孔孔距来看，假设孔口设计孔距为 100 cm，则在上述钻孔精度要求下，孔底间距在 55～145 cm 变化。此外，实践表明，钻孔倾角偏差的危害大于方向角偏差的危害，因为前者使钻孔轴线偏离设计预裂面，造成超挖或欠挖；而后者仅使孔底间距发生变化。但这并不意味对钻孔方向角的精度要求放宽。

2. 钻孔精度控制方法

文献[23]指出：钻孔精度控制的实质，主要是钻机位置和钻杆方向控制的问题，而且，要做到控制精度，必须首先能有有效的手段测量钻杆的方向角和倾角。这是一项看起来简单，而实际有相当难度的工作。工程中使用的深孔钻机有潜孔钻机和液压钻机两种，而其中潜孔钻机又可分为履带式钻车和轻型潜孔钻（例如 YQ-100B 型）。履带式钻车在钻孔方向的控制上基本与液压钻机相同，而轻型潜孔钻由于能安装于样架上，所以在控制预裂孔方向上具有独到的特色。

用钻车（包括潜孔钻和液压钻）钻预裂深孔，理论上讲，可任意调整孔口位置、钻孔方向角和倾角这三个参数，但实际需费很多时间，且精度难以达到要求。孔口位置是否准确，尚容易得到判断与测量；钻杆倾角是否准确，也比较容易测量；唯有钻杆方向角，难以准确测量。工地上简易控制钻孔方向角的方法有下列两种：

（1）样线法。

样线法即按设计预裂面的走向（与预裂孔方向角相差 90°）在测量人员用经纬仪指挥下，在一排预裂孔两端，用水泥砂浆立墩或设立其他刚体支架，然后在两墩或支架间拉两条相互平行的铅丝，使此二铅丝形成平面的倾向和倾角与设计的预裂面相同，钻孔时使钻杆贴此二铅丝即可，并用其他仪器校准其倾角。

（2）标杆法。

标杆法是由测量人员用经纬仪在地面上按预裂孔口位置及钻孔方向角确定出定位点 M_1、M_2（图 11-36），使 M_1、M_2 与预裂孔方向相同，并立上标杆，然后用目视的方法指挥钻机的钻孔方向与 M_1、M_2 一致。实际上，当一次定出点 M_1、M_2 位置后，其他各孔的定位点由点 M_1、M_2 用钢尺量测即可。

以上两种方法的定向精度尚难达到偏差不超过 1°的要求，但在精度要求较低的工程中，仍是简便易行的方法。

钻孔倾角的确定可用地质罗盘仪或自动倾角仪。其中地质罗盘仪最简便易行，其读数亦可精细到 1°，但由于罗盘中的水准泡等级低，要使倾角量测精度不超过 1°也是困难的。我国研制的自动倾角仪是一种非电量电测的自动显示仪器，测量精度为 1°。

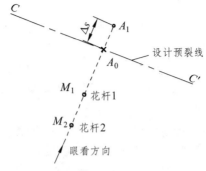

图 11-36　标杆法确定预裂孔方向

四、现场施工钻机的架设与设施

1. 样架法钻预裂孔

采用样架法钻预裂炮孔是原陕西机械学院姚尧先生结合李家峡水电站工程的具体设计。

一般情况下，潜孔钻机都是由行进系统（例如带履带的机身）、操纵系统（气动、油压系统）和钻进系统组成的，有的钻机还自带动力系统。原则上讲，把由滑架、钻杆、冲击器、风机组成的钻进系统，单独安装在特制的固定于岩面的样架上，都可以用来钻进建基面上的预裂孔。但多数钻机的钻进系统尺寸偏大，且有的部件位置在滑架之下，难以完全满足贴壁钻孔的要求。目前唯有 YQ-100B 型潜孔钻机（河北宣化风动工具厂制造）和 QZ100K 型潜孔钻机（长沙矿山研究院机械厂制造）的结构、尺寸能较好地满足要求，为许多水电站及其他矿山工程所采用。这两种潜孔钻机都是轻型钻机，移动、安装轻便，但钻机机身刚度较差。

图 11-37 为样架钻孔装置结构图。其具体尺寸是参照其他工程经验，结合黄河李家峡水电站工程情况具体设计的，经试验能满足钻孔要求。样架由两根与锚筋相固连的相互平行的角

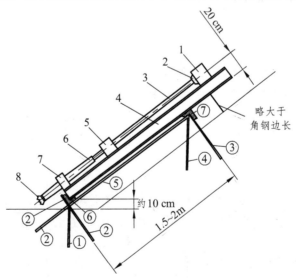

图 11-37　样架法钻孔装置（原陕西机械学院姚尧先生提供[23]）

1—风机；2—卸钎器；3—钻杆；4—滑架；5—托钎器；6—冲击器；
7—卡环（导向器，此零件原机器上没有，自行配制）；
8—钻头；①～⑦见表 11-15

钢组成，将钻机滑架用螺栓、点焊或粗铅丝拧结的办法固定在样架上，即可钻孔。样架的两根角钢组成平面的倾向和倾角应与预裂相同。值得指出的是，一旦样架位置按设计确定后，不管岩面如何起伏，孔口位置便不需另行确定。但在开凿孔口时，容易因钻头在岩面上滑移而使孔口位置及钻孔倾角偏差过大。为解决这一问题，除在滑架端部增添卡环减小钻头悬臂长度外，还须在钻孔之前将岩用人工修整，使其与钻杆方向基本垂直。

若在平台上钻进预裂孔时，可将样架角钢或槽钢固定于特制的三脚架上。这些三脚架隔一定间距设置一个，用点焊的办法固定于地面锚筋上。

在一些特殊情况下，例如水利水电工程中的拱坝坝基，其设计的建基面亦非平面，而近似是扭曲面，然而，样架法钻的预裂孔是相互平行的，为了解决这一问题，需在用样架法钻孔时采取一些措施。

表 11-15　钻机部件名称表

编号	名称	规格或尺寸	说明
①	下角钢竖起锚杆	$\phi 32$，$l>0.6$ m，间距 $1.5\sim2.5$ m	用水泥沙浆锚固于基岩上（下同）
②	下角钢交叉锚杆	$\phi 32$，$l>0.7\sim0.8$ m，间距同上	与①焊接
③	上角钢垂直锚杆	$\phi 32$，$l>0.7$ m，间距同上	与④焊接
④	上角钢竖直锚杆	$\phi 32$，$l>0.7$ m，间距同上	与③焊接
⑤	上下角钢连杆	$\phi 28\sim32$，$l=1.5\sim2$ m	
⑥	下角钢	$\angle 80\times80\times8$	
⑦	上角钢	$\angle 80\times80\times8$	

2. 倾角和方向角的调整

图 11-38 为样架法钻孔的几何关系图。AB、CD 二水平样架形成的斜面，方向角为 β，倾角为 θ。如果钻机滑架按与 EF 平行的方向设置在样架上，则其钻孔的方向角便等于 β，倾角等于 θ。当建基面上各预裂孔的方向和倾角逐孔发生微波变化时，可按下述办法进行调整。

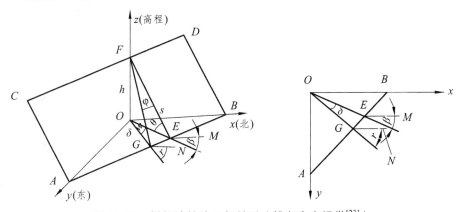

图 11-38　样架法钻孔几何关系（姚尧先生提供[23]）

AB、CD—二相互平行的水平样架；$FE\perp AB$；θ—倾角；h—样架高差；β—钻孔 FE 倾角；EM、GN—均平行 x 轴

（1）倾角的调整。

倾角调整的办法是在上样架 CD 与钻机滑架 EF 之间加垫片。设图 11-38 中二样架间距 s 已知，当倾角要求比 θ 增大 $\Delta\theta$ 时，则相应的垫片厚度 c 由下式计算：

$$c = s \cdot \Delta\theta \qquad\qquad (11-44)$$

由式（11-44）可见，垫片厚度 c 与角 θ 无关。

（2）方向角的调整。

方向角调整的办法是钻机滑架在样架上偏离图 11-39 中的 FE，即滑架沿 FG 方向设置。如果要求钻孔的方向解为 γ，则可按下列推导，求出偏离角度 φ 及距离 EG。

显然 $\qquad\qquad \gamma = \beta + \delta$

因 φ 角甚小，可近似认为 $FG = FE$，$OG = OE$，$\omega = \theta$，于是

$$\delta \approx \sin\delta = \frac{GE}{OE} = \frac{\varphi}{\cos\theta}$$

所以

$$\gamma \approx \beta + \delta = \beta + \frac{\varphi}{\cos\theta}$$

或 $\qquad\qquad \varphi = (\gamma - \beta)\cos\theta \qquad\qquad (11-45)$

且 $\qquad\qquad EG = s\tan\varphi \approx s(\gamma - \beta)\cos\theta \qquad\qquad (11-46)$

由式（11-46）可根据 s、θ、β、γ 求出 EG 值。应注意，式中右端的 4 个参量都是算术值，即有正无负；但 φ 和 EG 为代数值，可能为正或为负。当 $\gamma - \beta > 0$ 时，$\varphi > 0$，EG 为正值，即从 z 轴正方向向下看，φ 为顺时针方向旋转；若 $\gamma - \beta < 0$，则 $\varphi < 0$，EG 为负值。图 11-39 中画的 φ、EG 均为正向。

例如：$s = 1.5$ m，$\theta = 51.5°$，$\beta = 324.3°$，$\gamma = 324.8°$（即 $\gamma - \beta = 0.5°$），则由式（11-45）、（11-46）可算出

$$\varphi = +0.311° = +0.005\ 43\ \text{rad}$$

$$EG = +8.15\ \text{mm}$$

由此可见，用样架法钻孔时，只要样架架设位置精确，在样架上微调倾角及方向角是件容易的事。

五、钻机的架设

1. 样架位置的确定[23]

用在岩石壁上搭样架的方法钻预裂孔，虽可使炮孔贴近设计预裂面，但并不能绝对就在设计预裂面上钻孔，这是因为钻机滑架底面至钻杆轴线有一段距离，一般为 20 cm，加上样架至岩面的距离 10～20 cm，便使钻杆轴线至岩面的距离为 30～40 cm，不可能完全紧贴预裂面钻孔。为解决这一问题，只得采取台阶顶部少量欠挖而台阶底部少量超挖的办法。

如图 11-39 所示，设样架法钻孔不可避免地超挖和欠挖值各为 e（一般 $e = 0.15～0.2$ m），岩石面设计倾角为 θ_0，开挖层高为 H，则不难得出样架倾角 θ，由下式确定：

$$\tan\theta = \frac{H}{H\cot\theta_0 - \dfrac{2e}{\sin\theta_0}} = \frac{\sin\theta_0}{\cos\theta_0 - \dfrac{2e}{H}} \qquad\qquad (11-47)$$

样架的锚筋是插在岩面上的，因而上层已开挖形成的岩面，其下部高约 3 m 的范围内应基本平整（因钻机长约 2.5 m），不能欠挖，超挖亦最好不超过 30 cm。若超挖过多，则锚筋伸

出岩面的长度过大，影响样架刚度。

以上所述样架位置的确定方法，指的是样架固定于上层已开挖好的岩石壁面上。若在平台上用样架法向下钻预裂孔，就没有上部欠挖和下部超挖的问题，完全可以取 $\theta = \theta_0$，沿着设计预裂面钻孔[22]。

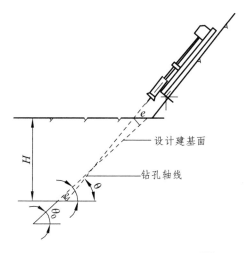

图 11-39　确定样架位置示意图[22]

2. 钻机的架设[22]

钻机架设直接影响着钻孔精度。钻机架设的三要素为：对位准、方向正、角度精。

（1）对位准。

为了保证钻机在同一平面上对位开孔，用钢管在钻机平台上铺设移动导轨。钢管导轨一般铺设在边坡线外 30 cm 处，钢管连接要牢固，要垫实。要根据设计孔距在钢管上用油漆标明孔位，以保证钻孔对位的准确。

（2）方向正。

钻孔方向正，是指炮孔要垂直于边坡线，并保证相邻炮孔在同一坡面上相互平行。方向误差计算方法见图 11-40。这里 m 为坡度比。

为了保证钻孔方向正确，一般做法是沿边坡开孔线拉一条测绳，量测两侧机架至测线距离，当 $S_1 = S_2$ 时，则方向是正确的，见图 11-40。

图 11-40　钻机定向示意图[22]

为了防止钻机钻孔产生扭曲现象，还应注意到，由于边坡高低不平，要保证机身不倾斜，在机架前支点顶部焊接长 20 cm 的角钢或半圆钢管，使其卡在钢管上，并将其加垫块垫平，确保方向不倾斜扭曲，见图 11-41。

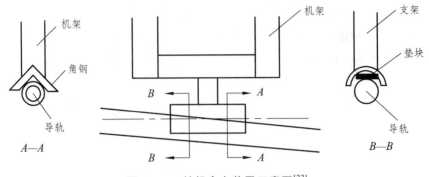

图 11-41　钻机定向整平示意图[22]

（3）钻孔角度及其精确度是边坡坡面平整、美观的保证。钻孔角度大于设计坡度时，对于光面爆破则光爆层厚度偏小，易造成飞石；小于设计坡度时，则抵抗线增大，使光爆层炸而不塌，产生大块。对于硐室加预裂爆破后果更为严重，角度大则意味着硐室药包中心到预裂面距离缩小，硐室爆破有可能破坏边坡，造成成型失败；角度小则硐室至预裂面之间产生石坎，挖运困难。为了保证钻孔精度，一般做法是在钻机架上吊一垂球来调整钻孔角度，待符合设计要求时，固定钻机进行钻孔作业。

总之，钻机架设定位、定向、定角度是保证钻孔精度的最关键环节，必须认真操作。

3. 钻孔操作技术

为了保证钻孔精度，应不断提高钻孔操作技术水平。

（1）钻孔作业的基本要求。

① 必须熟悉岩石性质，摸清不同岩层的凿岩规律。

② 掌握钻孔操作要领：孔口要完整，孔壁要光滑，保证排渣顺利。

③ 基本操作方法：软岩慢打，硬岩快打。

（2）钻孔作业。

提高钻孔质量，首先要保证开孔质量。开口一般要求是对位准、方向正，形状要规整，不允许出现上大下小的喇叭型或上小下大的坛子型。当孔口破碎时要进行黄泥糊孔。

钻孔中，应仔细观察，发现不良地质条件，采取相应处理措施。一般应卸掉钻杆轴压，减少风量，让钻具使用自重下落钻孔，以减少对中误差，避免轨迹误差产生或增大。

第八节　光面、预裂爆破在水利水电工程开挖中的精细爆破施工与管理

继 1993 年原西安机械学院姚尧教授提出高精度预裂爆破钻孔位置的确定方法[23]和 2001 年李俊先生等[22]提出光面和预裂爆破的钻孔技术后，长江科学院原副院长张正宇教授等 2000 年总结水利水电工程行业近 40 年对水利水电工程轮廓线爆破施工总结为"精细爆破"[24]。现将 21 世纪以来在轮廓线上钻孔时的钻架设计、钻机改造作如下介绍[24-26]。

传统的液压钻机和潜孔钻机已诞生多年，其造孔精度低，不易控制的缺点相当明显，一

般水电站按设计坡比大型钻机无法就钻。因此，小湾水电站和溪洛渡工程等水利水电工程都选用 YQ-100B 型轻潜孔钻机。它的特点是：钻机轻巧、移动灵活、可以控制建基面多变的方位和角度，适合高边坡进行造孔施工。

1. 钻机钻架设计[24]

水电工程受到钻孔直径的限制，一般不采用大孔径的牙轮钻机，而采用相对比较小型的液压钻和潜孔钻，因这些设备体积相对较轻，在钻进过程中控制方向难度很大，因此在要求比较高的情况下，都需要搭设钻机样架。钻机样架的搭设方法很多，不同的方位、不同的环境，搭设方法都不同。根据溪洛渡工程的经验，单一直线型的轮廓面开挖，且轮廓孔的倾角相同，则整个样架可以链接固定在一起，搭设比较容易。但如果开挖轮廓面并不是直线型，则样架的搭设难度很大。为了满足精细爆破的有关技术要求，这种情况下更适合采用具备现代信息定位和控制技术的高精度钻机，在不具备采用这种钻机设备的情况下，则只有根据实际情况来因地制宜搭设钻机样架。

（1）溪洛渡工程钻机样架。

文献[24]指出溪洛渡工程拱肩槽建基面顶部高程为 610 m，宽度为 18.3 m，底部高程为 400 m，宽度为 68.6 m，体型自上而下发散，呈"扇形"分布。建基面既是一个斜坡面，又是一个扭面，呈缓-陡-缓地形，预裂孔既不在同一平面内，又不互相平行。拱肩槽建基面自坝顶 610 m 高程至底部 400 m 高程一坡到底，中间未设计马道。因此搭设完全固定的整体样架很困难。根据这种实际情况，施工单位采用了整体样架和分体样架相结合的搭设方式。分体样架主要针对扭面部位，搭设方式是根据测量孔位，在上层坡面采用手风钻打设 4 根插筋孔（必要时可增设插筋），用 ϕ48 钢管作插筋，入岩 0.8 m，外露 0.5 m（并可根据实际地形调整外露长度）。钻机底部和顶部各一根横杆，插筋与横杆用扣件连接，必要时可在钻机底部增加 1 根辅助横杆，横杆与立杆用扣件连接，立杆与 100B 钻机两侧加焊的两根钢管扣件连接。横杆、立杆均采用 ϕ48 钢管。为了减少系统误差，扭面处采用单机单架。具体加固办法详见图 11-42 和图 11-43。

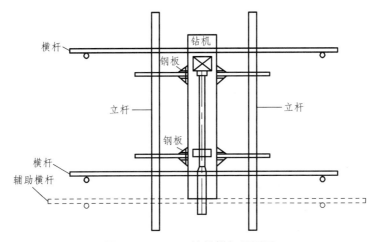

图 11-42　100B 钻机样架平面图

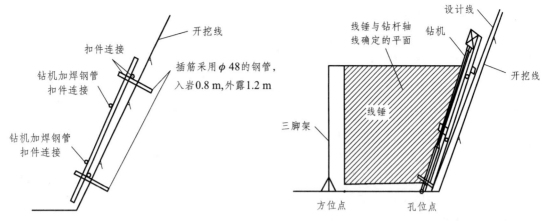

图 11-43　100B 钻机样架剖面图

（2）小湾水电站钻架设计。

① 钻机选择，文献[25]：确定拱坝建基面预裂孔造孔钻机，坝基 10 m 一个梯段，坡比为 1：0.577 ~ 1：1.747，倾角为 30°~ 60°，孔深在 14 ~ 21 m，其中 EL1210 以下坡比都缓于 1：1；而建基面的超欠挖控制标准为，超挖 20 cm，欠挖 20 cm，利用规范所允许超欠挖值的和 40 cm，作为上钻平台。要满足上述条件，经多方比较选择了 YQ-100B 型轻型潜孔钻机。它的特点为钻机轻巧、移动灵活、可以控制建基面多变的方位和角度，适合于高边坡进行造孔施工。

② 钻架设计。

根据坝肩槽设计体型、钻机尺寸、性能确定钻架形式，相应对钻机进行改造。首先应将该层台阶的预裂孔的孔位点和方向点放出来，然后根据所放出的孔位点和边坡上的孔位点，在上一梯段建基面上距坡脚线 0.5 m 及 2.5 m 高处每隔 2.4 m 左右打 0.5 m 深的插筋孔，插筋孔必须打在两孔位点的中心位置，然后将 50.8 mm（2 in）钢管插入，横向架设钢管，再根据预裂孔孔位及方位粗略架设竖向钢管，将改造后的 100B 钻机架设到竖向钢管上，钢管与钢管扣件连接，最后按预裂孔孔位及方位调整钢管架直至达到孔位、方位要求。钻架形式见图 11-44[26]。

2. 钻机改造

（1）加焊钢管。

中国水利水电四局、中国水利水电八局分别在小湾水电站和溪洛渡水电站边坡开挖爆破中经过多次试验研究中，在钻机两侧各加焊了两根 ϕ48 的钢管，钢管与样架的立杆牢固连接，消除了钻进过程中钻机摆动幅度大的弊病。钻机改造加固图见图 11-45。

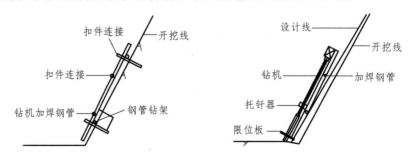

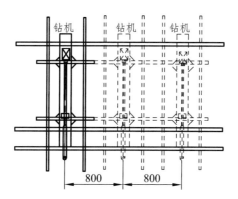

图 11-44　100B 钻架设计图

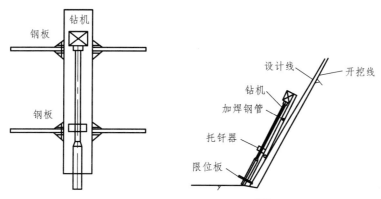

图 11-45　钻机改造加固图[24]

（2）加焊限位器。

钻孔时"飘钻"是钻较深预裂孔和光爆孔面临的一个大难题，增加限位板在小湾电站、溪洛渡电站的边坡工程中得到了很好的解决。限位器加焊在滑架前端，限制钻杆过大的位移，防止了"飘钻"现象的发生，限位板大样图见图 11-46[24]。

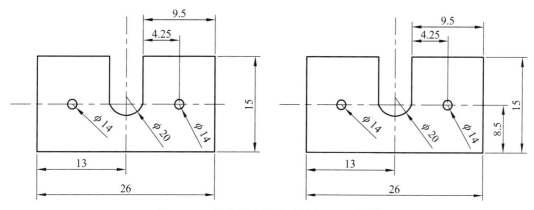

图 11-46　限位板大样图（单位：mm）[24]

（3）加装扶正器。

100B 钻机钻孔由于在钻杆和冲击器自重的作用下，钻孔有下挠趋势，扶正器主要利用其自身直径较大的优势，可以增加钻杆的刚度。每隔 3m 长度在钻杆的连接位置增加一个扶正器，其一端外径尺寸略小于孔径，起限制钻孔的钻头、钻杆飘移作用，如图 11-47 所示[25]。

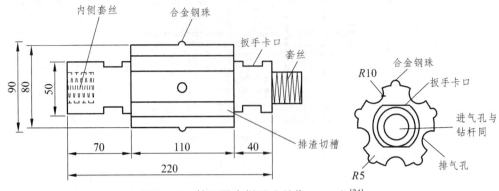

图 11-47　扶正器大样图（单位：mm）[24]

3. 光面、预裂爆破施工中的过程控制[59]

文献[59]总结三峡工程厂坝 6-10 号坝段的施工过程控制，主要有以下几个方面：

（1）钻杆倾角控制：① 用标准地质罗盘可以控制倾角。② 施工人员自行设计用优质角铁焊制了各种坡比的坡比尺，如图 11-48 所示。

在标准位置处打中心孔，用于吊线锤对中，一般在中心两侧每隔 0.5 m 打一印记，以备在缓坡预裂调整对应用。如图 11-48 所示：

$$Q = \arctan 1 / \alpha$$

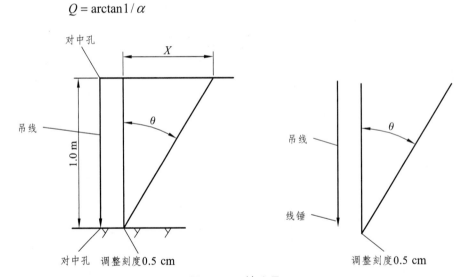

图 11-48　坡比尺

（2）预孔的方向控制。

① 样线法，即在预裂孔两侧架设刚性支点，比如手风钻钻杆或刚性好的细钢管，然后在两根钢管之间拉平行铅丝来控制钻孔角度，如图 11-49 所示。

② 标杆法，即在预裂前按坡面角统一方向立标杆，如图 11-50 所示。

③ 吊线法，就是在预裂孔前 5~10 m 的地方，经过测量放一排方向点，然后在每个预裂孔对应的方向点上支上三脚架，并挂上线锤即可，如图 11-51 所示，使吊锤尖点对中其方向点，瞄准钻杆使吊线与钻杆重合。

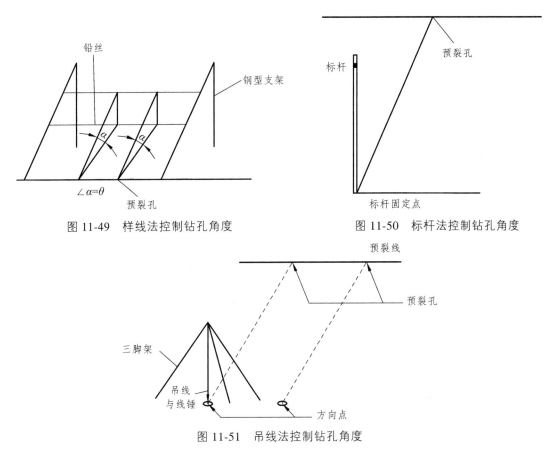

图 11-49　样线法控制钻孔角度

图 11-50　标杆法控制钻孔角度

图 11-51　吊线法控制钻孔角度

4. 预裂爆破施工及质量

水利水电工程在光面爆破施工中,除了以上对钻机进行改造等工作外,还需进行图 11-52 所列工作。

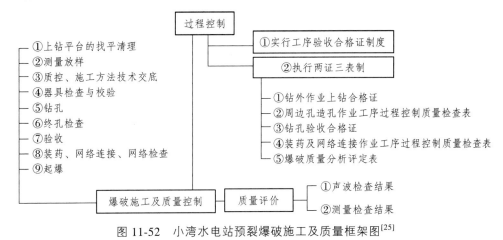

图 11-52　小湾水电站预裂爆破施工及质量框架图[25]

第十二章 预裂爆破

　　预裂爆破是在光面爆破基础上发展起来的一项控制爆破技术。沿着设计轮廓线打一排减小孔距的平行炮孔，减小装药量，采用不耦合装药，在开挖区主爆破炮孔爆破前，这些轮廓线上的预裂孔首先同时起爆，沿设计轮廓线先形成平整的预裂缝（当根据岩石性质、地质条件选用的预裂爆破参数——孔间距、不耦合系数、线装药密度合适时，预裂缝的宽度可为 1～2 cm）。预裂缝形成后，再起爆主爆孔组。预裂缝能在一定范围内，减小主爆破孔组的爆破地震效应，故预裂爆破目前已广泛地应用于露天矿边坡、水工建筑、交通路堑与船坞码头的施工中，以提高保留区壁面的稳定性。

　　预裂缝形成的原因及过程基本上与光面爆破中沿周边眼中心连线产生贯通裂缝形成破裂面的机理相近似。不同的是，预裂孔是在最小抵抗线相当大的情况下，在主爆孔之前起爆的。

　　预裂爆破是在光面爆破的基础上演变而来的[28]，在工程中运用始于 20 世纪 50 年代。瑞典、加拿大等国对它进行了研究和试验，并有文献报道。50 年代末，美国尼亚加拉水电站引水渠和竖井开挖施工中，使用了预裂爆破法[29]。引水渠要求用混凝土衬砌。设计允许欠挖不超过 2 in（约 5 cm），超挖不大于 6 in（约 15 cm）。欠挖部分的补挖及超挖部分的回填混凝土费用，均由承包商自付。于是承包商们进行了多种多样的试验，计有排孔法、预留保护层法、间断装药爆破法、缓冲爆破法和预裂爆破法。最后认定预裂爆破法最好。所以采用了这种方法，并获得成功。自 60 年代以后，预裂爆破在许多国家被较广泛地采用。对预裂爆破机理的研究也有较多的文献报道。

　　我国 50 年代后期，在铁路、矿山建设中，做过一些光面爆破和预裂爆破的试验工作。60 年代以来水利工程也进行了一些试验。例如 1964 年—1965 年在陆水工程施工中，做过浅孔预裂爆破试验，并在该工程的护坦开挖中运用[20]，取得了良好的效果。

　　70 年代以来，预裂爆破的使用在我国生产建设中日益增多。马鞍山矿山研究院在南山矿等地开展的预裂爆破取得了很好的成绩[31]；东北白山水利枢纽水平预裂也获得成功，黄岛地下油库竖井施工中也采用了预裂爆破，等等[22]。葛洲坝工程 1973 年以来经近 20 次试验，取得了符合该工程特点的爆破参数。施工中凡能用上它的部位，都采用了预裂爆破[33]。像这样大规模地运用预裂爆破，在国内水电建设中尚属首次。到目前为止，预裂爆破占孔总进尺达 10 余万米。一次预裂最大深度 26 m。预裂孔有垂直的，也有倾斜的（60°～80°）。都得到了整齐的壁面，较有效地防止了岩体的破坏，减少了超挖超填，特别是对人工清理撬挖边坡的工作量，保证了施工安全，节约了大量劳力，加快了施工进度。预裂爆破这一新技术的广泛采用，对葛洲坝工程建设起了较大的作用。我们在施工中继续积累资料，充实试验成果。在总结经验的基础上，整理出预裂爆破参数计算的经验公式，并在实践中不断加以验证[1]。

第一节　预裂爆破的基本原理

　　预裂爆破的基本原理，主要是指预裂成缝的机理。也就是为什么能把岩石爆成一条缝，又不使裂缝两边的岩石受到破坏？20世纪60年代初期，国内已开始了此项试验研究工作，有理论计算、室内模型试验和现场试验，并取得了不少成果。对预裂成缝机理，国内的研究者先后有不同的观点，见图12-1。

　　预裂爆破成缝机理如图 12-1，该图归纳了不同观点。但多数学者认可应力波和高压气体联合作用理论，我们将在第二节中讨论。

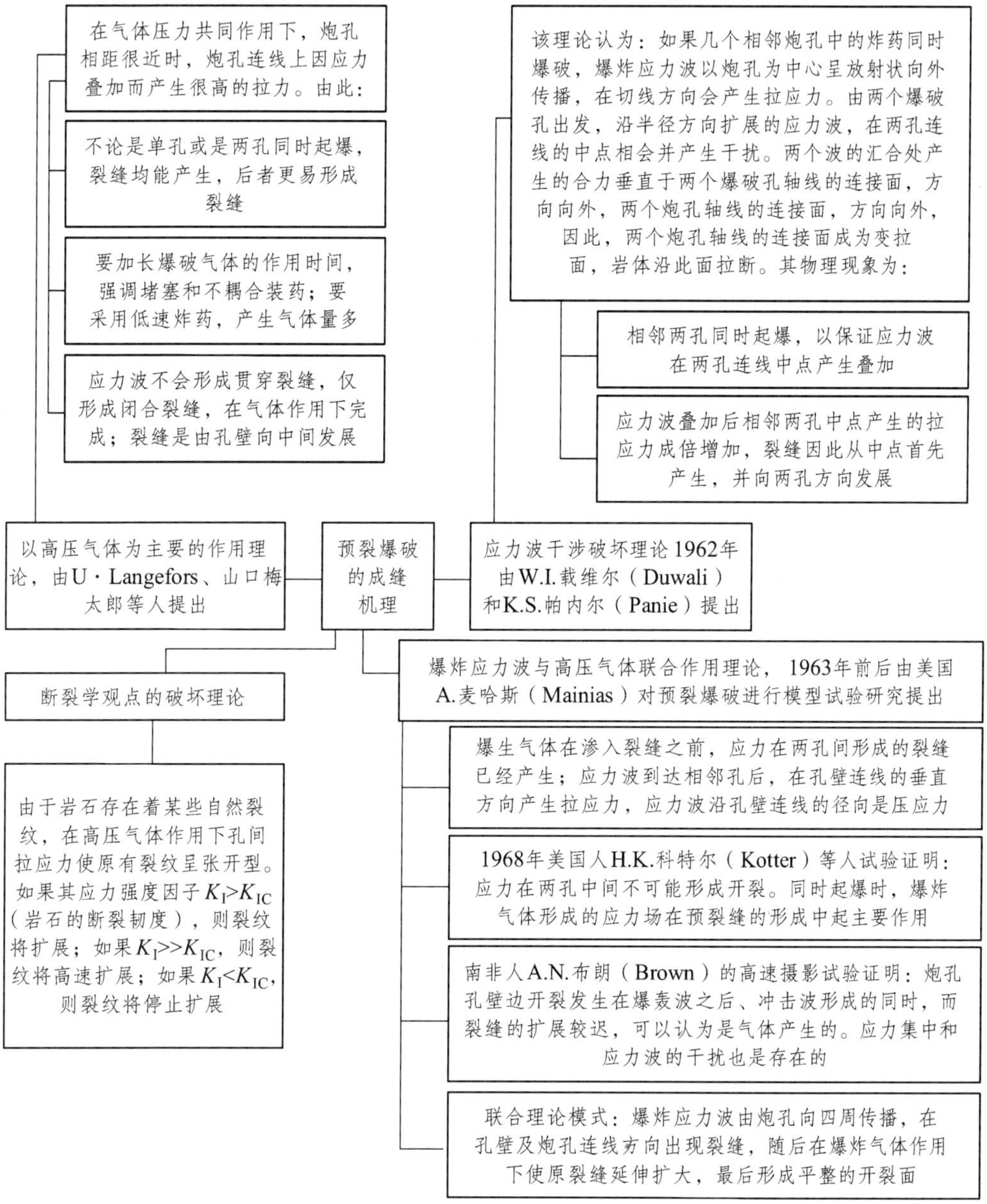

图 12-1　预裂爆破的成缝机理框架

第二节　预裂成缝机理

预裂爆破的成缝机理，国内外的工程爆破工作者都十分关注。根据对爆破实践的分析及试验的情况，文献[28]的作者也认为预裂爆破的成缝规律是由于炸药爆炸在岩体中激起应力波的传播和炮孔中爆炸气体的准静态压力的综合作用的结果；空孔的存在使压缩应力波发生反射作用及在空孔壁面与炮孔连心线的交点上产生的应力集中（切向拉应力）起着重要的作用；起爆顺序以炮孔间隔先后微差起爆，以保证空孔的存在与作用，由于裂缝形成的同时，产生释放波在岩体中传播，致使裂缝附近应力峰值下降，不易再产生其他裂缝，提高了保留的围岩的稳定性[1]。

总之，保证预裂爆破成功的必要条件应当是不压坏孔壁和沿预定方向成缝。

一、不压坏孔壁

如前所述，炸药爆炸后，产生的冲击压力和高压气体的作用，将会使孔壁产生剧烈的破碎。要想不破坏孔壁，必须采用低爆速炸药或不耦合装药法，即药包直径小于钻孔直径，d 为药包直径，D 为钻孔直径，$\dfrac{D}{d}$ 称为不耦合系数。试验发现：药包与孔壁之间存在空气间隙。即不耦合系数大于 1，会大大降低孔壁所受的压力。伊藤一郎等曾测量过不同耦合条件下孔壁切向应力的变化，如图 12-2 所示的耦合系数为 2.5 时，作用在药室内壁的最大切向应力大约只相当于不耦合系数为 1.1 时的 $\dfrac{1}{16}$。因此，完全有可能将现有的常用炸药，采用不耦合装药方式来降低孔壁应力。把几万个大气压的压力值，降到几百千帕或几十千帕。当此压力值小于或极接近于岩石的极限抗压强度时，便可使孔壁不受爆破压缩破坏或者只有极少量的破坏[1]。

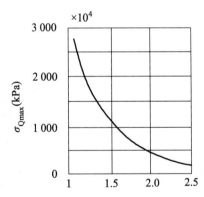

图 12-2　作用在药室内壁的切线方向应力与不耦合系数的关系

保证预定方向成缝，在不压坏孔壁的前提下，调整相邻孔的距离或者孔内的装药量便可达到。

二、爆炸应力波与高压气体联合作用理论

1. 预裂缝生成原理

根据预裂爆破的成缝原理，即爆炸应力波与爆炸气体联合作用原理，首先是爆炸压缩应

力波作用沿孔壁产生超过岩石动抗拉强度的切向拉应力，导致孔壁岩石产生径向封闭裂隙，与此同时在相邻孔壁造成应力集中。其次，在爆炸气体作用下初始裂隙继续延伸扩展，最终相互贯通，图 12-3 就是作者[11]制作的预裂缝生成原理图。

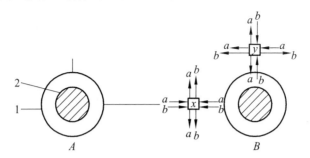

图 12-3　预裂缝生成原理

1—炮孔；2—装药

文献[11]指出：假定不耦合装药 A 和 B 同时起爆，在 x 和 y 处同时产生应力。y 点的应力 a（来自药包 A）与应力 b（来自药包 B）符号相反，拉应力与压应力各自相互抵消，不足以产生裂隙；而在 x 点，由药包 B 引起的应力则受到来自药包 A 的应力影响而增强。虽然压应力不足以造成岩石破坏，但岩石的抗拉强度低，使两药包连心线上产生拉断裂隙的条件优越于其他方向。此外，裂隙一旦产生，则用于扩展延伸裂隙所需的能量大大少于形成新的裂隙所需的能量，因而使裂隙能沿连心线方向进一步延伸而贯通。

2. 以粗略的模式论述其成缝理论

这一理论可以采用以下非常粗略的模式来描述：爆炸应力波由炮孔向四周传播，在孔壁及炮孔连线方向出现裂缝，随后在爆炸气体作用下，使原先的裂缝逐步发展扩大，最后形成平整的开裂面。

上述模式将预裂成缝机理分为两个过程，即应力波的作用过程和高压气体的作用过程，它们有先后，但又是连续的、不可分割的。

第一个过程，应力波的作用。当它从孔壁向周围传开后，引起的切向拉应力超过岩石的抗拉强度而使岩石破裂。最初的裂缝出现在从炮孔壁向外的短距离内。如果应力波在两孔之间能够发生叠加，那么，在此区段内，合成拉应力也可能使岩石产生裂缝。因此，应力波的作用，既能从炮孔壁向外产生裂缝，也能在炮孔之间出现某些发状破裂。上述裂缝可能连接起来。于是炮孔连线方向出现较长裂缝的概率较其他方向大得多。这些裂缝给预裂面的形成创造了有利的条件。

爆炸高压气体紧接着应力波作用到孔壁上，它的作用时间比应力波要长得多，孔周围便形成类似于静态的应力场[1]。相邻孔互相作用，并互位于应力场中。孔中连线方向产生很大的拉应力，孔壁两侧产生拉应力集中，由壁向外仍有拉应力作用。如果孔的间距很近，则炮孔之间全部是拉应力区，并达到足以拉断岩石的程度。从岩石抗压和抗拉强度的关系，可以定量地说明这一点：岩石抗拉强度一般是抗压强度的 $\frac{1}{10} \sim \frac{1}{30}$，为了保证孔壁不产生严重的破坏，预裂爆破设计要求爆炸气体作用在孔壁的压力不超过岩石的抗压强度。当孔距为孔径的 10 倍

（一般为 6~10 倍）时，图 12-4 中两孔间平均拉应力约为抗压强度的 $\frac{1}{10}$，而孔壁应力集中处为平均拉应力的 3 倍，也就是抗压强度的 $\frac{3}{10}$，而岩石的抗拉强度仅为抗压强度的 $\frac{1}{10} \sim \frac{1}{30}$，因此预裂面上平均拉应力为抗拉强度的 1~3 倍，孔壁集中应力为抗拉强度的 3~9 倍，这些数字可以说明，单靠爆炸气体的准静力作用，也有可能拉断岩石。而有了应力波产生的初始裂缝，缝端应力集中会使裂缝逐步扩展，以至形成贯通的裂缝，这就是所谓的"气刃效应"。由于爆炸气体作用时间比应力波长得多，其总能量也大得多，所以"气刃效应"不仅可以保证形成贯通的裂缝，还可使裂缝有一定的宽度，它所需的能量主要由气体准静应力过程提供的。爆炸高压气体作用是预裂缝最终形成的基本条件，起着主导作用[28]。

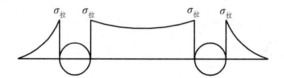

图 12-4　爆炸气体作用在孔壁上的压力与孔距的关系

第三节　预裂爆破参数的理论计算

20 世纪 60 年代以来，国内外对预裂爆破参数的理论计算进行了多方面的研究，提出了不同的计算式计算预裂爆破中常规爆破的参数、炮孔直径、炮孔间距、线装药密度、不耦合系数，最主要的是线装药密度和钻孔直径。

一、预裂孔线装药密度

1. 不同的计算方法的观点

对预裂装药密度，本节将列出国内学者不同的观点和方法如下：

① 美国尼亚加拉水电站预裂爆破总结中提出过一个方法[2]，此法是在保证不压坏孔壁的情况下，决定每米炮眼长度的药卷长度（即线装药密度），然后校核在此药量下两孔间距在某一数值时产生的拉应力是否大于岩石抗拉强度。校核通过即表示参数可以使用。

② 苏联阿·阿·阿费柯和伯·斯·艾里斯托夫在水工建设中的轮廓爆破一书中提出了另一个计算方法[42]。

文献[1]指出：以上两种方法都是以爆炸应力波的动力作为主要依据进行公式推导的，对于爆生气体作用没有考虑。

以上两个公式推导本身还不够严谨、完善，某些重要因素尚未包括在内。加之施工和地质条件复杂多变，公式中的因素很难正确选定。它们只能定性地反映主要参数间的关系和函数形式。

③ 我国原水利电力学院董振华、周祖仁、舒大强等[6]提出的线装药密度。他们提出不致使孔壁压坏的最大装药量称之为允许装药量，产生初始径向裂缝的最小装药量称为临界药量。

2. 实践中常用的炮孔装药的计算方法

在预裂爆破工作实践中，常用线装药密度 $Q_{线}$ 来表示炮孔装药量。当计算的体积装药密度 $\Delta_{允}$ 以克/厘米^3 为单位时，相应的线装药密度 $Q_{线}$ 将为：

$$Q_{线} = 100\pi r_c^2 \Delta (\text{g} / \text{m}) \tag{12-1}$$

当环向不耦合系数 $\eta = r_c / r_b$ 值确定后，单位孔深的装药长度 L_h 将为：

$$L_h = 100 \cdot \eta^2 \cdot \frac{\Delta}{\rho_0} \tag{12-2}$$

3. 断裂判据

原武汉水利电力学院朱传云[34]按照线弹性断裂力学原理，在不考虑岩石原始裂纹对爆破应力强度因子影响的条件下提出了控制预裂爆破的断裂判据，建立了预裂爆破的线装药密度计算公式（在应用准静态气体荷载对炮孔壁作用的前提下）。

（1）岩石的爆破断裂判据。

根据线弹性断裂理论，在岩石中进行预裂爆破时，预裂缝的扩展可近似认为属于 I 型裂纹，如图 12-5 所示，因此，爆破时欲使相邻炮孔之间能形成预裂缝并发生脆性断裂，则应满足以下的条件：

$$K_{\text{I}} \geqslant K_{\text{IC}} \tag{12-3}$$

式中　K_{I}——作用到炮孔壁上的爆炸荷载产生的应力强度因子（N/cm$^{3/2}$）；

　　　K_{IC}——岩石的断裂韧度值（N/cm$^{3/2}$）。

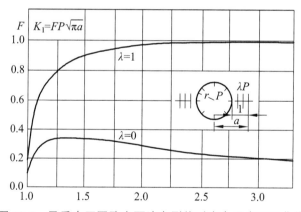

图 12-5　承受内压圆孔当两边有裂纹时应力强度因子曲线

当实施预裂爆破时，如果单耗药量能满足式（12-3）的要求，且炮孔间距适当，则在相邻炮孔连心线上能产生裂缝，并在失稳情况下向相邻炮孔延伸，最终使孔间裂缝贯通。

式（12-3）中的 K_{I} 可以根据图 12-5 的模型和式（12-4）算出。

$$K_{\text{I}} = FP\sqrt{\pi a} \tag{12-4}$$

式中　F——断裂影响系数；

　　　P——作用到炮孔壁上的爆炸荷载；

　　　a——初始裂纹长度，等于图 12-5 中原始裂纹长度 τ 与炮孔半径 r 之和。

由上所述，炮孔周围的原始裂纹长度不是一个定值，由于它的随机性，将会给爆破参数的计算带来一些困难。作为近似处理，可令原始裂纹长度 τ 趋于零，按图 12-5 中 $\lambda = 0$ 时的曲线，可查出 $F = 0.1$，则作用到炮孔壁上的临界压力 P_c 可用下式算出，即：

$$P_c = \frac{K_{IC}}{0.1\sqrt{\pi r}} \tag{12-5}$$

（2）文献[34]根据准静态气体对孔壁作用推导出的线装药密度计算公式。

由于爆生气体对预裂缝的形成起主要作用这一理论解释已被工程界广泛接受，因此，本节在考虑准静态气体荷载对炮孔壁作用的前提下，对预裂爆破的有关参数作出推导，并给出结论。

① 作用到炮孔壁上的准静态爆炸气体荷载。由凝聚性炸药爆轰理论可知，炸药爆炸时，爆炸气体的初始平均压力为

$$P_H = \frac{1}{2(k+1)}\rho v^2 \tag{12-6}$$

考虑到量纲的一致性，则

$$P_H = \frac{0.1}{2(k+1)}\frac{\delta}{g}v^2 \tag{12-7}$$

式中　P_H——爆炸气体的初始平均压力（MPa）；

　　　k——炸药的等熵指数；

　　　ρ_0——炸药的密度，$\rho_0 = \dfrac{\delta}{g}$，其中 δ 为炸药容重，g 为重力加速度；

　　　v——炸药的爆炸传播速度（m/s）。

若设爆生气体膨胀至孔壁时的压力为 P_0，则对应于 P_0、临界压力 P_I 及 P_H 的气体体积，分别为 V_0、V_I 和 V_H，根据爆生气体状态方程，则有

$$\frac{V_0}{P_H} = \frac{V_I}{V_H}\frac{V_0}{V_I}$$

$$= \left(\frac{P_H}{P_I}\right)^{1/k}\left(\frac{P_k}{P_c}\right)^{1/\gamma} \tag{12-8}$$

式中　γ——气体的绝热膨胀指数，取值为 1.4；

　　　其他符号意义同前。

令 Δ 为炮孔的体积装药密度（即炮孔单位积的装药量），则有 $\dfrac{V_0}{V_H} = \dfrac{\delta}{\Delta}$，将其代入式（12-8）中，就会算出炸药爆炸时作用到炮孔壁上的爆炸气体压力为：

$$P_c = \left(\frac{P_H}{P_k}\right)^{\gamma/k}P_k\left(\frac{\Delta}{\delta}\right)^{\gamma} \tag{12-9}$$

按照有关文献所提供的资料，在使用 2 号岩石硝胺炸药时，k 近似取值 1.84，爆破速度为 3.6 km/s，炸药密度为 1.0 g/cm³；所以，当使用 2 号硝胺炸药时，作用到炮孔壁上的爆炸气体压力 $P_c = 12\,908\Delta^{1.4}$。

② 临界线装药密度。

在预裂爆破中，人们习惯采用线装药密度 $Q_{线}$（g/m）来表示爆破的装药参数，则有

$Q_{线} = 100\pi\Delta\dfrac{D^1}{4}$（$D$ 为炮孔直径），代入 $P_c = 12\,908\Delta^{1.4}$ 中，则有：

$$P_0 = 28.71D^{-2.8}Q_{线}^{1.4} \qquad (12-10)$$

根据式（12-5）与式（12-10）相等的条件，则可得到预裂爆破的临界线装药密度 $Q_{线临}$ 为：

$$Q_{线临} = 0.402K_{IC}^{10.714}D^{1.643} \qquad (12-11)$$

③ 计算线装药密度。

按照式（12-5）与式（12-10）算出的爆炸荷载对炮孔壁的压力只是起码条件，虽然这个荷载有可能使预裂向相邻炮孔失稳扩展，但当来自岩体的阻力超过某个值后，裂缝的扩展就会终止，而不能贯通相邻炮孔。为了使相邻炮孔间的裂缝能贯通，故设预裂爆破的炮孔间距为 a，则每个炮孔的裂缝应向相邻炮孔延伸的距离即为 $\dfrac{A}{2}$，此时，爆炸荷载应为 P_0'' 可按下式计算：

$$P_0'' = \left(1 + \frac{a}{0.036\,7\pi K_{IC}^{10.714}D^{2.736}}\right) \times \frac{K_{IC}}{\sqrt{\pi r}} \qquad (12-12)$$

由式（12-10）与式（12-12）相等的条件，即可得出：

$$Q_{线计} = 0.078K_{IC}^{0.714}D^{1.643} \times \left(1 + \frac{a}{0.036\,7\pi D^{2.736}}\right)^{0.714} \qquad (12-13)$$

或

$$Q_{线计} = 0.193\left(1 + \frac{A}{0.036\,7\pi D^{2.736}}\right)Q_{线临} \qquad (12-14)$$

几种常见岩石的断裂韧变值见表 12-1。

表 12-1　几种常见岩石的断裂韧变值

岩石名称	花岗岩	砂岩	石灰岩	石英闪长岩	大理岩	正长岩	片岩
岩石断裂韧度（N/cm$^{3/2}$）	604~845	227~563	440	450~700	347~1 155	1 181	570~999

二、裂缝的扩展和预裂孔间距的理论计算

文献[33]指出，初始裂缝的扩展可按平面应变状态来考虑，取图 12-6 所示的圆孔两侧有裂缝的分析简图进行分析。

设 a_0 为初始裂缝长度，P_0 为爆生气体压力，σ_{N0} 为岩体初始应力在预裂线方向的法向分量。初始裂缝为张开型，其应力强度因子为：

$$K_I = K_{IC} + K_{I\sigma_s} = P_0\sqrt{\pi a_0} \cdot f(s) - \sigma_{N0}\sqrt{\pi a_0} \cdot F(s) \qquad (12-15)$$

式中：$f(s)$ 和 $F(s)$ 分别为圆孔影响系数，由下式决定：$s = a/(r_1 + a)$，当 s 由 0 趋近于 1 时，$f(s)$ 则由 2.243 趋近于 1，而 $F(s)$ 则由 3.356 趋近于 1。显然，当 $K_I = K_{IC}$ 时，裂缝就会沿原方向扩展。

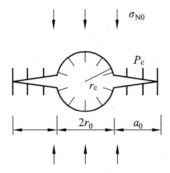

图 12-6 圆孔两侧有裂缝的分析简图

初始裂缝扩展的特点是：最初能量过剩，致使裂缝高速扩展，其后能量迅速衰减，裂缝扩展变慢，并随即停止扩展。这种动态扩展过程较为复杂，要具体确定裂缝的止裂长度 a_R，依靠现有的断裂动力学理论还较困难。作为近似处理，我们用断裂判据 $K_I = K_{IC}$ 所确定的静态条件下裂缝稳定扩展的 a_m 值，作为初始裂缝在爆生气体作用时所能扩展的最小值。

$$P_S = P_1 \left(\frac{v_c}{v_1} \right)^{1.4} = P_1 \left\{ \frac{\pi r_c^2}{(1+\zeta)[\pi r_c^2 + 2I(a+r_c)]} \right\}^{1.4} \tag{12-16}$$

式中：ζ 为爆生气体损失比例系数，它反映使裂缝扩展的有效体积与气体损失体积之比；c 为裂缝的平均宽度，P_1 由式（12-8）确定。以 P_S 和 a_m 代替式（12-15）中的 P_0 和 a_0，并令 $K_I = K_{IC}$，则

$$K_I = P_1 \left[\frac{\pi r_c^2}{(1+\zeta)[\pi r_c^2 + 2I(a_m + r_c)]} \right]^{1.4} \cdot \sqrt{\pi a_m \cdot f(s)}$$

$$-\sigma_{N0} \sqrt{\pi a_m \cdot F(s)} = K_{IC} \tag{12-17}$$

由式（12-17）可看出，当装药密度确定后，针对特定岩石的断裂韧性和岩体初始应力，这一公式是一个只有一个未知数 a_m 的一元方程。解此方程，便可求得裂缝所能扩展的最小长度 a_m。

若取炮孔间距 $a = (a_m + r_c)$，则相邻孔间的裂缝可以贯通，但孔连心线中部范围的缝宽将很小，因为气体膨胀到此范围时，已无力拓宽裂缝。对于主要起减震阻裂作用的裂缝来讲，缝宽是一个很重要的质量指标，所以，为了保证裂缝交汇后爆生气体仍有力量拓宽裂缝，炮孔间距应按下式确定：

$$a = K(a_m + r_c) \tag{12-18}$$

式中 K 是小于 2 的系数，可根据工程质量要求通过试验确定。式（12-18）是从分析成缝机理出发，将成缝过程和孔距定量联系起来了，这对指导参数的设计是有意义的[6]。

三、边坡预裂爆破的参数

岩质边坡开挖施工过程中无疑要用到爆破技术，爆破对边坡稳定性的影响与爆炸能量、爆破地震波传播形式和边坡的性质有关，来自边坡施工开挖爆破所产生的地震效应，对岩质

边坡稳定性的影响是极其复杂的岩体工程地质力学问题，作为一种影响边坡稳定的外部因素，越来越受到关注，如何将爆破震动降到最低，而又不影响施工质量，是亟待解决的重要问题。

为了降低爆破震动，施工中常采用预裂爆破。预裂爆破是沿预定的爆破边界按一定的间距布置一排预裂爆破钻孔，在钻孔中装较少量的不耦合药包，在主爆孔起爆之前先起爆预裂孔，使炸药爆炸的冲击波到达预裂面时被折射、扩散、扰动和吸收，破坏能力大大削弱，从而可以避免或大为降低主爆孔爆破对预裂面以外岩体的松动和破坏，提高边坡的稳定性。因此，对预裂爆破参数的优化研究具有一定的实际意义。

文献[8]通过大量的预裂爆破试验及数值模拟，得出了适合于露天工程边坡的预裂爆破参数。

1. 试验参数

（1）炮孔间距。

炮孔间距的大小直接影响预裂缝的宽度和坡面的平整度，根据经验[35]，中硬以上岩体，$a = (8 \sim 12)d$，软弱岩层 $a = (6 \sim 8)d$，当 $d \leqslant 60\,\mathrm{mm}$ 时 $a = (9 \sim 14)d$，软岩取小值，硬岩取大值。

（2）线装药密度 $Q_{\text{线}}$。

炮孔装药结构上要尽可能使药卷和炸药能量分布均匀，预裂爆破应采用底部连续、中段和上部间隔的装药形式。先将药卷按照设计的规格、数量和间隔距离绑扎在导爆索上，构成药串，再通过导爆索引爆。为了克服孔底的夹制作用，确保裂缝到底，底部 $(1.5 \sim 2.0)a$ 高度范围内加强装药，线装药密度取 $(2.4 \sim 4)\rho_1$；孔口 $0.8 \sim 1.5\,\mathrm{m}$ 处不装药，进行堵塞；不装药段以下 $1 \sim 2\,\mathrm{m}$ 处（称为减弱段）岩层相对较软，为防止表层岩石抬升松动，线装药密度取 $(1/3 \sim 1/2)\rho_1$。

该预裂爆破试验中，线装药密度 Q_1 首先采用文献[3]的计算公式 $Q_1 = 0.36\sigma_{\text{压}}^{0.60}a^{0.67}$ 和长江水利委员会推荐的经验公式[1] $Q_1 = 0.83\sigma_{\text{压}}^{0.50}a^{0.60}$ 进行计算，然后再结合工程实际进行试验。表 12-2 为不同孔距所对应的线装药密度理论计算值与工程试验值的对比表，不难发现试验值与计算公式[30]吻合较好。

表 12-2　几种常见岩石的断裂韧变值

a(cm)	$Q_{1c}^{[3]}$(g/m)	$Q_{1c}^{[1]}$(g/m)	Q_{1c}(g/m)
50	252.42	189.69	$215 \sim 340$
80	345.85	251.49	$355 \sim 560$
120	453.80	320.76	$390 \sim 620$
150	526.98	366.71	$485 \sim 765$
200	639.00	435.80	$555 \sim 875$

（3）装药不耦合系数。

为减轻爆破对孔壁的冲击压力，不致使孔壁破坏，通常采用不耦合装药，不耦合系数 $\eta = d/d_0$（d_0 为药卷直径）。该工程试验表明，所设计的线装药密度只有在采用的药卷满足径向不耦合系数 $\eta = 1.5 \sim 4$（$D < 100\,\mathrm{mm}$ 时，η 取 $1.5 \sim 3$；$D > 100\,\mathrm{mm}$ 时，η 取 $3 \sim 4$）时，才能形成质量较好的预裂缝。表 12-3 为该边坡预裂爆破试验所采用的部分参数值，其爆破效果依据半孔率、微裂隙多少和边坡平整度模糊定性为较好或较差。

表 12-3　边坡部分预裂爆破试验参数[35]

d_b(mm)	a(mm)	d_b(mm)	η	Q_l(g/m)	爆破效果
42	500	25	1.68	220	较好
42	600	32	1.31	300	较差
89	700	25	3.56	350	较差
89	800	32	2.78	500	较好
105	1 000	25	4.20	400	较差
105	1 000	32	3.28	550	较好
120	1 200	25	4.80	450	较差
120	1 200	35	3.43	600	较好
120	1 500	35	3.43	700	较差

2. 预裂爆破数值模拟[35]

（1）计算模型与破坏判据。

许名标等首先建立实体模型，采用四边形自由网格划分技术划分网格，炸药和空气的网格共节点，并与岩石网格相对独立。由于该模型只是半无限岩体的一部分，出现了人为的边界，为了减少计算量和消除人为边界处的反射波对结构动力响应的影响，计算过程中将模型外围上、下、左、右 4 条边界线设定为非反射边界。图 12-7 为实体模型剖面网格划分图。

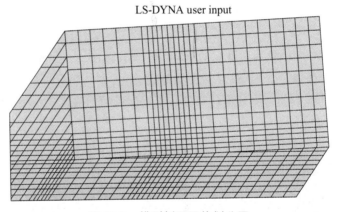
LS-DYNA user input

图 12-7　模型剖面网格划分图

考虑到模型单元过多，计算过程要花费大量的时间，有时甚至导致计算无法顺利进行，故先不设置岩石失效命令 MAT-ADD-EROSION，根据第一强度理论即最大拉应力理论，通过应力等值线图来判断岩石的破坏情况。如果破坏成立，再次建立只需选取模型 Z 轴方向（炮孔延深方向）的"准二维"（沿孔深方向仅取 2 mm 厚度）实体模型，通过失效命令直接判断岩石破碎成缝效果[6-7]。笔者分别针对 4 种炮孔直径（d_b=42 mm、89 mm、105 mm、120 mm），通过改变炮孔间距 a、d_c 药卷直径，建立了 4 组 40 个（每组 10 个）不同的计算模型。

（2）结果分析。

从爆炸冲击波传播过程不同时刻的云图可以看出，由于空气间隙的存在，炸药起爆瞬间，爆炸冲击波衰减明显，当冲击波作用到孔壁上后，随即在岩体内产生应力波，并主要向两炮孔中心连线方向传播。首先，裂纹在两个炮孔之间产生并有沿两炮孔中心连线方向传播的趋势；随着两炮孔间的应力波相遇，经叠加后继续向四周传播，裂纹继续扩展；最后，两炮孔中心连线间的裂纹贯通，形成平整的断裂面。在两炮孔间纵向中心线及横向中心连线上分别选取两单元，其应力时程曲线分别如图 12-8、图 12-9 所示。

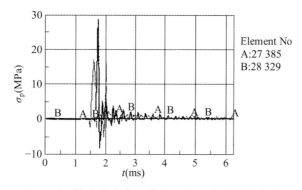

图 12-8　炮孔纵向中心线上两单元应力时程曲线

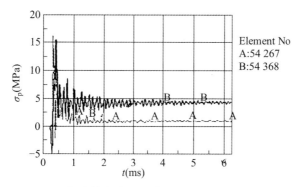

图 12-9　炮孔横向中心连线上两单元应力时程曲线

应力时程曲线显示，所选的 4 个单元的最大拉应力（分别为 15.3 MPa、16.0 MPa、17.4 MPa 和 28.1 MPa）均大于边坡岩体的动抗拉强度（7.2 MPa）。随着传播距离增大，爆炸冲击波衰减增多，根据第一强度理论即最大拉应力理论，可以认为两炮孔延伸平面上任意单元都被拉坏，预裂孔中心连线上有裂缝产生。也就是说边坡在此预裂爆破的作用下预裂缝形成并具有比较好的减震隔震效果[35]。

文献[35]对所建立的 40 个模型通过数值计算并分析发现，当有关参数选取如表 12-4 所示时，预裂缝贯通速度快、时间 t 短，中心连线外的其他部位微裂隙很少，断裂面平整，爆破效果相对理想。图 12-10 为与表 12-4 所示参数相对的 4 种模型的预裂爆破效果图。

通过对模拟结果回归分析可知，当炮孔直径一定时，炮孔间距 a(mm)、线装药密度 Q(g/m)、不耦合系数 η 三者之间存在如下关系[35]：

$$a = 0.215\eta + 0.001Q_1 - 0.083$$

该式显示，当炮孔直径 d_b 选定时，预裂爆破的炮孔间距 a 主要与不耦合系数 η 有关，而线装药密度 Q_1 的影响相对较小，当线装药密度 Q_1 一定时，在适当范围内增加不耦合系数 η，炮孔间距 a 增大，这说明不耦合装药爆炸破岩，降低了爆轰产物及应力波作用于孔壁的初始压力，减少了孔壁的破坏，但延长了作用时间，使裂缝扩展时间增长，加大了裂缝扩展距离，

即增加了孔间距 a。

表 12-4　爆破效果理想的预裂爆破参数

模型编号	$d_b(\text{mm})$	$a(\text{mm})$	$d_c(\text{mm})$	η	$Q(\text{g}/\text{m})$	$t(\mu\text{s})$
1	42	500	25	1.68	220	145
2	89	800	32	2.78	500	200
3	105	1 000	32	3.28	550	250
4	120	1 200	35	3.43	600	345

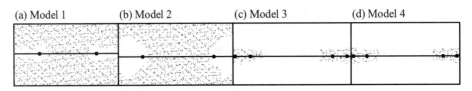

图 12-10　不同参数对应的模型预裂爆破效果

（3）表 12-4、图 12-10 结果中的中硬以上岩石适用参数如表 12-5 所示。

表 12-5　中硬以上岩石适用的爆破参数

开挖深度（m）	钻孔直径（mm）	钻孔间距（mm）	药卷直径（mm）	爆破效果
$H<4$	42	11.9D 即 500 mm	25	理想
$H>4$	89	9.0D 即 800 mm	32	理想
	105	9.5D 即 1 000 mm	32	理想
	120	10D 即 1 200 mm	35	理想

其他情况爆破较差。

3. 结论[35]

（1）通过大量的爆破试验，得出了适合于该边坡的炮孔直径 D、炮孔间距 a、线装药密度 Q_1、不耦合系数 η 等一系列常规预裂爆破参数。

（2）通过 ANSYS/LS-DYNA 数值模拟，得到了 4 种炮孔直径 D 对应的理想预裂爆破参数，与爆破试验结果基本一致。根据模拟结果，通过回归分析得出，当炮孔直径 D 一定时，炮孔间距 a、线装药密度 Q_1、不耦合系数 η 之间存在一个简易公式，可用于指导该工程的后续施工，也为类似工程提供了参考。

（3）采用爆破试验与数值模拟相结合的方法得到的各个参数值，比单纯的爆破试验或数值模拟所得的结果更有说服力，对于该边坡爆破开挖更具有指导意义。实践证明，将数值模拟结果反馈到施工现场用以指导施工，再以施工效果进一步验证数值模拟的正确性，对于经验科学，非常重要。

（4）数值模拟采用了一些假设，这无疑削弱了模拟的准确性，尽管对指导工程实践具有一定的积极意义，但要使模拟的结果更精确就必须进一步减少假设，使所建立的模型应尽量符合实际边坡岩体。

四、根据现场生产设备用类比法确定爆破参数

1. 爆破参数

根据现场设备及条件，采用孔径 $d_b=100\,mm$，孔深一般为 $15\,m$，采用 $2^{\#}$ 岩石炸药，毫秒迟发雷管起爆。

预裂爆破参数主要有孔距、不耦合装药系数及装药密度等。

首先根据已有工程经验，用类比法确定孔距 a，不耦合装药系数 d_b/d_c 及线装药密度。

（1）根据炸药爆炸的孔壁压力应小于岩体抗压强度计算 d_b/d_c。

$$\frac{d_b}{d_c} \geqslant \left(\frac{n \cdot \rho_0 \cdot D^2}{8K_b S_c}\right)^{1/6} \qquad （12-19）$$

式中：n——爆生气体与孔壁碰撞时压力增大系数，$n=8\sim10$；

ρ_0——炸药密度，$\rho_0=1\,g/cm^3$；

D——炸药爆速，$D=3\,200\,m/s$；

K_b——在体积应力状态下岩体抗压强度增大系数，$K_b=10$；

R_c——岩体抗压强度，$R_c=200\,kg/cm^2$。

由（12-19）式得 $d_b/d_c=2$

（2）孔距 a 计算。

$$a = 2\rho_a + \left(\frac{P_b}{S_t}\right)d_b \qquad （12-20）$$

式中：ρ_a——炮孔产生的裂缝长度；

P_b——爆生气体充满炮孔时的静压；

S_t——岩体抗拉强度。

由（12-20）式算出 $a=1.0\sim1.05\,m$。

（3）按阿贝尔余容状态方程计算装药密度[35]。

$$\Delta = 273 \cdot \eta \cdot S_c /(273\alpha\eta S_c + 1.033\gamma T) \qquad （12-21）$$

式中：η——爆生气体压力系数，$\eta=1.1$；

α——爆生气体余容，$\alpha=0.66$；

γ——炸药比容，$\gamma=924\,L/kg$；

T——爆温，$T=2\,787\,°C$。

$$Q = \Delta \times \pi r^2 b \qquad （12-22）$$

按（12-22）式算出 $Q_{线}=\Delta \times \pi\gamma_b^2=174.4\,g/m$，故前确定的 $Q_{线}$ 能满足要求。

2. 现场实施参数取值

$d_b=100\,mm$，孔深 $15\,m$，$a=0.8\sim1.0\,m$，$Q_{线}=200\sim250\,g/m$，$\eta=3.1$，在工地进行。

试验采用炸药 $d_c=3.2\,mm$，长度 $200\,mm$，为克服孔底夹制作用，孔底装药密度为 $2.5\sim4$ 倍，平均装药密度即 $750\,g$ 左右，其余药量均布炮孔其他部分，孔口堵塞 $1.5\sim2.0\,m$，当孔口裂隙发育时加大为 $3\sim4\,m$。

3. 爆破效果

地表裂隙一般在 3 ~ 15 cm，半边孔率可达 85%，不平整度 ≤ 15 cm，裂缝减震效果为 35% ~ 70%，声波测试的破碎带为 0.3 ~ 0.7 m；而且根据炮孔产生的裂缝长度计算可知，在保证预裂爆破质量条件下，仍有 0.45 m 左右的径向裂缝[37]，故由此亦可验证预裂爆破效果是理想的[9]。

第四节　预裂爆破参数与岩石强度的关系

关于岩石强度对预裂爆破的影响，目前尚有不同看法。有些学者认为岩石强度对预裂爆破效果的影响不大，不是重要因素；有些则认为岩石强度应是预裂爆破设计的主要依据之一。

文献[38]的作者曾对几种岩石作了小试件的预裂（或劈裂）爆破试验。结果表明：其他条件一定时，取得预裂爆破成功的最大炮孔距离与岩石强度有密切的关系。而且得出了预裂爆破的炮孔间距与岩石抗拉强度比和抗压强度有着更好的相关性的结论。

一、现有的经验

根据各研究者已发表的有关资料，预裂爆破的装药不耦合系数以 2 ~ 4 为宜，不小于 1.5。此时，炮孔间距与炮孔直径之间的关系大部分作者推荐的孔间距系数（孔距与孔径之比）介于 7 ~ 14，选值范围较宽。那么，在实际设计与施工中究竟根据什么原则才能比较准确地确定炮孔间距系数呢？文献[38]的作者认为：在其他参数一定的前提下，应该按照岩石的强度来选取炮孔间距系数。

在这方面，长江施工设计处和长江水利水电科学研究院曾根据施工实践，总结出在不同的炮孔直径下，根据岩石抗压强度选择炮孔间距系数的经验数据。同时明确指出，在保证不压坏孔壁的装药量确定之后，能否形成预裂面与岩石强度密切相关。从使用的角度考虑，以岩石抗压强度决定孔距的经验公式如下：

$$R_c = 10 \text{ MPa 时}, \quad a = 35 + \frac{d_b}{2} \text{（cm）}$$

$$R_c = 30 \sim 80 \text{ MPa 时}, \quad a = 25 + \frac{d_b}{2} \text{（cm）}$$

$$R_c \geqslant 800 \text{ MPa 时}, \quad a = 20 + \frac{d_b}{2} \text{（cm）}$$

其中　　R_c——岩石抗压强度（MPa）；

　　　　d_b——炮孔直径（mm）；

　　　　a——炮孔间距（cm）。

为了进一步摸索岩石强度与预裂效果之间的关系，文献[38]的作者曾对小模样的岩石试件作了劈裂爆破试验，同时测定了岩石抗压和抗拉强度，目的在于找出炮孔间距或间距系数究竟与岩石的何种强度性能更具有相关性。

根据以上裂缝的形成机理不难得出：在其他条件恒定时，预裂的难易程度及成功与否取决于岩石的抗拉强度。

二、预裂爆破与岩石强度关系分析

根据科蒂斯（Coates）的岩石力学原理，预裂爆破的炮孔间距可由下式计算：

$$a = d_b \left(\frac{P_b}{\sigma_{dt}} + 1 \right) \qquad （12-23）$$

式中　d_b——炮孔直径；

　　　P_b——炮孔压力；

　　　σ_{dt}——岩石动载抗拉强度。

其中，炮孔压力可取下式计算：

$$P_b = P_e / \eta^2$$

式中　P_e——炸药的爆压，$P_e = \rho D^2$，ρ 和 D 分别为炸药的密度和爆速；

　　　η——不耦合系数，连续装药 $\eta = d_b / d_e$，径向间隔装药 $d_b = d_b / d_e \cdot \sqrt{e}$，其中 d_b、d_e 分别为装药和炮孔直径，e 为装药实际长度与炮孔长度之比。

根据预裂爆破不压碎孔壁的设计原则，炮孔压力不应超过岩石的动载抗压强度 σ_{dc}，即 $P_b \leqslant \sigma_{dc}$。显然，为满足此条件，在已知 σ_{dc} 时，可通过选择炸药种类或不耦合系数来达到。

令 $K = P_b / \sigma_{dc}$，则由（12-23）式得：

$$a = (K+1)d_b \qquad （12-24）$$

因为预裂爆破成功的最大孔距 $a_{b\,max}$ 所对应的临界条件是 P_b / σ_{dc}，则有：

$$K_{max} = \sigma_{dc} / \sigma_{dt}$$

所以

$$a_{b\,max} = (\sigma_{dc} / \sigma_{dt} + 1)d_b \qquad （12-25）$$

由（12-25）式可知，对某一岩石 K_{max} 为常数。只要确定了炮孔直径，炮孔的最大间距就随之而定了。

在实际施工中，若 $K > K_{max}$（$P_b > \sigma_{dc}$），虽然孔距可增大，但孔壁易压碎；而 $P_b = \sigma_{dc}$ 的临界条件是难以满足的。因此，对重要的或服务年限长的边坡工程，一般取 $P_b < \sigma_{dc}$。

同理，在 P_b 不超过 σ_{dc} 的前提下，对于给定的炮孔直径 d_b，炮孔间距就与岩石的动抗拉强度成反比[38]。

通过文献[11]对上述分析说明：预裂爆破参数的确定必须考虑岩石的动载强度性质。然而，有关岩石在爆炸荷载作用下的强度性质，至今研究仍不深入，还没有一种通用简便的测定动载强度值的标准方法。尤其是岩石动载抗拉强度值的参数更缺乏，往往需要在现场试验、调整孔距，以获得最大预裂孔距。

三、文献[11]进行的岩石静载强度等与距离的关系试验

岩石静载强度、岩石抗拉强度和劈裂爆破等三个方面的试验方法如表 12-6 所示。试验选用无肉眼可见裂纹的均质砂岩、灰岩、花岗岩等七种不同硬度的岩石进行。

表 12-6　岩石动载强度、岩石抗拉强度和劈裂爆破试验方法

试验项目	测定方法或采用设备	加载率 (kg·cm^{-2}·s^{-1})		试件规格	结果平均取值的试件个数
岩石静载强度试验	标准压力机上测定	软岩	3.5	ϕ 50.8 mm 长度 101.8 mm	3 ~ 4
		硬岩	7.0		
岩石抗拉强度	压拉法 (简接拉伸法或巴西法)			ϕ 50.8 mm 厚度 25.4 mm	10
劈裂爆破	用镶硬质合金的麻花钻头钻孔	炮孔深等于试块厚度		长 305 ~ 610 mm 宽 305 ~ 610 mm 厚 305 mm	炮孔布置见图 12-11 炮孔参数见表 12-7 炮孔数目随孔距而定

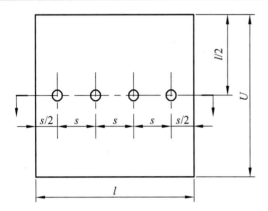 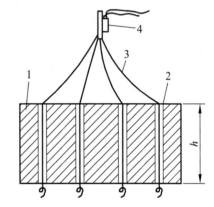

图 12-11　炮孔布置图

1—试件；2—炮孔；3—导爆索；4—电雷管

表 12-7　劈裂爆破参数

炮孔直径 (mm)	炮孔深度 (mm)	导爆索药芯直径 (mm)	装药不耦合系数	PETN 体密度 (g/m)	PETN 线装药密度 (g/m)	爆速 (m/s)	爆压 (MPa)	炮孔压力 (MPa)
9.525	305	1.524	6.25	1.76	3.19	7 000	10 780	132.6

对每种岩石进行改变孔距的试验，每次孔距的改变量为 5 ~ 10 mm。试验得出两种极端孔距，一为劈裂成功的最大孔距，另一为孔间不形成贯穿裂缝时的最小孔距。具体数据列于表 12-8。

表 12-8　试验结果

岩种	岩石强度（MPa）		炮孔距离（mm）	
	抗压	抗拉	成功最大距离	失败最小距离
风化砂岩	33.5	0.9	140	150
软灰岩	37.3	2.6	100	105
砂岩	97.9	4.0	95	100
花岗正长岩	151.9	4.6	95	100
白云质灰岩	60.2	5.0	90	100
大理岩	124.4	6.3	80	90
花岗岩	196.8	7.7	75	85

四、试验结果与讨论[38]

岩石试块劈裂为两半是由于拉伸应力超过抗拉强度而拉断的。试验所得到的劈裂面,除风化砂岩在眼壁上发现少量碎裂外,其他几种岩石均无压碎和肉眼可见裂隙。虽然试验所用炮孔压力(计算结果)为 132.6 MPa,而被试岩石的静载抗压强度为 33.5 ~ 196.8 MPa,但由于岩石的动载抗压强度高于静载挤压强度(一般认为前者为后者的 1.5 ~ 2.0 倍)所用的炮孔压力仍低于岩石的动载挤压强度(风化岩石和软灰岩偏高)。

由表(12-8)数据可以看出:劈裂成功的最大炮孔间距与岩石抗压强度大致呈反比关系,但相关性差。例如,花岗正长岩的挤压强度比砂岩高得多,但孔距却相同;白云质灰岩的抗压强度比花岗正长岩低得多,而前者孔距反而小。

应该注意,炮孔间距与岩石抗拉强度有很好的相关性(图 12-12)。经回归分析,将本试验条件下劈裂成功的最大孔距、孔间距系数和单位预裂面的装药量等列于表 12-9。

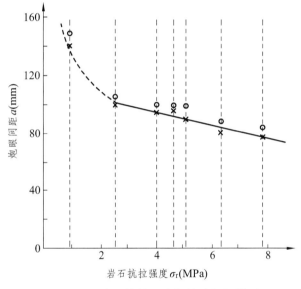

图 12-12 岩石抗拉强度与炮孔间距关系

×—劈裂成功的最大孔距;❸—劈裂失败的最小孔距

表 12-9 岩石抗拉强度与劈裂爆破参数

岩种	抗拉强度 (MPa)	炮孔距离 (mm)	炮孔间距系数 ($S_b S_e$)	单位预裂面装药量 (g·cm^{-2})
风化砂岩	0.9	140	14.70	22.79
软灰岩	2.6	103	10.81	30.97
砂岩	4.0	95	9.97	33.58
花岗正长岩	4.6	93	9.76	34.30
白云质灰岩	5.0	90	9.45	35.44
大理岩	6.3	85	8.92	37.53
花岗岩	7.7	75	7.87	42.53

由图 12-13 和表 12-9 可以得出[38]：劈裂爆破在炮孔压力保持不变时，炮孔间距或炮孔间距系数随岩石的抗拉强度增加成比例地减小。按照压拉裂法测得的抗拉强度可将岩石大致分为三类：软岩 $\sigma_t < 3$ MPa；中硬岩 $\sigma_t = 4 \sim 6$ MPa；坚硬岩石 $\sigma_t \geq 7$ MPa。与之对应的炮孔间距系数分别为：$11 \sim 15$、$9 \sim 10$ 和 ≤ 8。

由于预裂爆破与劈裂爆破的原理基本相同，则由试验所得到的结果和规律对预裂爆破是同样适合的[38]。

第五节 露天矿预裂爆破施工

预裂缝形成的原因及过程基本上与光面爆破中沿中心连线产生贯通裂缝形成破裂面的机理相似。不同的是，预裂孔是在最小抵抗线相当大的情况下，在主爆孔之前起爆的。

一、预裂爆破参数一般施工时采用的计算式

1. 炮孔直径

预裂爆破实践表明[39]，预裂劈面的超欠挖和不平整度主要取决于钻孔精度。可以这样说，预裂爆破的成败，60%取决于钻孔质量，40%取决于爆破技术。

炮孔的偏差直接关系到边坡的超欠挖，预裂钻孔的放样、定位和钻孔施工中角度的控制决定着钻孔质量。一般施工放样的平面误差不应大于 5 cm。钻孔定位是施工的重要环节，对于不能自行走的钻机，铺设导轨往往是不可少的；而对于能自行走的钻机则必须注意机体定位。钻孔过程应有控制钻杆角度的技术措施。

在预裂面内的钻孔左右偏差比在设计预裂面前后方向的钻孔偏差危害要小一些。因为它尚不至于给超欠挖带来过大的影响，仅仅使相邻钻孔之间平面内的不平整度增大。

一般孔径愈小，则孔痕率愈高。国外及水平建筑中一般采用 $53 \sim 110$ mm 的孔径，在矿山由于缺乏所需的专用设备，只好采用生产钻机来钻预裂炮孔，其直径有 150 mm、170 mm、200 mm，也能获得满意的效果[13]。

2. 不耦合系数

根据国内外资料，不耦合系数一般以 $1.5 \sim 4$ 为宜，地下隧道及巷道开挖取 $1.5 \sim 4$，明挖及大型硐库中的深孔爆破取 $2 \sim 4$。在允许的线装药密度下，不耦合系数可随孔距的减少而适当增大，岩石挤压强度大，应选取小的不耦合系数[13]。

3. 线装药密度

采用合适的线装药密度以控制爆炸能对新壁面的损坏，其原则跟光面爆破时相同。针对不同地点，不同工程应有不同的合理线装药密度值，可通过实地试验加以确定[12]。

（1）冶金行业施工中多采用以下公式：

① 地下隧道爆破：$Q_{线} = 0.034[\sigma_{压}]^{0.6} \cdot [a]^{0.6}$ （12-26）

② 用于深孔爆破：$Q_{线} = 0.042[\sigma_{压}]^{0.5} \cdot [a]^{0.6}$ （12-27）

（2）经验公式[13]。

① 保证不损坏孔壁的线装药密度：

$$Q_{\text{线}} = 2.75[\sigma_{\text{压}}]^{0.53} \cdot [r_b]^{0.38} \tag{12-28}$$

该式使用范围：$\sigma_{\text{压}} = 10 \sim 150\,\text{MPa}$，$r = 46 \sim 170\,\text{mm}$。

② 保证形成贯通邻孔裂缝的线装药密度[13]：

$$Q_{\text{线}} = 0.36[\sigma_{\text{压}}]^{0.63} \cdot [a]^{0.67} \tag{12-29}$$

该式使用范围：$\sigma_{\text{压}} = 10 \sim 150\,\text{MPa}$，$r = 40 \sim 170\,\text{mm}$，$a = 40 \sim 130\,\text{cm}$。

式中：$Q_{\text{线}}$——线装药密度（kg/m）；

$\quad\quad \sigma_{\text{压}}$——岩石极限抗压强度（MPa）；

$\quad\quad a$——炮孔间距（m）；

$\quad\quad r_b$——预孔半径（mm）；

4. 孔　距

预裂爆破时预裂孔的孔距同孔径有关，一般为孔径的 10～14 倍，岩石硬度大时取大值。

5. 预裂孔深

确定预裂孔深度的原则是确保不留根底和不破坏台阶底部岩体的完整性。因此，要根据工程的实际要求来选取。例如，在剥离界线上凿岩时，要根据预估孔底爆破效果来确定超深值。

二、经验取值

（1）文献[40]推荐预裂爆破不同钻孔直径相应的其他参数的取值见表 12-10。

表 12-10　预裂孔爆破参数[40]

孔径（mm）	预裂孔距（m）	线装药密度（kg/m）	孔径（mm）	预裂孔距（m）	线装药密度（kg/m）
40	0.3～0.5	0.12～0.38	100	1.0～1.8	0.7～1.4
60	0.45～0.6	0.12～0.38	125	1.2～2.1	0.9～1.7
80	0.7～1.5	0.4～1.0	150	1.5～2.5	1.1～2.0

（2）文献[39]推荐预裂爆破参数经验数据见表 12-11、表 12-12 所示。

表 12-11　预裂爆破参数经验数据

钻孔直径（mm）	装药密度（kg·m⁻¹）	药卷牌号	直径（mm）	钻孔间距（m）	钻孔间距与钻孔直径的比值	备注
30		古力特		0.25～0.50	8～17	
37	0.12	古力特		0.30～0.50	8～13.5	
44	0.17	古力特		0.30～0.50	7～11	U.兰格福斯建议值
50	0.25	古力特		0.45～0.70	9～14	
62	0.35	那比特	22	0.55～0.80	9～13	
75	0.50	那比特	25	0.60～0.90	8～12	

钻孔直径 （mm）	装药密度 （kg·m⁻¹）	药卷牌号	直径 （mm）	钻孔间距 （m）	钻孔间距与钻 孔直径的比值	备注
87	0.70	狄纳米特	25	0.70~1.00	8~11.5	
100	0.90	狄纳米特	29	0.80~1.20	8~12	U.兰格福斯
125	1.40	那比特	40	1.00~1.50	8~12	建议值
150	2.00	那比特	40	1.20~1.80	8~12	
200	3.00	狄纳米特	52	1.50~2.10	7.5~10.5	

表 12-12 预裂爆破参数经验数值

岩石性质	岩石抗压强度（MPa）	钻孔直径（mm）	钻孔间距（mm）	装药密度（g·m⁻¹）
软弱岩石	<5	80	0.6~0.8	100~180
		100	0.8~1.0	150~250
		80	0.6~0.8	180~300
中硬岩石	50~80	100	0.8~1.0	250~350
次坚石	80~120	90	0.8~0.9	250~400
		100	0.8~1.0	300~450
坚石	>120	90~100	0.8~1.0	300~700

注：药量以 2 号岩石铵梯炸药为标准，间距小者取小值，大者取大值；节理裂隙发育者取小值，反之取大值。

（3）兰尖铁矿预裂爆破推荐值。

兰尖铁矿预裂爆破推荐值见表 12-13 所示。

表 12-13 兰尖铁矿预裂爆破参数推荐值

矿岩种类		岩体性质		预裂孔参数								缓冲孔参数		
		f	$\sigma_压$	η	d_0	I_0	L_t	Q_x	a_y	b_y	Q_xL_x	Q_y	a_h	b_h	Q_h
岩石	流层状辉长岩	16	161.5	4.1	49	130	3.0	1775	2.0	2.5	22	21	4.5	3.5	122
	中粗粒辉长岩	21	215.0	3.9	51	82	2.5	1961	2.1	2.6	25	24	4.0	3.6	123
	细粒辉长岩	22	248.4	3.7	54	19	2.5	2179	2.2	2.8	28	25	4.5	3.8	147
	大理岩 M	8	75.7	4.7	43	318	3.5	1350	1.9	2.4	16	17	4.5	3.4	106
矿石	高品位矿 Fe₁	8	82.2	4.6	43	318	3.5	1410	1.9	2.4	17	17	4.0	3.4	94
	中品位矿 Fe₂	12	125.5	4.3	47	185	3.5	1613	2.0	2.5	19	19	4.0	3.5	97
	低品位矿 Fe₃	17	171.3	4.0	50	105	3.0	1864	2.1	2.6	23	21	4.5	3.6	126
	表外矿 MFe	16	155.6	4.1	49	130	3.0	1774	2.0	2.5	22	21	4.5	3.5	122

表中：f—硬度系数；$\sigma_压$—极限挤压强度（MPa）；η—不耦合系数；d_0—当量药卷直径（mm）；I_0—药卷间距（mm）；L_t—堵塞长度（m）；Q_x—线装药密度（g/m）；Q_xL_x—最大线装药量（kg）；Q_y、Q_h—单孔药量（kg）；a_y、a_h—孔间距（m）；b_y、b_h—排距（m）。

（4）文献[41]应用工程类比法和岩石不同极限抗压强度，分别列出预裂爆破参数值。

①工程类比法给出的参数值见 12-14 所示。

表 12-14　预裂爆破参数的经验值及解析值

瑞典兰格弗斯推荐值				计算值	
D（mm）	q（kg/m）	a（m）	a^*（m）	$a^*/q^{0.5}$（—）	$\bar{a}^*$（—）
44	0.17	0.30~0.50	0.40	0.73~1.22	0.98
50	0.25	0.45~0.70	0.57	0.90~1.40	1.15
62	0.35	0.55~0.80	0.67	0.93~1.36	1.14
75	0.50	0.60~0.90	0.75	0.85~1.27	1.06
87	0.70	0.70~1.00	0.85	0.83~1.19	1.01
100	0.90	0.80~1.20	1.00	0.84~1.26	1.05
125	1.40	1.00~1.50	1.25	0.85~1.27	1.06
平均值					1.06

② 根据类别、极限抗压强度列出常见岩石预裂爆破参数，见表 12-15 所示。

表 12-15　常见岩石预裂爆破线装药密度的经验值

岩石类别	极限抗压强度（MPa）	参数	钻孔直径 D（mm）				
			50	75	100	125	150
坚石	60 以上	a	0.45~0.65	0.75~0.95	1.1~1.3	1.45~1.65	1.8~2.1
		q'	215~340	355~560	390~620	485~765	555~587
		q''	$L>10$ m，$q''=5q'$；$L=5\sim10$ m，$q''=4q'$；$L=3\sim5$ m，$q''=3q'$				
次坚石	30~60	a	0.4~0.5	0.65~0.75	0.9~1.1	1.2~1.4	1.5~1.8
		q'	155~215	250~355	280~390	345~485	395~555
		q''	$L>10$ m，$q''=4q'$；$L=5\sim10$ m，$q''=2.5q'$；$L=3\sim5$ m，$q''=q'$				
软石	5~30	a	0.3~0.4	0.5~0.6	0.75~0.85	0~1.2	1.2~1.5
		q'	60~155	100~250	115~280	140~345	160~395
		q''	$L>10$ m，$q''=3q'$；$L=5\sim10$ m，$q''=2q'$；$L=3\sim5$ m，$q''=q'$				

注：① 表中，a—钻孔间距（m）；q'—线装药密度（全孔装药量扣除底部增加装药量除以装药段长度）（g/m）；q''—孔底装药密度（kg/m）。② 表列 q' 值按 40 耐冻胶质炸药计，并以不耦合系数在 2~3 为选用条件。③ 堵塞长度在 0.8~1.3 m 选取。

（5）二江电厂深孔预裂爆破与国内外预裂爆破主要参数对照表。

二江电厂深孔预裂爆破与国内外预裂爆破主要参数对照如表 12-16 所示。

表 12-16　二江电厂深孔预裂爆破与国内外预裂爆破主要参数对照表

序号	工程名称及项目		岩石性质	孔径（mm）	孔距（m）	孔深（m）	线装药密度（kg/m）	炸药
1	国外预裂爆破参数	（苏）努列斯克水电站	砂岩 $[R]=70\sim90$ MPa		0.9		0.5	
		（美）德·科·本克海德电站	中等坚硬有裂隙及层状岩石	114	0.75	33.5	0.6~0.8	胶质炸药
		洛更	软弱薄板页岩	100	0.60		0.339	胶质炸药
		伊尼诺斯大坝	砂岩	76	0.9	13.4	0.328	胶质炸药

序号	工程名称及项目	岩石性质	孔径（mm）	孔距（m）	孔深（m）	线装药密度（kg/m）	炸药
2	二江预裂爆破试验参数	葛洲坝二江	65	0.9	3.5	0.257（0.198）	硝铵炸药
				0.75		0.21（0.16）	
3	施工采用参数（浅孔）	二江电厂	170	1.0~1.2	7.0	0.275	硝铵炸药
				1.0~1.2	7.5	（0.24）	
4	按葛洲坝公式计算参数	二江电厂	65	0.8	13~25	0.280	硝铵胶质炸药
			100	1.0		0.250	
5	按苏联公式计算参数	二江电厂	65	0.8	0.139	0.139（0.107）	硝铵炸药
		$[R]_压$=30 MPa	100	1.0	13~25	0.243（0.187）	
6	按美国公式计算参数	二江电厂	65	0.8	13~25	0.106	硝铵炸药
		同上	100	1.0		0.244（0.188）	
7	施工采用参数（深孔）	二江电厂	65	0.8	13~25	0.16	胶质炸药
		同上	100	1.0		0.20	

注：（　）值表示折算成胶质炸药后的数值。

三、预裂爆破钻孔布置

预裂爆破钻孔布置依据本施工现场设备和边坡岩石性质而定，预裂分直孔预裂和倾斜孔预裂，一般倾斜孔预裂爆破效果好于垂直孔的效果。但重要的是炮孔排列与炮孔参数及辅助孔与预裂炮孔的距离、辅助炮孔与主炮孔的距离。

1. 本钢歪头山铁矿的经验[44]

采用 45-R 牙轮钻，d=250 mm，Q=（10~12）d 则 a=2.5~3 m。1986 年使用 KOD-80 型多方位潜孔钻机穿凿预裂孔，a=（10~12）d 则 a=1.2 m。

（1）直孔预裂：直孔预裂孔打在台阶坡底线上；辅助孔与预裂孔间距要适当，过小时，爆破后可能破坏预裂面；过大时，可能在预裂面和辅助孔间产生根底，一般取 4.5~5 m，辅助孔间距为 7~8 m，孔深 13~14 m，超深 1~2 m；辅助孔间距主炮孔 5 m；主炮孔在邻近边坡最后一次爆破时要求排数少，一般为 2~3 排，掌子面要求清渣，以减少主爆区的爆破后冲作用。

（2）斜孔预裂爆破：直孔预裂爆破虽然也起到了一定程度的预裂减震作用，但还存在不足之处。1986 年以来，歪头山铁矿应用 KQD-80 型多方位潜孔钻机穿凿预裂炮孔进行斜孔预裂爆破实践。孔径 90 mm、100 mm、120 mm，采用钻孔直径为 100 mm，a=1.2 m。爆区布孔；预裂炮孔为倾斜炮孔、辅助炮孔、减震炮孔，主炮孔均采用垂直炮孔，用 45-R 牙轮钻穿凿炮孔，具体布孔参数见表 12-17 所示。

表 12-17　斜孔预裂爆破布孔参数

预裂孔孔间距（m）	辅助孔孔间距（m）	辅助孔距预裂孔孔底（m）	辅助孔距减震孔（m）	减震孔孔间距（m）	减震孔距预裂孔底（m）	减震孔距主炮孔（m）	辅助孔孔深（m）	减震孔孔深（m）
1.2	5	2~3	3~4	7	1~1.5	4	5~6	13

2. 南芬铁矿预裂爆破

（1）设计确定的边坡要素。

阶段高高度：工作段高 12 m，靠帮并段段高 12 m。

阶段坡面角：工作上盘 70°，下盘 55°。

最终上盘 65°，下盘 46°。

平台宽度：安全平台 5 m，清扫平台 20 m。

每隔两个安全平台设置一个清扫平台，运输平台 30 m。

（2）预裂孔的布置。

① 对于上盘，预裂孔以倾向采场 65°角布置在境界线上，超深 0.5 m，孔距 1.7 m，与辅助孔的排间距为 3 m（详见《南芬铁矿预裂爆破设计图》）。

② 对于下盘预裂孔以倾向采场 60°角布置在境界线前方 4.7 m 处，超深 0.5 m，孔距 1.6 m与辅助孔的排间距为 4 m，详见《南芬铁矿预裂爆破设计图》。

③ 缓冲孔及辅助孔：缓冲孔的孔网参数与主爆孔符合递减的原则，以垂直孔布置在辅助孔的前方，超深 0.5 m，孔距 4~5 m，与主爆孔的排间距为 6.5~7.5 m。辅助孔是一排与预裂孔同倾向同倾角的半截孔，起辅助破碎作用，可避免出大块，孔距为 4~5 m，与缓冲孔的排距：上盘为 5~6 m，下盘为 5.5~6.5 m，详见设计图。

四、预裂爆破钻孔布置图

1. 预裂爆破炮孔平面布置

预裂爆破炮孔平面布置如图 12-13 所示。

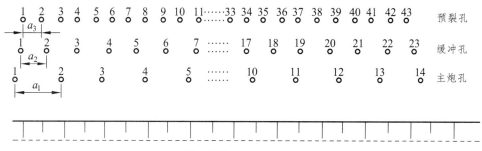

图 12-13　预裂爆破炮孔平面布置（紫金山金矿）

2. 直孔预裂爆破布置图

（1）白银露天矿直孔布置如图 12-14。

（2）露天矿预裂爆破预裂孔布置如图 12-15。

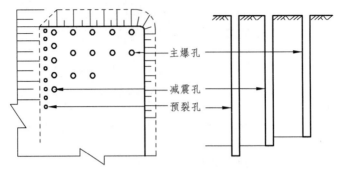

图 12-14　预裂爆破炮布孔（白银露天矿）

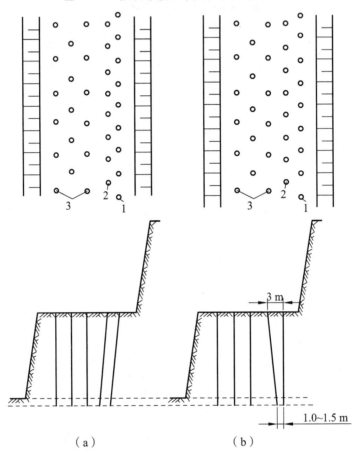

图 12-15　露天矿预裂爆破预裂孔的布置

1—预裂孔；2—缓冲孔；3—主爆破炮孔组

3. 斜孔预裂爆破

（1）斜孔预裂爆破布孔参数如图 12-16。

（2）南芬铁矿预裂爆破设计如图 12-17 ~ 图 12-19。

（3）预裂爆破试验炮孔布置如图 12-20。

（4）预裂的超深值（h）及超长值（S）示意如图 12-21。

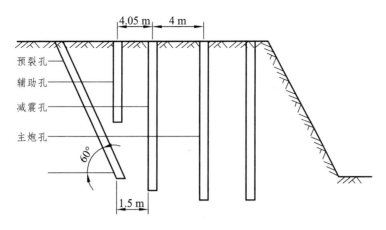

图 12-16　斜孔预裂布孔参数示意

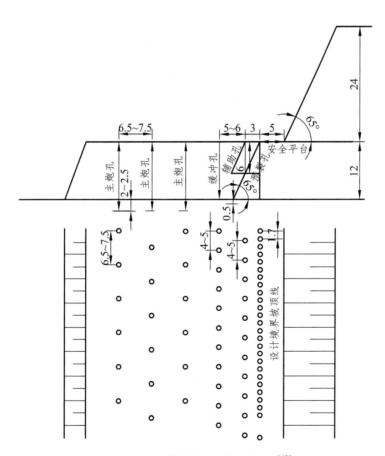

图 12-17　南芬铁矿预裂爆破设计[42]

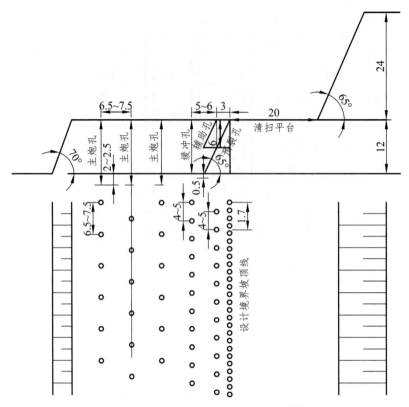

图 12-18　南芬铁矿预裂爆破设计[42]

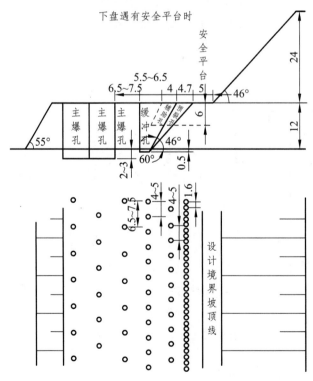

图 12-19　南芬铁矿预裂爆破设计[42]

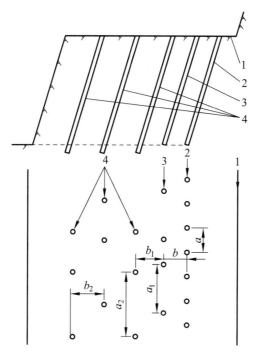

图 12-20　预裂爆破试验炮孔布置示意图

1—设计台阶境界线；2—预裂孔；3—缓冲孔；4—主爆孔；
a=2.5 m；b=3 m；a_1=5.0 m；b_1=3.5 m；a_2=8.0 m；b_2=4.5 m

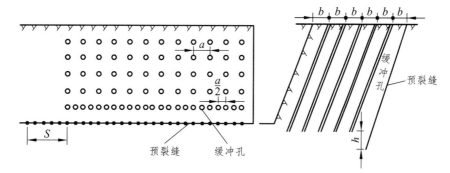

图 12-21　预裂缝的超深值（h）及超长值（S）示意图[39]

五、预裂孔、缓冲孔装药结构

预裂爆破、预裂孔、缓冲孔装药结构如图 12-22 所示。

六、堵　塞

一般堵塞 0.6~2 m。为了保证预裂爆破效果，应该进行堵塞，但是也有人主张预裂爆破的炮孔可以不堵塞。有时为了减弱孔口部的影响，可将顶部 1~3 m 的线装药密度作适当减少，不过坚持不堵塞观点的人已越来越少[39]。

堵塞时先用牛皮纸团或编织袋放入堵塞段的下部，再回填钻屑。

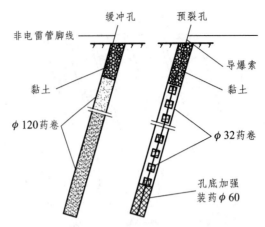

图 12-22　预裂孔、缓冲孔装药结构示意图

七、预裂爆破网络连接及起爆

1. 预裂爆破网络连接与起爆

预裂爆破采用导爆索同时起爆，孔外用导爆索并联每个炮孔内的导爆索，最后用火雷管起爆导爆索。主炮孔比预裂孔后起爆，其间隔时间≥50 ms 或 100 ms，用两发毫秒 5 段非电导爆管雷管连接到预裂孔的导爆索上。爆破网络如图 12-23 所示。

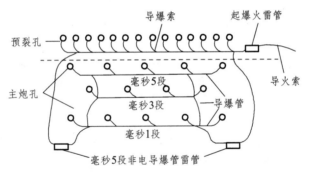

图 12-23　爆破网络连接示意图[43]

2. 预裂爆破预裂孔与主爆破的起爆时差

（1）预裂孔一般超前主爆孔 50 m 以上起爆。

（2）但在水孔区如没有排水条件，也可以使预裂孔超前主爆孔一个星期以上起爆，以合顺预裂缝排除地下水，达到更好的爆破效果。

（3）部分金属矿预裂孔与主爆孔起爆时差，主张同次起爆，预裂孔超前起爆时间以 100～150 ms 为宜。文献[12]主张预裂孔与主爆区炮孔一起爆时，预裂孔应在主爆孔爆破之前，其时差为 75～110 ms。

3. 预裂炮孔的起爆方式

（1）斜线起爆。

试验表明：主爆孔及缓冲孔的起爆方式是斜线起爆。或斜线起爆加大延时，使前一序的爆破为后一序列创造更充分的补偿空间，减小后冲作用。

（2）预裂爆破采用对角波起爆[45]

预裂爆破宜采用非对心不耦合装药结构，避免药卷起爆时对台阶坡面侧孔壁的直接压碎作用。缓冲孔因药柱重心低，为减少上部大块，应采用每孔分段或隔孔分段装药结构。主爆孔与缓冲孔起爆顺序可以是排间顺序起爆、对角波浪型起爆等。实践证明，在预裂爆破中主爆孔与缓冲孔宜采用如图 12-24 所示的对角波浪型微差起爆方式，这样使紧靠预裂缝的缓冲孔顺序起爆，既能避免大量气体进入预裂缝，又能降低震动。这种起爆程序在裂隙的岩体中也能取得较好的预裂效果[45]。

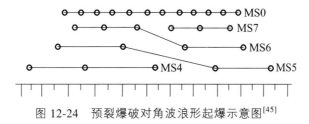

图 12-24 预裂爆破对角波浪形起爆示意图[45]

（3）预裂爆破的分段起爆[19]。

由于预裂爆破是在夹制条件下的爆破，振动强度很大，有时为了防震，可将预裂孔分段起爆见图 12-25 所示，一般采用 25 ms 或 50 ms 延时毫秒雷管。在分段时一段的孔数在满足振动要求条件下尽量多一些，但至少不应少于 3 孔。实践证明孔数越多时，有利于预裂成缝和壁面整齐。

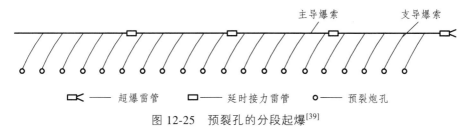

图 12-25 预裂孔的分段起爆[39]

第六节　预裂爆破在水电站高陡边坡工程中的应用

一、向家坝水电站左岸 300 m 高程以上预裂爆破施工技术

向家坝水电站工程是继三峡、溪洛渡工程之后的国内第 3 个大型水电站，是在金沙江流域开发上与溪洛渡同时规划设计和施工的水电站。向家坝左岸 300 m 高程以上边坡开挖工程是其开工以来的第 1 个主体施工标。[46]

1. 工程施工概述

向家坝水电站左岸高程 300 m 以上边坡工程上起上游导流明渠进口，下至下游引航道出口，全长约 1 530 m，最大坡高约 260 m。边坡马道高差一般为 20 m，马道宽度一般为 3 m。开挖坡比强风化岩石为 1∶1.75～1∶1.25，其余部位为 1∶1～1∶0.75，338～383 m 高程工程之间布置有宽度为 13 m 的斜向上坝公路。磨刀溪沟下游 300 m 高程布置有宽度为 13 m 的进厂公路，与进厂交通洞相连。

300 m 高程以上边坡采用挂网喷混凝土封闭，布置系统锚杆和锚索进行加固，并设有由边坡表面排水沟网、排水孔及排水洞组成的排水系统。

缆机平台开挖高程为 490～560 m 与 300 m 双上边坡高程邻接。

该工程于 2004 年 12 月 18 日开工，边坡开挖于 2006 年 6 月 30 日全部结束，共开挖土石方 968 万立方米[46]。向家坝水电站高陡边坡预裂爆破试验参数见表 12-18。

表 12-18　向家坝水电站高陡边坡预裂爆破试验参数表[46]

试验区	预裂爆破				保护层爆破				梯段爆破				
	a (m)	b (mm)	Δ (g·m⁻¹)	(L) (m)	$a \times w$ (m×m)	$\Delta_{线}$ (g·m⁻¹)	d (mm)	$\phi_{药}$ (mm)	d (mm)	$a \times b$ (m×m)	H (m)	q (kg·m⁻³)	最大单响 (kg/响)
18 号坝段	1.2	110	350～400	18.2									
18 号坝段	1.0	110	330～370	17.9									
17 号坝段	1.0	110	300～350	18.5	0.7×0.8	130～170	42	32	110	3×3	7.0	0.4	150
17 号坝段	0.8	110	300～320	19	0.5×0.8	100～150	50	25	110	3×2.5	7.0	0.43	120
16 号坝段					0.6×0.8	100～150	50	25					
17 号坝段									110	4×3	11.0	0.45	160
17 号坝段									110	4×2.5	11.0	0.48	200

注：（1）向家坝岩石为砂岩。（2）预裂爆破：堵塞长度为 1.5 m。（3）保护层：① 钻孔机械为 TY-28；② 水平孔循环进尺均为 4 m；③ 钻孔倾角下倾 1～2.5°。（4）梯段爆破：① 堵塞长度在 1.7～3.0；② 炸药总量分别依次为 960 kg、890 kg、990 kg、1 020 kg。

2. 爆破施工[42]

航道边坡爆破施工框架图见图 12-26，坝基开挖爆破施工框架图见图 12-27。

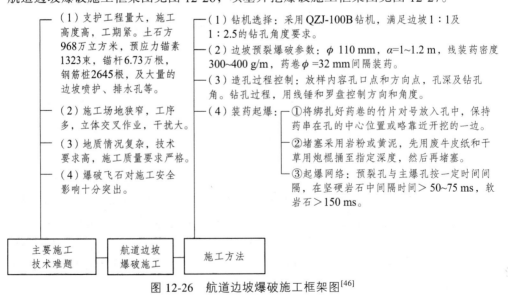

图 12-26　航道边坡爆破施工框架图[46]

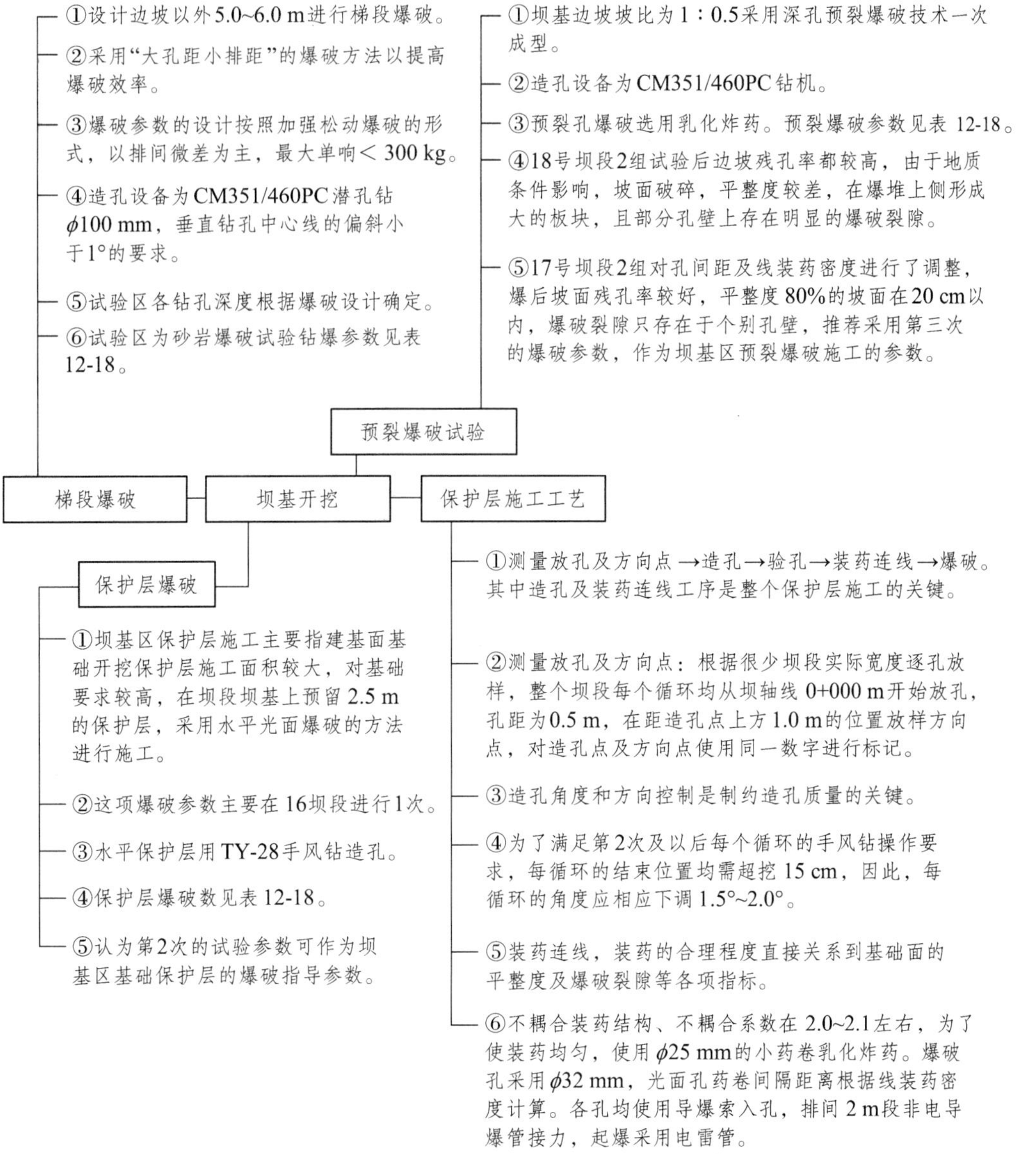

①设计边坡以外5.0~6.0 m进行梯段爆破。

②采用"大孔距小排距"的爆破方法以提高爆破效率。

③爆破参数的设计按照加强松动爆破的形式，以排间微差为主，最大单响＜300 kg。

④造孔设备为CM351/460PC潜孔钻 ϕ100 mm，垂直钻孔中心线的偏斜小于1°的要求。

⑤试验区各钻孔深度根据爆破设计确定。

⑥试验区为砂岩爆破试验钻爆参数见表12-18。

①坝基边坡坡比为1：0.5采用深孔预裂爆破技术一次成型。

②造孔设备为CM351/460PC钻机。

③预裂孔爆破选用乳化炸药。预裂爆破参数见表12-18。

④18号坝段2组试验后边坡残孔率都较高，由于地质条件影响，坡面破碎，平整度较差，在坝堆上侧形成大的板块，且部分孔壁上存在明显的爆破裂隙。

⑤17号坝段2组对孔间距及线装药密度进行了调整，爆后坡面残孔率较好，平整度80%的坡面在20 cm以内，爆破裂隙只存在于个别孔壁，推荐采用第三次的爆破参数，作为坝基区预裂爆破施工的参数。

预裂爆破试验

梯段爆破　　坝基开挖　　保护层施工工艺

保护层爆破

①坝基区保护层施工主要指建基面基础开挖保护层施工面积较大，对基础要求较高，在坝段坝基上预留2.5 m的保护层，采用水平光面爆破的方法进行施工。

②这项爆破参数主要在16坝段进行1次。

③水平保护层用TY-28手风钻造孔。

④保护层爆破数见表12-18。

⑤认为第2次的试验参数可作为坝基区基础保护层的爆破指导参数。

①测量放孔及方向点→造孔→验孔→装药连线→爆破。其中造孔及装药连线工序是整个保护层施工的关键。

②测量放孔及方向点：根据很少坝段实际宽度逐孔放样，整个坝段每个循环均从坝轴线0+000 m开始放孔，孔距为0.5 m，在距造孔点上方1.0 m的位置放样方向点，对造孔点及方向点使用同一数字进行标记。

③造孔角度和方向控制是制约造孔质量的关键。

④为了满足第2次及以后每个循环的手风钻操作要求，每循环的结束位置均超挖15 cm，因此，每循环的角度应相应下调1.5°~2.0°。

⑤装药连线，装药的合理程度直接关系到基础面的平整度及爆破裂隙等各项指标。

⑥不耦合装药结构、不耦合系数在2.0~2.1左右，为了使装药均匀，使用 ϕ25 mm的小药卷乳化炸药。爆破孔采用 ϕ32 mm，光面孔药卷间隔距离根据线装药密度计算。各孔均使用导爆索入孔，排间2 m段非电导爆管接力，起爆采用电雷管。

图12-27　坝基爆破开挖施工框架图[46]

3. 预裂爆破施工效果的声波测试

（1）对左非18坝段基岩及边坡岩体进行岩体声波测试[36]：共布置了6个孔，分别做6组单孔和4组跨孔的声波测试。工作量为单孔测试210 m，跨孔14 m。为了使测试用探头在声波测试孔内移动方便，本次声波检测选择造孔孔径为110 mm。

（2）单孔测试选择基岩面范围1、2、3岩孔和边坡范围4、5、6号孔分别进行岩体声波测试。跨孔测试时，基岩面范围内选择1~2号、2~3号、2组跨孔进行岩体声波测试，边坡范围内选择4~5号、5~6号、2组跨孔进行岩体声波测试，孔口与孔口之间的距离均为1.5 m[46]。

（3）试验孔口距爆破区边缘线最近为2 m。

（4）坝基（左坝基）声波测试结果见表12-19。

表 12-19　基岩面（左坝肩）和边坡声波测试结果

测试地点	最大单响药量（kg）	爆前波速（m/s）				爆后波速（m/s）				波速变化率（%）
		最大值	最小值	平均值	集中分布范围	最大值	最小值	平均值	集中分布范围	
左非 18 坝段基岩面岩体	≤50	5 290	2 340	3 880	3 000～4 000	4 760	2 540	3 580	3 000～4 000	$\eta<10$
左非 18 坝段边坡岩体	110	5 110	1 690	3 670	4 000（±）	5 040	1 660	3 530	4 000（±）	$\eta<10$

4. 向家坝水电站边坡爆破质量分析

（1）左岸高程 300 m 以上及其他边坡工程的质量。

左岸高程 300 m 以上及其边坡工程的质量见表 12-20 所示。

（2）边坡开挖质量好，如向家坝水电站进水口边坡预裂爆破效果见效果图例。

表 12-20　左岸高程 300 m 以上及其他边坡工程的质量

地点	共计评定单元工程（个）	优良单元（个）	合格率（%）	优良率（%）	半边孔率（%）	平整度	超欠挖
左岸高程 300 m 以上	2 751	2 402	100	85.9	85 孔壁无明显爆破裂隙	基本控制在 20 cm 以内	大面积控制在 50 cm 以内，局部超过 50 cm（主要集中在坡脚部分）
对于边坡开挖工程边坡开挖宏观现象	156	121	100	77.6			

二、预裂爆破在小湾水电站高陡边坡开挖中的应用

小湾水电站位于云南省西部南涧县与凤庆县交界的澜沧江中游河段与黑惠江交汇口下游 1.5 km 处，系澜沧江中下游河段规划的 8 个梯级中的第 2 级。电站总库容 149.14 亿立方米，是澜沧江中下游河段梯级电站的"龙头水库"，具有不完全多年调节性能，装机容量 4 200 MW，多年平均年发电量 189.9 kW·h，是澜沧江流域水电开发的关键工程。电站枢纽工程由混凝土双曲拱坝、坝后水电塘及二道坝、右岸地下引水发电系统、左岸泄洪洞等组成，坝身设泄洪表孔、中孔和放空底孔。两岩边坡最高达 687 m，是目前世界上最高的水电站边坡[47]，左岸边坡开挖分两部分进行，一部分为坝顶 1 245 m 高程以上台阶坡比从 1∶0.65 递增至 1∶0.25 进入坝肩槽开挖以后边坡除了预留 1 m 宽的马道外，台阶坡面均为直立坡。开挖高差为 395 m；另一部分为 1 245～1 000 m 的坝肩槽和水电塘边坡开挖，开挖高差达 245 m，设计开挖方量为 329.8 万立方米[47,48]。

1. 小湾水电站高陡边坡开挖中的爆破技术

（1）预裂爆破设计。

① 在小湾高边坡开挖中，有三种规格钻孔直径：ϕ 80 mm、ϕ 90 mm、ϕ 105 mm。使用较多的是钻头直径 ϕ 89 mm，成孔后的炮孔直径 ϕ 90 mm，实施中，部分采用了 ϕ 80 mm 和

$\phi 105 \text{ mm}$ 的炮孔直径。

②线装药密度与岩石的地质结构和物理力学性质密切相关，根据各部位岩体特性计算公式如下：

$$q_1 = 0.36\sigma_c^{0.63} \cdot a^{0.67}$$ （12-30）

式中：q_1——线装药密度（g/m）；σ_c——岩体极限抗压强度（kg/cm²）；a——钻孔间距（cm）。见表12-21。

③不耦合系数：由现场药卷直径有$\phi 25 \text{ mm}$ 和$\phi 32 \text{ mm}$，炮孔直径$\phi 80 \text{ mm}$，$\phi = 90 \text{ mm}$，$\phi = 105 \text{ mm}$ 三种，因此不耦合系数为2.5～4.2。

（2）爆破试验结果推荐的爆破参数。

钻孔间距：众所周知，炮孔间距a的大小主要取决于炸药性质、不耦合系数、岩体结构和岩石的物理力学性质，通过试验采用如下公式进行计算：

$$a = (8 \sim 12)d_b (d_b > 60 \text{ mm})$$ （12-31）

$$a = (9 \sim 14)d_b (d_b \leqslant 60 \text{ mm})$$ （12-32）

文献[47]根据技术要求进行爆破参数试验，试验的参数包含：预裂爆破参数、主孔爆破参数、缓冲孔参数。在对试验结果进行全面分析的基础上，对采用90 mm的炮孔推荐的爆破参数列于表12-21。

表12-21　爆破参数

炮孔类型	孔距（m）	排距（m）	线装药密度（g·m⁻¹）	装药结构	堵塞长度（m）	炸药单耗（kg·m³）
预裂爆破	0.8	强风化 a=0.8，弱风化 a=1.0，局部地方 a=0.6，a=1.2m	250～300（强风化）300～400（弱风化）	不耦合	1.5～2.5	
缓冲孔	2.0	1.5		混合装药	2.0～2.5	0.5～5.5（强风化）0.55～0.60（弱风化）
主爆孔	2.5～3.5	2.0～3.0		连续装药	2.0～2.5	0.5～0.55（强风化）0.55～0.60（弱风化）

（3）开挖爆破方案。

台阶工作面呈条带状，总长度为200～300 m，宽10～85 m，根据台阶工作特点试验两种，开挖方案[47]见图12-28。方案（a）为垂直边坡方向前后不分爆破区的方案，沿澜沧江流向分区，横向不分区。这种方案一次爆破排数多，最多达26排。方案（b）垂直边坡方向前后分区爆破方案，即纵向分区，横向也分区，这种开挖方案可以控制爆破规模，但增加了循环作业次数。

（4）起爆网络。

采用非电起爆系统，实行孔间、排间顺序微差，这样每个炮孔都可以从更多的自由面反射压缩波，各炮孔可以为后继的炮孔起爆提供新的自由面，且爆堆较为集中。在抛散时，不仅有前后排岩块碰撞，而且还有两侧边岩块碰撞，即存在三次碰撞的可能[48]。

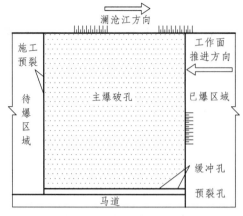
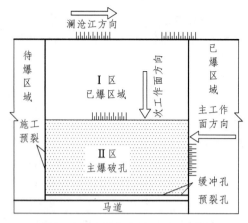

（a）垂直边坡方向前后不分区爆破　　　　　　（b）垂直边坡方向前后分区爆破

图 12-28　两种开挖方案示意图[48]

2. 小湾水电站左岸坝肩槽开挖爆破技术

（1）左岸坝肩槽工程地质概况和设计要求。

① 工程地质概况。

左岸坝肩槽基岩岩性主要为黑云花岗片麻岩和角闪斜长片麻岩，两种岩层均属薄层透镜状片岩。坝址地段岩层呈单斜构造，横河分布，产状为 N75°~85°W，WE∠75°~90°。左岸坝基槽地段分布有 3 条大的断层，产状为 EW 走向，陡倾角。岩体风化以表层均匀风化为主，山脊部位的风化厚度大，冲沟和山坳地段风化层相对较薄，左岸强风化岩体底界埋深（铅直方向）一般为 10~20 m，弱风化岩体底界埋深一般为 40~50 m。受岸坡高差影响，岩体卸荷作用强烈，卸荷裂隙发育。其中强卸荷带地震波纵波速度 v_p 一般小于 2 500 m/s，卸荷带地震纵波波速 v_p 一般为 3 000~4 000 m/s[47]。

② 设计要求。

左岸坝肩槽设计高程为 1 245~1 000 m，垂直开挖高度为 245 m，其中高程 1 245~1 210 m 段为垂直边坡的推力墩部分；高程 1 210~1 000 m 段为倾斜建基面斜槽部分，其建基面为渐变坡面，平均坡度为 1∶1.313，最缓坡度为 1∶1.606。总开挖量约为 230 万立方米。预裂进尺 102 080 m。

设计要求在开挖爆破中孔位打设偏差不大于 5 cm，孔深允许超欠深度不超过 5 cm，孔斜误差为孔深的 1.5%。距爆破梯段顶面 10 m 处的拱坝建基面岩体震速小于 15 cm/s。整个建基面轮廓线不允许有欠挖，超挖控制在 20 cm 以内，平整度控制在 15 cm 以内[46]。

（2）爆破梯段、钻孔设备和爆破参数的选择

电站左岸坝肩槽高程 1 210~1 000 m 段设计部分 10 m 高差坡比有一定变化，以及工期要紧、开挖强度大，结合国内同类工程开挖经验，选定 10 m 为一个梯段的分段预裂爆破法，并于 2003 年 10 月进行生产试验，在试验中预裂爆破选用 φ25~φ32 mm 的乳化炸药，竹片绑扎，主爆孔选用 φ70~90 mm 的乳化炸药，起爆网络采用非电起爆，其中松动爆破采用梯段微差爆破。经试验，钻孔设备和参数见表 12-22 所示，炮孔布置见图 12-29、图 12-30。[47,49]

表 12-22 钻孔设备和爆破参数表[47]

爆破 类型	钻爆型号	钻孔直径 （mm）	装药直径 （mm）	孔距 （m）	排距 （m）	孔斜 （°）	炸药单耗 （kg·m³）	线装药密度 （g·m⁻¹）
主爆孔	CM351	105~110	90	3.5	3	75	0.58	
	ROCD7HCR1200	89	70	3.0	2~2.5	75	0.56	
预裂孔	YQ-100B	100	32	0.8		坡比		300~350
边坡缓冲	CM351	89	50~60	2.0	距预裂孔 1.5~1.8	坡比		2 500~2 800
马道或平 台预裂	YQ-100B	100	32	0.8		0		350~450
	手风钻	42	25	0.4~0.5		0		180~240

图 12-29 典型平面布孔示意图[47]

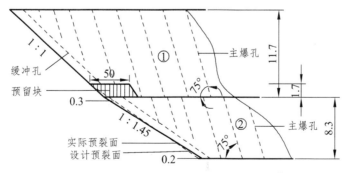

图 12-30 预裂面由陡变缓开挖示意图[49]

（3）装药连线。

开挖采用 1 号或 2 号岩石乳化炸药，导爆索或塑料导爆管传爆破，毫秒微差雷管起爆。深孔梯段爆及缓冲孔采用自孔底向上连续装药，预裂孔装药采用竹片绑扎间隔装药，再将其缓缓放入孔内。

起爆顺序，采用预裂孔—缓冲孔—主爆孔的起爆顺序，预裂孔与缓冲孔之间的起爆时差不超过 300 ms，这种网络很好地解决了预裂面"贴膏药"的问题。

（4）施工质量。

① 左岸坝肩槽爆破开挖质量见表 12-23 所示。

表 12-23 左坝肩槽和爆破开挖质量表

岩体半孔保存率（%）		地质缺陷半孔率（%）		炮孔间不平整度（cm）		坡面超挖量（cm）	
设计要求	实际	设计要求	实际	设计要求	实际	设计要求	实际
90	>95	60%～90%	85	15	满足要求	<40	25（±）

② 爆破震动检测，即建基面岩体弹性波测试。

建基面岩体弹性波测试结果见表 12-24 所示。

表 12-24 基建面岩体弹性波测试

爆破前声波（m/s）			爆破后声波值（cm/s）			爆破后声波减率（%）		
最大值	最小值	平均值	最大值	最小值	平均值	最大值	最小值	平均值
5 680	3 650	4 610	5 680 以上	3 650	4 500	7.2	<2.3	<10

③ 小湾左岸坝肩槽黑云母花岗片麻岩和角闪斜长片的开挖取得了良好的施工[24]质量。

④ 拱坝建基面平均超挖值 20 cm 以内，平均欠挖值 20 cm 以内，合格率在 90% 以上，平整度平均值在 150 cm 以内，合格率在 90% 以上，残孔率达 93%。质量等级达到优良标准。

⑤ 声波测试：每坝段共布置 3 个长观测深孔 20～30 m，每梯段共布置 5 m 浅孔 2～3 组，每组 3 孔。每坝段 5 m 浅孔在垂直坡面 1.0 m 处爆破前后波速均在 4 500 m/s 以上，波速衰减率在 10% 以内。深孔单孔测试在垂直面 1.0 m 处，爆破前后波速在 500 m/s 以上，波速衰减率在 10% 以内。深孔跨孔测试：在垂直皮面 1.0 m 处爆破前后波速均在 5 000 m/s 以上，波速衰减率均控制在 10% 以内。爆破对建基面的影响在规范之内。

⑥ 见云南小湾水电站预裂爆破开挖图见效果图例。

三、预裂爆破在溪洛渡水电站高边坡开挖中的运用

1. 工程概况

溪洛渡水电站为世界第三大巨型水电站，在中国仅次于三峡水电站，电站装机容量为 12 600 MW。电站枢纽由拦河大坝、泄洪洞及引水发电建筑物等组成，拦河大坝为混凝土双曲拱坝，坝顶高程 610 m，最大坝高 278 m。溪洛渡坝址区两岸山体雄厚，谷坡陡峻，谷肩高程在 800.00 m 以上。电站进水口位于坝轴线上游 250～550.00 m。进水口区出露的岩性主要为含斑玄武岩、致密状玄武岩、斑状玄武岩及各岩流层上部的角砾集块熔岩，岩性坚硬，单轴抗压强度 >100 MPa，属坚硬～极坚硬岩类。左岸电站进水口前缘长度为 282.50 m，前缘方位角为 NW50.2259°，进水口前缘设斜坡式拦污栅，坡度为 1：0.3，拦污栅闸基础置于弱卸荷弱风化上段岩体上。左岸电站进水口区域谷坡陡峻、地形复杂，施工难度大，技术要求高，开挖高程在 515～685 m，开挖边坡高达 170 m，土石方开挖约为 130 万立方米。[50]

金沙江溪洛渡水电站工程是我国西电东送中线的骨干电源之一，位于四川省雷波县和云

南省永善县交界处的金沙江干流上，是金沙江下游梯级开发的第三级水电站。电站是以发电为主，兼有防洪、拦沙和改善下游航运条件等巨大的综合效益，具有不完全年调节能力的特大型水电站。溪洛渡水电站水工枢纽由引水发电系统、1#～4#泄洪洞、竖井式汇洪洞、水垫塘等建筑物及导流建筑物组成，总库容 126.7 亿立方米，调节库容 64.6 亿立方米，电站总装机容量 12 600 MW（18 台×700 MW）。

2. 溪洛渡水电站预裂爆破参数的理论计算

（1）钻孔直径：目前孔径主要根据台阶高度和钻孔机械性能来决定。溪洛渡水电站坝肩开挖台阶高度为 10～15 m，边坡预裂孔采用 CM351 或 YQ-100B 潜孔钻造孔，故采用的是 ϕ 105 mm 炮孔直径[51]；YQ～100 潜孔钻孔径 ϕ 90[47]空孔采用 CM351 潜孔钻钻机，孔径为 120 mm。

（2）钻孔间距：炮孔间距 a 是预裂爆破的重要参数，是爆破成败及边坡质量好坏的关键的关键。孔距大小主要取决于炸药的性质、不耦合系数、岩体的结构和岩石的物理力学性质。通过相邻孔起爆时差分析得出炮孔间距：

① 根据相邻炮炸的参数[51]

$$a = r\left(\frac{\sigma_0}{\sigma}\eta\right)^{1/\alpha} \tag{12-33}$$

式中：a——炮孔间距（cm）；

r——炮孔半径；

σ_0——炮孔壁压力（MPa）；

σ——岩石的单轴抗拉强度（MPa）；

η——应力集中系数；

α——应力波在岩体内衰减系数，一般取 α =1.2～1.8。

在不耦合情况下，作用在炮孔壁上的冲击压力为：

$$\sigma_0 = \frac{1}{8}\rho_0 D^2\left(\frac{1}{K_d}\right)^6 \eta_1 \tag{12-34}$$

式中：ρ_0——密度（kg/m³）；

D——炸药爆速（m/s）；

K_d——不耦合系数；

η_1——压力增大系数，η_1 =8～11。

② 根据瑞典古斯塔夫经验公式[52]确定。

$$E = a/d = 7.8～12.5$$
$$a = dE = (7.8～12.5)d \tag{12-35}$$

③ E 值小装药相对比较分散，预裂面质量较好[50]。

一般采用 E 为 7～12 较好，即

$$a = (7～12)d \tag{12-36}$$

（3）线装药密度[48]。

① 保证不损坏孔壁的预裂孔线装置密度[52]。

$$\Delta = 0.127\sigma_{\text{压}}^{0.53} a^{0.84} (D/2)^{0.24} \qquad (12\text{-}37)$$
$$= 0.127 \times 40^{0.53} \times 0.9^{0.84} \times (0.02/2)^{0.24}$$
$$= 348(\text{g/m})$$

式中：Δ 为线装药密度（kg/m）；$\sigma_{\text{压}}$ 为岩石极限抗压强度，取 40 MPa；r 为预裂孔半径（mm）。

② 保证形成贯通邻孔裂缝的预裂孔线装置密度[52]。

$$\Delta = 0.036\sigma_{\text{压}}^{0.63} a^{0.67} \qquad (12\text{-}38)$$
$$= 0.036 \times 40^{0.63} \times 0.9^{0.67} = 343 \ (\text{g/m})$$

式中：Δ 为线装药密度（kg/m）；$\sigma_{\text{压}}$ 为岩石极限抗压强度，取 40 MPa；a 为预裂孔间距（m）。

③ 预裂孔。根据经验公式[50]计算：

$$\Delta_{\text{线}} = 0.034[\sigma_{\text{压}}]^{0.63} a^{0.67} \qquad (12\text{-}39)$$

式中：$\Delta_{\text{线}}$——装药密度（kg/m）；

$[\sigma_{\text{压}}]$——岩石极限抗压强度（MPa）；

a——钻孔间距（m）。

④ 线装药密度：其主要影响因素是岩石的极限抗压强度、孔径、炮孔间距等，1991 年，张正宇等根据大量工程实践资料，提出了预裂爆破装药量计算的经验公式[46]：

$$q = 0.83[R_{\text{压}}]^{0.5} a^{0.6} \qquad (12\text{-}40)$$

式中：q——线装药密度（g/m）；

$[R_{\text{压}}]$——岩石的极限抗压强度（MPa）；

a——炮孔间距（mm）。

（4）不耦合系数[52]。

$$K_{\text{d}} = \frac{d}{\phi} \qquad (12\text{-}41)$$

式中：K_{d}——不耦合系数；

ϕ——药包直径（cm）；

d——炮孔直径（cm）。

（5）预裂钻孔深度[52]。

确定预裂孔深度的原则是确保不留根底和不破坏坡面岩体的完整性。目前孔深主要是根据台阶高度和钻孔机械性能来决定，溪洛渡水电站坝肩开挖预裂孔采用 YQ～100B 潜孔钻造孔。

（6）缓冲孔爆破参数。

缓冲孔主要目的是减小主爆孔的后冲和地震效应，缓冲孔初步选定 CM351 钻机或液压钻（D7）钻机，孔径 ϕ105 mm。

3. 溪洛渡水电站高陡边坡及基坑开挖应用预裂爆破的实际参数

溪洛渡水电站高陡边坡及基坑开挖应用所示，预裂爆破的实际参数见表 12-25。炮孔平面布置如图 12-31、图 12-32 所示。

表 12-25　预裂爆破在溪洛渡水电站高陡边坡及基坑开挖的实际参数

文献	预裂炮孔（cm）						缓冲孔						主爆孔					
	d (mm)	a (m)	b (m)	$\Delta_药$ (g/m)	K_d	H (m)	d (mm)	a (m)	$b(w)$ (m)	$\phi_药$ (mm)	与前排排距 (m)	H (m)	d (mm)	a (m)	$b(w)$ (m)	$\phi_药$ (mm)	堵长 (m)	kg/m³
46 陈代良	105	1.0	1.5	430~500	3.3		105	1.5~2.0	1.2~1.5	50	2.5		105	3.0~4.5	2.5~3.0	90	2.0~2.5	0.5~0.57
48 张珍瑜	90	0.9		350	3.82	10	90	1.5	2				115	4.0	3.0			
49 杨贵	105	1.2		400 底部 1.2 m 采用 3×φ30 mm 连续装药孔口堵 1.0 m						上部 φ60 mm 连续装药，堵塞长度 2 m，底部 2×φ80 mm			120	5.0 5.0	3.0 2.5	0.6 kg/m³ 底部 2# 岩石炸药 50 kg，标准段 φ80 药卷连续装药		
47 刘海军	90	0.8		421	2.8	12.5		预裂孔：底部加强段长度 1.05 m，装药 2.25 kg，分为 3 条 φ50 mm 乳化药卷连续装药；减弱段长度 1.5 m，中段每隔 25 cm 绑一支 φ32 mm 乳化炸药，堵塞长度 1.0 m。单孔装药量 7.15 kg，最大单响药量 50 kg		每 20cm 绑半支 φ32 mm 乳化药卷，绑一支 φ32 mm 乳化药卷，堵塞长度 50 kg								

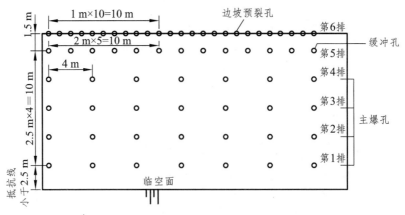

图 12-31　标准爆破块布孔示意图

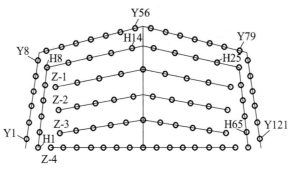

图 12-32　炮孔平面布置图

预裂孔装药结构如图 12-33 所示。

实际选用的参数如表 12-25 所示。

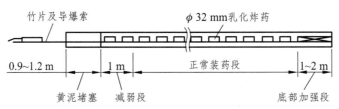

图 12-33　预裂孔装药结构图

4. 爆破分块及单响控制[51]

当开挖岩体较厚，一次爆破排数太多，为降低爆破震动对后边坡的影响，需对爆块进行前后分块，分块依据以每次爆破排数不超过 8 排为准（含预裂孔及缓冲孔），一般为 6 排。先爆块最后一排孔即与后爆块相连的一排孔减弱装药，减弱装药孔间距为前排主爆孔的 80%。采用 $\phi50$ mm 药卷连续装药，堵塞长度 2~3 m。由于预裂爆破是在夹制作用很大情况下的爆破，其震动作用大是显而易见的。据多个水利水电工程，尤其是三峡工程测得的资料，在相同的可比条件下，某一装药量的预裂爆破震动的强度相当于 3~4 倍台阶爆破装药量引起的震动强度。因此，在有重要设施需要保护时，应当限制预裂爆破的一响起爆量。故爆破网络设计保证梯段爆破单响装药量不大于 500 kg，临近设计边坡单响不大于 300 kg，缓冲孔单响药量不大于 100 kg，永久边坡预裂爆破单响不大于 50 kg。标准块孔间微差爆破网络图见图 12-34。

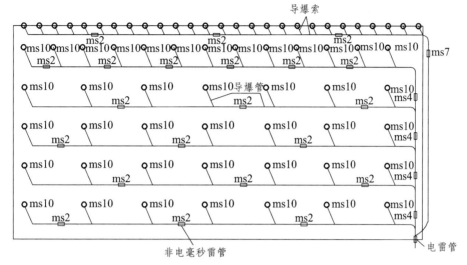

图 12-34　标准块孔间微差爆破网络图[51]

5. 爆破质量

钻爆的过程是一个连锁反应的过程，每一道工序应做到精心设计、精细组织施工，预裂造孔均应严格采取"定人、定位、定钻机"的方式和"定距检测钻进方向"以确保质量中的可追溯性。因此，溪洛渡水电站无论是边坡开挖或基坑开挖，坡面最大不平整度＜15 cm，炮眼痕迹率为 90% ~ 96%，坡面基本无浮石和爆震裂缝。爆破震动强度低，边坡岩体基本无任何破坏，符合规程和设计要求，取得了良好的爆破效果。为今后高边坡施工提供了很好的经验。

6. 边坡预裂爆破施工程序示意图（图 12-35）

四、向家坝露天灰岩采石场高边坡预裂爆破技术的应用

1. 工程概况

金沙江向家坝水电站太平料场位于云南省绥江县境内，料场勘测有效储量约 $4\,050\times10^4\,m^3$，料场开采顶部高程为 1 492 m，终采高程为 1 276 m；开采梯段高度为 12 m，料场长度为 500 ~ 700 m，宽度约 300 m，边坡高度约 216 m，梯段开挖坡比为 1∶0.3。料场拟开采岩层为二叠系下统茅口组（P_1m）灰岩。岩性以灰白、深灰色中厚层致密块状细晶至微晶灰岩为主，夹有少量生物碎屑灰岩。沿裂隙可见方解石、石英细脉充填，局部夹有少量炭泥质团块，有溶洞。[44]

2. 预裂采用不耦合装药结构及设计基本原则

① 开挖时，下一个平台的坡脚位置的偏差以及整体边坡的平均坡度符合相关规范要求。

② 在开挖轮廓面上，残留炮孔痕迹应均匀分布。残留炮孔保存率应在 80% ~ 50%。

③ 相邻两炮孔间岩面的不平整度不应大于 15 cm，炮孔壁不应有明显裂痕。

④ 预裂炮孔和梯段炮孔在同一个起爆网络中起爆，预裂炮孔先于相邻梯段炮孔起爆的时间，不得小于 75 ~ 100 ms。

⑤ 不耦合装药结构见图 12-36。

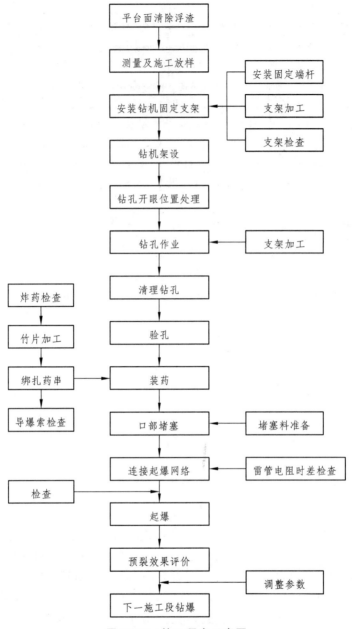

图 12-35　施工程序示意图

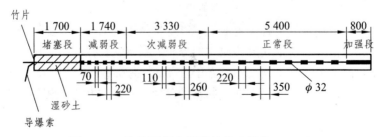

图 12-36　炮孔不耦合装药结构（单位：mm）

3. 爆破参数[44]

爆破参数见表 12-26 所示。

表 12-26　爆破参数表

类型	预裂孔	缓冲孔	主爆孔
台阶高度 H（m）	12	12	12
钻孔倾角 α（°）	73.3	73.3	73.3～81
钻孔直径（mm）	105	105	105
孔距 a（m）	1.2	3.0	7.5
排距 b（m）			3.0
钻孔深度 L（m）	13.05	12.54	12.16～13.0
超深（m）	0.5	0	1.0
药卷直径 d（mm）	$\phi 32$	$\phi 70$	$\phi 105$
炸药类型	2#岩石乳化炸药	乳化炸药	混装药
不耦合系数 K_c	3.28		
线装药密度 $Q_{线}$（g·m⁻¹）	333.33		
抵抗线大小 W（m）		3.0	2.5～3.0
堵塞长度 L_s（m）	1.7	3.0	5.0
单孔药量 Q（kg）	5.9	56	233.7～261.1
装药结构	不耦合装药	连续装药	连续装药

4. 炮孔平面布置及剖面图

炮孔平面布置及剖面图见图 12-37 所示[44]。

5. 爆破网络设计[39]

爆破网络设计见图 12-38。

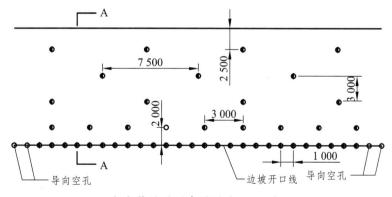

（a）炮孔平面布置图（1∶250）

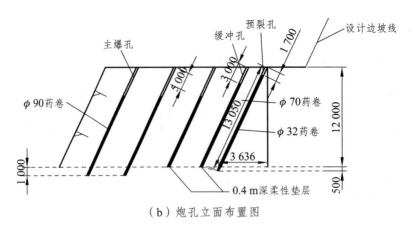

（b）炮孔立面布置图

图 12-37　炮孔平面布置图及立面图（单位：mm）[39]

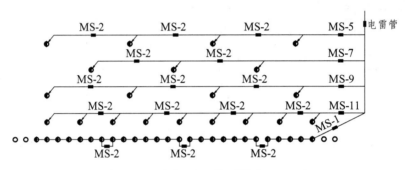

图 12-38　预裂爆破网络图[44]（1∶250）

6. 预裂爆破效果与评价[44]

经过现场多次检查，文献[44]总结如下：

① 爆破后形成了一条连续的沟槽，沟槽宽度为 0.5～2 m。

② 预裂坡面岩体的平整度最大为 11 cm，最小为 4.5 cm。

③ 预裂岩体无明显的爆破裂痕及炸伤。

④ 平均半孔率达 95%，且清晰可见，取得了较为理想的爆破效果。见效果图例。

第七节　预裂爆破在地下工程中的应用

　　几十年来，预裂爆破技术在我国露天工程中得到了较好的应用，并在地下工程中进行了试验研究。

　　就以煤矿而论，虽然随着煤矿生产机械化程度的不断提高，作为传统采煤方法的爆破落煤已逐渐被机械采煤所代替。然而，爆破方法作为一种手段，在煤矿井下仍在广泛使用，在某些方面还是其他方法不能取代的。近些年来，由于爆破技术的不断发展，预裂爆破除了在煤矿传统应用领域如回采和掘进上继续应用以外，同时在其他如防治瓦斯突出、瓦斯抽放、煤体注水及放顶煤方面也得到了广泛应用，并取得了良好效果。

一、金属矿山试用爆破

马鞍山矿山研究院与安徽琅琊山铜矿、江苏冶山铁矿进行合作试验研究[19]。

1. 爆破参数[53]

（1）炮眼布置。

根据开挖工程的岩石性质、地质构造、工程跨度、有无导坑及工程质量等因素来合理地选择预裂眼。当预裂眼直径为 38 ~ 45 mm 时，拱部预裂眼眼间距一般为 450 ~ 550 mm，墙部预裂眼眼间距一般以 500 ~ 600 mm 为佳。为了减少拱部小弧部分（即靠近拱基处）岩石对爆破的夹制作用，并比较容易地形成弧面，该处的预裂眼间距可根据具体情况缩小到 400 mm 左右。

预裂眼间距的选取，在通常情况下，岩体整体性好取大值；节理裂隙发育，岩石破碎则取小值岩；岩石坚固、性脆取大值，反之取小值；有导坑的工程取大值，无导坑时取小值，对工程质量要求高取小值，要求较低则取大值；跨度大取大值，跨度小取小值等。应该特别注意地是在取小值时的炮眼装药量也需相应减少，否则影响爆破效果[19]。

（2）岩石环厚度。

预裂眼到二圈眼的距离称为岩石环的厚度（以下简称环厚）。

在确定环厚时，必须考虑工程的岩石性质，地质构造等一系列因素，切勿千篇一律。通常情况下环厚必须大于预裂眼间距，一般为 500 ~ 700 mm。

环厚过大，此环不易爆落，要使其爆落必然增加压环眼数或增多压环眼装药量，这样会使围岩不同程度地受到破坏，同时爆破后易出现大块，给装岩工作带来困难。环厚过小，将分散预裂眼爆破能量，使预裂眼之间裂缝难以沟通，并且在爆破时可能造成预裂眼与某个二圈眼之间形成裂缝，直接影响预爆质量，增加围岩的不平整度。

在一般情况下，岩石坚硬、整体性好、不开崩环厚取小值；岩石破碎、节理裂隙发育取大值；工程跨度大取大值，跨度小取小值；拱基小弧处取小值[19]。

（3）密集系数。

预裂眼间距 a 与岩石环厚度 W 的比值 K，称为预裂眼的密集系数，即 $K = \dfrac{a}{w}$。

当 $a = 2W$ 时，$K = 2$，因预裂眼间距选取偏大，环厚选取偏小，易出现预裂眼的爆破裂缝尚未沟通前，则压缩波已传到二圈眼，这种预裂眼就很自然地变为类似单独漏斗爆破。当 $a=W$ 时，$K=1$，因预裂眼之间的贯通裂缝形成较好，岩石较精确地沿各预裂眼爆落，岩石平整，留在围岩上的半面眼痕清晰。当 $2a = W$ 时，$K = 0.5$，岩石环不易爆落下来。试验告诉我们，K 值的较优范围在 0.8 ~ 1.0。

（4）炮眼的直径、深度和角度。

国内地下工程目前掘进常用的炮眼直径为 38 ~ 42 mm，均能满足预裂爆破要求。

预裂眼愈深愈能较好地控制围岩轮廓面纵向的平整度。试验证实，预裂眼深 2.3 ~ 2.5 m 时，爆后预裂面可直到眼底。但是深眼预爆目前只适用于有导坑的大断面工程，因有导坑时能保证炮效。在无导坑的一般工程中，炮眼深度要综合考虑，通常在 1.8 ~ 2.0 m 为好，预裂眼应比普通炮眼浅 100 ~ 150 mm。

预裂眼原则上应布置在工程设计轮廓线上，但由于受凿岩机机型限制，打眼时不得不向外或向上偏斜一个小角度，使预裂眼眼底落在设计轮廓线外 50 ~ 100 mm 左右，这在当前预裂爆破中是允许的，不过作业时要力戒自由式打眼，使爆后轮廓面呈较小的缓接阶梯状。

（5）装药集中度、装药结构及起爆方法。

①装药集中度和空气间隔装药结构。

预裂眼的装药量，应该是能克服岩石的阻力，形成贯通预裂面，而又不致造成围岩的破坏。试验表明，采用 2 号岩石炸药，装药集中度为 0.1～0.2 kg/m 较好，这样小的装药集中度也需要采用空气间隔装药结构，才能满足预爆要求。

要实现这样小的装药集中度，除采用特殊装药结构外，最好加工成小直径细药卷，沿炮眼装药段连续装药或分段装药。药卷直径为炮眼直径的二分之一左右，使药卷与孔壁间留有空气间隔，形成不耦合爆破。值得特别注意的是：光面爆破一般是在有两个自由面条件下进行爆破的，炸药要尽可能沿炮眼全长均布；而预裂爆破是在只有一个自由面条件下进行的，如要沿炮眼全长均布装药，爆后会在眼口 400～500 mm 处呈楔形爆出，形成了爆破漏斗，使眼口 500 mm 处无半面眼痕留下，影响爆破效果。为了克服这一缺点，经多次试验，距眼口 500～600 mm 段不装药，药量均布于炮眼的中低部位，眼口不装药段要填塞炮泥，并且二圈眼采用反向装药，不但不出现爆破漏斗，而且预裂面比较均匀一致，效果较好。

②装药结构。

预裂爆破装药结构通常有如下三种形式，如图 12-39。

（a）φ32 药卷空气间隔装药　　　　（b）φ22～25 药卷空气间隔装药

（c）φ18～20 药卷连续装药

图 12-39　装药结构（单位：mm）

1—炮泥；2—导爆索；3—$\frac{1}{2}$φ32 药卷；4—φ22～25 药卷；5—φ18～20 药卷；6—空气间隔；7—φ32 药卷

普通直径 32 mm 药卷分段装药。将每个药卷分成两段，按一定间隔装入眼内（图 12-38）。在这次试验中，我们均采用此种装药结构。

用特制小直径细药卷空气间隔装药。将药卷加工成直径 20～26 mm、长 200～300 mm，每卷约重 0.08～0.12 kg，分段装入炮眼内。

用特制小直径细药卷连续装药。将药卷加工成 φ18～20 mm。

③试验和应用效果。

试验和应用效果见表 12-27。

表 12-27 预裂爆破在地下工程中的试验与应用效果

预裂爆破参数

施工地点	工程名称	地质条件	断面宽×高 (m²)	炮眼直径/药包直径	炮眼间距 (mm)	预裂面至主爆孔岩石厚度 (mm)	预裂眼邻近系数	线装药密度 (kg/m)	炮眼深度 (m)	装药结构	起爆方法	爆破效果
×××铜矿	-15线巷道拱部	石英闪长岩,f=6~8,节理稍发育	2.15~2.30	$\frac{42}{32}=1.3$	400~500	500~600	0.8~0.83	0.15~0.2	1.8~2.0	ϕ32药卷,按1/2药卷分段装药	火雷管和导爆索	岩面平整,无浮石,眼痕完整清晰,眼痕率>95%
×××铜矿	新副井井底车场拱部(小断面掘进)	灰岩,f=5~6,节理裂隙不发育	2.3~3.0	$\frac{42}{32}=1.3$	400~500	500~600	0.8~0.83	0.15~0.2	1.8~2.0	同上	同上	同上
××铁矿	卷扬机硐室 拱	风化的花岗闪长斑岩,斜交响体,节理裂隙非常发育,岩石破碎,f=1~3及f=8~9	11.3×(6.3×7.38)	$\frac{42}{32}=1.3$	500~600	550~750	0.8~0.9	0.1~0.15	2.3~2.5	同上	同上	岩面平整,无浮石,眼痕完整清晰,眼痕率为90%~95%
	墙	硐体离地表 35~40 m		$\frac{42}{32}=1.3$	550~600	600~750	0.8~0.9	0.1~0.15	2.3~2.5	同上	同上	

预裂爆破参数

施工地点	工程名称		地质条件	断面宽×高 (m²)	炮眼直径	炮眼间距 (mm)	预裂面至主爆区边界孔岩石厚度 (mm)	预裂眼邻近系数	线装药密度 (kg/m)	炮眼深度 (m)	装药结构	起爆方法	爆破效果
××铁矿	装运机硐室	拱	白云岩和闪长玢岩，节理裂隙发育，有高岭土化，f=5~6	4.0×3.8	$\frac{38}{32}=1.2$	500~550	550~750	0.7~0.9	0.15~0.2	2.0~2.5	φ32药卷分段装药	非电导爆系统	岩石平整，无浮石，眼痕完整清晰，眼痕率>95%
××铁矿		墙	同上		$\frac{38}{32}=1.2$	550~600	600~750	0.8~0.9	0.15~0.2	2.0~2.5	同上	同上	岩石平整，眼痕清晰，眼痕率>80%
××铁矿	-70东大巷		风化破碎的白云岩及高岭土层	3.22×2.92	$\frac{38}{32}=1.2$	400~500	500~600	0.8~0.83	0.07~0.1	2.0~2.5	同上	同上	岩石平整，无浮石，眼痕完整清晰，眼痕率>90%
××铁矿	-46东大巷		白云岩，节理裂隙发育，f=5~6	3.22×2.92	$\frac{38}{32}=1.2$	450~550	550~650	0.8~0.85	0.15~0.2	2.0~2.5	同上	同上	同上
××工程指挥部	破碎机硐室局部拱顶		闪长岩，节理裂隙发育，f=6	12.0×4.0	$\frac{42}{32}=1.3$	550~600	600~700	0.85~0.9	0.15~0.2	1.8~2.0	φ32药卷，按1/2分段装药	火雷管和导爆索	同上

二、深孔预裂爆破在煤矿井下的应用

1. 深孔预裂爆破在煤矿井下应用的方法与原理

由于深孔预裂爆破在煤矿井下应用的目的不同于一般预裂爆破。其区别见表12-28所示。

表 12-28 煤矿井深孔预裂爆破与一般预裂爆破的区别

内容	深孔预裂爆破在煤井下应用	一般预裂爆破
目的	在煤体内生成大量裂隙，以提高裂隙密度，卸减地应力增加煤体透气性和透水性，为防止瓦斯突出	在孔间形成贯通裂隙，要求在孔壁其他方向不产生裂隙
爆破参数	过去防瓦斯突出应深孔松动爆破孔长不过8～12 m，孔径45 mm，现在采用预裂爆破孔长20～50 m或更长，可满足要求	一般露天边坡深孔爆破12～15 m，隧洞、井巷掘进，一般≤2 m
装药结构	连续耦合装药，才最大限度地发挥了在给定孔径条件下所装炸药的威力，同时，由于煤体内瓦斯的作用，更增强了破碎效果	不耦合装药，有可能形成孔内管道效应带来装药不完全爆轰。使炸药内所含的化学能最大限度地转化为机械功，受到削弱
装药方式	装药机连续耦合装药	炮棍药卷不耦合装药方式
堵塞	装药器黄泥堵塞，避免了人工堵塞，经常捣不实，出现"打筒"现象	用炮棍黄泥堵塞
起爆	按照设计的起爆顺序，分组起爆炮孔，即可在炮孔探制范围内的煤体中形成裂隙网，随后可进行下一步的抽放、注水、掘进或回采工作	露天边坡深孔预裂爆破或隧道、井巷掘进等预裂爆破均先起爆预裂炮孔，后依设计起爆其他炮孔

2. 钻孔[54]

按照设计的爆破方案，在爆破作用区内，打一定数量的钻孔。钻孔数量的多少视一次起爆的孔数而定，一般为 5～10 个。孔深在 20～50 m，根据煤层条件还可适当加长，孔径为75 mm。在打钻时遇到软煤应采用风力排粉打钻工艺，以保持孔形完好，便于装药爆破，也可根据煤质硬软适当增大或缩小孔径。

3. 应用实例[54]

（1）煤巷掘进防治煤与瓦斯突出。

焦作矿务局焦西矿为煤与瓦斯突出矿井。"七五"期间，曾把该矿煤巷掘进防突措施的研究列为国家科技攻关项目。试验中采用了深孔预裂爆破技术。由于该项技术主要是为了在巷道断面内沿掘进方向形成一个卸压条带，故又称为深孔控制卸压爆破。具体做法是在掘进工作面向前方打 3～5 个直径为 50 mm 的炮孔，孔长一般为 20～30 m，其中装药孔为 1～2 个，其余作为控制导向孔，起裂隙导向及提供补偿空间作用。每次爆破后，留下 5 m 的安全距离，掘进 15～25 m。采取措施后，月进度由原来的 40～50 m，提高到 95 m，提高了 1～1.4 倍。大大缓解了工作面接替紧张、采掘严重失调的矛盾。采取深孔控制卸压爆破后，卸减了工作面前方的集中应力，使集中应力带向煤体深处转移。同时，由于增加了爆破裂隙，煤体内的瓦斯大量涌出，降低了煤层瓦斯压力，从而达到了防突目的[20]。

（2）提高单一低透气性煤层的抽放效率[54]。

单一低透气性煤层的瓦斯抽放一直是抽放瓦斯中最困难的问题，必须对煤体进行预处理，增加煤体内的裂隙，才能抽出瓦斯。尽管采取过水力压裂、水力割缝、松动爆破等方法，但效果都不理想，而未能推广使用。"八五"期间，焦西矿试验在上下顺槽向煤体内打孔，进行预裂爆破，以提高煤层透气性的方法，并取得了圆满成功。试验是沿顺槽方向每隔 10 m 左右距离，向煤体内打孔，孔长为 75 m，爆破孔和控制导向孔交替布置。试验结果表明，采取深孔预裂爆破措施后，煤层透气性系数提高了 3.45 倍，百米钻孔流量提高了 1.46 倍，抽放率提高了 2.5 倍，抽放时间缩短了一半。

参考文献[53]还指出：除了上述两例外，在防治岩石与二氧化碳突出中，深孔预裂爆破也得到过成功的应用。

4. 小　结

参考文献[54]在结束语提出以下的问题：

（1）深孔预裂爆破作为一项新的实用技术在煤矿井下所有需要增加裂隙的场合都可以采用，以充分发挥其作用范围大、工艺简单、效果显著的优势。尤其在防治瓦斯、煤体注水、放顶煤等方面应用效果良好。

（2）对普氏系数 f 小于 1 的软煤的成孔问题还需要做进一步工作。此外，对超深孔（50 m以上）的装药问题也需要进行研究。孔内敷设的煤矿导爆索是为了使孔内装药能安全传爆而增加的一套保险装置。大直径连续耦合装药应能保证稳定爆轰。因此，可以考虑取消煤矿导爆索，当然这尚需做更多的试验。如能取消煤矿导爆索，不仅简化了操作工艺，也使爆破成本大大下降，更有利于该项技术的推广应用。相信通过不断改进完善，必将能够使深孔预裂爆破技术在煤矿井下发挥更大的作用。

第八节　预裂爆破在水电站地下厂房开挖中的应用

一、向家坝水电站地下厂房开挖预裂爆破及锚索施工技术

1. 概　述

文献[42]指出：向家坝水电站是金沙江梯级开发中的最后一个梯级，位于四川省与云南省交界处的金沙江下游河段，工程开发以发电为主，同时改善航运条件，兼顾防洪、灌溉并具有拦沙和对溪洛渡水电站进行反调节等综合作用。

工程枢纽建筑物主要由混凝土重力挡水坝、左岸坝后厂房、右岸地下引水发电系统及左岸河中垂直升船机等组成。大坝挡水建筑物从左至右由左岸非溢流坝段、冲沙孔坝段、升船机坝段、坝后厂房坝段、泄水坝段及右岸非溢流坝段组成，坝顶高程为 384.00 m，最大坝高162 m，坝顶长度为 909.26 m，发电厂房分设于右岸地下和左岸坝后，各装机 4 台，单机容量

均为 750 MW，总装机容量 6 000 MW，左岸坝后厨房安装间与通航建筑物呈立体交叉布置。

厂房工程由主厂房、主变室、母线及电缆竖井等组成，主厂房总长 245 m（含安装间长度 80 m），开挖宽度为 31.4 m（岩锚梁以上宽度为 33.4 m），最大开挖高度为 85.5 m。

2. 地下厂房地质条件

地下厂房围岩地质条件复杂，厂房置于软硬相间的、15°～20° 缓倾角、水平层状、T_3^3 厚至巨厚层砂岩和泥岩中，地质构造发育，岩性变化巨大，洞周出露的 2 级软弱夹层有 JC2-2、JC2-3 和 JC2-4，在安装间顶拱附近还有 JC2-1。厂区为中低应力区，最大主应力值 8.2～12.2 MPa，厂区岩体透水性总体为微透水至中等透化，但厂房中下部（高程 280～220 m）为主要渗流带，施工期设计渗水排水达 372 m³/h。该岩组中有 7 个煤层，下部 5 层煤均有开采史，尤以底部 3 层开采较为严重，浅部多被开采。厂区岩层中含有瓦斯和 H_2S 气体[55]。

3. 向家坝水电站的特点

特定的地质条件给主厂房开挖带来的风险是：施工期厂房顶拱的稳定及长期稳定问题；施工期厂房高边墙的稳定问题；贯通性较好的地下水可能带来高难度的水下施工和水压力侵害高边墙稳定问题；岩壁梁的岩台成型质量问题；瓦斯安全问题[55]。

4. 向家坝水电站地下厂房施工方案

向家坝水电站地下厂房施工方案见图 12-40、图 12-41。

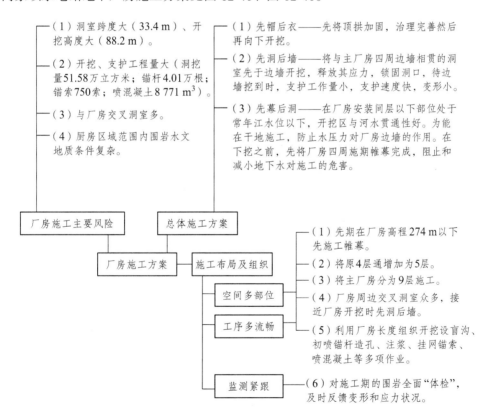

图 12-40　高家坝水电站地下厂房施工方案

厂房施工方案

关键部位的施工方法

厂房顶拱层施工、主厂房第一层开挖分三个作业区，如图 12-42

顶层开挖控制要点
（1）科学合理的揭顶顺序和工序施工方案。
（2）不良地质地洞段："分区开挖"，短进尺，弱爆破，及时支护或超前支护。
（3）通过爆破试验，确定顶层参数。
（4）严格"一炮一审"制，实行"个性化"装药。
（5）适时、准确地监测顶层开挖爆破，影响深度和质点振动速度。
（6）针对层状岩层，紧跟掌子面对穿锚索，形成深层支护。

岩壁梁开挖施工：主厂房岩壁梁层开挖共分6区，见图12-43；岩台成型质量主要由2-6区控制，见图12-44。

施工顺序为1区中部拉槽→2区→3区→4区→5区→6区保护层开挖。其中岩台竖向光爆孔和辅助孔在2、3、4区保护层开挖之前形成。

两侧保护层及岩台开挖使用的"爆刻技术"要点
（1）采用专用导管定位。
（2）保护区开挖采用双层光面爆破技术。
（3）调整装药结构——"分散"均匀微量化装药。
（4）岩壁梁岩台上拐点直孔，岩台斜孔、岩台下拐点直孔均采用错孔布置，由集中变为分散、均匀、微量化。

高边墙施工
一次深孔预裂，全断面开挖 KSZ-100Y 型预裂造孔，钢管样架导向。初喷→锚杆→挂网→复喷依次滞后于开挖掌子面10~20 m。

施工要点：
（1）厂房边墙与相邻洞室交叉段施工应遵循"先洞后墙"的原则。
（2）通过爆破试验和回归计算，确定合理的爆破参数。
（3）严格"一炮一审"制和"个性化"装药。
（4）防止新出露围岩的卸荷变形、掉块，提高和改善围岩承载能力，及时锚喷。
（5）厂房分层开挖快速施工的关键在于"层间转序"的控制，上层开挖及支护各道工序全部结束50~100 m后即可展开下层作业。

施工期帷幕施工
主要为围绕主厂房外围的第三层灌浆廊道侧帷幕。
帷幕设置：（1）单排间距2 m。（2）双排间距1.5 m，孔深均为85~100 m，总量2 796.958 m。（3）帷幕灌浆压水试验透水率的控标 $q \leqslant 3$ Lu。

瓦斯控制
（1）作业人员随身携带监测仪。（2）强制抽排风不间断。（3）遇超标瓦斯强行停工整治。

爆破振动控制
（1）最大单响药量按不超过35 kg。（2）最大振动值控制安标准取 10 cm/s 以内。

开挖爆破深度检测
（1）中部拉槽（预裂）对预留保护层开挖的开挖影响值 0.5~1.5 m。
（2）保护层开挖影响深度值为0.2~0.6 m。

围岩稳定分析
（1）围岩变形监测（多点位移计及收敛监测）、锚杆应力监测（锚杆应力计）、锚索受力状态监测（锚索测力计）。
（2）2009年顶拱最大变形为12.87 mm，边墙最大变形为6.5 mm，厂区围岩趋于稳定。

图 12-41　向家坝水电站地下主厂房开挖施工技术框架图[55,56]

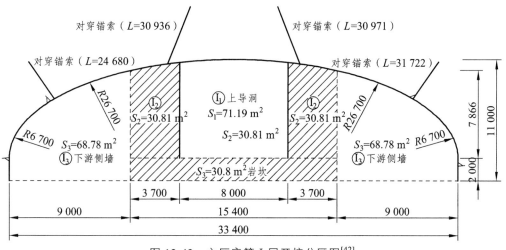

图 12-42　主厂房第Ⅰ层开挖分区图[42]

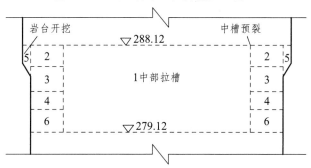

图 12-43　主厂房第Ⅲ层开挖分区图[55]

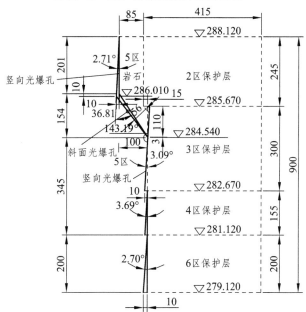

图 12-44　岩锚梁开挖分区图[55]

5. 边墙结构预裂与全断面爆破设计

（1）边墙结构预裂爆破。

文献[55]指出：边墙结构预裂爆破施工避开了支护作业面，超前全断面开挖掌子面 50 m 距离，采用 KZS-100 型潜孔钻机（专门钻高边墙深孔预孔的钻机）造预裂孔，448 钢管样架导向。预裂孔间距 70 cm 第 V-Ⅶ层梯段爆破参数见表 12-29。预裂爆破效果见效果图例。

表 12-29　Ⅴ～Ⅶ层结构预裂爆破参数表[56]

部位	孔径 （mm）	孔斜 （°）	孔深 （m）	孔距 （cm）	线装药量 （g·m⁻¹）	单孔药量 （kg）	堵塞长度 （cm）	装药结构
Ⅴ层	76	80	10.8	70	571	7.0	80	φ32 药卷，间隔装药
Ⅵ层	76	80	9.3	70	590	6.2	80	
Ⅶ层	76	80	8.42	70	571	5.6	80	

（2）全断面梯段爆破[56]。

根据[56]的调整优先方案采用全新断面开挖的施工方法以加快进度提高效率。全断面梯段爆破采用 ROCD7 钻机造孔，布孔参数为孔间距为 2.0 m，孔排距为 2.0 m，靠近边墙的 0.7 m 为缓冲孔，考虑单循环进尺 10.2 m，每次作业时，只起爆 5 排炮孔。孔网参数结合厂房Ⅳ爆破设计进行调整。第 V-Ⅶ层梯段爆破参数见表 12-30[43]。

表 12-30　Ⅴ～Ⅶ层梯段爆破参数表[43]

部位	炮孔名称	孔径 （mm）	孔深 （m）	孔距 （cm）	排距 （cm）	最小抵抗线 （cm）	药径 （mm）	线装药量 （g·m⁻¹）	单孔药量 （kg）
全断面 梯段	主爆孔	76	9.0～11.6	200	200	120	60	924	33
	缓冲孔	76	9.0～11.6	200	200	70	60	940	26.6

施工中，依据相应的安全振动控制指标确定允许的最大单段药量，及时调整钻爆参数，将开挖爆破对保护对象的振动影响控制在安全范围之内。

二、向家坝水电站地下厂房穿锚施[57]

1. 工程概况

向家坝水电站是金沙江梯级开发的最后一个梯级，位于四川省与云南省交界处的金沙江下游河段，总装机容量 6400 MW，发电厂房分设于右岸地下和左岸坝后，右岸地下主厂房跨度 33.4 m，高度 88.2 m，均为当今世界之最。

地下厂房洞身主要由 T_3^{2-6-1} ～ T_3^{2-6-3} 地层组成，均以厚至巨厚层砂岩为主，岩体呈微风化至新鲜，顶拱围岩以Ⅱ～Ⅲ类为主，地层产状较平缓，存在软弱夹层。由于跨度大和受缓倾角岩层、软弱夹层的影响，顶拱变形较大，安全风险高。

2. 锚索结构类型及工程量

为保证顶拱围岩稳定及施工安全，在地下厂房顶拱设计有对穿型无黏结预应力锚索，分别从地下厂房顶部的三个排水廊道对穿至主厂房顶拱。

在横断面上，每排布置 4 束锚索，排间距视顶拱围岩类别为 4.5～7.5 m，共 40 排，160 束，设计张拉力为 2 000 kN，锚索长度为 30 m 左右。主厂房顶拱对穿预应力锚索布置见图 12-44 所示。

3. 地下厂房顶拱对穿锚索施工

（1）地下厂房顶拱对穿无黏结预力锚索的施工工艺流程见图 12-45。

（2）向家坝水电站地下厂房顶拱对穿锚索的施工方案为：在主厂房开挖前，先从排水廊道内施工锚索孔至主厂房顶拱，安装排水廊道端的钢锚墩，待主厂房第一层开挖出露锚索孔时，利用升降台车或类似设备安装厂房顶拱端钢锚墩，再从排水廊道内往下穿入锚索并固定，而后进行锚索张拉、封孔灌浆、锚头保护等施工工序（图 12-46）。

排水廊道
排水廊道
排水廊道
预应力锚索
预应力锚索
地下主厂房
33.4 m

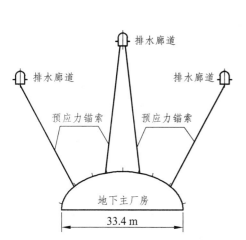

图 12-45　主厂房吊顶对穿锚索布置图

排水廊道
锚索张拉
锚索安装
锚索钻孔
锚索孔
地下厂房
第一层已开挖部分
顶拱设计
开挖线
待开挖部分
升降平台车
第二层待开挖部分

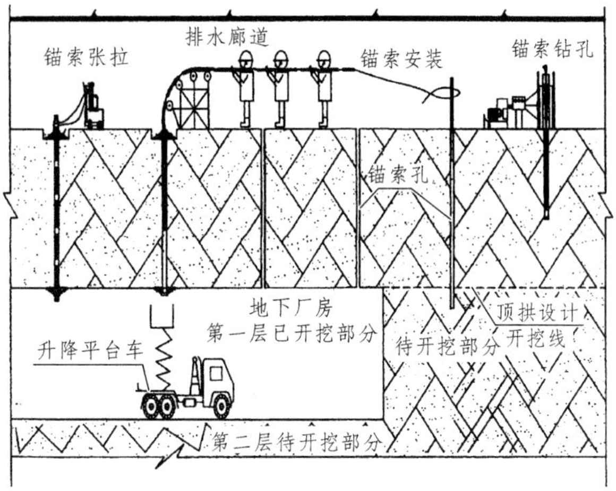

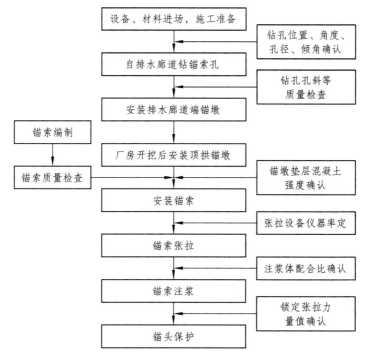

图 12-46　地下厂房顶拱对穿锚索施工方法示意图[57]

地下厂房顶拱对穿无黏结预应力锚索的施工工艺流程见图 12-47。

向家坝水电站地下厂房对穿锚索施工技术框架见图 12-48。

设备、材料进场，施工准备
钻孔位置、角度、
孔径、倾角确认
自排水廊道钻锚索孔
钻孔孔斜等
质量检查
安装排水廊道端锚墩
锚索编制
厂房开挖后安装顶拱锚墩
锚索质量检查
锚墩垫层混凝土
强度确认
安装锚索
张拉设备仪器率定
锚索张拉
注浆体配合比确认
锚索注浆
锁定张拉力
量值确认
锚头保护

图 12-47　地下厂房对无黏结锚索施工工艺流程图

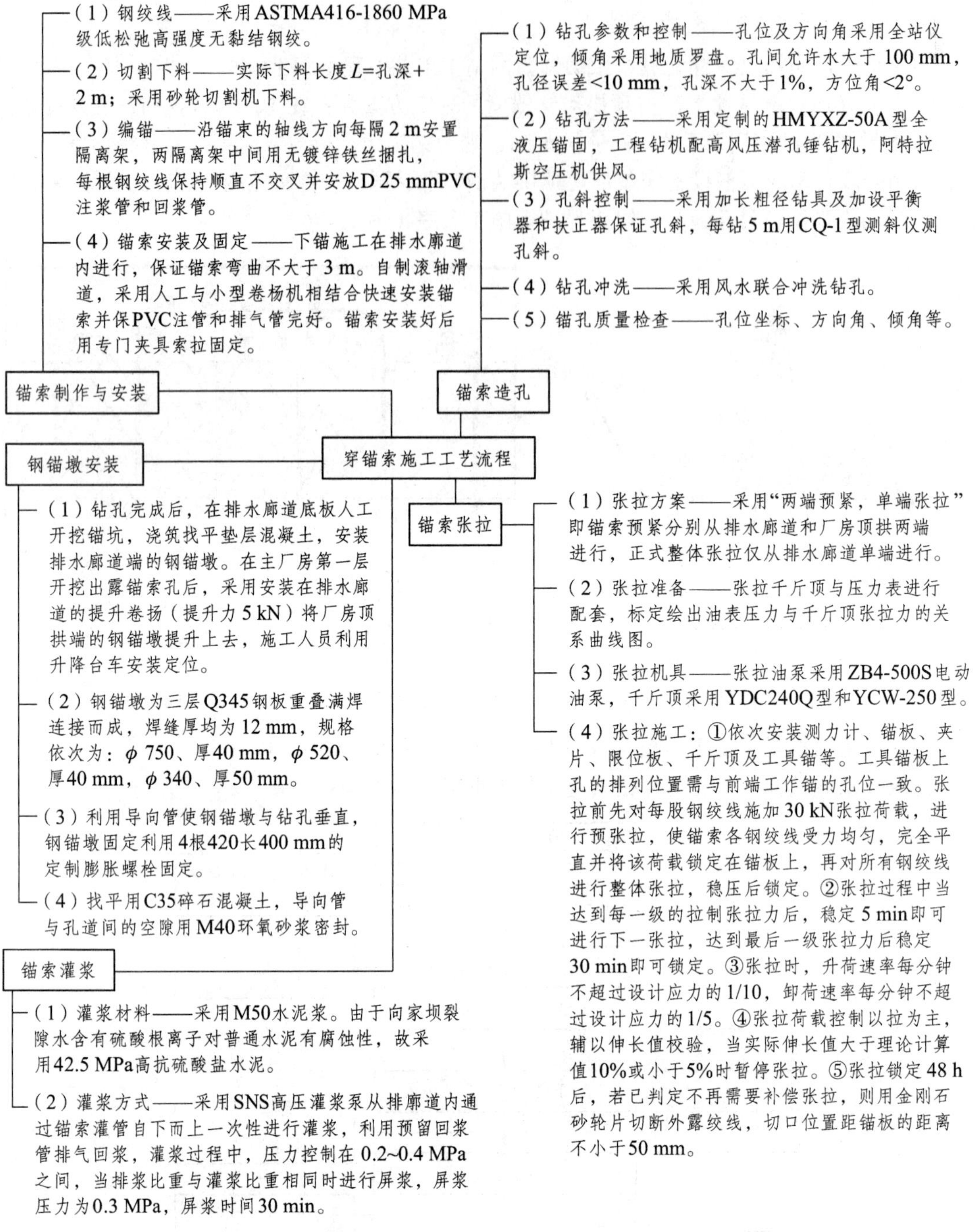

（1）钢绞线——采用 ASTMA416-1860 MPa 级低松弛高强度无黏结钢绞。

（2）切割下料——实际下料长度 L=孔深+2 m；采用砂轮切割机下料。

（3）编锚——沿锚束的轴线方向每隔 2 m 安置隔离架，两隔离架中间用无镀锌铁丝捆扎，每根钢绞线保持顺直不交叉并安放 D 25 mmPVC 注浆管和回浆管。

（4）锚索安装及固定——下锚施工在排水廊道内进行，保证锚索弯曲不大于 3 m。自制滚轴滑道，采用人工与小型卷扬机相结合快速安装锚索并保 PVC 注管和排气管完好。锚索安装好后用专门夹具索拉固定。

锚索制作与安装

（1）钻孔参数和控制——孔位及方向角采用全站仪定位，倾角采用地质罗盘。孔间允许水大于 100 mm，孔径误差<10 mm，孔深不大于 1%，方位角<2°。

（2）钻孔方法——采用定制的 HMYXZ-50A 型全液压锚固，工程钻机配高风压潜孔锤钻机，阿特拉斯空压机供风。

（3）孔斜控制——采用加长粗径钻具及加设平衡器和扶正器保证孔斜，每钻 5 m 用 CQ-1 型测斜仪测孔斜。

（4）钻孔冲洗——采用风水联合冲洗钻孔。

（5）锚孔质量检查——孔位坐标、方向角、倾角等。

锚索造孔

穿锚索施工工艺流程

钢锚墩安装

（1）钻孔完成后，在排水廊道底板人工开挖锚坑，浇筑找平垫层混凝土，安装排水廊道端的钢锚墩。在主厂房第一层开挖出露锚索孔后，采用安装在排水廊道的提升卷扬（提升力 5 kN）将厂房顶拱端的钢锚墩提升上去，施工人员利用升降台车安装定位。

（2）钢锚墩为三层 Q345 钢板重叠满焊连接而成，焊缝厚均为 12 mm，规格依次为：ϕ 750、厚40 mm，ϕ 520、厚40 mm，ϕ 340、厚50 mm。

（3）利用导向管使钢锚墩与钻孔垂直，钢锚墩固定利用 4 根φ20 长 400 mm 的定制膨胀螺栓固定。

（4）找平用 C35 碎石混凝土，导向管与孔道间的空隙用 M40 环氧砂浆密封。

锚索张拉

（1）张拉方案——采用"两端预紧，单端张拉"即锚索预紧分别从排水廊道和厂房顶拱两端进行，正式整体张拉仅从排水廊道端进行。

（2）张拉准备——张拉千斤顶与压力表进行配套，标定绘出油表压力与千斤顶张拉力的关系曲线图。

（3）张拉机具——张拉油泵采用 ZB4-500S 电动油泵，千斤顶采用 YDC240Q 型和 YCW-250 型。

（4）张拉施工：①依次安装测力计、锚板、夹片、限位板、千斤顶及工具锚等。工具锚板上孔的排列位置需与前端工作锚的孔位一致。张拉前先对每股钢绞线施加 30 kN 张拉荷载，进行预张拉，使锚各钢绞线受力均匀，完全平直并将该荷载锁定在锚板上，再对所有钢绞线进行整体张拉，稳压后锁定。②张拉过程中当达到每一级的拉制张拉力后，稳定 5 min 即可进行下一张拉，达到最后一级张拉力后稳定 30 min 即可锁定。③张拉时，升荷速率每分钟不超过设计应力的 1/10，卸荷速率每分钟不超过设计应力的 1/5。④张拉荷载控制以拉为主，辅以伸长值校验，当实际伸长值大于理论计算值10%或小于5%时暂停张拉。⑤张拉锁定48 h 后，若已判定不再需要补偿张拉，则用金刚石砂轮片切断外露绞线，切口位置距锚板的距离不小于50 mm。

锚索灌浆

（1）灌浆材料——采用 M50 水泥浆。由于向家坝裂隙水含有硫酸根离子对普通水泥有腐蚀性，故采用42.5 MPa高抗硫酸盐水泥。

（2）灌浆方式——采用 SNS 高压灌浆泵从排廊道内通过锚索灌管自下而上一次性进行灌浆，利用预留回浆管排气回浆，灌浆过程中，压力控制在 0.2～0.4 MPa 之间，当排浆比重与灌浆比重相同时进行屏浆，屏浆压力为 0.3 MPa，屏浆时间 30 min。

图 12-48　向家坝水电站地下厂房对穿锚索施工技术框架[57]

第九节　预裂爆破的减震效应与存在问题

一、预裂爆破的减震原理

炮孔内由炸药爆炸引起的冲击波向爆源周围岩体传播很小一段距离，便衰变为应力波。

应力波传到界面后要产生反射和折射。当纵波垂直入射时只产生一个反射波和一个折射波。在预裂缝前面进行爆破时，产生的应力波传播到缝面，可近似地按垂直入射考虑。当它到达界面后，波的一部分能量反射回去，另一部分透过第二种介质继续传播，界面上应力的转换可由下式计算：

$$\sigma_{反} = \sigma_{\lambda} \frac{\rho_2 c_2 - \rho_1 c_1}{\rho_2 c_2 + \rho_1 c_1} \qquad (12\text{-}42)$$

$$\sigma_{折} = \sigma_{\lambda} \frac{2\rho_2 c_2}{\rho_1 c_1 + \rho_2 c_2} \qquad (12\text{-}43)$$

式中：ρ_1 和 c_1，ρ_2 和 c_2 分别为入射和折射介质的密度和波速。ρc 值称为介质的声抗。

当主爆区的应力波传到裂缝面，如果裂缝具有一定的宽度，缝内全由空气充填，则空气的 ρc 值对于岩石的 ρc 值而言可忽略不计，则由（12-42）式可得：

$$\sigma_{反} = -\sigma_{\lambda}$$

$$\sigma_{折} = 0$$

这是一种全反射，入射到介面上的应力完全变成反射。如果裂缝面的岩体还受到震动的话，则是由于应力波从裂缝外绕射过去的，因此，裂缝内充填物 ρc 值与岩石的 ρc 值相差越大，反射作用也越大，也就是裂缝的隔震效应越好。

二、预裂爆破效果评价

不同的爆破工程，对预裂爆破的要求也不一样，其主要内容为：

（1）预裂缝宽度：预裂缝宽度，可以控制爆破范围和减震效应，所以要求裂缝宽度不小于 1 cm，有些矿山为 5～6 cm；

（2）不平度：不平整度表示爆破后所形成的平面相对于炮孔连心线平面的相差程度，以厘米表示，壁面不平整度应小于 15 cm；

（3）残留孔痕：保留半边孔的痕迹的百分数表示它反射预裂爆破孔壁周围的破坏程度。一般是硬岩中不少于 80%，在软岩中不少于 50%。

（4）减震效应：降低爆破地震效应是预裂爆破的一大优点，一般应达到设计降震百分率的值。据有关资料介绍：大冶露天铁矿降震 40%～50%；歪头山铁矿减震 60%～70%；南山露天铁矿下降 60%～70%；南芬铁矿降震率为 60%～70%，个别达 80%；葛洲坝工地降低 54%～84%。

三、预裂缝的防震效果

1. 预裂缝防震效果

预裂缝的防震作用，是通过预裂缝与不通过预裂缝震动衰减规律的对比测量的，以了解预裂缝是否起到减震作用和减震量的多少。表示震动的强弱或大小，以振速用得最多。因而爆破引起质点振动速度的测量结构就反映了防震的效果，如表 12-31。

表 12-31 预裂缝、防震孔、无防震对比试验

药量（kg）	距爆破中心的距离（cm）	无防震		预裂缝		二排防震孔		一排防震孔	
		振速（cm/s）	削减强度（%）	振速（cm/s）	削减强度（%）	振速（cm/s）	削减强度（%）	振速（cm/s）	削减强度（%）
	3.42	7.22	0	3.29	54				
	3.42	17.24	0	3.29	81				
	2.35	23.10	0	3.71	84				
	2.35	12.39	0	3.71	70.8				
硝铵 0.6	2.6	23.56	0	5.68	75.8				
胶质 0.3	2.2	42.6	0	15.1	64.5			0.38	35.5
	5.2	16.58	0						
胶质 0.4	5.2	15.20	0	4.34	71				
硝铵 1.25	5.5	12.66	0	3.86	69.5	6.53	48		
	7.5	6.99	0	2.53	64.0	4.05	42		
最小~最大					54~84		42~48		35.5

2. 根据试验求算的 α、K 系数值得到的振速公式计算衰减规律

根据撼动计算公式 $\left(v = Kc\dfrac{\sqrt[3]{Q}}{R}\right)^{\alpha}$，当 Q、R 一定时通过测试求算 α、K 值。葛洲坝工程预裂爆破经多次测验整理得到的振速公式为：

（1）未通过预裂缝：$v_{\perp} = 67.9\left(\dfrac{\sqrt[3]{Q}}{R}\right)^{1.0}$　　　　　　　　　　　　（12-44）

（2）通过预裂缝：$v_{\perp} = 45\left(\dfrac{\sqrt[3]{Q}}{R}\right)^{1.36}$　　　　　　　　　　　　（12-45）

式中：$v_{\perp}$——垂直向质点震动速度（cm/s）；

　　　Q——爆破炸药量（kg）；

　　　R——测点至爆心距离（m）。

在实测的 $\dfrac{\sqrt[3]{Q}}{R}$ 值范围内，比较（12-44）和（12-45）速度值得到表 12-32。

表 12-32　通过预裂缝与未通过预裂缝震动衰减规律

$\dfrac{Q^{1/3}}{R}$	0.10	0.15	0.20	0.25	0.30	0.35	0.40	0.50
$v_{\pm} = 45\left(\dfrac{\sqrt[3]{Q}}{R}\right)^{1.36}$	1.98	3.42	5.05	6.85	8.25	10.8	13.0	17.6
$v_{\pm} = 67.9\left(\dfrac{\sqrt[3]{Q}}{R}\right)^{1.0}$	6.79	10.02	13.6	17.0	20.04	23.8	27.2	34.0
预裂后减震百分率（%）	70.8	65.9	62.9	59.7	58.8	57.9	52.2	48.2

四、预裂缝和减震槽的减震效果

工程坝址基岩为厚层粉砂岩，岩体完整。新电站基础的最大开挖深度为 12 m。施工单位经研究决定采用梯段深度为 2 m 的浅孔爆破分 6 层开挖[58]。

（1）爆破震动穿过预裂缝或减震槽条件下，呈现 K 值和 α 值均降低的特点；表明预裂缝或减震槽的存在，对爆破震动有明显隔震作用。

（2）对于存在预裂缝条件，在爆心距为 5 m 处的隔震率为 18%~29%，而在爆心距为 40 m 处隔震率为 0%~12%；对于存在减震槽条件，在爆心距为 5 m 处的隔震率为 29%~41%，而在爆心距为 40 m 处隔震率为 15%~21%。这表明，当有预裂缝或减震槽存在时，离预裂缝或减震槽的部位越近，减震效果显著，当爆心距增大时，隔震效果降低[58]。

（3）减震的隔震效果要明显高于预裂缝的隔震效果，在爆心距为 30 m 以外尤其如此，这主要是由于：减震槽宽有一定的宽度，能够更好地隔断爆破地震波的传播。

五、预裂爆破存在的问题及参数选择与装药注意事项

1. 预裂爆破自身的问题

正确的设计和施工，预裂爆破一般不会对保留岩体产生严重损坏。产生损坏的原因除因设计不当外，主要为施工中将药包贴在保留壁面上所致。尤其在炮孔底部，因装药量大，破坏范围可达 10 cm。此外，当岩石为水平层状时，预裂爆破的上抬力，会使孔口以下数米的岩层受到损坏。预裂爆破使保留岩体在水平向的损坏程度一般在 1.0 m 以内，遇到水平层状岩石并含泥化夹层，顺夹层损坏深度为 2~3 m。上述的损坏一般不影响边坡的稳定。至于孔口段保留岩体的损坏，可通过孔口装药量及堵塞长度进行调整。

2. 爆破参数的影响

爆破参数这里主要指炮孔间距和线装药密度，在预裂爆破中，炮孔间距的大小和线装药密度直接影响预裂缝的宽度和坡面的平整度，是保证形成贯通裂缝的主要参数。在这方面铁道建筑研究设计院李彬峰先生作了较详细的分析计算[59]。

目前，设计或选择计算炮孔间距常用的公式有以下几种。

（1）按经验一般中硬以上岩体。

$a = (8~12)d$；软岩体 $a = (6~8)d$，当 $d \leqslant 60 \, \text{mm}$，$a = (9~14)d$　　　　（12-46）

软岩取小值，硬岩取大值。

（2）按岩石强度。

$$a = 3.2 \left[\frac{\sigma_{\text{压}}}{\sigma_{\text{拉}}} \cdot \frac{\nu}{1-\nu} \right]^{2/3} \cdot d \qquad （12-47）$$

式中：$\sigma_{\text{压}}$、$\sigma_{\text{拉}}$——岩石极限抗压、抗拉强度；

　　　ν——泊松比，具体取值可查阅有关资料。

也可按下式计算

$$a = K \cdot R^{0.25} \cdot d^{0.25} \quad （\text{m}） \qquad （12-48）$$

当炸药的能量 E 和岩石强度 R 一定时，K 值为一常数，可取 $K = 0.03$，其量纲为

$kg^{-0.25} \cdot m^{1.25} \cdot s^{0.50}$。

（3）按炸药波阻抗和炮孔直径[4]确定。当炮孔直径 D 满足 $25\,mm \leqslant D \leqslant 200\,mm$ 时，

$$a = D(11.2 - 0.1Z)K^{0.75} \quad （mm） \tag{12-49}$$

式中：Z ——炸药波阻抗，$Z = \rho_r c_p$（$t/m^3 \cdot km/s$）。ρ_r 为岩体密度（t/m^3）。c_p 为弹性纵波通过岩体时的传播速度（km/s）；

K ——炸药的重量强度换算系数，$K = 0.83Q_2/Q_1 + 0.17V_2/V_{10}$。$Q_1$、$Q_2$ 为两种炸药的爆炸能量（kJ/kg），V_1，V_2 为两种炸药爆炸后产生爆炸气体的体积（m^3/kg）。

炸药的波阻抗及炸药的重量强度换算系数可从有关专业书中查得。

3. 几种计算结果比较分析

假设 $D = 110\,mm$，岩性为完整的花岗岩，采用 2# 岩石炸药时，$\sigma_压$、$\sigma_拉$ 分别为（1 000～2 500）×98 kPa、（70～250）×98 kPa，$\nu = 0.2 \sim 0.3$，$Z = 800 \sim 1\,900\,kg/cm^2 \cdot s$，$K = 1.0$（为单一炸药），进行预裂爆破时，分别按以上公式计算结果见表 12-33[59]。

表 12-33　不同公式计算的炮孔间距（单位：cm）[47]

公式	9-52	9-53	9-54	9-55	平均值 $\bar{a}$
计算结果 a	110	122	111	108	112.75
与平均值偏差（%）	2.44	8.20	1.55	4.21	——

注：计算时，对给出其范围者均取其平均值。

从表 12-33 的计算结果可以看出：几种计算结果与平均值的偏差 $\left(\dfrac{|a - \bar{a}|}{\bar{a}} \times 100\% \right)$ 范围在 1.55%～8.20%，可见尽管其形式不同，考虑问题的角度不同[涉及岩石性质如泊松比、波阻抗、极限抗压（拉）强度和炸药性质]，但总体上还都是比较科学的，能够与经验达到一致。当然，从计算的过程出发，式（12-47）、（12-48）、（12-49）均较为麻烦，涉及的影响因素较多。但从应用角度，文献[59]推荐使用经验计算式。此外，实际设计中，往往考虑钻孔误差，可对炮孔间距作适当调整。

4. 线装药密度的理论计算[59]

（1）文献[14]推荐的计算公式。

$$q_线 = 0.36[\sigma_压]^{0.60} a^{0.67} \quad （g/m） \tag{12-50}$$

式中：$q_线$ ——线装药密度（g/m）；

$\sigma_压$ ——岩石极限抗压强度（kPa）；

a ——预裂孔的炮孔间距（cm）。

（2）武汉水利电力学院归纳的药量计算经验式。

$$q_线 = 0.16[10\sigma_压]^{0.5} a^{0.84}(D/2)^{0.24} \tag{12-51}$$

式中，符号意义同上。

（3）经验公式。

$$q_{\text{线}} = 0.188a\sigma_{\text{压}}^{0.5} \tag{12-52}$$

式中，符号意义同上。

为了克服炮孔底部的夹制作用，确保裂缝到底，底部相当于（1.5~2.0）a 高度范围内的线装药密度，采用（2.4~4）$q_{\text{线}}$ 为宜；孔口段一般岩层相对较软，为防止飞石和岩层遭到破坏，线装药密度以（1/2~1/3）$q_{\text{线}}$ 为宜。

以应用公式（12-50）、（12-51）、（12-52）计算 $q_{\text{线}}$，结果见表 12-34（a 调整为 100 cm）。

表 12-34　不同公式所计算的线装药密度（单位：g/m）

公式	12-50	12-51	12-52	平均值 $\bar{a}$
计算结果 a	695	265	786	582

公式（12-50）、（12-51）、（12-52）均考虑了炮孔间距和岩石的极限抗压强度。从表 12-34 可以看出，公式（12-50）、（12-51）、（12-52）式计算结果较为接近，对照表 12-15，与 D=125 mm，$q_{\text{线}}$=485~765 基本一致，而（12-51）式计算结果偏离较多，文献[59]的作者建议不宜采用，应以式（12-50）、（12-52）和表 12-15 作为参考。

5. 装药不耦合系数

文献[59]指出在装药结构上尽可能使药卷和炸药能量得到均匀分布。通常，为减轻爆破时对炮孔孔壁的压力，不致使孔壁破坏，可采用不耦合装药。不耦合装药系数 $\eta = D / D_0$（D_0 为药卷直径）。工程实践表明，所设计的装药密度只有在采用的药卷满足环向不耦合系数（径向不耦合系数）η=2~5 时，才能形成质量较好的预裂缝。当 D>100 mm 时，η=3~5；当 D< 100 mm 时 η=2~3。文献[60]则建议 $\eta \leqslant 3.0~3.5$。

6. 预裂爆破的装药量

知道了线装药密度，即可据下式求得装药量：

$$Q = q_{\text{线}}L \tag{12-53}$$

式中：L——炮孔深度（m）。

7. 装药结构

装药结构形式：底部采用连续装药，中段和上部采用间隔装药。按照设计的药卷规格、数量和间隔距离绑扎在导爆索上，构成药串，最后用导爆索引爆所有的药包。

8. 装药分配

为克服孔底夹制作用，孔底常采用加强装药。加强装药的长度视岩石性质而定，坚硬、完整的岩石一般为 0.8~1.0 m，破碎岩石一般不超过 0.5 m。孔口 0.8~1.5 m 处不装药，进行堵塞。不装药段以下 1~2 m 处线装药密度应减为设计值的 1/3~1/2，以防表层岩石被炸开松动。孔底增加的药量和岩石的物理力学性质、钻孔直径、预裂孔的深度及炸药的性能有关。过多增加药量，则会影响预裂效果，遇多个台阶时，往往造成下一台阶的破坏，致使成孔困难。

炮孔装药量 Q 分为底部装药 Q_b 和柱状装药 Q_b，具体计算式为[61]：

$$Q_b = f(L, Z, K) = \frac{L}{39 - 1.2Z} \cdot K^{-0.75} \tag{12-54}$$

式中：L, Z, K 意义同上。

$$Q_p = q_{\text{线}} L_{\text{ch}} \tag{12-55}$$

式中：L_{ch}——柱状装药长度（m）。

$$Q = Q_b + Q_p \tag{12-56}$$

第十三章　切缝药包爆破

传统的预裂、光面爆破技术，一般采用低爆速工业炸药不耦合装药方式或空气间隔装药结构，并采用多打孔少装药的方法来降低冲击波、应力波对炮孔壁近区的压碎作用。在生成裂纹的同时炮孔壁其他方向产生随机的裂纹，往往造成预留岩体壁面的严重损伤或破坏，尤其在岩体结构复杂时，如节理裂隙断层褶皱时，光面爆破很难实现其预期的效果。岩石定向断裂控制爆破技术正是在预裂、光面爆破的基础上发展起来的。采用一种奇异的装药结构来改善光面、预裂爆破不理想的爆破效果，即在同排炮孔的连线上提高炸药爆炸的能量集中度，使大部能量集中于预先设定断裂的岩体的方向、位置和范围。提高炮孔间的应力集中，形成剪切和拉伸裂缝在各个炮孔间贯通扩展，降低其内部的损伤度或破坏程度。

第一节　切缝药包结构及爆炸时爆生气运动示意图

一、切缝药包结构

切缝药包爆破技术的实质[62]是在具有一定密度和强度的炸药外壳上开有不同角度、不同形状和数量的切缝，如图 13-1 所示。

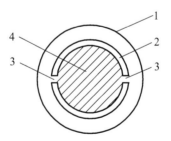

图 13-1　切缝药包结构示意图

1—孔壁；2—外壳；3—切缝；4—炸药

二、切缝包爆炸时爆生气体流向示意

利用切缝控制爆炸应力场的分布和爆生气体对（孔壁）介质的准静态作用和尖劈作用，达到控制爆破介质的破碎程度和开裂方向的目的。切缝药包爆破使孔壁形成定向裂缝的过程分为两个阶段[63]：爆炸初期，在切缝管内腔尚未形成均布压强之前，由于冲击波的动态作用使得切缝对应的孔壁部位优先产生预裂缝；而后在爆生气体的准静态压力作用下使预裂缝扩

展和贯通。

切缝药包爆炸时，由于切缝外壳具有一定的厚度和强度，所以，切缝药包在爆炸瞬间表现出明显的聚能效应。在非切缝处，爆轰产物直接冲击其外壳内壁，由于药包外壳（如竹片、塑料和金属等）的密度大于爆轰波阵面上爆炸产物的密度，且固体介质的压缩性一般小于爆轰产物的压缩性，作用于塑料外壳上的冲击波，除产生透射波外，还有向爆炸中心反射的压缩波。透射波经切缝外壳的阻隔和外壳与孔壁之间的环形空间衰减后，能量大大降低。同时外壳本身也产生变形与位移，吸收部分能量。这样就大大降低了未切缝区域产生径向裂缝的可能性。在切缝方向上由于不存在任何阻力作用，该方向上的孔壁岩石最先直接受到爆轰产物的冲击。爆轰产物能流密度大且集中于较小范围，其能流密度大于被爆介质的临界冲量密度，在炮孔壁上产生微破裂区，预先形成了初始裂纹，而切缝以外的其他方向，外壳给爆轰产物的飞散形成阻碍，使能流进一步向切缝方向集中，一定程度上加强了切缝方向的破坏作用，如图 13-2 所示。

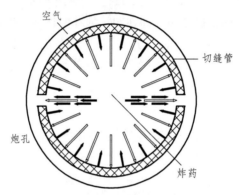

图 13-2　切缝药包爆破气体流向示意[2]

第二节　切缝药包爆破作用机理

一、切缝药包定向断裂爆破作用机理

切缝药包爆破岩石是定向断裂控制爆破的方法之一，是对岩石断裂过程中裂纹的产生、扩展及止裂进行控制，即在炮孔壁上，产生规定的裂纹，使之沿径向扩展，并达到预定的长度。对断裂过程的三个阶段加以控制是断裂面形成的必要条件。

切缝药包爆破所获得的良好效果反映了它的断裂控制作用的有效性。而其控制作用则与切缝药包和装药结构密切相关。

1. 切缝药包作用原理

切缝药包的实质是在具有一定密度和强度的炸药外包装上开有不同角度、形状和数目的切缝。利用切缝控制爆破应力场的分布和爆生气体对介质的准静态作用和尖劈作用，控制被爆介质的破碎程度和方位的数目，图 13-3 是切缝药包定向断裂爆破的原理[64,65]。

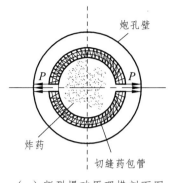

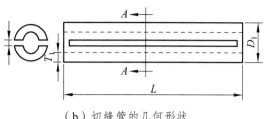

（a）断裂爆破原理横剖面图　　　　（b）切缝管的几何形状

图 13-3　切缝药包定向断裂爆破原理图

2. 切缝药包外壳的作用

切缝药包是在药卷外套上无毒硬质工业塑料管，塑料管具有一定的强度和质量，由于切缝管的存在，阻抗发生了变化，即 $P_\mathrm{m}D_\mathrm{m} > P_0D$ ，改变了一般应力场传播规律和能量分布规律[62]。

（1）有利于炸药稳定爆轰：外壳的存在使得炸药爆轰传播过程中径向扩散受到一定程度的限制，避免了径向稀疏波对反应区的干扰，更有利于稳定裂纹的产生。

（2）反向能量的增加，可保持较高的爆轰压力：外壳的特征阻抗大于炸药特征阻抗时，爆轰波直接作用于外壳，除产生透射波外，尚有爆炸中心反射的压缩波，反射波的能量为总爆轰能量的 10%～13%[62]，保持了一个较高的爆轰压力，有利于裂纹扩展。

（3）限制爆轰气体径向膨胀，增大能流速度：外壳对爆生气体的径向膨胀起着限制作用于，延长了爆生气体在装药空间的滞留时间。试验表明[1]装药空间滞留时间所得裂隙长度为不滞留时间的 5 倍左右。所以有利于切缝药包定向裂隙产生的效果。

（4）在非切缝方向不产生裂纹外壳起着"阻挡"作用：外壳在非切缝方向，对爆轰波起着"阻挡"作用，透射到外壳的爆炸应力波再由环形空间衰减后作用于孔壁破裂岩石，这时的能量很难使岩石致裂，所以未切缝方向孔壁不致产生明显的径向裂纹。

二、切缝管切缝处的作用

切缝药包的特点就是切缝管的切缝控制爆炸应力场的分布和爆生气体对介质的静态作用，有利于产生应力集中。

（1）定向裂纹形成机理：切缝管内装药爆炸后，首先形成炸药爆轰产物流沿切缝向外直接冲击炮孔壁岩石，岩石受压处在爆轰产物的高压作用下形成压缩核，压缩核与临近岩石间发生局部塑性滑移，进而形成初始导向裂纹。岩石压缩成核的形成过程如图 13-4[65]，根据莫尔-库伦强度准则，岩石压缩两侧剪切滑移面之间的夹角为 δ ：

$$\delta = \frac{\pi}{2} - \phi \qquad (13\text{-}1)$$

式中　δ——岩石的内摩擦角。

切缝药包岩石定向断裂爆破炮孔壁导向裂纹长度可按下式[6]计算：

$$L_0 = \frac{a}{2}\cot\frac{\delta}{2} \qquad (13\text{-}2)$$

式中　L_0——炮孔壁导向裂纹长度；

　　　a——切缝管的切缝宽度。

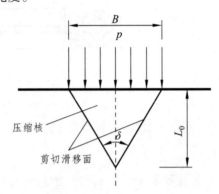

图 13-4　切缝药包炸药爆轰产物作用下定向裂纹的形成[4]

（2）切缝方向的最大位移峰值、最大径向应变和切向应变分别 1.6 倍、2.66 倍和 3.77 倍于垂直切缝方向（即未切缝方向）。

第三节　切缝药包爆破时的爆破聚能效应

切缝药包爆炸主要技术特征是控制能量的释放方向，使爆炸能量在切缝方向聚集，从切缝方向上形成较长的裂缝，使炮孔连线方向上形成贯通裂纹和平整的光滑壁面，减少超欠挖和围岩的损伤，有利于保留岩体的稳定。

一、动焦散试验②

模型为 5 mm 厚的有机玻璃，400×400 mm²，临空面方向距炮孔中心 150 mm。

（1）根据实验，爆炸后在切缝方向上产生了两条较长的裂纹，垂直切缝方向（非切缝方向）只出现较短裂纹，这说明切缝药包切缝管的存在使得较多能量从切缝方向释放，起到了很好的预裂作用，如图 13-5 所示。同时从 13-5 可以看出垂直切缝方向的两侧的裂纹也有明显的不同，临空面一侧的裂纹大于非切缝护壁面一侧。显现出除切缝药包爆破有很好的聚能作用外，也有力地说明了岩石破碎自由面有导向作用。

图 13-5　爆破裂纹扩展图

（2）通过测量两条裂纹尖端的焦散斑的大小所计算出裂纹尖端的动态应力强度因子，得出了应力波的传播规律如图 13-6 及表 13-1 所示。

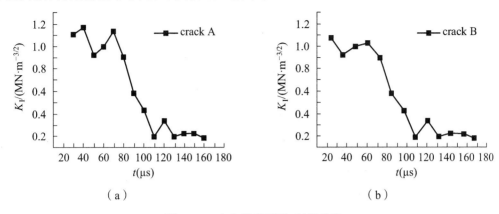

（a）　　　　　　　　　　　　　（b）

图 13-6　应力强度因子-时间曲线

表 13-1　不同时间的动态应力强度因子（A—切缝方向；B—垂直切缝方向）

时间（μs）		30	40	50	60	70	80	90	100	110	120	130	140	150	160
K_1(MN·m$^{-3/2}$)	A	1.10	1.17	0.92	1	1.13	1.00	0.59	0.43	0.20	0.33	0.20	0.23	0.23	0.18
	B	—	1.07	0.92	1	1.13	0.88	0.59	0.43	0.14	0.33	0.16	0.20	0.20	0.15
		冲击波			应力波		静态膨胀作用阶段								

二、超动态应变电测试验[①]

切缝药包超动态应变电测试验，结果如表 13-2 所示。

表 13-2　试件上应变片应变极值

项目		应变片			
		非切缝方向		切缝方向	
		自由面一侧	隔振护壁一侧	切缝方向	切缝方向
距离药包中心距（mm）		155	245	200	200
试件应变片编号		1	2	3	4
应变极值	max	6 276	5 485	2 999	15 020
	min	−5 108	−4 490	−13 329	−10 341

注：试件为有机玻璃板（400 mm×400 mm×5 mm）、PVC-U 排水管、叠氮化铅炸药、电子应
　　变片（动态）。

从表 13-2 的试验结果可以明显看出，切缝方向控制爆炸能量的释放方向，使爆炸能量在切缝方向形成聚能作用，从而在切缝方向形成较长的裂纹。而非切缝方向应变片应变极值比切缝方向小 2 倍以上。切缝药包爆破有利于相邻炮孔裂隙的贯通，增大炮孔之间的距离。

试验小结：试验表明，切缝药包爆破爆轰气体从切缝处首先冲出指定的孔壁产生初始裂

---

① 切缝药包超动态电测试验报告：中国矿业大学现代爆破技术研究所，2007 年 3 月。

纹，而后在气楔作用下，推动初始定向裂纹向前发展至较长的距离。垂直切缝方向的非切缝方向由于管壁阻挡和管壁与炮孔壁之间空气的缓冲，受到撞击作用很小，从而大大降低了随机裂纹产生的概率，并且由于不均匀应力场的作用，个别随机裂纹即使诞生了，发展也将受到遏制。

由于非切缝的临空面一侧，冲击波作用过后，隔振护壁材料对爆炸气体的约束力降低甚至不起作用，而临空面存在的岩石抗爆力降低，临空面本身就起到导向作用。

三、切缝药包全息激光光弹试验

文献[10]采用三维激光全息动光弹超动态综合测试系统对切缝药包爆破进行试验研究。

1. 切缝药包爆炸的特点

切缝药包定向断裂控制爆破的特点是在爆炸的瞬时，在炮孔周围形成定向的应力集中，来控制预定区域径向裂缝的发展。切缝管的作用原理是在炮孔壁四周形成不均匀的应力分布，使预定区域受到足够的破裂力。形成定向裂缝的过程可分为两个阶段：爆炸初期，在切缝管内腔还没有形成均布压强之前，在爆炸冲击波的作用下，在对准切缝的炮孔壁面局部产生了预裂缝，而后在爆生气体压力作用下使预裂缝扩展。

2. 试验结果

图 13-7 为切缝药包爆破模型试验单孔全息干涉图。沿 x 轴方向为切缝方向。在爆轰 56 μs 时，P 波已衰减，箭头标示的干涉条纹图由 S 波和 P 波产生。条纹分布为椭圆状，切缝连线方向为长轴，在切缝方向 R 波前沿条纹比较密集。反映出切缝方向应力波超前传播，形成了较强的应力应变场。切缝方向的最大位移峰值约为垂直切缝方向的 1.6 倍。

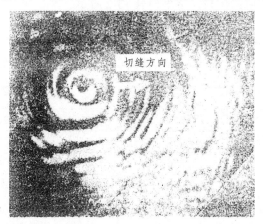

图 13-7　切缝药包爆破全息干涉图（t=56 μs）[65]

图 13-8 是进行岩石定向断裂的试验，断裂的方法有多种，各具特点，这里显示的是切缝药包定向的动态试验的结果[6]，从图 13-8 看出，爆炸应力波在孔间连线方向加强，呈现明显的方向。

根据试验的测定结果，在切缝方向上，应力波超前传播，形成强大的应力场，切缝方向的岩石位移峰值是垂直方向的 1.6 倍。这表明在切缝方向上，产生了应力集中，岩石受到较强烈的破坏，达到了有效的定向断裂作用。

图 13-8　相邻切缝药包的动态应力条纹图[67]

在两孔连心面轴线上，P 波前沿有一个尖角，P 波与 S 波过渡区也有一个尖角，而在其他方向没有这个特征，这说明，切缝方向受力大于其他方向，最先将在 O 点汇集和叠加。

弄清切缝药包定向断裂机理是一个极为复杂和困难的问题。模型试验表明，要使沿切缝方向产生预裂缝，炮孔四周其他方向部位又不发生二次破碎，使沿 x 轴方向切向拉应力最大，首先产生微波的径向预裂缝。在爆炸过程中，由于切缝管壳有一定强度，当爆轰波作用于切缝壳后，将产生透射波，透射波经环形空间衰减后再作用于孔壁，由于切缝管吸收部分能量和环形空间的衰减作用，不会在其他方向产生二次破碎作用。与此同时，由于药包和切缝管阻抗不同，爆生气体经切缝内管反射加速驱动初始裂缝向前扩展。当两个相邻切缝药包在炮孔爆炸后，两孔之间同样形成强烈的应力加强带，最后裂缝在炮孔之间贯穿。

定向断裂爆破成缝机理与光面爆破成缝机理有相似之处，但是定向断裂爆破时，使在炮孔某一方向具有较强的应力集中，应力强度因子最大。因此裂缝贯穿速度快、时间短，在相同条件下，增大了炮孔间距，减少了对炮孔壁的损坏，其动应力强度因子为 K_{IC} 型，这为减少炮孔数、炸药单耗、提高周边眼痕率提供了理论依据。根据模型实验，沿定向断裂爆破方向的应力强度因子为非定向的 3.75 ~ 5.4 倍，炮孔间距比光爆提高了 0.5 ~ 2.5 倍。

四、动光弹试验

1. 切缝方向与临空面方向的条纹级次

根据动光弹试验，爆破等差条纹如图 13-9。

图 13-9 是全息激光光弹切缝药包动态应力条纹图。塑料切缝管内径为 7 mm，壁厚 1 mm，不耦合系数为 1.7，炮孔间距为 130 mm，切缝管切缝对准 O 方向。从图中可看出：当同时起爆后，应力发展从两个炮孔开始，但是它呈现非对称椭圆形分布。

由图 13-9 可知，爆炸初始，随着药包内气体压力急剧升高，首先在切缝药包切缝处出现等差条纹。随着压力的增大，条纹向外扩展，数量也增加，同时由于爆生气体的作用，两切缝处的炮孔壁受压向左右扩张，从而在炮孔上下两孔壁处产生拉应力。图 13-9 中 1、2 幅图中，炮孔下部条纹正是拉应力产生的条纹，它为负级次（-1 级），随着爆炸压力的增强，在临空面方向也开始出现压应力，等差系统变成正级次。如图 13-8 中 3、4 幅图，随着条纹的增多和扩展，两缝处的应力波与临空面方向上的应力波相遇并互相作用，使条纹变得复杂，规律不强，但可看出，垂直切缝方向的非切缝护壁的一侧条纹出现迟缓，条纹级次明显低于切缝和临空面方向上，最高达到 2.5 级和 2 级，而非切缝方向护壁面一侧仅有 1 级，即切缝方向和临空面上的剪应力分别是非切缝护壁面一侧方向上的 2.5 倍和 2 倍。

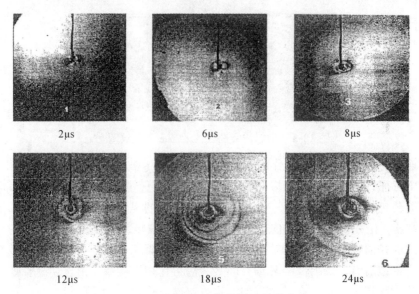

2μs   6μs   8μs

12μs   18μs   24μs

图 13-9　切缝隔振护壁爆破等差条纹

2. 切缝方向与临空面上的最大剪应力

图 13-9 中的第 5 幅图（18 μs）的局部放大，即图 13-10。

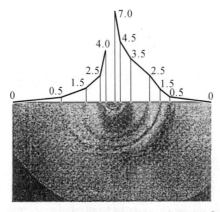

图 13-10　切缝隔振护壁爆破等差条纹[①]

从图 13-10 中可以看出，切缝方向和临空面方向的应力集中现象比较严重，试验得到的切缝方向和临空方向的最大剪应力，与非切缝方向（即隔振护壁一侧）最大剪应力的比值达 1.75。

3. 垂直于切缝方向自由面一侧的主剪应力大于非切缝方向一侧。

根据图 13-10 绘制剪应力与比例距离关系曲线图[66]，如图 13-11。

从图 13-11 中明显看出，自由面一侧的主剪应力明显大于非切缝的隔振护壁面一侧的剪力。文献[67]研究表明，切缝药包有很强的聚能效应。切缝药包爆炸时，高能密度的气体流冲击塑料套管内壁，由于药包的切缝方向不存在任何阻力作用，因此切缝附近的高压气体流向切缝方向汇集，使得切缝处的炮孔壁首先直接受到爆生气体的作用，这种高密度的气体流对岩体局部区域的冲击作用增强了作用在炮孔壁上的最大压应力，从而使得切缝方向的压力差

---

① 委托：中国矿业大学现代爆破技术研究所，2007 年 7 月。

增大，在该处孔壁上形成延伸很短的剪切破坏面。然后爆炸压力对临空面方向孔壁的作用，将可能使剪应力破坏面进一步扩展和破坏，在爆炸后期临空面一侧的隔振护壁管材对爆炸产物已经没有约束作用，这种装药结构有利于切缝方向裂纹的形成和临空面（自由面）方向介质的破坏。

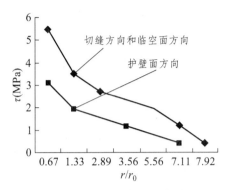

图 13-11　主剪应力与比例距离关系曲线（18 μs 时）[①]

1—切缝方向和临空面方向；2—非切缝该方向隔振护壁面

第四节　切缝药包爆破的力学效应

一、切缝药包爆破岩石的弹塑性分析

高金石教授、张继春教授[68]以孔壁的变形位移为基础，用弹塑性理论推算孔壁压力分布。张玉明、员永峰、张奇先生等[69]根据对切缝药饵爆破测试结果，也以孔壁的变形位移为基础，用应力弹塑性理论推算炮孔壁的压力分布状态，并以炮孔内部荷载为准静态压力计算。

1. 力学模型的建立

将岩体看成具有圆形孔道的无限大弹性体，首先推算出内壁承受均布压力时的应力解，然后再分析内壁在不同变形位移处所对应的压力变化。由于炮孔直径远小于炮孔强度，可以认为沿炮孔的变形为零。因此即以近似地按轴对称平面应变问题来分析。另外，为简便而又能说明所要解决的问题，岩体内应力-应变关系采用理想弹塑性材料模型。设炮孔内部压力为 P，柱坐标系中的三个坐标分别用 r、θ 和 z 表示，σ_r、σ_θ、σ 分别表示岩体内某点的径向、环向和轴向应力。

岩体在内压 P 的作用下，受力状态如图 13-12 所示。由于爆炸冲击荷载圈套，岩体从内壁开始产生塑性变形。设炮孔内径为 a，弹性塑性分界线扩展到半径为 c 的圆。此时，对岩体进行应力分析时应分别按弹性区和塑性区求解。内压等于塑性区的外压 P_c。

2. 弹性区应力分析

根据文献[62]，对于具有圆形孔道的无限大弹性体，弹性区的应力分量为：

① 委托：解放军理工大学工程兵学院结构爆炸实验中心，2007 年 4 月 30 日。

$$\sigma_r = -\frac{c^2}{r^2}P_c \qquad (13\text{-}3)$$

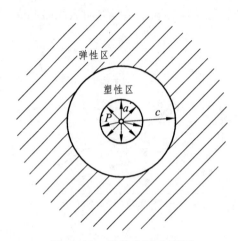

图 13-12　岩体变形分区图

$$\sigma_\theta = -\frac{c^2}{r^2}P_c \qquad (13\text{-}4)$$

式中：σ_r、σ_θ——岩体内某点的径向、环向应力。

引用 Mises 屈服条件[63]：

$$\sigma_\theta - \sigma_r = \frac{2}{\sqrt{3}}\sigma_s \qquad (13\text{-}5)$$

式中：σ_s——岩体单向抗压强度。

把式（13-3）、（13-4）代入（13-5），当 $r=c$ 时有

$$P_c = \frac{1}{\sqrt{3}}\sigma_s \qquad (13\text{-}6)$$

3. 塑性区应力分析

塑性区可以看成一个受内压 P 和外压 P_c 作用的厚壁圆筒，其内径为 a，外径为 c。根据轴对称情况的平衡微分方程：

$$\frac{\mathrm{d}\sigma_r}{\mathrm{d}r} + \frac{\sigma_r - \sigma_\theta}{r} = 0 \qquad (13\text{-}7)$$

将式（13-5）代入式（13-7）积分，考虑边界条件 $r=a$，$\sigma_r = -P$，得塑性区应力表达式：

$$\sigma_r = \frac{2}{\sqrt{3}}\sigma_s \ln\frac{r}{a} - P \qquad (13\text{-}8)$$

由于 $r=c$ 处为弹性分界线，该处的应力值即为弹性区的内压值，即 $\sigma_r = -P_c$。因此，由式（13-8）得到弹塑性分界线处的应力分量：

$$-P_c = \frac{2}{\sqrt{3}}\sigma_s \ln\frac{c}{a} - P \qquad (13\text{-}9)$$

将式（13-6）代入式（13-9）得到塑性区半径为 c 时的岩体内压值计算公式：

$$P = \frac{2}{\sqrt{3}} \sigma_s \ln \frac{c}{a} + \frac{1}{\sqrt{3}} \sigma_s \qquad (13\text{-}10)$$

式（13-10）表达了内压力 P 值与弹塑性分界线半径 c 的关系。随着内压力 P 值的增加，塑性区的范围不断扩大。这也说明了塑性区半径越大，需要施加的内压力也越大。

二、具有切缝套管时的孔壁压力分布

由式（13-10）可知，内压力 P 是塑性区半径 c 的函数，对式中的 c 求导得：

$$\frac{\mathrm{d}p}{\mathrm{d}c} = \frac{2}{3} \sigma_s \cdot \frac{1}{c} \qquad (13\text{-}11)$$

由式（13-11）可知 $\dfrac{\mathrm{d}p}{\mathrm{d}c} > 0$。

因此，式（13-10）所表示的内压力 P 是塑性区半径 c 的严格单调递增函数。若用 C_A，C_E，C_B 分别表示岩体爆后沿水平、沿 45°、沿垂直三方向的径向位移，则在的 $C_A > C_B > C_E$ 条件下可以得出孔壁压力分布的结论如下：

$$P_A > P_B > P_E \qquad (13\text{-}12)$$

根据孔壁产生的径向位移量，并按照上面的结论可以给出孔壁径向压力分布。由以上分析可以看出，采用切缝药包，装药能量发生转化，沿切缝方向产生能量集中，达到了定向断裂的目的。

三、切缝处炮孔壁岩石发生拉伸破坏[66]

切缝药包炮孔处炮孔壁岩石发生拉伸破坏，建立其破坏准则如下：

$$\sigma > S_{dt} \qquad (13\text{-}13)$$

式中：σ ——炮孔壁上最大环向拉应力；

S_{dt} ——岩石的动态单轴抗拉强度。

环向应力和径向应力存在下述关系：

$$\sigma = \nu P / (1 - \nu) \qquad (13\text{-}14)$$

式中：ν ——岩石泊松比；

P ——炮孔壁上的压力。

$$S_{dt} = \sigma \tan\varphi + c \qquad (13\text{-}15)$$

式中：c ——岩石动态内聚力；

φ ——岩石动态摩擦角。

由式（13-13）、式（13-14）可以得到，单孔条件下在环向拉应力作用下，形成裂纹开裂时，炮孔压力 P 应满足

$$P > (1-\nu)(c-\tau) / (\nu \cdot \tan\varphi) \qquad (13\text{-}16)$$

式（13-15）、式（13-16）是切缝药包爆破时初始裂纹形成的条件。

四、炮孔壁形成剪切裂缝的孔壁压力[67]

切缝药包的特点是在切缝方向造成压力集中和剪切应力差，导致岩体在爆破作用下沿切缝方向形成断裂面。罗勇、沈兆武[68]应用库伦定律推导在炮孔壁上形成剪切裂缝的孔壁压力所应满足的条件为：

$$P > (1-\nu)(c-\tau)/(\nu \cdot \tan\varphi) \qquad (13\text{-}17)$$

式中：P 为作用在炮孔壁上的压力；ν 为岩石的泊松比；c 为岩石动态内聚力；φ 为岩石动态摩擦角；τ 为切缝处孔壁上的剪应力差。

这为人们定性和准定量讨论研究切缝药包装药结构的炮孔壁开裂，提供了一条可行的途径，也为正确合理地确定爆破参数提供了可靠的依据。该文献还应用最大拉应力准则对裂缝扩展的方向性进行了分析研究，得出了裂缝的扩展方向与开裂方向一致的结论。

从切缝药包定向控制爆破的爆破机理看出，切缝药包定向断裂控制爆破在爆炸时，由于切缝外壳具有一定的厚度和强度，在爆炸瞬间表现出明显的聚能效应。在非切缝处，由于药包外壳阻碍了冲击波和爆生气体对孔壁的直接作用，尤其是爆生气体的"渗透"与"楔入"作用，从而保护了炮孔壁[62]。

五、切缝药包裂缝扩展的力学分析[68]

根据岩石断裂动力学理论，在准静态压力作用下，若裂缝尖端处的应力强度因子 K_I 满足 $K_I \geqslant K_{Ic}$，即：

$$P \geqslant \frac{K_{IC}}{F\sqrt{\pi(a+r_b)}} \qquad (13\text{-}18)$$

裂缝就能起裂、扩展，反之则止裂[64,65]。

式中：P 为裂缝中的准静态压力；K_{IC} 为岩石断裂韧性；a 为裂缝长度；r_b 为炮孔半径；F 是 a 与 r_b 的函数，即 $F = F[(r_b+a)/r_b]$。

设炮孔壁上形成导向裂缝后炮孔内压力为 p_0，则其需要满足如下条件切缝才能扩展[65]：

$$p_0 \geqslant \frac{K_{IC}}{F\sqrt{\pi(a_0+r_b)}} \qquad (13\text{-}19)$$

式中：a_0 为初始导向裂纹的长度，其余符号含义同上。

事实上，药包套管上切缝宽度的大小能影响孔壁上优先产生的预裂隙。根据岩石断裂动力学理论和摩尔-库伦强度准则有：

$$a_0 = b/[2\tan(\theta/2)] \qquad (13\text{-}20)$$

式中：θ 为导向裂缝的夹角；$\theta = \pi/2 - \varphi$，φ 为岩石的内摩擦角；b 为切缝管的切缝宽度。

当炮孔壁上导向裂缝形成之后，岩体内部的应力分布也随之发生变化，同时岩体内切割裂缝的扩展所造成的岩体破坏已不再是简单的拉断或剪断，而是在复杂应力作用下的张开型脆性断裂破坏。根据岩石断裂动力学理论，最大拉应力准则表明：裂缝沿环向拉应力取得极大值的方向扩展；且当此方向的拉应力达到临界断裂值时，开裂缝失去稳定扩展。显然，导向切缝尖端裂纹扩展方向与导向切缝开裂方向一致，这已为实践所证实。

第五节　切缝药包爆破参数

切缝药包的爆破参数有切缝宽度，装药不耦合值，药包外壳厚度、外壳材料、装药密度、气体保留情况，切缝数目、双孔同时起爆和延时起爆等。但影响切缝药包爆破产生裂缝的主要因素是切缝宽度、不耦合系数和外壳材料等，也就是本节试验的内容。

一、切缝宽度对药包爆炸效应的影响

切缝药包爆破是在具有一定密度和强度的炸药外包装上开有不同角度、不同形状的切缝，利用切缝控制爆炸应力场的分布与爆生气体对介质的准静态作用和尖劈作用，以达到控制被爆介质破碎程度的目的。它是利用药包外壳在爆轰产物高压作用阶段产生的局部集中应力来控制预定区域内介质的径向裂缝发展的。由于药包外壳具有一定的厚度和强度，所以，切缝药包在爆炸瞬间表现出明显的聚能效应。在切缝药包爆炸时，高能量密度的气体流冲击在药包外壳的内壁上，由于在药包的切缝方向不存在任何阻力作用，因此缝隙附近的高压气体流向切缝方向汇集，使得这个区域内的介质首先直接受到爆轰气体的作用，这种高能流密度的气体流对岩体局部区域的冲击作用进一步增加了作用在炮孔壁上的最大压应力值，从而使得切缝方向的压力差进一步增大，首先在该处孔壁上形成延伸很短的剪切破坏面。另外，在药包切缝以外的其他方向由于药包外壳阻碍了爆生气体对孔壁的直接作用，以及爆生气体对药包和炮孔壁解析的"渗透"和"楔入"作用，都起到了保护炮孔壁的作用。

本节运用动态光弹性法（简称动光弹），对不同切缝宽度切缝药包的爆炸过程进行了分析比较，基本搞清了切缝宽度对爆炸聚能效应的影响，得到了爆炸初期沿切缝方向的最大剪应力的回归曲线和公式，为正确选择切缝宽度、改进切缝药包的聚能效应、提高爆破效果，提供了有参考价值得数据。

二、用动光弹性法对不同切缝宽度切缝药包的爆炸聚能效应进行试验[①]

1. 试验原理及设备类型

动态光弹性法的基本原理，是利用了光弹模型受外力作用后，模型材料将产生的双折射效应，从而可在圆偏振光场中得到等差条纹图。对于明场，其黑条纹是半数级条纹，亮条纹则是整数及条纹。根据动态条件下的应力-光学定律及弹性力学，模型中条纹级数 N 与模型中主剪应力 τ_{max} 之间存在下式关系[1]：

$$\tau_{max} = Nf_d / 2h \tag{13-21}$$

其中：f_d 是该材料的动态条纹值；h 为模型的厚度。

因此，等差条纹反映了模型内剪应力的传播和变化过程。由岩石力学和爆炸力学知，岩石等脆性材料在爆破时主要是剪切破坏，因此可以通过分析爆炸时模型内的等差条纹图，来研究剪应力的变化过程，从而搞清切缝宽度对爆炸聚能效应的影响。

试验在多火花式 GGDS-Ⅱ型动态光弹仪上进行。

---

① 委托：解放军理工大学工程兵工程学院（陆渝生教授）。

2. 试验结果与分析

由公式（13-21）知，等差条纹级反映的是该点最大剪应力（即主剪应力）的大小。据此，我们可以由序列等差条纹图（略见参考文献）判读出不同时刻的炮孔在切缝处的条纹级次，并根据式（13-21）计算出的最大应力值。据此，可导出炮孔在切缝处的最大剪应力时程曲线和回归公式，以比较不同切缝药包的聚能效应。而且，由于爆生气体从药包中泄出开始卸载后，孔边应力也迅速下降而形成卸载波。因此只有取爆生气体外泄前的条纹图分析才有意义。由式（13-21）和给定力学参数，可得

$$\tau_{max} = \frac{Nf_d}{2h} = \frac{9360}{2 \times 6 \times 10^{-3}} N = 0.78N \text{(MPa)} \tag{13-22}$$

表 13-3 列出了三种切缝宽度药包在不同时刻炮孔切缝处的条纹级次及根据式（13-22）计算的剪应力值。

表 13-4 列出了 2 μs 时沿切缝方向等差条纹及相应的主剪应力值。

表 13-3　三种切缝宽度药包在不同时刻炮孔切缝处的条纹级次及剪应力值

切缝宽度	t（μs）	0	2	4	6	8	10	12	14	16	18	20
1.0 mm	N	0	5.5	6.5	9.0	8.0	0					
	τ（MPa）	0	4.29	5.07	7.02	6.24	0					
1.5 mm	N	0	5.5	6.0	8.0	8.5	7.5	4.5	0			
	τ（MPa）	0	4.29	4.68	6.24	6.63	5.85	3.51				
2.0 mm	N	0	3.5	6.5	7.5	8.0	8.5	8.0	7.5	6.0	4.5	0
	τ（MPa）	0	2.73	5.07	5.85	6.24	6.63	6.24	5.85	4.68	3.51	0

表 13-4　2 μs 时沿切缝方向等差条纹及相应的主剪应力值

切缝宽度	N	6.5	5.5	4.5	3.5	2.5	1.5	0.5
	τ_{max}（MPa）	5.07	4.29	3.51	2.73	1.95	1.17	0.39
1.0 mm		2.57	2.86	3.23	4.11	4.86	7.14	15.86
1.5 mm	r/r_0		1.23	1.54	2.12	3.34	5.35	8.43
2.0 mm		1.52	1.74	1.91	2.63	4.66	6.91	12.27

由图 13-13 可见，随着离炮孔的距离增大，1 mm 切缝宽度的曲线衰减速度最快，1.5 mm 的次之，2 mm 的最慢，这说明了切缝宽度越小，最大剪应力衰减得越快，应力集中程度越高，因此其聚能效应也越大，切缝的效应也越明显。

3. 小　结

综合以上的分析，可以得到如下结论：

（1）切缝药包爆炸时，三种不同切缝宽度药包爆炸初期的应力集中系数分别为 2.40、1.56、1.12。

（2）比较炮孔切缝处最大剪应力时程曲线，可知切缝宽度减小，产生的应力峰值增大，产生应力峰值的时刻提前，应力的作用时间变短，这说明在装药条件相同的前提下，切缝宽度小，爆生气体对切缝处炮孔的作用时间短，冲击力大，聚能效应更明显，因而破坏威力也更大。

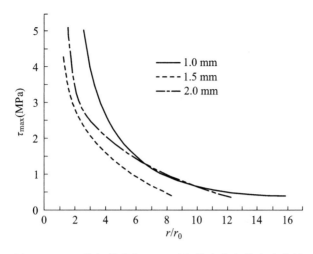

图 13-13　三种切缝药包 2 μs 时切缝方向主剪应力曲线

（3）比较爆炸初期炮孔沿切缝方向最大剪应力曲线，可知随着离炮孔的距离增大，切缝宽度越小，最大剪应力衰减得越快，应力集中程度越高，因此其聚能效应也越大，切缝的效应也越明显。

（4）因此，在三种切缝宽度药包的爆炸聚能效应中，1 mm 宽切缝的聚能效应最明显，爆炸破坏效应也最好，1.5 mm 宽切缝的次之，2.0 mm 宽切缝的最差。

（5）本节只是机理性研究，对于更深入的探讨，如切缝宽度的优化等，有待进一步深入的研究。

三、水泥砂浆模型实验

切缝宽度是切缝药包定向断裂控制爆破最主要的因素之一，试验采用如上所述的水泥砂浆模型和统一规格的 PPR 和 PVC 塑料管即外径 25 mm、内径 20 mm，模型的炮孔孔径分别为 40 mm 和 50 mm。2 号岩石铵梯炸药、8 号工业电雷管，各孔装药量均为 3 g，试验结果见表 13-5、图 13-14 所示。

表 13-5　切缝宽度的试验

塑料管型	试验编号	不耦合值（d/d_0）	切缝宽度（mm）	与时段相应取值的平均最大应变值（mm/mm）			切缝方向是垂直切缝方向的倍数
				采取的时段数	切缝方向	垂直切缝方向	倍数
PPR	16	2.0～2.5	5	9	0.020 5	0.012 5	1.641
	3	2.0～2.5	4	5	0.010 718	0.005 78	1.85
	15	2.0～2.5	3	6	0.014 9	0.008 53	1.747
PVC	9	1.6～2.0	5	7	0.017 6	0.013 47	1.31
	11	1.6～2.0	4	9	0.009 87	0.005 77	1.711
	8	1.6～2.0	3	7	0.018 3	0.013 86	1.32

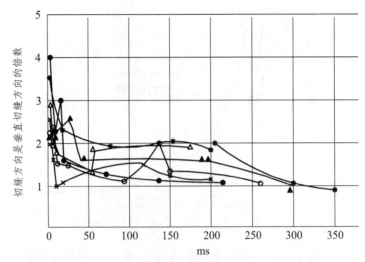

图例：PPR药包外壳　●—切缝宽5 mm；　△—切缝宽4 mm；　▲—切缝宽3 mm
　　　　PVC药包外壳　×—切缝宽5 mm；　＊—切缝宽4 mm；　○—切缝宽3 mm

图 13-14　切缝药包切缝宽度试验
（相同时间切缝方向与垂直切缝方向最大应变峰值的比较）

第六节　不耦合系数

不耦合装药，降低对孔壁的冲击压力、减少粉碎区、激起应力波在岩体内的作用时间加长，加大了裂隙区作用的范围，炸药能量利用充分，因此现今工程爆破中应用较多。

不耦合装药结构有多种形式，比如空气径向不耦合装药结构、空气轴向不耦合装药结构、水径向不耦合装药结构、水轴向不耦合装药结构、径向兼轴向不耦合装药结构以及偏心不耦合装药结构等，一般采用的是径向不耦合装药结构。不耦合系数的大小会影响切缝药包定向断裂控制爆破的爆破效果，而为了得到合理的不耦合系数的取值大小，前人分别从试验和数值模拟等角度对其进行了分析研究，得出了很多有价值的结论。

一、不耦合装药的实验

1. 不耦合系数的动焦散[10]

模型材料为有机玻璃板（PMMA），规格为 300 mm×300 mm×5 mm，动态力学参数纵波波速 $c_p = 2\,320\ \text{m/s}$、$c_s = 1\,260\ \text{m/s}$、$E_d = 6.1\ \text{GPa}$、泊松比 $\nu_d = 0.31$、$|c_t| = 85\ \mu\text{m}^2/\text{N}$。炮孔直径分别为 6 mm、8 mm、10 mm、12 mm、15 mm、18 mm。切缝药包外径为 6 mm，内径为 5 mm；切缝宽 1 mm。相应的径向不耦合系数为 1.00、1.33、1.67、2.00、2.50、3.00。采用叠氮化铅单质炸药。

2. 试验结果与分析

试验结果如图 13-15、表 13-6 所示。

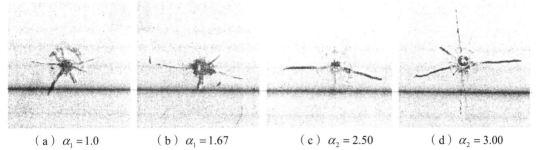

| （a）$\alpha_1 = 1.0$ | （b）$\alpha_1 = 1.67$ | （c）$\alpha_2 = 2.50$ | （d）$\alpha_2 = 3.00$ |

图 13-15　部分试件破坏后的照片

表 13-6　主裂纹的长度和炮孔周围产生的裂纹数量

炮孔直径（mm）	不耦合系数 α_1	主裂纹长度（cm）		炮孔周围裂纹数量
		左侧	右侧	
6	1.00	4.3	4.5	7
8	1.33	4.0	4.8	6
10	1.67	5.9	5.8	4
12	2.00	5.0	4.9	5
15	2.50	5.1	4.5	6
18	3.00	3.0	2.5	6

图 13-14 为部分试件破坏后的照片。将在切缝方向产生的 2 条较长的裂纹称为主裂纹，非切缝方向也随机产生一些长度较短的裂纹，称为次裂纹。以空气为介质的试验，主裂纹的长度和炮孔周围产生的裂纹的数量统计见表 13-6。从表中可以看出：$\alpha_1 = 1.67$ 时，左、右 2 条主裂纹的长度最大，分别为 5.9 cm、5.8 cm，且炮孔周围产生裂纹的数量最少，仅有 4 条。图 13-4 为 $K_s = 1.67$ 时，裂纹扩展的数码焦散斑照片。在以橡皮泥为介质的试验中，除在切缝方向产生 2 条较长的主裂纹外，在垂直于切缝连线的方向也产生了 2 条较长的次裂纹。从照片上可以看到，爆后橡皮泥已经嵌入到裂纹中。

小结：

（1）不耦合系数对爆生裂纹有显著的影响。$\alpha_1 = 1.67$ 时，主裂纹扩展长度和裂纹数目最佳。爆炸应力波与爆生气体对裂纹的扩展产生了影响。不耦合装药使得应力波的幅值降低，爆生气体的准静态作用加强。

（2）在以橡皮泥为介质的试验中，应力强度因子和速度的变化幅度较小。橡皮泥介质作为炸药爆炸产物与炮孔壁间的缓冲层，使得能量传递增加，应力波的作用时间延长，爆炸的作用范围加大。

（3）次裂纹尖端的动态能量释放率数值整体上小于两条主裂纹。能量沿切缝药包壁的切缝方向优先释放，促使炮孔切缝方向的径向裂纹受到强烈的拉应力而快速扩展，从而抑制非切缝方向裂纹的扩展。

3. 水泥砂浆模型试验

（1）模型参数。

根据相似准则：水泥：砂子：水=1：2：0.4。

单轴抗压强度 18.0 MPa，抗拉强度 1.54 MPa，弹性模量 10.27 MPa，泊松比 0.17，密度 2.07 g/cm³，$c_p = 3393 \, m/s$，模型 500 mm×300 mm×300 mm，先用铜和塑料。模型中央钻孔深 120 mm。

（2）不耦合试验的参数。

模拟实验参数如表 13-7，上部为 DDNP 炸药，炮孔下部为 RDX 炸药。

表 13-7　模拟实验爆破参数

项目		塑料管	铜管
管径 D_t(mm)		6.8	6.6
管长 L_t(mm)		35	35
管壁厚 T_t(mm)		1.2	0.2
缝宽 W(mm)		1.2	0.2
孔深 L_b(mm)		120	120
孔径		11.0	11.0
D_b(mm)		10.5	10.5
		10.0	10.0
		9.0	9.0
		8.0	8.0
		7.5	7.5
标准径比率		1.62	1.67
D_b / D_t		1.54	1.59
		1.47	1.51
		1.32	1.36
		1.18	1.20
		1.10	1.14
起爆药	DDNP	200	200
主装药（mg）	RDX	400	400

（3）实验结果与分析。

①不同材料的切缝管有不同的有效不耦合系数，但区别不大，塑料管的有效不耦合系数为 1.18～1.6，铜管是 1.14～1.67。两种切缝管的最佳不耦合系数都是 1.5。

②铜质切缝管的控制爆破质量总在某种程度上比塑料切缝管的差，孔壁上常常能够发现许多微小的裂纹，次生裂纹也较长。这种情况可能是由于以下两个原因造成的：第一，实验所用铜管是雷管外壳，管壁太薄，很容易被爆轰波炸成数片；切缝太窄，难以推动爆生气体迅速到达指定位置，应力集中有所降低。

③在大多数情况下，由于爆炸气体的准静态作用和反射波的叠加作用，沿试样的短轴有一条不需要的裂缝，说明模型的尺寸偏小。

二、切缝药包爆破裂纹长度的实验

1. 裂纹最大传播距离和应变的测量

为了确定定向裂纹的最大传播距离，我们制作了一些 600 mm×400 mm×400 mm 的长方体模型，在模型的长中心上离一侧 250 mm 的位置钻一个 120 mm 深的钻孔，在钻孔两侧布置应变砖。将切缝药管放入钻孔中，并使切缝对准长中心线，只有两条沿指定方向的裂纹，在其他方向看不到明显的宏观破坏，装药的绝大部分能量被用于定向裂纹的扩展，离边界 250 mm 的一侧，裂纹直接扩展至边界，而 350 mm 的一侧，裂纹扩展了 260 mm，所以，最大的定向裂纹扩展长度就是 260 mm，等于炮孔直径的 32.5 倍。

从图上测试的一组典型的应变波形不难算得切缝方向的最大径向应变是垂直方向的 2.66 倍，切缝方向的最大切向应变是垂直方向的 3.77 倍。所以，在炮孔周围产生了一个不均匀的应变场，它推动了定向裂纹的发展，同时控制了其他方向裂纹的诞生与发展。

水泥砂浆模型试验表明：最佳的不耦合系数范围是 1.2～1.5（明显小于中硬以上岩石的数值），最大的定向裂纹传播长度是炮孔直径的 32.5 倍。

2. 采用有机玻璃模型得出的裂纹长度与不耦合系数的关系图 13-16[72]

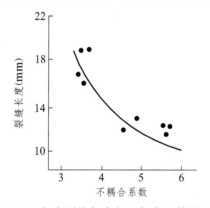

图 13-16　径向裂纹长度与不耦合系数关系[72]

3. 切缝药包爆破裂隙长度

药包切缝方向孔壁上冲击荷载预裂的产生为裂缝的扩展及断裂面的形成提供了基础。Ouchterlony 通过研究得出，当 K 为常数时，使切缝药包径向相对的两条炮孔壁上的预裂隙扩展所需压力为[62]

$$P = K / \sqrt{n(R+a)} \tag{13-23}$$

式中：K——预裂隙尖端的应力强度因子；

$\quad\quad R$——炮孔半径；

$\quad\quad a$——预裂隙长度。

式（13-23）表明，当 K 为常数时，用于驱动张开型裂隙扩展所需压力随预裂隙加大而降低，炸药爆炸后期气体的准静态作用为预裂隙扩展提供了足够大的动力。

所以，当初始导向裂纹起裂后，其扩展长度主要决定于炮孔内荷载的衰减，确定合理的炮孔堵塞长度、保证良好的炮孔堵塞质量有助于现实圈套的孔间距离，若岩石强度高、完整性好，则可适度增加炮孔装药量，以增加孔间距，减少炮孔数量，以达到节约成本的目的。

三、不耦合值与外壳值的关系

1. 不耦合系数与切缝宽度实验

（1）模型规格。

模型采用 350 mm×350 mm×350 mm，孔深 180 mm，孔径 20 mm。

（2）实验结果与分析。

试验结果如表 13-8 所示。

表 13-8　不同耦合值切缝与未切缝方向同一时刻的最大应变值及相互关系

试验编号	不耦合系数	切缝宽度（mm）	炸药量（g）	应变峰值		切缝处应变峰值是其垂直方向峰值的倍数
				切缝处	切缝垂直处	
2	2.5	3	4	0.010	0.005	2.00
5	3	3	4	0.053	0.032	1.66
6	3.5	3	5	0.031	0.022	1.41
7	1.5	3	3	0.028	0.018	1.56
11	2	3	3	0.015	0.007	2.14
12	1.1	3	3	0.024	0.026	0.92
13	1.25	3	3	0.016	0.018	0.89

① 表 13-8 表明，当不耦合系数为 1.1（即耦合装药）时，不管切缝宽度大小如何变化，所产生的裂缝总是随机的，切缝外壳对爆破无控制作用。所以切缝药包用以控制岩石中裂缝的定向产生和形成必须在不耦合装药的条件下才是可靠的。不耦合系数过大或过小，亦难取得良好效果。不耦合系数对控制效果的影响非常显著；过大，裂缝形成长度短，效果差；过小，除切缝方向外，未切缝方向所形成的径向裂隙增多，长度加大，这对裂缝控制也是不利的。

② 当切缝宽度在 3 mm 或以上，不耦合系数在 1.5~3 时，有较好效果，其中，不耦合系数在 2~2.5 时最佳效果。

③ 药包外壳切缝宽度

在一定装药条件下，药包外壳切缝宽度有一个最优值。外壳切缝太大时，则在切缝方向形成两条径向裂纹，外壳切缝太小则切缝不起导向作用。当不耦合系数为 1.33[62]，切缝宽度接近 4 mm 时，在中硬石灰岩中用 2 号岩石炸药、外壳壁厚 4.5 mm 的情况下所形成的裂隙宽度和长度为最大，分别为 5.5 mm 和 150 mm。如图 13-17、图 13-18 所示。在水泥砂浆模型上对切缝宽度进行了试验，结果见表 13-9。

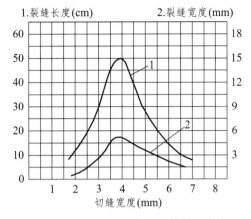

图 13-17　药包外壳切缝宽度对裂缝长、宽度的影响

1—裂缝长度；2—裂缝宽度

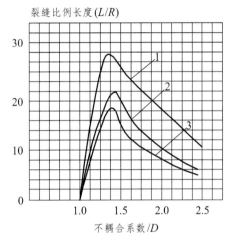

图 13-18　药包外壳切缝宽，不耦合值与裂缝比例长度之间的关系

L—裂缝长度；r—孔径；

1—R=3.9 mm；2—R=3 mm；3—R=5 mm

2. 切缝药包不同外壳性质与不同切缝宽度的试验

（1）水泥砂浆模型测试应变值的测试结果如表 13-9 所示。

表 13-9　切缝药包外壳不同切缝宽度的水泥砂浆模型测试应变峰值

塑料管类型	试验序号	不耦合系数		切缝宽度（mm）	应变峰值			切缝处峰值是垂直切缝处的倍数
		d/d_0	d/d_c		时段数	切缝处	垂直切缝处	
PPR	3	2.0	2.5	4	5	0.0107	0.0058	1.845
	15	2.0	2.5	3	6	0.0149	0.0085	1.753
	16	2.0	2.5	5	9	0.0205	0.0125	1.640
PVC	8	1.6	2.0	3	7	0.0183	0.0139	1.317
	9	1.6	2.0	5	7	0.0176	0.0135	1.304
	11	1.6	2.0	4	9	0.0099	0.0058	1.707

（2）切缝药包外壳特性及作用。

切缝药包的实质是药包外层具有一定密度和强度的壳体。由于外壳的存在使得炸药爆轰传播过程中径向扩散受到一定程度的限制，延长了爆生气体在装药空间的滞留时间，避免了径向稀疏波对反应区的干扰，有利于稳定爆轰并达到理想爆轰速度。当外壳的特征阻抗大于炸药特征阻抗时，即 $P_mD_m > P_0D_0$ 时，爆轰波直接作用于外壳，除产生透射外，尚有爆炸中心反射的压缩波，采用硬质塑料管，估计反射波的能量为总能量的 10% ~ 13%[1]。

以上无疑说明，外壳的存在使得炸药的爆轰传播趋于稳定，爆速提高，因此，爆轰压力和爆压也相应增大，表 13-10 表明：随着外壳厚度的增加，切缝药包的爆速值也相应增大。合理的参数值：切缝方向最大应变值，大于未切缝 1.5 倍左右。外壳厚度 Δd_e 值每增加 1 mm，爆速值约增加 50 m/s（无缝钢管），Δd_e 值愈大，爆速值增加就越大。

另外，外壳材料的密度对爆速有影响，公式[63]（13-24）反映了外壳材料各类的变化对爆速的影响。

$$D_i = D\left[1 - \frac{6}{25 + 7\rho_m}\right] \tag{13-24}$$

从上式可以看出，D_i 值随 ρ_m 值的增大而增加，当 ρ_m 值趋于无穷大时，D_i 值也趋于理想爆速值，即 $\lim D_i = D$。当 ρ_m 为零时，此时，即相当于普通药卷的爆速值（0.76D）。因此可以认为，就对爆轰性能的改善而言，选用密度圈套的材料作为外壳是有好处的。相反，不考虑外壳特性，难以获得预想的破碎效果。

3. 切缝药包外壳不同厚度的模型试验

不同厚度的试验结果如表 13-10 所示。

表 13-10　切缝药包不同外壳厚度水泥砂浆模型实验的应变峰值

试验序号	不耦合系数	炸药量（g）	外壳切缝宽度（mm）	外壳厚度（mm）	应变峰值			切缝处应变峰值是切缝垂直处的倍数
					时段数	切缝处	垂直切缝处	
9	2	3	3	2.0	5	0.032 4	0.031 1	1.042
10	2	3	3	6	5	0.010 5	0.007 4	1.419
11	2	3	3	2.5+	4	0.011 9	0.010 3	1.155

注：表中外壳厚度一列中的"−"表示比该数略小；"+"表示比该数略大。

切缝药包外壳的材质强度及其变形性质对压力的分布规律的强弱程度有着不可忽视的影响作用。如果外壳材料的强度较低，根本不能承受爆炸压力或承受能力较差，那么，切缝外壳就不能较明显地改变因爆炸而作用在炮孔壁上的压力分布特点。因此，切缝外壳必须具有一定的它对孔壁产生力学效应的前提条件。其次，外壳材料还应具有良好的弹性和韧性。假如材料质脆，即使它具有较高的强度，但却不允许产生明显的变形，否则，就发生脆性断裂破坏。这同样不能达到有效地控制炮孔壁压分布的目的。

当外壳材料的强度较低时，对炮孔壁的压力分布的影响较小，但从现场的切割爆破试验结果分析，此时仍然可以在岩体中形成定向裂缝，其主要原因是由于在切缝药包的切缝方向的高度应力集中，自然地形成了有利于切割裂缝产生的爆炸聚能效应。

4. 不同材料的切缝方向与切缝垂直方向应变峰值的水泥砂浆模型试验

（1）试验结果及分析。

试验测试得到的应变峰值及计算的峰值增大率见表 13-11，根据表 13-10 和表 13-11 中的数据绘出了不耦合系数与应变峰值增大率的关系如图 13-19 所示。从图 13-19 中可以很容易看出，不耦合系数为 2.0 时，应变峰值增大率最大；但从图 13-19 中的应变峰值增大率和不耦合系数的关系曲线来看，不耦合系数在 1.5～2.2 时，应变峰值增大率也较大。因此爆破时，根据实际情况，不耦合系数选择在 2.0 左右都是合适的。

表 13-11　切缝药包爆破外壳切缝方向比切缝垂直方向的应变峰值增大率

外壳材料	模型编号	方向	应变片序号	应变峰值	峰值时间（μs）	峰值平均值	峰值增大率（%）
PVCU	1	切缝	1	0.002 59	52.39	0.002 50	40.45
			2	0.002 41	52.39		
		非切缝	3	0.001 78	52.03	0.001 78	
			4	—			
PVCU	2	切缝	1	0.007 78	47.98	0.008 59	37.66
			2	0.009 39	48.07		
		非切缝	3	0.007 76	51.31	0.006 24	
			4	0.004 72	47.8		
PVCU	3	切缝	1	0.030 99	42.11	0.032 20	42.23
			2	0.033 40	42.11		
		非切缝	3	0.023 51	42.11	0.022 64	
			4	0.021 76	41.31		
PVCU	4	切缝	1	0.016 30	23.86	0.015 29	66.20
			2	0.014 28	23.86		
		非切缝	3	0.008 91	23.86	0.009 20	
			4	0.009 48	23.86		
热焊管	5	切缝	1	0.011 17	153.00	0.012 21	99.51
			2	0.013 24	153.80		
		非切缝	3	0.005 44	153.00	0.006 12	
			4	0.006 80	153.80		
PPR	6	切缝	1	0.008 87	29.72	0.009 61	49.69
			2	0.010 35	29.72		
		非切缝	3	0.006 09	29.72	0.006 42	
			4	0.006 74	29.72		

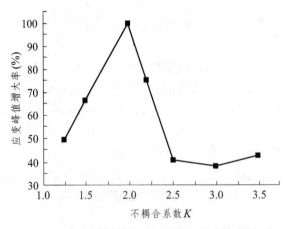

图 13-19　不耦合系数与应变峰值增大率的关系

（2）结论：

切缝药包定向断裂控制爆破技术能够较好地控制介质的开裂方向和破碎程度，必将在各种工程控制爆破中更广泛地使用。它虽然是在传统光面爆破基础上发展起来的，但是它们又有许多实质上不同的根本区别。本节的模型试验研究只是一个初步的尝试，这种爆破技术还有许多方面值得探索，如本节试验时外壳中装的是散装炸药，及药柱与外壳内壁是耦合的，但是在工程爆破中，炸药卷一般是厂家直接生产的，其直径已经确定，如将其用于切缝药包爆破，药卷与外壳内壁的耦合问题就值得进一步探索。

第七节　切缝药包在生产中的应用

切缝药包爆破是定向断裂控制爆破技术方法的内容之一，从 20 世纪 80 年代以来，从试验研究到应用有 30 余年，在各种定向断裂控制爆破中，目前切缝药包应用较广泛一些，如石材开采、巷道掘进、露天边坡爆破等。

一、巷道周边孔爆破

切缝药包在巷道周边孔爆破中的应用，20 世纪末已成为煤炭工业部重点科技推广项目之一，并已在多个矿务局推广，收到了显著的经济效益和社会效益。

表 13-12 列出有关矿山应用切缝药包的效果。

二、露天边坡采用切缝药包爆破

四川石油局天井 1 号钻前工程[12]在四川江油市石元乡，岩石为白云石灰岩 f=8～10。对边坡工程，根据环境条件采取浅孔和深孔切缝药包爆破，浅孔钻头直径 38 mm，深孔钻头 100 mm，浅孔台阶高度 2～2.5 m 或 1.5 m 左右，深孔台阶高度一般为 6.5 m，经多次试验后用于生产。

表 13-12　切缝药包爆破推广性的试验研究效果

项目	试验前							试验后						
	一个循环的炮眼数（个）	炸药耗量（kg）	循环进尺（m）	单位进尺雷管消耗（个·m^{-1}）	单位进尺炸药消耗（kg·m^{-1}）	周边眼痕率（%）	最大超挖值（mm）	一个循环的炮眼数（个）	炸药耗量（kg）	循环进尺（m）	单位进尺雷管消耗（个·m^{-1}）	单位进尺炸药消耗（kg·m^{-1}）	周边眼痕率（%）	最大超挖值（mm）
新集三矿[7]（泥岩,砂质泥岩,f=4~6）	61	33.88	1.3	47	25.98	20	200	44	26.725	1.5	29	18.75	90	
协庄煤矿[8]（砂质页岩,f=4~6）	50		1.55	35.7	10.32	20	200	42		1.6	30	9.38	85	95
车集煤矿[9]（泥岩,砂质泥岩,f=4~6）	55		1.14	周边眼 3.24个/m^3	周边眼 2.3 kg/m^3	10	250（不平整）			1.71	周边眼 2.0个/m^3	周边眼 0.95 kg/m^3	87.5	
孙村煤矿[10]（页岩,粉砂岩,f=4~6）				56.8	26.6	10~20					40.7	18.1	85~95	
唐山庄[11]（f=4~6）	周边眼 23个			41.6	27.8	74		周边眼 17个			36.72	23.63	87.5	
三水平斜井车场大巷（f=4~7）	82		1.1	4.78	2.24 kg/m^3	45		70		1.7	2.45	1.85 kg/m^3	87	
山东孙村煤矿				56.8	26.6	10~20	不平度 300			1.7	40.7	18.1	85~95	不平度 100
范各庄[11]（f=8~10）	周边眼 22个		1.1	48.9	35.4	65.4		周边眼 17个		1.3	42.8	29.7	83.3	
石嘴山一矿[12]（砂岩,页岩,f=4~7）	80		1.1	周边眼 4.78个/m^3	周边眼 2.24 kg/m^3	45		70	周边眼 1.85 kg/m^3		周边眼 2.45个/m^3		87	
西石门[13]	43		1.1	周边眼 3.66个/m^3	周边眼 2.45 kg/m^3	10		36		1.3	周边眼 2.41个/m^3	周边眼 1.72 kg/m^3	90	
某矿大巷[14]（灰岩）			1.7	周边眼 2.34个/m^3	周边眼 1.90 kg/m^3		150			2.1	周边眼 1.78个/m^3	周边眼 1.49 kg/m^3		30

1. 浅孔台阶边坡爆破

浅孔台阶边坡爆破，爆破结果如表 13-13 所示。

表 13-13　浅孔台阶边坡爆破效果

爆破方法	爆破参数					单孔装药（kg/个）	半边孔痕率 η（%）	孔壁损伤	装药结构
	台阶高（m）	炮孔深（m）	抵抗线（m）	孔间（m）	孔径（mm）				
光面	2~2.3	2.3~2.5	0.8~0.85	0.65	40	0.6~1.0	$\eta\leqslant90$	无宏观裂纹	连续
切缝药包	2.1	1.9~2.3	0.7	0.45~0.55	40	0.55~0.6	$\eta\leqslant100$	无宏观裂纹	药柱中间或底
切缝药包	1.4	1.25~1.3	0.65	0.40	40	0.25~0.3	$\eta\leqslant100$	无宏观裂纹	空气间隔 0.20~0.23

2. 露天边坡深孔切缝药包爆破

露天边坡深孔切缝药包爆破如表 13-14 所示。

表 13-14　深孔爆破

爆破方法	爆破参数				装药结构	单孔装药量（kg/个）	爆破效果
	台阶高度（m）	孔径（mm）	深孔（m）	抵抗线（m）	孔间距（m） 连续或间隔（m）		
常规爆破	7.0	100	7.0	3	4　连续	35	适合 1 m³ 装载机
切缝药包	7.0	100	7.0	3	4　孔底或中间空气间隔 1 m	10	大块 20% 左右，双层双侧塑料管
常规爆破	6.5	100	6.5	3	4　连续	30	适合 1 m³ 装载机
隔振护壁	6.5	100	6.5	3	4　孔底空气间隔 0.5~0.8 m	8~10	适合 1 m³ 装载机

3. 切缝药包爆破在采石场的应用

江油市石元乡铁木村公路，采石场和特大岩块进行切缝药包爆破[73]，炮孔深度为 1.80~1.90 m、2.80~2.90 m，孔间距为 0.4~0.5 m，抵抗线为 0.8~1.0 m。

切缝药包外壳采用抗压强度为 1.6~2.0 MPa 的硬质塑料引水管，外径 25 mm，内径 20 mm。根据炮孔深度制作其药包外壳的长度（即切缝管的长度），一般比孔深长 0.20~0.30 m，以便在炮孔外定位切缝方向。然后用木工手锯或电锯，沿塑料全长对开 90% 的长度的切缝，用电工胶布每隔 0.5~0.7 m 捆扎，以保持切缝宽 3~4 mm 的切缝，向切缝管内散装炸药时必须再用透明胶带纸封住切缝口。

炮孔装药长度为炮孔深度的 45%~55%，采用空气间隔分段装药，空气间隔一般占孔深的 20% 左右，堵塞长度为孔深的 20%~25%，但最好不小于孔间距离。单孔炸药量分配上炮孔上部药量占 30%~40%，炮孔下部装药不少于 60%，一般 1.85~1.9 m 炮孔装药量在 200 g 左右，2.8~2.9 m 装 500 g 左右。

三、切缝药包爆破与光面爆破效果比较试验

切缝药包定向断裂控制爆破炮孔间距比光面爆破提高 0.5~2.5 倍。

切缝药包爆破是定向断裂控制爆破在生产中易于实现的一种爆破技术。而定向断裂爆破机理与光面爆破机理有相似之处。但是定向断裂爆破是使在炮孔某一方向具有较强的应力集中，应力强度因子最大。因此裂缝贯穿速度快，时间短，在相同条件下，增大了炮孔间距，减少了对炮孔壁的损坏，其动态应力强度因子 K_{IC}，这为减少炮孔数，降低炸药单耗，提高眼痕率提供了理论依据。根据[4]模型试验，沿定向断裂爆破方向的应力强度因子为非定向方向的 3.75～5.4 倍，炮孔间距比大爆破提高 0.5～2.5 倍。

切缝药包爆破与光面（预裂）爆破对比试验：试验在四川江油双水泥股份公司张坝沟石灰石矿 f=10～12 的均质石灰岩石中进行，孔间距 0.50 m，孔深 0.90～1.3 m，个孔装药量 25～30 g/个，装药结构基本相同，均采用空气间隔不耦合装药，采用导爆索一次起爆，声波测试在爆破前和爆破后进行，以便了解不同爆破方法对岩石的损伤程度。测试孔与爆破孔连线的垂直距离均为 0.30 m，声波测试结果见表 13-15。

表 13-15　切缝药包爆破与光面（预裂）爆破对比试验

爆破方法	传感器距孔底的距离（m）	声波测试（m/s）		声速降低低率（%）	声速平均降低率（%）
		爆前	爆后		
切缝药包	0	6 125	6 064	1.00	1.06
	15	6 203	6 187	0.26	
	30	6 125	5 947	2.91	
	45	6 049	6 034	0.25	
	60	6 087	6 034	0.87	
偏心护壁	0	6 220	6 108	1.80	1.40
	15	6 296	6 258	0.60	
	30	6 335	6 155	2.84	
	45	6 220	6 200	0.32	
偏心光面	0	5 508	5 470	0.69	11.68
	15	4 928	4 928	0	
	30	5 049	4 747	5.98	
	45	4 813	3 242	32.64	
	60	4 498	3 540	21.30	

四、切缝药包爆破在甘肃砚北煤矿治理冲击地压

1. 矿井概述

砚北煤矿位于华亭县城的东南部，是华亭煤业集团公司的骨干矿井，是国家"八五""九五"重点建设项目，井田面积 12 km^2，地质储量 6.34 亿吨，可采储量 3.57 亿吨。砚北煤矿隶属于甘肃华亭煤电股份有限公司，年产 600 万吨，主采煤层煤 5 层，属中下侏罗统延安组煤系地层，煤层平均厚度 46 m，全井田广泛分布。井田内地质构造简单，未发现断层和岩浆岩，水文地质条件属简单类型。井田开拓方式为斜井多水平开拓；采煤方法一水平为水平分段走向长壁综合机械化放顶煤，二水平为倾向条带分层俯斜综合机械化放顶煤；矿井通风方式为

中央并列式，通风方法为抽出式。

砚北煤矿随矿井开采深度的不断增加，二水平矿压显现明显，尤其是二水平 250205^上工作面形成生产系统回采以来，矿压显现频繁、破坏强度大，给矿井的安全生产带来了极大的威胁和挑战，截至 2007 年 10 月，250205^上工作面来压 63 次，多起强矿压显现给工作面的安全、顺利回采带来了较大困难，也给矿井造成了巨大的损失。为了保证矿井的安全生产和保护人民生命财产不受损失，华亭煤电股份有限公司砚北煤矿与中国西南科技大学合作，在砚北煤矿 250205^上工作面矿压防治中，在顶板预裂爆破卸压中采用切缝护壁爆破，达到了加强功效使聚能效应更强劲的目的。

2. 切缝护壁爆破技术发展情况

切缝护壁爆破，实质就是切缝药包爆破技术。为了加强聚能效应，强调药包外壳的作用。

3. 切缝药饵在砚北煤矿中的实际应用

砚北煤矿某 5 层面板属于粉砂岩，厚度在 5~18 m，老顶胶结致密、加之回采的 250205^上工作面属于 2502 采区首个回采工作面，在回采过程中，工作面老顶不能随回采及时垮落，形成大面积悬顶，在悬臂达到极限状态失衡破断时，势必造成能量突然大量释放，对冲击矿压的治理和防治非常不利。针对这种情况，采取用大直径顶板钻孔，应用定向集能护壁爆破技术对老顶进行破坏，提前形成顶板破坏带和压力释放带。定向集能护壁爆破主要在该矿 250205^上工作面矿压防治中得到了应用，矿压防治设计是在工作面运输顺槽及辅助运输顺槽间每间隔 30 m 施工一组深孔爆破孔，采用切缝药包护壁爆破技术，人为对顶板进行预裂切缝爆破，以达到对压力进行释放的目的。图 13-19 为砚北煤矿卸压深孔钻孔施工图。

切缝药包护壁材料：采用 UPVC 管，直径 50 mm，壁厚 5 mm，一般长度为 4 m，采用圆盘锯加工，切缝药包护壁爆破切缝口宽度为 4~5 mm。为保证切缝管的完整性，每加工 50 mm 切缝预留 60~80 mm，UPVC 管之间采用快速接头进行连接，如图 13-20。

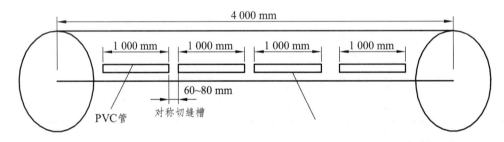

图 13-20 甘肃华亭煤业集团公司砚北煤矿采用切缝药包爆破钻孔布置位置图

爆破参数：设计在运输顺槽和辅助运输顺槽间每隔 30 m 布置一组深孔爆孔，一组 2 孔，布置同上，孔角度为 70°，孔深度为 30 m，采用 RHM 乳化炸药，每孔装药 12 kg，用 3~4 个毫秒延期电雷管进行起爆，在装药过程中采用 UPVC 管实现定向集能护壁爆破技术。具体为：将 RHM 乳化炸药装在 UPVC 管中进行连线，沿预定的切缝线要求方向平行将装有药的 UPVC 管装入炮孔内，按照要求进行封堵炮孔后进行起爆。

4. 切缝药包护壁爆破技术在 250205^上工作面应用的作用

在 UPVC 管切缝的作用下，爆炸爆轰气流产生应力集中，沿护壁切缝集中得到释放，在切缝方向产生裂缝，形成对顶板剪切破坏，从而达到提前破坏顶板释放部分压力的目的。切缝药包护壁爆破技术在该矿 250205 上工作面的应用，对不易垮落的老顶进行了有效的破坏，对释放压力起到了好的作用，有利于矿压的防治和预防。大直径顶板深孔爆破避免了顶板大面积悬顶一次断裂释放压力造成的破坏，有效地控制了顶板周期来压给矿压防治带来的难度。定向切缝爆破技术在 250205 上工作面运输顺槽及辅助运输顺槽的应用，有效减缓了由于工作面大面积悬顶造成的冲击矿压，减小了矿压防治难度，从而有利于矿厂的安全生产。定向切缝爆破技术的应用，减缓了矿压显现带来的经济损失，减少了矿压显现造成的人员受伤。

5. 定向集能护壁爆破技术应用结论

（1）定向护壁爆破时，炮孔壁临空面方向上应力集中现象严重，在护壁爆破中，护壁材料对爆炸作用力的影响非常显著。

（2）切缝护壁爆破时，爆生气体先对切缝处的炮孔壁产生作用力，然后在临空面上产生作用力，最后才对护壁面方向上的炮孔壁产生压力，切缝方向和临空面方向上的应力集中现象严重，这也说明在切缝护壁爆破中，护壁材料对爆炸的作用影响也非常大。

（3）在切缝药包护壁爆破中，切缝有聚能效应，爆炸时，由于外壳的约束和切缝的存在，将在切缝处产生高压、高密度、高速运动气体流的冲击，使爆炸能量集中到切缝方向上发挥作用，从而提高局部的破坏的效应，在该处孔壁上可能形成延伸很短的剪切破坏面，随着爆炸压力对临空面方向孔壁作用的增强，将一步加剧破坏的程度。

（4）我矿在矿压防治中采用的切顶爆破中应用了切缝药包护壁爆破技术，对不易垮落的老顶进行了有效的破坏，对释放压力起到了好的作用，有利于矿压的防治和预防。

（5）药包爆破技术的应用，减缓了矿压显现带来的经济损失，减少了矿压显现造成的人员受伤，有着一定的经济效益和社会价值。

（6）针对该矿 250205 上工作面强矿压显现造成的生产影响及设备损坏实际情况，通过在工作面运输顺槽及辅助运输巷间实施定向集能护壁爆破技术，有效地对工作面顶板进行了预裂破坏，达到了释放部分压力的目的，有效地减缓了强矿压的发生。据统计，在未采取定向集能护壁爆破技术之前，每月由于强矿压显现的发生直接影响生产在 60 h 以上，直接影响工作面产量，按照每月影响生产 60 h 计算，则一年的损失为：300 t/h×60 h×12 mon×260 元/t=5 616 万元。

（7）该项目的实施在社会经济方面取得了显著效果，通过切缝药包护壁爆破技术的应用研究，提高了我矿在矿压治理方面的技术水平，减缓了由于强矿压显现的发生给工作面带来的生产设备损坏、工作面人员受伤，提高了矿井安全生产能力，有着不可估量的社会效益。

第十四章　切槽爆破

20世纪50年代初，瑞典人Hagthorpa. Dahlbory，Bkihistron发明了光面爆破。国内外岩巷生产中大都采用光面爆破技术控制周边质量。实践证明，单靠改善光面爆破技术，不可能做到精确控制周边质量。由于普遍存在超挖现象，直接影响成本和提高施工速度，在软岩和破碎岩层条件下尤为突出。如铁道部大秦线施工中[74]，仅以19 km隧道统计，如果超挖10 cm，相当于多挖1 km的同断面隧道。而我国每年的洞挖进尺，据不完全统计，约在5 000 km左右（20世纪末），若按上述法粗略统计，超挖量减少10 cm，相当于少挖250 km隧洞[51]，可节约数十亿投资。煤炭工业每年岩巷掘进约150 km[74]，如按此类推，将会取得重大的经济效益。但是，根据当前实际情况，要精确地控制巷道周边质量，必须彻底改进光面爆破技术，寻求新的炮孔定向断裂控制爆破方法。20世纪80年代初，四川建筑材料工业学院非金属矿系，先后开展了切槽爆破、切缝药包等爆破技术方法，在巷道掘进石材开采方面取得了较好的效果。

第一节　切槽炮孔结构与爆破爆生气体能量流向

一、切槽爆破炮孔结构与爆炸能量流向

1. 切槽爆破的实质

切槽爆破就是将沿轮廓线炮孔连线方向的圆形炮孔的轴向两侧孔壁改为带锥形刻槽的断面结构，即在炮孔壁预制初始裂纹（裂隙），使炮孔中炸药爆炸的爆炸波集中流向刻槽方向和位置，如图14-1。

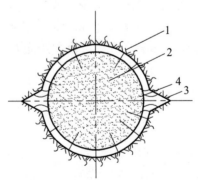

图14-1　切槽炮孔结构剖面与爆炸气体流向示意图

1—炮孔壁；2—药包；3—切槽；4—爆生气体能流

2. 切槽爆破成槽原理

切槽爆破成槽主要是用机械方法，目前一般有两种方法。

（1）圆形炮孔成形后二次冲击成槽，即浅孔爆破时，圆形炮孔成形后，用与穿凿圆形炮孔相同的钻机用专制冲击成槽的专用钎子冲击成槽。

（2）普通凿岩机一次完成打眼与切槽。

利用普通凿岩机，打眼时，将切槽刀具装于普通钻杆前端打眼钎杆的后面，即普通钻头装于接杆的头部，利用接杆将钻头、切具、钻杆连在了一起，只要打眼时钻杆、凿岩机、炮孔轴线在一个方向上，刻槽就基本无偏转（钻孔长度 1.5 m 内）[1]。

二、切槽爆破定向作用特点

1. 应力场分布规律

从图 14-1 可见，它的特点是在爆破前加强炮孔周边的应力集中，如果切槽足够深，就会在爆炸后沿尖劈端产生精确的沿预定方向的破裂。切槽角度的大小和切槽深度直接影响定向断裂效果。图 14-2 为切槽炮孔应力变化状况。图中 O 为切槽炮孔，n 为切槽炮孔两侧切槽尖端的应力集中点，和图 14-3 相比，可以看出，应力发生了明显的集中。根据电测结构，在切槽炮孔四周，不论哪个方向，应力波峰值（径向应力 σ_r 和切向应力 σ_Q）都随比例距离增大而衰减。其衰减指数各异。在相同比例距离处，沿切槽方向应变峰值最大，衰减速度也快；与切槽垂直方向应变峰值次之，衰减程度较小；与切槽成 45° 方向应变峰值最小，衰减程度次于切槽方向。根据测试，[2]测点距炮孔中心分别为 30 mm、110 mm 处，沿切槽方向应变峰值分别为 4 908 με 和 1 241 με；垂直切槽方向分别为 1 365 με 和 837 με；沿 45° 方向，应变峰值分别为 995 με 和 224 με。在 30 mm 测点处，沿切槽方向的切向应变峰值是垂直于切槽方向的 3.6 倍，是沿 45° 角方向的 4.9 倍；而在 110 mm 处，沿切槽方向的切向应变峰是垂直于切槽方向的 1.5 倍，是 45° 角方向的 5.5 倍。

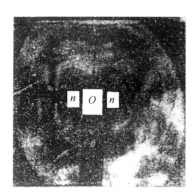

图 14-2　切槽炮孔应力变化图

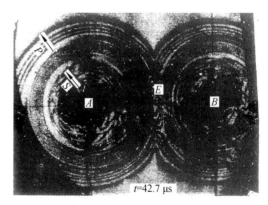

t=42.7 μs

图 14-3　相邻两炮孔同时起爆后的应力条纹图

① 钻具设计张廷镇成都探矿机械厂总工、张渝疆、绵阳涪江电子机械厂科长

② 1987 年 10 月 4 日委托中国矿业大学北京研究生部方学儒老师试验结果。

2. 切槽爆破模型表面应变分布规律[①]

切槽爆破模型表面应变分布规律，水泥砂浆模型：水泥∶砂∶水=1∶2∶0.42

模型测块 400 mm×400 mm×300 mm，孔径 25 mm，孔深 200 mm，自配炸药，应变片为 BQ120-10AH。设备有超动态电阻应变仪、MR-30C 型磁带记录仪、GS1012 型双踪示波器、7T17S 信号处理机。测点布如图 14-4，图 1、2、3 点和 4、5、6 点至炮孔中心距离分别为 50 mm 和 100 mm，应变片沿切向粘贴。所以只测切向应变值，测试结果如表 14-1。

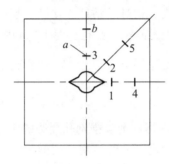

图 14-4　测点布置

a、*b*—应变片

表 14-1　试块槽角为 60°时的实测应变值

测点号	实测应变值（με）						
	1	2	3	4	5	6	平均
1	3 460	3 600	3 400	4 941	4 340	4 053	3 966
2	600	560	240	440			460
3	540	640	300	320	660		492
4	2 940	2 600		2 740	3 400	2 231	2 780
5	540	520		380	260		425
6	520	640		360	580	260	472

根据表 14-1 作出如图 14-5 所示的极坐标应变分布规律图。图中曲线Ⅰ、Ⅱ分别表示炮孔中心为圆心，半径分别为 50 mm、100 mm，同心圆上的应变分布规律，极坐标半径就代表实测应变值，极角 Q 为 O 和 180°处是切槽部位。在切槽处明显应力集中。此外应变值远大于垂直于切槽方向（90°、270°）的应变值，为 5～8 倍，当 Q 略微偏离 Q=0° 和 180°处时，应变值迅速降低为切槽处的 1/5～1/8 倍。这就证明了切槽孔爆破时，会在切槽处首先形成切缝。

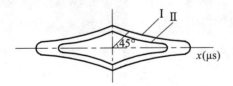

图 14-5　表面应变分布规律

Ⅰ—距炮孔半径为 50 mm；Ⅱ—距炮孔半径为 100 mm；*x*—切槽方向

---

① 1988 年 1 月委托煤科院抚顺分院测试。

三、裂纹尖端的应力强度因子主要为 I 型

从图 14-2 可看出，在炮孔两侧形成了明显的应力集中，其等差条纹曲线以 x 轴为对称轴并通过切槽尖端。根据弹性理论，裂纹尖端的应力强度因子主要为 I 型，II 型作用极小，可以认为切槽炮孔和普通光爆孔不同在于应力波的影响极小，可以不考虑。根据材料力学和平面应力状态下应力光学定律，可得

$$K_1 = \frac{\sqrt{2\pi r}}{\sin\theta}\left(\frac{nf\sigma_a}{h}\right) \tag{14-1}$$

式中：n 为等差条纹级数；$f\sigma_a$ 为材料的动态条纹值（N/m·条）；h 为材料试件厚度（m）。

根据试验[76]，沿定向断裂爆破方向应力强度因子为非定向的 2.57～4.4 倍，远大于材料的断裂韧度。

四、切槽爆破炮孔尖端裂纹扩展所需压力

切槽炮孔定向断裂爆破效果，与切槽角度大小、切槽深度、炸药的爆轰压力大小等因素有关。

作用在炮孔壁上的爆生气体准静态压力按等熵膨胀过程计算。当采用 2 号岩石炸药时，爆生气体准静态压力为 29.4 MPa[75]。

文献[78]给出了用于计算炮孔切槽尖端裂纹初始扩展所需压力。引起裂纹驱动所需孔压很小，任何岩石在低压时都可能在切槽处形成裂纹扩展。大多数岩石起始扩展所需的断裂韧度随岩石性质不同而变化。例如石灰岩 $K_{IC} = 55～83$，砂岩 $K_{IC} = 15～16$，而花岗岩 $K_{IC} = 186～636$。不同岩石所需压力也不同。以石灰岩为例，当压力超过 8.67 MPa 时，一条 0.05 cm 深的切槽就会发生裂缝扩展。在花岗岩上相同深度的切槽需要 20.8 MPa 的压力。

控制裂纹初始扩展的压力范围主要取决于岩石的断裂韧性 K_{IC}、自然裂纹长度 a 以及切槽深度。此外还与岩石的晶体材料有关。

图 14-6 为相邻两切槽炮孔爆炸后裂缝贯穿图[74]，图中 N、E 分别为两定向炮孔，炮孔间距 150 mm，当起爆 100 μs 后，在炮孔切槽附近 K 点处产生应力集中，呈对称的等差条纹图。切槽的存在，改变了炸药的能量分布。炮孔壁的其他方向，切向拉应力受到抑制，因而在切槽尖端首先起裂。在爆生气体作用下，使裂缝自炮孔向两炮孔中心扩展，裂纹为张开型。如果切槽参数适当，可以相当精确地沿预定方向扩展，直至两炮孔贯通。

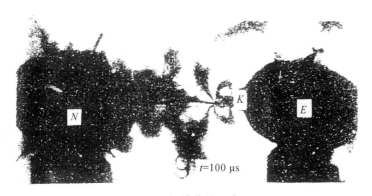

图 14-6　切槽炮孔贯穿图

第二节　切槽爆破动态成缝机理

切槽爆破的机理是利用断裂力学理论和爆轰动力学理论的原则，利用炸药的爆炸能使 V 形切槽尖端形成很强的应力集中，V 形槽犹如导向的"沟槽"，炸药爆炸瞬间极高的应力波和爆生气体，由此被导入预定方向，使切槽形成强有力的应力集中和"气楔"作用，迫使岩石沿预定方向劈裂。扩展 V 形切槽越深，其应力强度因子越大，应力集中现象越突出。由于切槽处迅速失稳扩展，孔壁侧面随之卸载，应力急剧下降，气体压力立即减弱。其结果是保证孔壁径向裂纹只按预定方向起裂并与相邻槽孔贯通，而孔壁周围其余部位应变峰值大幅度减小，且作用时间缩短，故对介质的损伤减少。

一、切槽孔爆破数值分析

1. 参数确定

数值分析是采用有限元自动增量动态非线性分析程序 ADINA-84 进行的。数值分析中采用如下爆破参数：

炮孔直径 $D = 40\,\mathrm{mm}$，切槽角 $\alpha = 60°$，切槽长 $l = 8\,\mathrm{mm}$；假设炸药爆炸后，孔壁受静水压力 $\sigma = 5\,\mathrm{MPa}$。

岩体参数取值为：弹性模量 $E = 2.5 \times 10^4\,\mathrm{MPa}$；泊松比 $\nu = 0.26$；内摩擦角 $\varphi = 38°$；黏聚力 $c = 0.35\,\mathrm{MPa}$；单轴抗压强度 $R_\mathrm{c} = 20\,\mathrm{MPa}$，单轴抗拉强度为 $R_\mathrm{t} = 1.8\,\mathrm{MPa}$。为了分析方便，本文视岩体为均质、各向同性体，有限元分析网格划分（见参考文献[79]）。

2. 数值分析结果[79]

在准静态压力作用下，切槽孔壁附近的拉压应力分布情况如图 14-7。

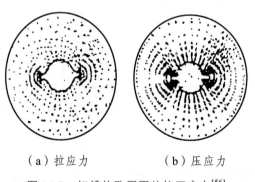

（a）拉应力　　　　（b）压应力

图 14-7　切槽炮孔周围的拉压应力[56]

由图 14-7（a）中的应力矢量图可知，切槽孔拉应力沿孔壁周边分布极不均匀。首先在槽尖处存在拉应力高度集中区，而在切尖两侧的槽壁上，拉应力特别小；在远离切槽的孔壁其他部位上，拉应力又有一定恢复。根据这些特征，切槽孔的拉应力可分为三个区：其一是拉应力集中区，这是裂纹首先产生的位置；其二是拉应力和抑制区，在这个部分拉应力很小，裂纹基本上不会发生；其三是拉应力恢复区，在这部分拉应力有一定恢复，但远小于第一区。图 14-7（b）中所表示的压应力分布明显不均匀，在切槽尖端附近应力很小，而切尖两侧槽壁压应力集中，这些集中的压应力一是提供槽尖拉应力的基础，二是避免了槽壁附近圆弧壁上拉应力的增大。这与前面理论分析中得出的结论"切尖两侧存在裂缝抑制区"是相吻合的，从而进一步证明了理论分析的正确性，在远离切槽的孔壁上，压应力逐渐得到一定程度的恢复。从以上分析知，切孔爆破产生的应力分布集中，使孔壁在切槽处优先产生裂纹，继而撕裂岩石。

二、切槽爆破的动态效应

在 V 形刻槽爆破中，采用不耦合装药和同时起爆。炸药瞬间爆炸时，产生爆轰波和高温高压的爆轰产物（主要为爆生气体），迅速膨胀的爆轰产物强烈冲击紧贴装药邻近的空气，产生空气冲击波，而后空气冲击波和爆轰产物相继作用于刻槽孔壁，在岩石内产生并传播应力波，使炮孔周围产生初始径向裂纹，随后，在爆生气体准静态压力作用下，初始径向裂纹进一步扩展延伸。由此可见，V 形刻槽爆破中，岩石爆破破坏的物理力学过程是由于炸药爆轰产生高温、高压气体的准静态膨胀作用和波动应力作用的共同结果[74]。

试验过程中发现[80]，冲击波发生的时间约为 80 μs，其动压作用对裂纹的启裂、扩展几乎不起作用。而爆生气体的作用时间较长（约为几百毫秒），其准静态压力是裂纹启裂、扩展的主要动力。因此准静态压力作用是裂纹扩展的本质。

在工程上[82]，常用所谓准静态方法计算不耦合装药条件下孔壁上所受冲击压力。这种方法是假设炸药爆轰为定容爆轰，炸药瞬间转变为爆轰产物，然后爆轰产物等熵膨胀至孔壁，以突加荷载的形式作用于孔壁。但据有关实验研究表明，即使是体积不耦合系数很高为 25～27（通常属于准静态范围）时，爆炸荷载的动态效应仍相当明显[81]，因此刻槽成缝爆破中的动态效应仍不容忽视。西方采用流固耦合算法（第 3 章中论述）来模拟不耦合装药。

1. 切槽孔在爆炸冲击波作用下产生的力学效应

在炮孔壁上开的 V 形切槽，可看作存在于孔壁的初始裂缝。岩石中的原生微观裂纹，其长度和宽度仅有 0.025～0.25 mm。相比之下，V 形切槽的尺寸（一般为 3～4 mm 深）要大得多，故可忽略炮孔壁上原生微观裂纹的作用，认为炮孔周边仅存在一对初始裂缝（V 形切槽），如图 14-1 所示。

装药在炮孔内爆轰后，产生的冲击波对炮孔壁作用一个压力脉冲，当切槽受该压力脉冲作用时，就会在切槽表面激发出压应力波。该应力波在切槽表面发生反射，同时又在切尖绕射。这样绕射和反射的结果，导致切槽尖端处产生较强的动态应力-应变场，其强度可用动态应力强度因子 K_d 来描述。

当 K_d 满足下式时，裂纹就从切槽尖端开始向前发展：

$$K_d \geqslant K_{IC}$$

另外，压力脉冲在切槽表面激发出来的压应力波将沿着圆孔周围绕射，这种绕射的结果在切槽根部附近（图 14-8）产生一个切向应力为压应力和低拉应力的区域。当炮孔周围岩石的抗拉应力高于这些拉应力时，则在这个区域的孔边上将不可能产生切向拉应力引起的径向裂纹。即当孔边出现一条切槽后，在它的根部附近就会产生一个抑制新裂纹生长的区域，此区域称为抑制区。

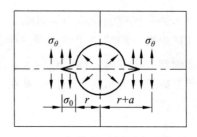

图 14-8　切槽爆破断裂力学模型

P—炮孔内爆生气体准静压力；σ_θ—切槽处岩石中的残余拉应力；r—炮孔半径；a_0—切槽深度；a—裂缝扩展长度

2. 炮孔 V 形槽在爆生气体的准静压力作用下产生的力学效应

炸药在炮孔中爆炸时，除以冲击波的形式对孔壁作一个压力脉冲外，最主要的是随后的爆生气体对孔壁的准静态压力作用。

因此，文献[81]应用岩石断裂力学理论和爆生气体膨胀准静压理论建立了岩石中炮孔不耦合装药孔壁预切槽爆破时的脆性断裂力学模型。文献[81]认为装药爆轰后，爆生气体膨胀充满炮孔，并以准静压力的形式作用于切槽炮孔孔壁，此时，炮孔周围岩石中还存在残余应力，其状态仍为切向受拉、径向受压，其切槽爆破的断裂力学模型近似如图 14-8 所示。

根据炸药爆轰理论，爆生气体膨胀充满炮孔时的压力为

$$P_0 = P_K \left(\frac{P_W}{P_K} \right)^{\frac{4}{9}} \left(\frac{V_c}{V_b} \right)^{\frac{4}{3}} \tag{14-2}$$

式中：P_K 为临界压力，对于 TNT，$P_K = 280\ \text{MPa}$；P_W 为平均爆轰压力，$P_W = \frac{1}{8}\rho_0 D^2$，$\rho_0$，$D$ 分别为炸药的密度和爆速；V_c、V_b 为装药体积和炮孔体积。

以 ρ_b 表示炮孔单位体积装药量，则有 $\rho_0 V_c = \rho_b V_b$，将其代入到式（14-2）中得

$$P_0 = P_K \left(\frac{P_W}{P_K} \right)^{\frac{4}{9}} \left(\frac{\rho_b}{\rho_0} \right)^{\frac{4}{3}} \tag{14-3}$$

切槽爆破时习惯采用装药集中度 $q_L(\text{g/m})$ 表示装药量，当炮孔直径为 $d(\text{cm})$ 时，有 $\rho_b = q_L / 25\pi d^2 (\text{g/cm}^3)$，

将其代入式（14-3）中得

$$P_0 = P_K \left(\frac{P_W}{P_K} \right)^{\frac{4}{9}} \left(\frac{q_L}{25\pi d^2 \rho_0} \right)^{\frac{4}{3}} \tag{14-4}$$

第三节　切槽炮孔定向断裂的爆破作用实验

一、切槽孔爆破作用的全息研究

煤炭科学研究总院北京建井研究所李彦涛先生[80]利用研制的 NOVEL918-2BL 红宝石激光

器建立了适应小药量爆破模型实验研究的三维模型爆炸加载全息干涉实验系统。对切槽爆破、应力波的传播规律进行了实验。

1. 切槽爆破实验模型加载与记录

切槽爆破实验模型为 300 mm×300 mm×80 mm 的大理石，实验中测取了有关动态力学参数，结果为：P 波波速 $c_P = 4.896 \text{ km/s}$，S 波波速 $c_S = 3.231 \text{ km/s}$，R 波波速 $c_R = 2.883 \text{ km/s}$，动泊松比 $\nu_0 = 0.115$，动弹性模量 $E_0 = 61.697 \text{ GPa}$，动体积模量 $K_0 = 26.378 \text{ GPa}$，动拉梅系数 $\lambda_0 = 8.194 \text{ GPa}$。

爆破加载源为 DDNP，用电力探针法起爆，起爆电压为 2 kV，用台钳将模型固定在试验台上，以消除模型的刚体位移。

记录介质为 Agfa-10E75 全息底片，其分辨率为 2 800 线/mm，利用 CCD 摄像机对再现虚像进行翻拍。

2. 切槽孔爆破切槽参数

切槽角 60°，槽深 2 mm，孔径 8 mm，孔深 15 mm。

3. 实验结果与分析

实验结果如图 14-9 所示。从再现光路中可以清楚地看到：切槽的存在，改变了炸药的分布，切槽方向条纹密集，形成了较强的动态应力、应变场，而其他方向的切向拉应力则受到了抑制。据此及以前所做的工作，我们认为：当爆炸冲击波作用于炮孔壁时，产生一个压力脉冲，切槽表面也将承受该压力脉冲的作用，并激发出压应力波。该压应力波在切槽表面发生反射，同时还在切槽尖端发生绕射，这种反射和绕射的结果导致切槽尖端产生较强的切向拉应力，在这种较强的切向拉应力作用下，在切槽尖端首先产生裂纹。随后，爆生气体充满裂纹，对裂纹尖端起着"气刃"作用，在扩展的裂纹尖端又出现更高的拉应力集中，直至形成理想断裂面。

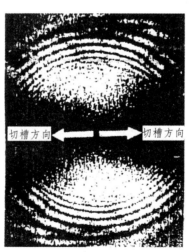

切槽方向 ←——→ 切槽方向

图 14-9　41 mgDDNP 切槽孔爆轰后 42 μs 时的全息干涉条纹[80]

4. 结　论

（1）模拟实验研究结果表明：全息干涉法用于研究三维模型中爆炸应力波的传播是完全

可行的，其主要优点是能够提供有关表面位移的直观全场信息。

（2）切槽孔爆炸应力场分布不同于普通圆形炮孔，由于切槽的作用，沿切槽方向的应力加强，有利于裂纹的定向产生，从而保证了良好的定向断裂爆破效果。

二、切槽孔爆破的动光弹实验[80]

1. 切槽爆破单孔实验模型参数

单孔实验采用环氧树脂板实验模型，其中，板厚 6 mm，切槽深度 l =2 mm，切槽角 α =60°，槽尖曲率半径 ρ =0.5 mm，采用不耦合装药，不耦合系数 K=4.3，炮孔直径 13 mm，药卷直径 d_c =3 mm。为保证边界条件相似，用夹制模型方法将炮孔夹紧，用 502 胶水将导烟管黏在炮孔周围，使爆生气体作用保留并避免炮烟扩散。

实验采用明场光路，因此照片上的等差条纹黑色的为半数级，明亮的为整数级。

2. 实验结果与分析

（1）从照片中可以看出得到的结果[80]：① 当 t = 30 μs 时，图片上显示出一圈黑色环形条纹，该条纹为 0.5 级 P 波的等差线，说明此时动压值很低。同时，该条纹形状与圆孔爆破时相同，没有受切槽孔的影响。在该时刻，炸药起爆后产生的应力波从炮孔中心迅速向四周传播，S 波在 P 波后出现在图片中。② 当 t = 100 μs 时，沿切槽尖端方向的两个裂纹已启裂并扩展，图片中条纹图很稀疏，且已看不出 P 波前锋，但仍能看到 S 波。从图中看出该时刻左裂纹位于距炮孔中心 31 mm 处，右裂纹位于距炮孔中心 32 mm 处，因此可知裂纹扩展平均速度为 312 m/s。③ 当 t =120 μs 时，左裂纹位于距炮孔中心 40 mm 处，右裂纹位于距炮孔中心 42 mm 处，裂纹朝径向继续扩展，其扩展瞬时速度为 290 m/s。该时刻应力波作用基本消失，图片中已看不到 S 波。④ 当 t =170 μs 时，裂纹扩展了更长距离，左裂纹位于距炮孔中心 56 mm 处，右裂纹位于距炮孔中心 57 mm 处，其扩展瞬时速度为 280 m/s。裂尖处条纹比 t =120 μs 时稍稀，裂纹仍未止裂。⑤ 当 t=∞时，左裂纹位于距炮孔中心 82 mm 处，右裂纹位于距炮孔中心 87 mm 处两条裂纹对称分布，裂纹平整，孔壁周边无损伤。

（2）P 波、S 波的传播速度：

通过对切槽爆破单孔实验获得的 16 幅条纹图进行分析，可得出：c_p = 1 900 m/s，c_s = 1 150 m/s；据此测算出大约在起爆后 13.8 μs 时 P 波产生，大约在起爆后 17.9 μs 时 S 波产生。

（3）分析中得到几个结果。

对条纹图进行分析可得出如下几组数据：

① 左裂纹的扩展瞬时速度 v 与时间 t 的关系曲线（图 14-10）。

② 左裂纹的瞬时位置 R 与时间 t 的关系（图 14-11）。

从图 14-10 和图 14-11 可以看出，在初始阶段裂纹扩展速度从 200 m/s 突跃到 405 m/s，随后扩展速度逐渐下降并趋于稳定。从图中可看出，在记录时间内，裂纹扩展平均速度为 310 m/s。出现上述现象主要是由于裂纹启裂后，裂尖的曲率半径 ρ 趋于 0，应力集中度增大，裂纹扩展速度提高，并达到极限速度。

③ 左裂纹尖端应力强度因子 K_I 与时间关系曲线（图 14-12）。

根据 Griffith 理论，当以极限速度或稍小于极限速度扩展时，裂纹会出现分叉现象。在本实验中，由于装药不耦合系数 β=4.3 相对较大，爆生气体的准静态压力相对较小，不足以使裂纹以极限速度扩展，且爆生气体的散失又抵消了裂纹扩展时应力强度因子 K_I 的增加，因而裂纹未发生分叉现象。因受到应力波的微弱影响，裂纹初始扩展速度有所波动。

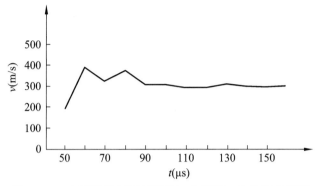

图 14-10　左裂纹扩展瞬间速度 v 与时间 t 的关系曲线图

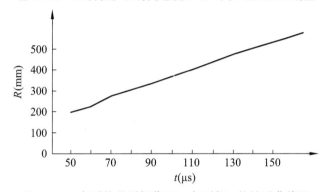

图 14-11　左裂纹的瞬间位置 R 与时间 t 的关系曲线图

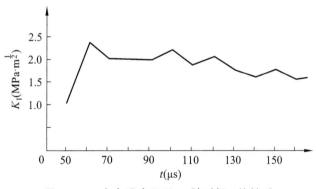

图 14-12　应力强度因子 K_I 随时间 t 的关系

从图 14-12 可以看出，裂尖的瞬时 K_I 随时间 t 的变化规律：裂纹扩展初始阶段应力强度因子 K_I 上升较快，其后下降并稍有波动。应力强度因子 K_I 的变化范围在 $1.1 \sim 2.8\,\mathrm{MPa \cdot m^{\frac{1}{2}}}$ 之间。因爆生气体的散失使炮孔压力下降，应力强度因子趋向于衰减。

3. 切槽爆破双孔同时起爆实验

（1）双孔实验模型及有关参数。

设计如图 14-13 所示环氧树脂实验模型，板厚 6 mm，两个炮孔的技术参数与切槽爆破单孔实验模型相同，炮孔中心间距 160 mm，爆炸时保留气体作用。

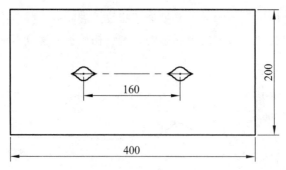

图 14-13　炮孔布置图

（2）实验结果与分析。

从条纹图中可以看出[74]：（1）当 $t=40\ \mu s$ 时，与单孔起爆时一样，两孔都只有一条精黑的 0.5 级 P 波等差线条纹，S 波紧跟其后。此时裂纹可能已开始扩展，只是因 P 波和 S 波波速远高于裂纹扩展速度，裂纹被夹头挡住而看不到。（2）当 $t=80\ \mu s$ 时，P 波的峰值较小，两孔的 P 波相遇并产生叠加，叠加后的应力场条纹很稀疏，叠加后双孔连线上的切向应力并无多大增加。该时刻一孔的 P 波前端刚与另一孔的 S 波前端相遇；图中可看出双孔的四条裂纹已启裂，裂纹的瞬时扩展速度为 230 m/s。（3）当 $t=190\ \mu s$ 时，图中已看不到 P 波的前端和 S 波的前端，应力波的作用已基本看不到，但两条相向扩展的裂纹尖端的蝶形等差条纹很明显。裂纹扩展速度为 325 m/s。（4）当 $t=220\ \mu s$ 时，两孔裂纹扩展至双孔连线中心附近且即将贯通，在连线中心位置形成蝶形应力集中条纹。同时可以看出，从 $t=190\ \mu s$ 时刻开始，爆生气体开始散失内压下降，但裂纹仍以较稳定的速度扩展，说明这时裂纹的扩展是受介质弹性能释放的影响。（5）当 $t=\infty$ 时，双孔裂纹已贯通且基本交汇于双孔连线的中点。最左边的裂纹长度为 79 mm，最右边的裂纹已抵达自由边界。

图 14-14 为切槽爆破双孔同时起爆实验时，炮孔间应力波及裂纹扩展的距离和时间的关系曲线图。

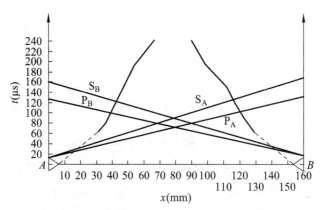

图 14-14　切槽爆破双孔同时起爆孔间应力波及裂纹的 x-t 曲线

图中绘出了双孔应力波的瞬时位置和孔间两条裂纹的瞬时位置。由于在记录时间内，裂纹没有贯通，故图中未标出裂纹交汇的时刻。当孔间距离大于 160 mm 时，孔间不能成功贯通。由前面的结果知道，单孔爆破的裂纹长度约为 80 mm，双孔间的裂纹扩展长度并未因应力波的叠加而有所增加。

第四节　切槽孔爆破与圆形炮孔爆破机理的区别

一、切槽孔爆破与圆孔爆破相比，在破岩机理上有较大的变化

因为在炮孔壁上切槽，当爆破压力产生后，孔壁槽沟尖端处产生应力集中，其集中系数为 5~20 倍[74]。爆破后的高压气体首先导致槽沟裂纹产生，爆生气体楔入已张开的裂隙，使裂隙迅速扩展。由于裂隙的扩展、爆生气体扩容，其压力峰值比圆孔爆破要低，这使得孔壁峰压降低，减少或避免了孔壁附近的粉碎区的产生。另外，由于开槽改变了圆孔的形状，在切槽附近一定区域内（图 14-15 中虚线所示），孔壁环向应力变为压应力，此区域被称为裂纹抑制区[12]。因此，切槽孔爆破往往可以保证爆破的半孔存在。从破岩过程上看，切槽孔爆破主要以拉应力为主破岩，其破岩分区只存在裂隙区和振动区，一般不存在粉碎区。切槽孔爆破的裂隙区半径可延伸到炮孔半径的 70~100 倍[85]。由于孔压峰值比圆孔爆破小，切槽孔爆破的振动区也应比圆孔爆破的范围小。

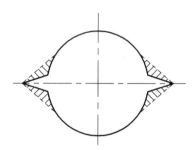

图 14-15　带有一对初始裂缝的炮孔

从以上分析可见，圆孔爆破岩石由压缩破坏和拉伸破坏两部分组成，而切槽孔爆破破岩只有拉伸破坏一部分。如以岩石、混凝土等为爆破对象的材料其抗压强度远大于抗拉强度（10~20 倍），抗压破坏显然会耗费更大的能量，这表明切槽孔爆破是一种十分节能的爆破方法[82]。

圆孔爆破所产生的径向裂隙一般情况下是随机分布的，其裂隙延伸范围是炮孔直径的 30~40 倍[86]，虽然不像切槽孔爆破那样可以人为控制，但分布比较均匀，数量也较后者多。这对于松动爆破而言是比较重要的，尽管爆破产生的裂隙只占总裂隙数量的 20%~30%[88]。

二、切槽炮孔与圆形炮孔孔间应力分布

1. 圆形炮孔孔间应力分布[82]

文献[81]根据试验及工程实践，提出孔间距一般为 15~20 倍孔径，孔深在 0.8 m 以上。因此，单个炮孔符合厚壁圆筒的假设，而且不考虑裂纹系的影响。按弹性力学理论，孔内压力 P_{kb} 控制裂纹发展，并只考虑拉应力的分布，则孔间连线 C 点处的拉应力为：

$$\sigma_\theta = \frac{r_d^2}{r^2}P_{kb} + \frac{r_d^2}{(d_k-r)^2}P_{kb} \tag{14-5}$$

式中：r_d——炮孔卷直径；

d_k——孔间距；

P_k——孔内压力；

r——为孔心连线 C 点到 A 孔中心的距离。圆孔孔间拉应力的分布如图 14-16，孔间拉应力的计算值如表 14-2。

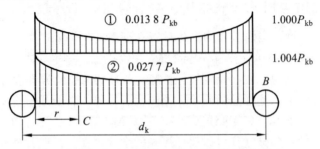

①不考虑相邻孔的影响；②考虑相邻孔的影响

图 14-16　圆孔孔间拉应力分布（谭卓英）

2. 槽孔孔间应力分布[86]

切槽炮孔爆破后，在切口尖端出现裂纹，其应力表现出奇异性。因岩石为脆性材料，为低能准静态爆破，裂纹前缘为小范围屈服或非塑性屈服，因此，属于线弹性断裂力学范围。此时，采用断裂力学中 I 型裂纹的解答：

$$\sigma_{TT} = \frac{K_{Id}}{\sqrt{2\pi T}} \cos\frac{\theta}{2}\left(1 + \sin\frac{\theta}{2}\sin\frac{3\theta}{2}\right) \tag{14-6}$$

式中：T 为切槽尖端到裂纹前缘区域任意一点的半径；K_{Id} 为 I 型半边裂纹的动载应力强度因子。

在两孔连线上，$\theta = 0$，式（14-6）变为

$$\sigma_{TT} = K_{Id}\sqrt{2\pi T} \tag{14-7}$$

考虑到两孔间的相互作用，其应力为

$$\sigma_{TT} = \frac{K_{Id}}{\sqrt{2\pi T}}\left(\frac{1}{\sqrt{T}} + \frac{1}{\sqrt{d_K - 2T_d - 2l - T}}\right) \tag{14-8}$$

槽孔孔间拉应力分布如图 14-17，孔间连线上拉应力的计算值如表 14-2。

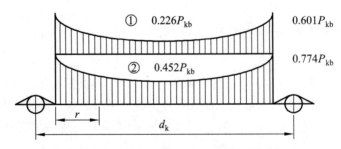

① 不考虑相邻孔的影响；② 考虑相邻孔的影响

图 14-17　槽孔孔间连线间的拉应力分布（谭卓英）

表 14-2　孔间拉应力的计算值[14]

T	圆孔 σ_θ / P_{kb}	槽孔 σ_{TT} / P_{kb}
T_d	1.004 0	0.774 6
$2T_d$	0.254 4	0.601 0
$3T_d$	0.116 2	0.529 7
$4T_d$	0.068 4	0.491 3
$5T_d$	0.046 9	0.468 9
$6T_d$	0.036 0	0.456 8
$7T_d$	0.030 4	0.452 0
$7.2T_d$	0.029 7	0.452 0
$8T_d$	0.027 7	

*取 $d_k = 17 T_d$。

3. 结果分析

（1）从图 14-16 可知，圆孔爆破时，若不考虑相邻孔间的相互影响（当其中一孔为导裂孔，不装药时），装药孔孔壁上的拉应力是孔间中心点的 72 倍，考虑相邻孔的相互作用（两孔同时装药）时，两孔孔壁上拉应力是孔间中点的 36 倍。

（2）以图 14-13 可知，槽孔爆破时，若不考虑相邻孔的相互影响，则离槽孔尖点 $T = T_d$ 处的应力仅为两孔中点的 2.7 倍；考虑相邻孔的相互作用时，则离槽口点 $T = T_d$ 的应力为两孔中点的 1.7 倍。

第五节　切槽爆破的切槽参数

切槽爆破技术的关键是采用带 V 形槽口的炮孔，如图 14-18 所示。切槽炮孔的切槽参数包括切槽深度 l、张角 α、尖端曲率半径 ρ、尖端锐度 l/ρ 和槽口宽度 b，如图 14-19 所示。

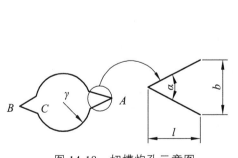

图 14-18　切槽炮孔示意图

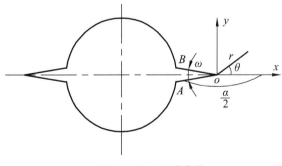

图 14-19　切槽参数

一、切槽角 ω（或 α）

对于切槽角，国内外看法不完全一致。美国马里兰大学断裂控制研究组的学者们认为

$\alpha = 60°$ 较好；日本的渡道明认为锐角状的切口破碎较好。吴立认为刻槽角度在 $30° \sim 60°$ 较为合适。中国矿业大学研究表明：$\alpha = 0° \sim 80°$，对临界炮孔压力没有显著影响；切槽角 $\alpha \leqslant 80°$ 的楔形切槽和切槽角 $\alpha = 0°$ 是等效的。

1. 由文献[79]根据应力强度因子 K 的定义

$$K = \sqrt{2\pi} S_1 (1 + S_1)(1 + A_1) a_{S12} \tag{14-9}$$

令 $k = S_1 (1 + S_1)(1 + A_1)$，有

$$K = \sqrt{2\pi} k a_{S12} \tag{14-10}$$

k 称为切槽角影响系数，它只与切槽角 ω 有关，与边界条件无关。a_{S12} 只反映边界条件的影响，当边界均为 V 形槽口时，a_{S12} 的大小仅与切槽角 ω 有关，ω 给定，a_{S12} 也随之而定。

当 $\omega = 30°$、$45°$ 和 $60°$ 时，$|k|$ 值分别为 0.309、0.828 和 2。从而可知，当 $\omega = 30°$、$45°$ 和 $60°$ 时，$K_{60°}$ 最大，$K_{45°}$ 次之，$K_{30°}$ 最小。对一定岩石，K 值越大，岩石越易断裂。于是又得出结论，$60°$ 的切角断裂效果最佳。

2. 不同切槽角的爆破试验[77,80,83]

（1）切槽爆破切槽角的起裂试验。

切槽角的起裂试验是在岩石性质、装药量、装药结构、起爆破方法均相同的条件下的石灰岩中进行。试验结果如表 14-3 所示。

表 14-3　不同切槽角的爆破试验结果（石灰石）

切槽角 α（°）	45°	60°	75°	90°	120°
切槽起裂情况	两侧起裂	两侧起裂	两侧起裂	一侧起裂	一侧起裂
裂纹长度（mm）	$5d$	$8d$	$7d$	$5d$	$2d$
裂纹宽度（mm）	2	4	3	1.5	闭合

从表 14-3 可以看出 $90° > \alpha \geqslant 60°$，可以获得比较好的效果。

（2）不同切槽角的拉应变峰值。

试验采用有机玻璃材料密度为 1.28 g/cm^3，纵波速度为 2 750 m/s，用单轴压力试验机测得的杨氏模量为 2.7 MPa，泊松比为 0.35，单轴拉伸试验测得抗拉强度为 50.1 MPa，用紧凑拉伸试验测得的 I 型断裂应力强度因子 $K_{IC} = 0.71$ MPa。平板有机玻璃模型尺寸为 400 mm × 400 mm × 5 mm，炮孔直径 $d = 12$ mm，药径 $d_n = 6$ mm，切槽深度 $l = 2$ mm，装药 50 mg，切槽角分别为 $30°$、$45°$、$60°$ 和 $90°$，试验结果如表 14-4 所示。

表 14-4　不同切槽角的切向应变峰值

切槽角（°）	不同爆心距离处的拉应变峰值（με）			
	30 mm	70 mm	110 mm	150 mm
30	4 121	1 934	1 142	905
45	5 236	2 560	1 848	438
60	5 455	5 308	5 237	3 851
90	4 876	4 325	3 618	1 943

（3）随着 α 的增大，沿切槽方向的应变峰值也相应增大，当 α 角由 30° 增大到 45° 时沿着切槽方向的应变峰值有所增加，但增加幅度较小，且 45° 时应变峰值随距离增大而衰减程度降低，角度 α 增至 60° 时，沿着切槽方向的应变峰值明显增设，而且随距离增大而衰减程度最小；但 α 增至 90°，应变峰值有所降低，且衰减增大。如图 14-20 所示。

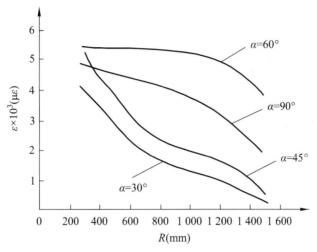

图 14-20　应变峰值和切槽角的关系

产生上述结果的宏观原因是：随着切槽角的增大，切槽变宽或切槽体积加大，这样进入裂纹的爆生气体较多，给裂纹发展提供了更多的能量，且沿着切槽方向应变衰减较小。当切槽角度较小时进入裂纹的爆生气体少，因此沿切槽方向的切向应变衰减快。α 过大时，爆破生气能量较分散，进入裂纹的能量相对减少，切身应变较 $\alpha = 60°$ 时有所降低。

（4）不同切槽角的模型试验。

试验采用的水泥砂浆模型，材料配比为水泥∶细砂∶水=1∶2∶0.40，水泥选用 425#水泥，砂子选用直径小于 3 mm 的河砂。试件尺寸为 400 mm×400 mm×300 mm，孔径为 25 mm，深孔为 200 mm，切槽角有 30°、45°、60°、75° 和 90°共 5 种。模型试块养护 28 d，共试验 30 块，由同一人员采用相同仪器和方法对距切槽炮孔中心 50 mm、100 mm 处的拉应变值进行测试，其结果列于表 14-5。

表 14-5　实测切槽方向的拉应变值（平均值）

切槽角 α（°）	30		45		60		75		90	
距炮孔中心距离 R（mm）	50	100	50	100	50	100	50	100	50	100
应变值（$\mu\varepsilon$）	1 937	951	3 207	1 654	3 976	2 951	3 805	2 604	2 964	1 430

从表 14-5 也可以看出，切槽角度应在 60°～80° 为最佳。

（5）切槽角对应力分布规律的影响试验[90]。

为了验证切槽爆破时应力随切槽角 ω 及极坐标 r、θ 的分布规律，我们制做了一些长、宽、高分别为 400 mm、400 mm 和 300 mm 的混凝土试件，并在其中心钻一直径 D_c=25 mm 的孔。其应变测试结果见表 14-6。

表 14-6 应变测试结果

切槽角 ω	离炮眼中心距离（mm）	测点在炮孔围岩平面上的方向及应变（με）		
		沿切槽轴向	与切槽成45°	垂直切槽轴
30°	50	2 320	1 190	1 172
	100	1 348	920	460
45°	50	3 360	1 560	320
	100	2 600	1 047	270
60°	50	4 941	2 010	820
	100	3 400	520	580

（6）切槽角效果试验。

文献[90,91]采用材料为有机玻璃板，尺寸为 $300 \times 300 \times 5 \ mm^3$，炮孔直径 $d_b = 12 \ mm$，$a = 2 \ mm$，$\rho = 0.5 \ mm$，装药量 $q = 50 \ mg$。

对切槽角 α 分别为30°、60°、90°的模型进行爆破实验，爆破效果情况见表14-7所示：

表 14-7 不同切槽角爆破效果对比情况表

α（°）	30	60	90
药量（mg）	30	30	30
爆破效果	两边启裂	两边启裂	两边启裂
裂纹总长度（mm）	95	100	98

从表中可以看出，爆破效果在 α 为60°时稍好。又中国矿业大学杨永琦、王义军等人用超动态量测系统对不同 α 时测量的切向应变峰值如表14-8所示。

表 14-8 不同 α 时切向应变峰值

α（°）	切槽方向		
	R=30 mm	R=70 mm	R=100 mm
30	4908	1945	1241
45	5245	2556	1741
60	5445	2670	1933

对表 14-8 中不同 α 值切向应变峰值的结果分析表明，切槽角 α 为60°时稍好。但从工程应用上考虑切槽角度较小时，所需钻具的槽尖也尖锐，在钻孔时必然加剧钻具的磨损，缩短钻头的使用时间，因此建议切槽角采用 $\alpha = 60° \sim 90°$。

（7）采用静态破碎剂膨胀破裂模型试验切槽角。

水泥砂浆模型的性能与上同，规格尺寸为 400 mm×400 mm×400 mm，孔径 $d = 25 \ mm$，孔深 260～280 mm，切槽角分别为45°、60°、90°、120°，在同一时间加入同量静态破碎剂，采用 YTD-17 型静态电阻应变仪和 P20R-17 型预调平衡箱进行多点测量，零读法间断采样，观察破碎时间。测试结果见表14-9所示。

表 14-9　静态切槽模型试验结果

切槽角 α（°）	圆形炮孔	45	60	90	120
孔深 H（mm）	262	275	297	255	262
破裂时间 t（h）	26	16	12	15	18

二、切槽深度 l

1. 根据孔径确定切槽深度

对于不同特性的岩石和炸药，应选取不同的切槽深度，根据 Jams、W.Dally、W.L Founery 等人的研究，对于大多数岩石来说，当炮孔内的压力超过 69 MPa 时，炮孔周围将产生杂乱的裂隙，断裂面也将难以控制[83,84]。理论分析表明，相对切槽深度 $l/R < 0.2$ 时，l/R 的值对临界炮孔压力的影响最敏感，当 $l/R > 0.2$ 时，其影响逐渐减少；当 $l/R > 0.5$ 时，其影响可忽略不计。随着 l/R 值的增大，炮孔临界起裂荷载减少，但 l/R 过大，降低效应不很显著，在工程实践中，l/R 过大将导致岩石对切刃的夹持作用增大，机械切槽效率降低，刀具磨损加大，因此，文献[83][84]建议 $l = (0.2 \sim 0.3)R$，宋俊生[83]等也认为切槽深度不宜过大。

2. 根据实验确定切槽深度

文献[61]对切槽爆破参数切槽深度采用动焦散线的方法进行了全面实验，模型材料为有机玻璃，尺寸为 300 mm×220 mm×6 mm，孔径为 8 mm，切槽角为 60°，切槽深度分别为 3.4 mm（左侧）、1.3 mm（右侧），装药量为 112 mg。图 14-21 为 1 组实验中 2 幅动动焦散线照片，其中箭头指示的为焦散斑。表 14-10 为不同切槽深度下裂纹扩展情况对比，l_c 为裂缝长[83]。

从图 14-21、表 14-10 中可看到，当切槽深度圈套时，裂纹扩展的长度圈套，但增加不明显，而裂纹扩展的速度却是当切槽深度较小时反而大。另外，如果切槽过深则钻孔难度加大。快速加载切槽深度裂纹尖端的应变能随着裂缝长度增加和爆生气体压力下降，裂缝扩展的驱动力减小，爆炸应力波在切槽尖端处产生较强的动态拉应力集中，爆炸应力波峰值强度随传播距离衰减。因此，炮孔切槽深度较小时，起裂时拉应力集中大，裂纹尖端积聚的应变能较高，切槽深度小的裂纹尖端动态应力强度因子相比切槽深度较大的高，切槽深度较小的裂纹扩展速度大。但切槽深度过小时，切槽尖端的应力集中效应不明显，爆生裂纹沿切槽方向并不能表现出优先发展趋势。初步实验研究表明，理想的切槽深度为炮孔半径的 1/4 ~ 1/2[84]。

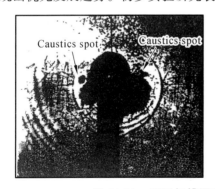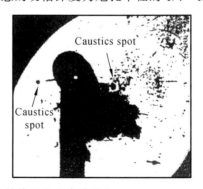

图 14-21　不同切槽深度下动焦散线照片（李清等）

表 14-10　不同切槽深度下的裂纹扩展[64]

$t(\mu s)$	$h=3.4$ mm			$h=1.3$ mm		
	l_c(mm)	υ_c(m/s)	$K_I^d(MPa \cdot m^{1/2})$	l_c(mm)	υ_c(m/s)	$K_I^d(MPa \cdot m^{1/2})$
61.3	26.46		0.98	23.69		1.02
82.8	30.67	195.8	1.03	28.87	240.9	1.03
102.5	33.94	165.9	0.64	32.42	180.2	1.04
122.0	36.49	130.8	0.35	35.03	133.8	0.92
147.2	37.95	57.9	0.15	35.94	36.1	0.82
172.6	39.11	45.7	0.14	36.48	21.4	0.52

3. 理论分析

理论分析表明[85]：相对切槽深度 $l/R<0.2$ 时，l/R 值对临界炮孔压的影响最为敏感，当 $l/R>0.2$ 时其影响逐渐减小；当 $l/R>0.5$ 时其影响可以略去不计。文献[16]认为虽然切槽深 l 越大，爆破效果越好，但随着 l 的加大，切刃的夹制作用增大，切槽效率降低，刀具磨耗加大，故建立根据孔径大小按式：$l=(0.10\sim0.30)R$ 选取。

4. 工程实践

在工程实践中 l/R 过大将导致岩石对切刃的夹持作用增大，机械切槽效率低，刃具磨损加大。对于 $R=20$ mm 的炮孔，$l=(0.2\sim0.3)R$ 为宜。

5. 根据应力强度因子[91]

由应力强度因子的计算公式 $K_I=P_0F\sqrt{\pi(R+l)}$ 可知，当炮孔内压力 P_0 不变时，切槽深度的增加，K_I 也随之增加。由断裂准则 $K_I \geqslant K_{Id}$ 来分析，当 l 增大时，裂纹会在孔内准静态压力的膨胀过程中提前启裂，因而在相同的有效压力时间内，裂纹能扩展更长的距离。表 14-11 为在有机玻璃板上作的不同 l 值的爆破实验效果对照。

表 14-11　不同切槽深度的爆破效果比较

l（mm）	0.5	1.0	1.5	2.0	3.0	4.0
α（°）	60	60	60	60	60	60
ρ（mm）	0.5	0.5	0.5	0.5	0.5	0.5
孔径	13	13	13	13	13	13
药量	30	30	30	30	30	30
裂纹最终长度	60	68	75	84	89	88

由此可以看出，切槽深度增加时，裂纹的最终长度也随之增加，但 l 值太大时，不利于炮孔的钻眼，在本实验条件下，当 $l>2$ mm 时裂纹最终长度随 l 的增加幅度减小，可认为 $\alpha=2$ mm 为较好的值。

在工程上建议切槽深度取 $l=(1/3\sim1/4)R$ 。

三、切槽尖端曲率半径 ρ

根据数值计算结果，建议在炮孔直径为 40 mm、切槽深度 $l = 4 \sim 6$ mm 时，切槽尖端的曲率半径 $\rho = 1.3$ mm，谭卓英[86]等也认为 $\rho = 1.3$ mm 最好；但有人认为当 $\rho < 1.20$ mm 时，便可保证预裂纹沿着切槽方向平整扩展。

根据纽帕（Newba）得出的椭圆体中的应力集中公式，近似用在切槽孔中，有：

$$\sigma_c = P_0 \left\{ 1 + 2[(R+a)/\rho]^{\frac{1}{2}} \right\} \tag{14-11}$$

式中：σ_c——槽尖处的集中应力；

ρ——槽尖曲率半径。

根据（14-11）式，槽尖的曲率半径越小，应力集中程度越大，当 σ_c 超过理论断裂强度时（$\sigma_c \geqslant \sigma_{th}$），原子间的键就断裂，裂纹开始扩展。反之，当 ρ 较大时，槽尖变钝，σ_c 减小需要较大的 P_0 值方能促使裂纹扩展。另外，钝形槽尖的裂纹启裂时，启裂点不一定在槽尖的中点，可能偏离预定的扩展方向，影响断裂控制的效果。

从理论上看，ρ 越小越好，但在实际制造和施工过程中，ρ 值不可能绝对小，如果钻具的 ρ 值太小，在钻岩中必然会加剧磨损，因此 ρ 值的取值范围应适当取大一些。表 14-12 是在实验室条件下，在有机玻璃板做的不同曲率半径时的爆破效果对照。模型板的尺寸为 $300 \times 300 \times 5$ mm³。

表 14-12　不同曲率半径爆破效果对照表

ρ(mm)	0.3	0.5	1.0	1.5	2.0
l(mm)	2.0	2.0	2.0	2.0	2.0
α（°）	60	60	60	60	60
孔径（mm）	13	13	13	13	13
药量（mg）	30	30	30	30	30
启裂情况	双槽启裂	双槽启裂	双槽启裂	双槽启裂	双槽启裂
裂纹总长度	89	84	76	41	—

在本节的实验条件下，$\rho \leqslant 0.5$ mm 时，爆破效果尚好，因此建议取 $\rho \leqslant l/4$。

四、切槽尖端锐度 l/ρ

根据断裂力学观点，尖锐的切槽有利于实现岩石的低应力脆断。H.Nisitani 对 V 形切槽的无限平板垂直于切口方向受拉时，切口锐度 l/ρ 对切口尖端的应力集中系数的影响的计算表明，在 $l = 0° \sim 90°$ 范围，当 $l/\rho = 1$ 时，孔边最大切向应力集中系数为 3.06，当 $l/\rho = 2$ 时，该系数为 4.0，当 $l/\rho = 4$ 时为 5.3，当 $l/\rho = 8$ 时为 7.2，可见切槽尖端锐度对尖端应力集中系数的影响很大。

五、槽口宽度 b 及沿炮眼深的切槽长度

槽口宽度为非独立参数，可由切槽深度和切槽张角近似地确定，$b = 2l \tan\left(\dfrac{a}{l}\right)$。试验表明，切槽的导向作用沿孔深的方向扩展范围是有限的，即若只是在炮眼上部切槽，未切的孔底区

域仍会出现随机裂纹或不规则裂面，为保证断裂控制的质量，对整个炮眼沿全长切槽较为妥当。

六、小　结

综合上述，工程中常用的直径为 40 mm 的破岩切槽浅孔的槽口参数取值范围建议如表 14-13 所示。

表 14-13　直径 40 mm 炮眼的槽口参数

槽口参数	切槽张角（°）	槽口深（mm）	槽口尖端曲率半径（mm）	槽口尖端锐度	沿眼深的切槽长度（mm）
一般取值	60～90	4～6	1.3～2	3～5	80～90
合理取值	60～75	4～5	1.3	4.5	100

第六节　切槽爆破在平巷掘进中的试验与应用

一、平巷掘进

切槽爆破在平巷掘进中的工业性试验和推广应用均选择马槽滩分矿的八中段和十中段、四川金河磷矿进行，因为 1983 年 4 月四川南桐矿务局曾在这两个中段与金河磷矿一起进行光面爆破试验。1985 年 5 月试验 6 个掘进循环共进尺 10.05 m；1986 年 7—8 月现场推广应用掘进 30 个循环进尺 50.32 m。

巷道通过的震旦系花斑状白云岩的岩层节理裂隙发育，中等稳固，坚固性系数 $f = 6～8$；透水性较好，试验地段渗水严重。巷道为圆弧拱直墙断面，设计的圆弧拱半径为 1.4 m、拱高 0.87 m、帮高 1.8 m、宽 2.6 m，掘进断面积 6.65 m^2（图 14-22）。凿岩工作由 7655 型凿岩机完成，平均孔深 1.8 m，炮孔直径 40 mm。拱顶周边采用七眼定中，孔间距为 550 mm，两帮周边孔间距为 600 mm。采用菱形直眼掏槽，中心处设一直径为 80 mm 的空孔作为人工补偿空间以改善掏槽效果。工作面炮孔布置如图 14-22 所示。

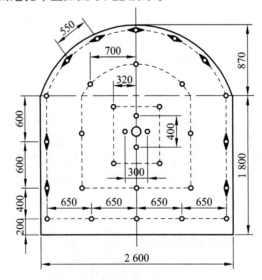

➤ 断裂控制爆破中需切槽的周边孔
图 14-22　设计断面尺寸（mm）及炮孔布置

二、爆破方法

1. 光面爆破

试验中分普通光面爆破和改进的光面爆破。普通光面爆破即采用全断面一次非电微差起爆；改进的光面爆破即预留光面层，首先一次性钻凿好全部炮孔，然后对掏槽孔、辅助孔、头排内侧孔和底眼作第一次微差起爆，形成留待第二次起爆的预留光爆层，然后再对周边孔进行装药连线作第二次起爆。

该方法的优点是：光面层单独起爆，具有良好的自由面和足够的补偿空间，且周边孔的装药量可相应地减少20%左右，并可根据留下的光面层厚度和新发现的节理裂隙构造面灵活选择装药量。

2. 切槽爆破

切槽爆破的一个基本特征是利用炮孔本身的形状来控制孔壁裂纹的开裂和扩展，使炸药的爆炸能一开始就沿周边孔连心线方向产生集中作用，最后形成满足设计要求的平滑而稳定的开挖轮廓面。有关孔内切槽的施工，目前在日本和美国已有采用高压水射流切割技术的。笔者在现场试验中采用凿岩设备和用碳素钎钢专门设计制造的切槽工具来完成，这也是目前国外常采用的切槽方法。由于这种切槽工具的限制，断裂控制爆破的凿岩工作目前需分两步进行。首先用凿岩机在工作面上凿好全部炮孔，然后用切槽工具代替凿岩机上的钻头，在周边孔的孔壁上按设计的巷道轮廓线方向沿炮孔纵深进行冲击切槽，其作业工序和卡钻处理方法与普通凿岩时相似。

为便于与前述光面爆破方法进行比较，切槽爆破的炮孔布置、爆破参数、掏槽形式、装药结构和起爆顺序与光面爆破中相应的起爆方法相同，但周边孔的装药量减少20%左右。

三、不同爆破方法的对比试验结果

1. 常用爆破、光面爆破、切槽爆破对比试验

常用爆破、光面爆破、切槽爆破对比试验结果见表14-14、14-15所示。

表14-14　不同爆破方法的爆破效果对比

类别	切槽爆破		光面爆破		普通爆破（凝灰岩）
测点距炮眼中心（cm）	100	150	100	150	
松动范围（m）	0.49	0.27	1.0	0.5	1.3～1.8
围岩位移量（mm）	0.05	0.001	0.12	0.08	
全断面一次爆破损伤范围（cm）	22～24		40～44		38～40（预留光面层）23

表14-15　不同爆破方法对比试验结果

岩体参数	爆破方法		常规爆破	光面爆破	切槽爆破
花斑状白云岩 $f=6\sim8$ $S=2~067~\text{m}\times2.6~\text{m}$	平均炮眼利用率%		50.7	61.4	85
	巷道顶部超挖深度（cm）		21.6	11.0	55（8%的炮眼）
	距炮孔10 cm处爆后声速降低（%）		40%	34%～35%	17%～20%
	眼痕率%	爆后当天	3.6	53.6	63.6
		一年以后	—	31.2	51.13

岩体参数	爆破方法	常规爆破	光面爆破	切槽爆破
石英砂岩 $f=10$ $S=3\,\text{m}\times2.8\,\text{m}$	炮眼利用率		78.5	88
	超挖深度（cm）		22	<10
	眼痕率（%）		53.8	>70
	炸药单耗（kg/m³）		2.7	2.40

2．切槽爆破优点

（1）切槽孔爆破使孔间距增加30%~80%，减少周边孔数。

（2）切槽孔比光面爆破减少超挖量25%~40%。

（3）孔痕率提高20%~80%，大大减少对围岩的损伤程度，增加了保留岩体的稳定性。

（4）岩巷掘进成本、凿岩、爆破、出渣及支护费用的总和，经测算可降低成本36%以上，8 m² 左右的巷道，每米爆破费用可降低17元。

（5）切槽爆破松动范围小完全可以用锚网支护，同样每米巷道需锚杆9根，网面积3.6 m²，其造价为460元，费用比光爆降低近一半。

3．光面爆破与切槽爆破效果

光面爆破与切槽爆破效果如图14-23所示。

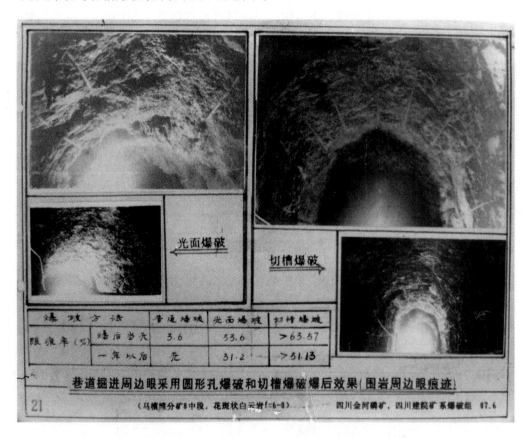

图 14-23　光面爆破与切槽爆破效果图

第七节 切槽爆破在饰面石材开采中的应用

1985 年 4 月，四川建筑材料工业学院，非金属矿研究所成立切槽爆破试验研究组，开始了对凿岩工具的研究，并首先选择在四川宝兴大理矿进行试验，其后在雅安地区和辽宁、河北、山西、山东、陕西、四川多个石材矿山推广和技术服务，最有显著效果的典型矿山有四川的宝兴大理石矿、陕西秦岭少林石材矿山、辽宁丹东凤城县赛马花岗石厂、河北银坊花岗厂、山西灵丘花岗石厂、山东荆州大理石厂。

一、切槽爆破在饰面石材开采中的应用

石材荒料开采的第一阶段为将条石从原岩中分离，这是最困难的一步，也是评价荒料率高低的关键步骤。条石分离爆破的成功与否，直接影响着矿山的经济效益。采用切槽爆破在条石分离中的应用为对象，我们进行多年的试验研究。爆破参数等一般是根据环境条件而定。

1. 爆破参数

切槽爆破分离条石的炮孔布置、装药结构及装药量等参数见表 14-16。

表 14-16　切槽爆破参数表（参考数据）

阶高 （m）	孔深 （m）	最小抵抗线 （m）	孔距 （m）	切槽炮孔直径 （mm）	炸药卷直径 （mm）	线装药密度 （g/m）
1.5～2	1.5～2	1.0～2.0	0.4	38～40	15～25	60～100

注：对一个矿[41]进行三次试验后再确定爆破参数。

2. 炮孔布置

炮孔布置如图 14-24，每次采下的条石尺寸，长 5～10 m，高 1～3 m，宽 1.0～2.0 m。炮孔的刻槽方向在炮孔的连心线上。

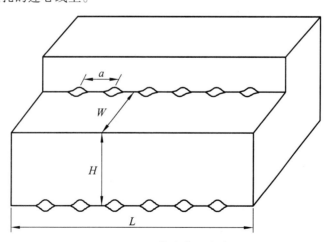

图 14-24　炮孔布置方式

3. 装药结构

装药结构形式及其相应的参数是小直径炮眼切槽爆破定向成缝最重要的问题之一。合理的装药结构与参数必须保证：① 全部装药稳定爆轰，完全传爆；② 按炮眼 V 形槽口轴向作用产生的爆炸威力合乎 $\sigma_{max} \geqslant [\sigma_T]$，而不致使炮眼其他方向发生裂纹。

采用威力小的 2 号岩石硝铵炸药，并采用轴向空气间隔-径向不耦合装药结构。对于不同的岩石性质和炮眼深度，又需要采用分段或分层装药及同排、同列相邻炮眼的不同结构。

一般不耦合系数取 1.5 ~ 3。

4. 装药量计算

切槽爆破是为了使被爆破的固体介质炸开一条裂缝，而不使介质沿其他方向开裂。因此，其炸药需要量是横切面积的函数。作者对中硬石材爆破参数进行数理统计和线性回归分析，得到标准直线议程，即装药计算公式 $Q = a + bA$，算出线性回归参数 $a = 26$，$b = 0.15$，即

$$Q = 26 + 0.15A$$

式中：A ——两孔间受拉面积。

5. 眼间距离

沿着切槽方向两炮眼中心距离为 L，根据材料力学第一强度理论，求得挂孔间距与炮孔半径 R、岩石抗拉强度 σ_T 有如下关系：

$$a = 2(L + R)(P_c / \sigma_T + 1)$$

二、应用效果

1. 不同开采方法的效果（表 14-17）

表 14-17　饰面石材开采

岩石名称	爆破方法	出材率（m²/m³）		相对料石成荒率（%）	荒料成本（元/m³）	凿岩班效率（m³/台班）
		毛板材	光板材			
汉白玉大理石	劈裂法	35.7	25	114	192	1.2
	预裂爆破	34.7	23	100	173	4.4
	切槽爆破	37.2 ~ 39	29 ~ 30	110	153	7.6
花岗石	打眼劈裂和爆破	27.62（1987 年全年）	17 ~ 18.3	100		
		24.12（1988 年 1—7 月）			203 ~ 236	2 ~ 2.8
	切槽爆破	25.3 ~ 26（1988 年 8 月）		113	181	3 ~ 4
花岗石	静态膨胀剂				346	2
	切槽爆破				193	3

2. 不同爆破条件下的声波测定结果

对石灰岩、花岗岩、汉白玉分别在同等条件下进行预裂、光面爆破与切槽爆破的工程对比试验，进行声波测定的结果如图 14-25 ~ 14-27 所示。

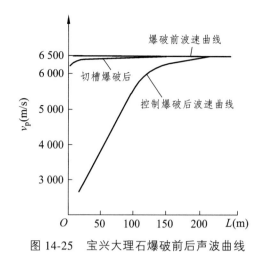

图 14-25　宝兴大理石爆破前后声波曲线　　　　图 14-26　石灰石爆破前后波速曲线

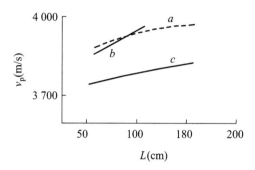

图 14-27　片麻状花岗岩不同爆破方法的声速曲线

L—距药包处孔壁的距离（mm）

由图可见，切槽爆破比预裂、光面爆破对围岩损伤减轻 0.5 ~ 2 倍左右。

3. 不同爆破方法爆破后取样测试对岩石的影响程度（表 14-18）

表 14-18　不同爆破和开采方法对围岩的影响

饰面石材开采方法	人工劈裂	劈裂器（复合）劈裂	预裂爆破	切槽爆破	预裂爆破	切槽爆破	圆形孔（黑火药）	切槽爆破（2#岩石炸药）
岩石名称	片麻状花岗岩		宝兴大理		石灰岩		片麻状花岗岩	
距孔壁距离（mm）	f=12 ~ 16	f=12 ~ 16	f=8 ~ 10		f=8 ~ 12		f=12 ~ 16	
55（v = m / s）	4 860	4 703	不料切割时破碎成小块	6 047	4 547	4 975	4 529	4 769
55（v = m / s）	5 629	5 700	4 750	6 392	4 644	5 020	5 020	5 469
165（v = m / s）	5 813	5 890	6 157	6 456	5 052	5 469	5 445	5 960

第十五章　轴向双面径向聚能药包爆破

如何合理控制炸药能量的定向释放一直是爆破理论和工程应用研究的主要课题。爆破断裂定向控制的实现可归纳为选择合理爆破参数、改变炮孔形状、改变装药结构等 3 类途径。其中以改变装药结构控制裂纹扩展为最活跃研究方向[93]。

1865 年，芒罗业（C.E.Munrfe）首先发现了聚能药包的聚能现象，即药包爆炸时炸药释放的能量朝预定方向集聚。俄罗斯人于 1888 年发现爆炸的集能原理[94]，1923—1926 年苏哈烈夫斯基（CyxapBCKИЙ）最先系统地研究了聚能现象，他确定了聚能装药（无罩）的穿甲作用与凹槽形状以及其他因素之间的关系[95]。20 世纪初，国外许多学者对爆破聚能现象作了较深入的研究，并在第二次世界大战中应用于军事工业。20 世纪 60 年代初，美国、日本和苏联（二次大战结束后用于民用）等国又将聚能药包爆破应用于石油开发、井巷掘进及金属切割及废核设施切割等方面，均获得了显著的成效。

第一节　聚能装药民用类型

一、聚能装药民用的框架

聚能装药民用类型的框架如图 15-1。

二、聚能药包的基本结构

根据采矿工作中聚能药包的应用[96]，聚能药包的基本组成为：聚能药包首先用作空底药包，即是在药包内形成一锥形穴，后来发现若在锥形穴内衬上一种高密度惰性材料可得到更高的穿透力。图 15-2 表示聚能药包的基本组成。没有内衬的药包其聚束作用归因于入射和反射冲击波，聚束作用使聚集的气体达到高速度。在有内衬的情况下，集束作用是由于凹穴内衬破坏形成的气体射流引起的。

实质上，药包内衬的作用如下：当爆炸波冲击到圆锥内衬的顶点时，其高压导致圆锥体外部以高速向内扩张。这时的圆锥材料实质上分为二。内表面材料流动在顶点形成射流，并沿对称轴以 $2\,000 \sim 1\,000$ m/s 的速度传播。圆锥外表面材料向轴向流动形成碎片以 $500 \sim 1\,000$ m/s 的速度飞散。高速射流以大约 10 GPa 的压力穿透标板。如果炸药是理想的，则其穿透能力（穿孔深度和体积）与爆炸压力成正比，此外，它们的反冲作用距离很短。业已确定，若炸药的爆速 $\leq 5\,000$ m/s，则产生的效果很小。充分发挥爆轰波头的效能可得到最大效果。当药包长度至少等于药包直径的 3 倍时，认为会取得最好效果。加衬聚能药包的试验结果如下[96]：

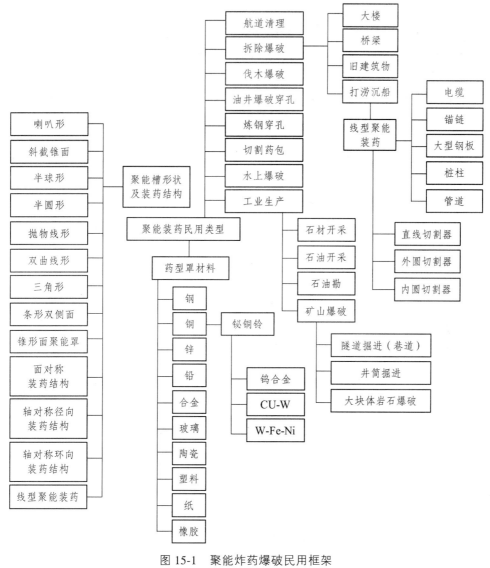

图 15-1　聚能炸药爆破民用框架

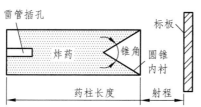

图 15-2　聚能药包的基本组成部分

（1）射流速度随锥角减小而提高。

（2）尽管射流物质被标板吸收，但在标板上冲出的孔径一般比射流直径要大，在较硬的材料中孔径较小。

（3）穿透标板的能力几乎与标板材料无关。因为命中点上的高压要比大多数材料的屈服点大得多。

（4）随着射距的增加，对给定标板的穿透力首先增加而后降低。对于给定的内衬材料而言，有一最佳射距，这可由试验确定。射距增加，射流延长，这会加大穿透深度和减小孔径。进一步加大射距会使射流在冲击标板之前在轴向和径向分叉，从而加大其横断面积，结果丧失穿透效果。

（5）铝质内衬的效果不佳，钢衬和铜衬效果最好。试验表明，高密度金属的穿透深度较大，然而，材料的韧性也起很大作用。穿透深度降低，孔径就加大，反之亦然。业已发现穿孔的体积实际上不是常数，而与炸药的总能量有关。

三、矿山应用的聚能药包

矿山用得最多的聚能药包特别是地下开采矿山和石材矿山主要是半圆聚能装药、线形能装药和三角形聚能装药。图 15-3 为轴对称侧向聚能装药横剖面示意图。

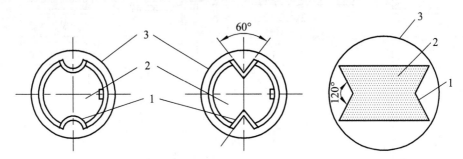

（a）半圆形聚能槽的药柱　（b）三角形聚能槽的药柱　（c）径向双面聚能装药

图 15-3　轴对称侧向双面聚能装药横剖面示意图

1—聚能槽；2—装药；3—炮孔

第二节　聚能药包爆破岩石定向断裂机理

一、聚能爆破

所谓聚能爆破，就是将炸药结构的一端做成聚能穴状。由于炸药界面的改变，使爆轰波波阵面在运动过程中与装药界面呈某一角度相交，致使爆炸冲击和爆轰产物偏离其原来轨迹而沿装药界面的法线方向运动，在沿聚能穴轴线方向上形成极大密度和速度的聚能流，使能量集中在较小断面上，提高了局部破坏作用。当聚能药一端有金属罩存在时，炸轰产物在推动罩壁向轴线运动过程中，就将炸药的能量转移到罩的金属中，药型罩以极高速度被压缩，形成一杵体。由于金属聚能罩的可压缩性很小，因此内能增加很小，能量大部分表现为动能形式，这样就能避免高压膨胀引起的能量分散而使能量更加集中。这种没轴线形成的聚能金属射流是形成强大的穿甲切割作用的主要因素[95]。

二、炸药的聚能效应

文献[96]指出：炸药爆炸的聚能效应是爆炸直接作用的一种特殊情况，通过使爆炸的能量在一个方向集中起来，而使爆炸的局部破坏作用是常规炸药爆破效应的数倍至数十倍。炸药爆炸聚能效应的产生是在炸药的某一面形成一空心装药，炸药引爆后，在空心装药凹穴表面爆炸产物以基本上垂直于装药表面的方向向外飞散，由于各气流微部相互作用的结果在离开装药底平面一定距离处，气流的直径最细，速度最大，密度最高。若在空心装药的凹穴表面安置金属或某些非金属药形罩时，聚能效应能大大增加，这是由于爆炸产物的极高压力，使药形罩迅速向内变形，与装药轴线对称的罩的各微部，同时向轴线压缩，罩顶爆轰波首先到达，罩顶附近的药形罩微部首先在轴线处撞击并挤实，变形过程中形成射流微部。实验测定金属射流的温度能达到 1 000 ℃，射流速度在数千米每秒至数万米每秒。有人利用梯恩梯黑索金的装药，用铍作为药形罩材料，曾得到端部射流的聚能效应除取决于炸药特性与药形罩材料外，还与药形罩形状有关的结果，对于普通结构的空心装药，罩的最有利顶角是 37°，而在 23～46°，效应变化不大。对于锥形装药，顶角过大（>150°）与过小（<20°）都不能形成射流。另外，针对破坏材料的不同，药形罩等参数也应相应变化。实践证明，药形罩形状以喇叭形聚能效应最佳，圆锥形次之，而半球形居后。药形罩材料优劣次序以生铁、紫铜、钢、铝、铅、玻璃等排列。另外，射流的速度受爆速或爆压的影响极大，炸药爆速愈高，聚能效应愈好，炸药爆速在一定值以下时，甚至不能形成射流。例如用普通硝铵炸药，3 mm 厚钢质药形罩已不能形成射流[96,97]。

三、聚能药包岩石定向断裂爆破裂纹形成机理

根据轴对称双面径向聚能罩装药的药包在炮孔内起爆后，爆轰波一方面沿着装药的长度方向传播，另一方面向着聚能罩运动，并以高达数千万帕的压力作用于楔形罩，使聚能罩以很高的速度向内运动并在对称平面上发生碰撞，罩内壁附近的金属或非金属在对称面上形成向着聚能罩开口方向运动的高温、高压、高能量的刀片状射流。射流首先作用在炮孔壁上并在此方向的孔壁岩石上形成导向切缝[5]。在炮孔的其他方位，由于药包外套管对爆轰产物具有瞬间缓冲和抑制作用，并且套管与炮孔壁之间的不耦合介质（空气）具有缓冲作用，极大地减少了冲击波对炮孔壁的直接作用和破坏程度，从而抑制了裂纹的发展。初始导向裂纹形成后，炸药爆轰产物充满整个炮孔空间，对炮孔壁岩石施加准静态载荷，炮孔壁上导向切缝的尖端在这一准静态载荷作用及应力集中作用下形成裂纹并扩展，若炮孔间距适当，相邻炮孔间的裂纹就能贯通，形成光滑的定向控制爆破断裂面[5]。

四、线型铵梯聚能装药的作用原理

（1）线性聚能装药不同于轴对称的锥形聚能装药，它是面对称的聚能装药。由于线性聚能装药没有锥形聚能装药应用广泛，因此至今研究较少，尚无完善系统的理论计算方法。作者在有关公式的基础上，用微元法计算了一定条件下的线性聚能装药破甲深度，并在所计算的条件下进行了实验验证。

线性聚能装药有楔形装药和半圆管形装药，但总的比较来说，后者不如前者好。

（2）聚能炸药的爆炸及爆破作用，目前国内外还在研究。人们对于线型铵梯炸药聚能装药的理性认识，还远落后于工程实践。我们对混凝土试块、铅板、钢板等进行了模拟爆破试验，通过高速摄影和电测进行了监测，从而对聚能流形成及运动、穿甲作用和有关参数对聚

能流的影响进行了定量的试验研究[98]。

试验表明：聚能装药被起爆后，爆轰波呈球面波在炸药中传播。当爆轰波波阵面传至聚能穴壁面时，将产生以下几方面的作用：

① 由于聚能穴壁面材质的密度 ρ_1、波速 c_1 远远大于药包壁或空气的密度与波速，所以当爆轰波传递能量时，聚能穴比空气、药包壁面获得更多的能量。

② 由于聚能穴壁面内侧为空气，聚能穴壁面在爆轰波作用下，其质点位移的方向朝着聚能穴轴线方向聚集，经高速摄影证明可用应力波理论进行计算。

③ 聚能穴壁面获得很大的能量之后，因其本身有一定的延展性，在被击穿的过程中，两壁面高速向轴线方向闭合，压缩壁间空气，加强了聚能流的速度。

由于聚能流的速度高、质量大（能量密度大），因而它具有较强的穿透力和破坏作用。

五、径向聚能药包的作用原理

文献[100]指出：径向聚能药包的作用原理可按其作用时间顺序用图 15-4 来说明。首先药包爆轰，爆轰波压合聚能罩使之向聚能槽对称面上运动，并在对称面上发生碰撞，从而产生金属射流。

其次是金属射流作用于岩石，在炮孔周边形成切槽，这种切槽相当于炮孔周边的裂纹。

最后是冲击波及爆轰气体压力作用，使裂纹产生失稳扩展，岩石裂开。

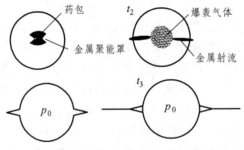

图 15-4　径向聚能药包的作用原理

第三节　岩石裂开过程的断裂力学讨论

关于聚能药包在岩石定向成缝与金属射流的形成过程及穿岩成槽过程中的理论模型，有关资料已经进行过较全面的探讨，本书不再研讨内容。本书只对径向聚能药包切割岩石爆破。在此只对冲击波及爆炸气体作用切槽（裂纹）失稳扩展过程进行阐述。

总的来说，当金属射流形成并穿岩形成切槽之后[99]，爆炸气体的膨胀将在周围岩石中激起冲击波，并对炮孔产生静压作用，在进行切割岩石爆破设计时，要求冲击波的强度以及爆炸气体的静压作用不致使孔边岩石产生压坏。岩石的切割是靠切槽产生的应力集中，因此此时的切槽相当于圆孔周边的初始裂纹，在外载作用下，裂纹的尖端将产生强烈的应力集中，这种应力集中的强弱程度可用应力强度因子 K_I 来描述。K_I 达到岩石的断裂韧性 K_{IC} 时，裂纹就会失稳扩展，岩石裂开，开裂方向一般沿切槽的对称面向外。

一、冲击波的作用

形成切槽后炮孔的形状如图 15-5 所示。如前所述，冲击波不足以使岩石产生压坏，但在冲击波入射后，在切槽面（裂纹面）发生反射，切槽的尖端产生衍射，结果是在裂纹的尖端产生较强的动态应力-应变场，它的强弱可用动态应力强度因子来描述。

图 15-5 静压作用前，切槽形成后的炮孔

动态应力强度因子依赖于裂纹的形态和入射波的波形，对于一定形态的静裂纹来说，随着应力波的传播，动态应力强度因子是时间的函数，可表示为 $K_\mathrm{I}(t)$。这时裂纹扩展的临界条件为：

$$K_\mathrm{I}(t) = K_\mathrm{IC}(D) \qquad (15\text{-}1)$$

式中：$K_\mathrm{IC}(D)$ 是岩石的动态断裂韧性，与加载速率有关。

如图 15-5 所示的裂纹，在冲击波作用下是第 I 型问题，所以式（15-1）可表示为：

$$K_\mathrm{I}(t) = K_\mathrm{IC}(D) \qquad (15\text{-}2)$$

上式说明，当裂纹尖端的动态应力强度因子 $K_\mathrm{I}(t)$ 达到岩石的动态断裂韧性 $K_\mathrm{IC}(D)$ 时，裂纹开始失稳扩展。

为了研究图 15-6 所示的裂纹动态问题，即在冲击波作用下裂纹的扩展问题，文献[8]假定：

（1）能使裂纹扩展（即能使裂纹尖端满足 $K_\mathrm{I}(t) \geqslant K_\mathrm{IC}(D)$ 条件）的冲击波宽度为 λ^*，并且在满足此条件时，裂纹的扩展速度 v_r 不变：

$$v_\mathrm{r} = Pc_\mathrm{s}$$

式中：c_s——横波波速；

P——常数。

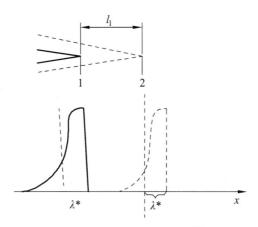

图 15-6 冲击波作用过程[8]

（2）冲击波一旦到达裂纹尖端，裂纹就开始扩展。

（3）冲击波的有效宽度离开裂纹尖端前沿之后，裂纹立即停止传播。

在上述假定情况下，若在冲击波作用下裂纹的扩展长度为 l_1，扩展时间为 t，则有：

$$l_1 = \upsilon_r t \tag{15-3}$$

$$t = l_1 / \upsilon_r \tag{15-4}$$

$$c_s t - \upsilon_r t = \lambda^* \tag{15-5}$$

将（15-4）代入（15-5）得：

$$l_1 = [\upsilon_r / (c_s - \upsilon_r) \lambda^*] = [P / (1 - P)] \lambda^* \tag{15-6}$$

因此，在爆生气体静压力作用之前，裂纹的实际长度为：

$$l = l_0 + l_1 \tag{15-7}$$

式中：l_0——金属射流作用形成的切槽深度。

二、爆轰气体压力的静态作用

从以上的分析可以看出，冲击波对裂纹的扩展作用使裂纹加深，但一般不会致使岩石裂开。欲使岩石裂开，主要依靠爆轰气体静态压力的作用。

爆生气体静压作用的力学模型如图 15-7 所示。

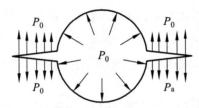

图 15-7　爆生气体静压作用过程

这是一个 I 型裂纹扩展问题。根据有关资料[76]，在内压作用下裂纹尖端 A、B 两点的应力强度因子 K_I 为：

$$K_I = P_0 \sqrt{\pi l} F(l/r) \tag{15-8}$$

式中：P_0——炮孔内静态爆生气体压力；

　　$F(l/r)$——l/r 的函数；

　　r——炮孔半径。

函数 $F(l/r)$ 的计算值列于表 15-1[75]。

表 15-1　函数 $F(l/r)$

l/r	$F(l/r)$	l/r	$F(l/r)$	l/r	$F(l/r)$
0	2.24	0.5	1.57	2.0	1.20
0.1	1.98	0.6	1.52	3.0	1.13
0.2	1.83	0.8	1.43	5.0	1.06
0.3	1.70	1.0	1.38	10.0	1.03
0.4	1.61	1.5	1.26	∞	1.00

设岩石的断裂韧性为 K_{IC}，则当：

$$K_I \geqslant K_{IC}$$

$$P_0\sqrt{\pi l}F(l/r) \geqslant K_{IC} \tag{15-9}$$

时，裂纹将失稳扩展。要使岩石裂开，就要使裂纹发生失稳扩展，所以必有：

$$P_0 \geqslant K_{IC}/[\sqrt{\pi l}F(l/r)] \tag{15-10}$$

P_0 的大小应不致使炮孔周边的其他地方产生压碎。如图 15-8 所示，在压力 P_0 作用下，带圆孔的无限体板中的应力分布为[10]：

$$\sigma_r = (r^2/S^2)P_0$$

$$\sigma_Q = (-r^2/S^2)P_0$$

式中：S——极径。

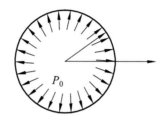

图 15-8　带炮孔无限岩体受内压作用图

当时 $S = r$ 时，即可得炮孔周边的应力为：

$$\sigma_r = P_0, \quad \sigma_\theta = -P_0$$

根据最大拉应力强度理论，应有：

$$|\sigma_\theta| = P_0 < \sigma_c \tag{15-11}$$

式中：σ_c——岩石的抗拉强度。

当 P_0 满足（15-11）式时，炮孔周边将不会发现压碎现象，因此在进行岩石切割爆破时，应有如下不等式：

$$\frac{K_{IC}}{\sqrt{\pi l}F(l/r)} \leqslant P_0 \leqslant \sigma_c \tag{15-12}$$

第四节　爆破参数

一、炮孔间距的理论计算

炮孔间距的确应当从两个方面研究，一是爆生气体的压力，二是岩体断裂强度因子。

1. 聚能药包爆破形成切槽压力

聚能药包爆破形成切槽压力与炸药本身有关，与目标抗爆力有关，与炸药体积内含气体量有关。因此，按以下顺序依次求解。

（1）聚能药包爆破显然要在目标物上形成射孔或切槽，压力 P_k 至少不能小于目标物体的破坏强度。因此，射流速度是药包设计的一个关键参数，对于面对称线型聚能装药，射流对固体介质的侵彻深度 H 可由以下公式算出：

$$H = L_0 \varphi (1 + \cos \alpha) \sqrt{\frac{\rho_j \sigma_{2c}}{\rho_t \sigma_c}} \qquad (15\text{-}13)$$

式中：L_0 为聚能罩母线长；φ 为射流伸长率，与目标介质有关，一般取 $\varphi = 2 \sim 6$；α 为聚能罩顶角的一半；ρ_j、ρ_t 分别为射流密度和目标岩体密，$\rho_j = 10 \rho_{2c} / g$；$\sigma_{2c}$、$\sigma_c$ 分别为聚能罩材料的抗压强度和目标岩体强度。

（2）根据文献[97][99]的解析理论，聚能射流着靶后产生的切缝入口处宽度 B 可由如下经验公式计算：

$$B = D_j \upsilon_j \sqrt{\frac{\rho_j}{2 \sigma_c [1 + K(\rho_j + \rho_t)]^2}} \qquad (15\text{-}14)$$

式中：D_j 为射流元尺寸，与炸药楔形罩几何参数等因素有关；υ_j 为射流元速度，文献[94][95]对楔形罩微元射流速度的计算作了详细的推导；K 为实验确定的常数，与炸高有关。

（3）由于炸药爆轰韧带，炸药爆轰瞬间产生的气体被"局限"于炸药体积 V_c 之内。将爆生气体视为理想气体，且在孔内等熵膨胀，则在聚能射流停止作用前，任意瞬间炮孔内爆生气体压力：

$$P = P_c \left(\frac{P_{av}}{P_c} \right)^{r/k} \left(\frac{V_c}{V} \right)^r \qquad (15\text{-}15)$$

式中：P 为爆生气体膨胀过程的瞬时压力；k 和 r 分别对应等熵指数和绝热指数；V 为与 P 对应的气体体积；P_c 为临介压力 $P_c = 200 \text{MPa}$；P_{av} 为平均爆轰压力，$P_{av} = \rho_0 D^2 / [2(1 + k)]$，$\rho_0$ 和 D 分别为炸药的密度和爆速。

2. 根据爆生气体压力和岩体的断裂强度确定裂纹扩展程度

（1）文献[5]根据爆破理论，裂纹扩展程度由爆生气体的压力和岩体的断裂强度因子确定。随着裂纹的扩展，爆生气体的压力会逐渐降低。根据止裂判据就可计算出裂隙扩展的最大长度，从而确定炮孔间距。在定向裂纹的扩展过程中，裂隙尖端的应力强度因子 K_I 可记为：

$$K_I = 2P(R_b - R_b^3 / a^2)(\pi a)^{-1/2} \qquad (15\text{-}16)$$

式中：P 为炮孔内气体压力，由式（15-15）可以求出；a 为任一时刻裂纹长度。

将式（15-16）写成

$$K_I = PF(\lambda) \qquad (15\text{-}17)$$

式中：$\lambda = a / R_b$，$F(\lambda) = 2(R_b / \pi)^{1/2}(1 - \lambda^{-2})\lambda^{-1/2}$ $\qquad (15\text{-}18)$

（2）根据裂缝止裂判据，裂纹扩展到最大长度时必定满足止裂条件，用岩体的断裂韧度 K_{ID} 代替式（15-17）中应力强度因子 K_I，则有

$$F(\lambda) = K_{ID} / P_b \qquad (15\text{-}19)$$

式中：P_b 为裂纹扩展到最大长度时炮孔内爆生气体的压力。假定各条裂纹尺寸和传播规律相同，且裂纹宽度沿其扩展方向成线性变化。设最大裂纹长度为 a_{max}，则由式（15-13）和式（15-14）可求得裂缝的体积。然后用式（15-15）求出 P_b，再由式（15-18）和式（15-19）就可求得炮孔壁上的最大裂纹长度 a_{max}。由此可以确定炮孔间距

$$S = 2(a_{max} + R_b + H) \tag{15-20}$$

二、炮孔间距的经验取值

由于普通预裂爆破不可避免地在炮孔周围引起随机裂纹的扩展。从能量观点看，爆炸气体能量不仅产生孔间连线方向的裂纹，也产生其他方向的裂纹，能量利用率是较低的。而聚能爆破法因为采用大的不耦合系数，有效地控制裂纹定向生成，能量利用率大大提高，因而孔距可以相应加大。孔距的上限受避免裂纹发育分叉的最大尺度限制。根据动态断裂力学知，裂纹发展越长，其扩展速度就越快，裂纹将产生分叉。为避免裂纹分叉，在堵塞良好、气体不提前泄漏的前提下，由文献[12]知孔间距宜控制为 20 倍直径或稍大一点。当然，实际孔间距还必须参照不同介质的预裂爆破孔间距作出适当调整[11]。

三、单孔药量计算

设计的装药量不但要满足产生切缝的要求，还要求聚能射流产生切缝后爆生气体仍有足够能量对切缝进行压裂，使之按预定方向扩展。为达到理想的工程效果，药量的控制显得更为重要。根据原文文献[9]，得到定向断裂爆破单孔装药量 q 的计算公式为[97]

$$q = \pi R_c^2 \rho_0 l_e l \tag{15-21}$$

$$\left(\frac{8K_b \sigma_c}{\rho_0 D^2}\right)^{1/3} \left(\frac{R_b}{R_c}\right)^2 \geq l_e \geq \left(\frac{8K_{ID}}{\rho_0 D^2 \sqrt{\pi a_0 F}}\right)^{1/3} \left(\frac{R_b}{R_c}\right)^2 \tag{15-22}$$

式中：ρ_0 为装药密度；D 为炸药爆速；R_b 为炮孔半径；R_c 为装药半径；l 为炮孔深度；l_e 为炮孔轴向装药系数，与单个药包长度及单位长度炮孔中的药包个数 n 有关。欲使初始裂纹扩展，单位长度炮孔中的药包个数 n 至少应为（根据原文[95]）：

$$n = \frac{V_d}{V_c}\left(\frac{P_c}{P_{min}}\right)^k \left(\frac{P_{av}}{P_c}\right)^\gamma \tag{15-23}$$

式中：V_d 为单位长度炮孔体积；V_c 为每个聚能药包的体积；P_{min} 为使初始裂纹扩展所需要的最小压力值（一般认为该压力值近似等于孔壁的破坏强度）。

四、不耦合系数

沈兆武先生认为：在控制爆破中，炸药用量较少。特别是在光面爆破中常采用间隔装药或不耦合装药，不耦合系数 B 一般取 $1.5 \sim 2.5$，$B=$ 炮孔直径/装药直径；在双面聚能装药条件下，不耦合系数 B 为 $4 \sim 6$，装药量更少。所以在这样的装药条件下，与不耦合装药的爆炸气体作用相比，冲击波的作用处于次要地位，而爆炸气体的作用更为重要。一般来说，冲击波作用时间仅有几十微秒，而爆炸气体作用为几百毫秒。如果炮孔口密封，那么爆炸气体作用

时间更长。在这个基础上，沈先生提出用断裂力学理论来建立被破坏体产生裂纹后的破坏判据。

在耦合装药（$B=1$）中，工程上常用爆轰压力的一半作为爆炸气体的压力，这对工程爆破计算是方便可行的。

$$P_c = \frac{1}{2}P_H = \frac{1}{2} \cdot \frac{1}{K+1}\rho_0 D^2 \tag{15-24}$$

式中：P_c——爆炸气体压力；

$\quad\quad P_H$——爆轰压力；

$\quad\quad D$——炸药爆速；

$\quad\quad \rho_0$——炸药密度；

$\quad\quad K$——等熵指数，对凝聚炸药一般 $K=3$。

在不耦合装药（$B>1$）中，炸药气体对孔壁的压力可按等熵膨胀过程计算：

当 $P \geqslant P_K$ 时，$P\rho^{-K} = C$ $\tag{15-25}$

当 $P < P_K$ 时，$P\rho^{-\gamma} = C_1$ $\tag{15-26}$

式中：C、C_1——常数；

$\quad\quad P$——爆炸气体膨胀过程中的压力；

$\quad\quad P_K$——临界压力，一般取 $P_K = 196\,\text{MPa}$；

$\quad\quad \gamma$——气体绝热膨胀指数，一般取 $\gamma = 1.4$。

由式（15-24）、式（15-25）、式（15-26）得：

$$\frac{V}{V_c} = \frac{V_k}{V_c} \cdot \frac{V}{V_k} = \left(\frac{P_c}{P_k}\right)^{1/k} \cdot \left(\frac{P_k}{P}\right)^{1/\gamma} \tag{15-27}$$

式中：V——炮孔体积；

$\quad\quad V_c$——炸药的体积；

$\quad\quad V_k$——临界压力时的体积；

$\quad\quad P_e$——对应于 V、V_c、V_k 的压力。

令 Δ 为炮孔的装药密度（单位体积炮孔的装药量），就得到：

$$\frac{V}{V_c} = \frac{\rho_0}{\Delta} \tag{15-28}$$

将式（15-28）代入式（15-27），经整理后得到：

$$P = \left(\frac{P_c}{P_k}\right)^{\gamma/k} \cdot P_k \left(\frac{\Delta}{\rho_0}\right)^{\gamma} \tag{15-29}$$

上式就是不耦合装药条件下炸药爆炸气体对孔壁的压力。不耦合系数越大，Δ 越小，P 也就越小。若将式（15-29）求出的爆炸气体压力 P 看作静压力，那么图所示的试块就可按厚壁筒建立数学模型。其解为：

$$\delta_\gamma = \frac{Pa^2}{b^2 - a^2}\left(\frac{b^2}{\gamma^2} - 1\right) \tag{15-30}$$

$$\delta_\theta = -\frac{Pa^2}{b^2 - a^2}\left(\frac{b^2}{\gamma^2} + 1\right) \tag{15-31}$$

式中: a —— 炮孔半径;

b —— 厚壁筒外半径;

γ —— 壁中任一点到轴线的距离($a \leqslant \gamma \leqslant b$);

δ_γ —— 径向压应力;

δ_θ —— 切向拉应力。

当 $\gamma = a$ 时,炮孔壁上的应力为:

$$\delta_\gamma = -P \tag{15-32}$$

$$\delta_\theta = \frac{P(a^2 + b^2)}{b^2 - a^2} \tag{15-33}$$

对于岩石类介质来说,抗拉强度要比抗压强度小得多,因此把切向拉应力作用作为引起岩石破坏的主要作用因素。

由式(15-33)求出最大切向拉应力 δ_θ,再运用断裂力学理论进行分析。

设岩石的断裂为平面断裂,断裂韧度为:

$$K_I = \alpha \delta_\theta \sqrt{\pi d} \tag{15-34}$$

式中: K_I —— 岩石的平面应变断裂韧度;

α —— 修正系数;

d —— 裂缝长度。

当 K_I 大于临界值 K_{IC} 时,岩石就要失稳破坏,产生裂缝。而 K_{IC} 是由介质和断裂方式所确定的。表 15-2 是几种岩石的 K_{IC} 值。

在双面聚能装药情况下,聚能射流首先在相反两个方向的孔壁上形成了和炮孔一样长、深为 1～3 cm 的裂纹,而天然裂纹的深度和长度为 0.002 5～0.025 cm,且分布没有规律性,两者的差别很大。由(15-34)式得到:

$$\delta_\theta = \frac{K_{IC}}{a\sqrt{\pi d}} \tag{15-35}$$

表 15-2　几种岩石的 K_{IC} 值

岩石名称	花岗石	砂石	石灰石	石英闪长岩	大理岩
K_{IC}(MPa·cm$^{3/2}$)	5.92～6.46	2.65～4.54	4.31	4.41～6.86	6.44～6.66

由式(15-35)可知: d 增大时,δ_θ 就减小。这说明随着裂纹 d 的增大,介质失稳破坏所需要的爆炸气体压力 P 就减小。这一结论完全被实验证明了。在其他条件相同的情况下,采用柱状装药或是双面聚能装药的爆破结果就不一样。前者没有能使试块产生裂纹,而后者能把试块平分成两半。

此外,双面聚能装药装药少、装药高度仅为圆柱状装药的三分之一。其优点是可减少爆破公害,施工中可少打炮眼。

五、堵塞长度

堵塞物的主要作用是延长爆腔压力在孔内的持续时间,当炮孔间裂纹贯通后,堵塞物将不起作用。

由公式 $B = c / v_p^{2.8}$ 知，在孔径为 1.1 cm 的炮孔，炸药为 RDX，药量为 4.0 g，药卷长度为 10 cm、直径为 0.75 cm，介质密度为 2.2 g/cm³ 等条件下得到堵塞物在孔内的位移时间曲线如图 15-9 所示，堵塞物长度为 22 cm 时，堵塞物在孔内至少驻留 2.40 ms，由于炮孔周围裂缝泄漏爆生气体，可见此堵塞长度过大。从图 15-9 观察，10 cm 堵塞长度可达到堵塞物在孔内驻留 1 ms 以上时间。根据实验对裂纹发展速度的测定知，在大多数情况下，裂纹发展在毫秒量级范围已经完成。另外，因柱状聚能药包致裂爆破具很大的不耦合系数，故与上述实验相比，10 cm 堵塞物在孔内驻留时间将大于 1 ms。可见，堵塞长度约为 10 倍孔直径较合适。

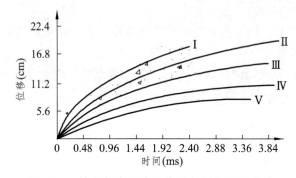

图 15-9　堵塞物在孔内的位移与时间关系曲线

Ⅰ～Ⅴ分别对应于堵塞长度为 22 cm、35 cm、50 cm、80 cm、110 cm

第五节　生产应用

一、汾西矿业集团有限责任公司汾西双柳矿的应用

1. 巷道的技术特征及设备配置

试验巷道为锚喷巷道，岩层复杂，层、节理较发育。岩石普氏系数 $f=4 \sim 6$，变化较大，有瓦斯。巷道断面为半圆拱形，掘进断面积 16.77 m²。巷道掘进高度及宽度分别为 3.9 m 和 4.6 m。采用直径 16 mm、长 1 800 mm 的锚杆，间排距为 700 mm×700 mm，喷射混凝土厚度 100 mm，强度等级为 C20。

配置气腿式 7655 凿岩机、PZ-5 喷浆机、ZYP-17 耙斗机、5 t 电瓶车、1.0 t 的矿车、28 kW 局部通风机、压入式送风、激光仪定向。

2. 爆破参数

爆破参数见表 15-3。

3. 推广试验前后对比

推广试验前后对比见表 15-4 所示。

表 15-3　爆破参数

炮眼名称	炮眼编号	炮眼深度（m）	角度（°）		药量量			起爆顺序	连接方式
			垂直	水平	每眼/卷	眼数（个）	总量（kg）		
掏槽眼	1~6	1.9	90	72	4	6	4.8	1	串联
崩落眼	7~9	1.7	90	90	3	3	1.8	2	
三圈眼	10~20	1.7	90	90	3	11	6.6	3	
二圈眼	21~32	1.7	90	90	3	12	7.2	4	
周边眼	33~49	1.7	90	90	1.5	17	5.1	5	
底眼	50~57	1.7	87	87	4	8	6.4	5	
水沟眼	58	1.7	84	84	2	1	0.4		
合计						58	32.3		

表 15-4　推广试验前后效果对照

项目	试验前	试验后	效果对比
循环炮眼数（个）	72	53	-26.4%
炮眼深度（m）	1.7	1.7	0
循环进尺（m）	1.4	1.6	14.3%
朋循环进尺（m）	53	92	73.6%
炮眼利用率（%）	85	93	8
单位炸药耗（kg·m⁻³）	1.53	1.20	-21.5%
单位雷管耗（个·m⁻³）	3.06	1.97	-35.6%
周边半眼痕率（%）	15	92	77
周边不平整度（mm）	300	90	70%

注：未采用本技术的月循环进尺数是煤巷和岩巷两个掘进头所生成的进尺数，采用本技术的月循环进尺数是一个岩巷掘进头所完成的进尺数。

二、环向聚能药包在建基面开挖中的应用

环向聚能药包在建基面开挖中的应用以长江科学院和葛洲坝集团公司共同研究和使用的一种环向聚能药包为例，本书予以较详细介绍。

1. 环向聚能药包设计

影响环向聚能药包破岩深度的因素：环向聚能药包放在炮孔底部一定位置上，其尺寸和形状受到了炮孔直径的限制。因此，影响环向聚能药包破岩深度的主要因素有炸药、聚能罩及炸高等。

（1）炸药。

炸药是聚能爆破的能源，影响炸药聚能破岩效果的主要因素是爆压。炸药爆压是爆速和装药密度的函数，按爆轰理论：

$$P = \rho D^2 / 4$$

式中：P 为爆轰波压力（Pa）；ρ 为炸药密度（kg/m³）；D 为爆轰波传播速度（m/s）。

（2）聚能罩。

① 聚能罩材料。

聚能罩的作用是将炸药的爆轰能量转换成罩体材料的射流动能，从而提高聚能药包的穿孔和切割能力。当聚能罩闭合后，形成连续而不断裂的射流。射流愈长，密度愈大，其破岩愈深。对罩的材料要求是：可压缩性小，密度高，塑性延展性好，在形成射流过程中不汽化[101]。

有关试验资料表明：紫铜的密度较高，塑性好，生铁在通常情况下是脆性的，但在高速、高压条件下却具有良好的可塑性，因此，常用紫铜和生铁制作环向聚能药包聚能罩。

② 聚能罩形状。

聚能罩一般分为用于穿孔的轴对称型和用于切割的面对称型两种，面对称型又有直线形和环形之分。不论是轴对称还是面对称聚能罩，其纵剖面形状常用的是有锥形和半球形等。

有资料表明：聚能罩锥角在以 30°~70°时射流具有足够的质量和速度，锥角小时射流速度高，利于提高破岩深度，锥角大时射流质量大，利于增大孔径，提高后效作用；当聚能罩锥角大于 120°时，聚能罩在变化过程中产生反转现象，出现反射流，聚能罩主体变成反转弹丸，其破岩深度很小，但孔径很大[1、2]。

半球形罩形成的射流与锥形罩相比，射流直径较大，质量较重，但速度较低。

环向切割型聚能药包的聚能罩设计为锥形，考虑到聚能罩的加工难度，设计锥角为 60°~90°。环向射孔型聚能药包中的若干个聚能罩设计为半球形。

③ 聚能罩壁厚

聚能罩最佳壁厚随聚能罩的材料、锥角、直径及有无外壳而变化，一般来讲随罩材料密度的减小而增加，随锥角的增大而增加，随罩口径的增加而增加，随装药外壳的加厚而增加。

为改善射流性能，实践中通常采用变厚的聚能罩。较好的聚能罩是顶部薄、底部厚的变壁厚的聚能罩，以增加射流头部的速度，降低射流尾部的速度，使射流拉长，从而使破岩深度增加。

（3）炸高。

聚能罩底端面至被爆体的距离称之为炸高，炸高过小，射流过小，射流尚未延长，聚能破岩效果差；炸高过大，射流会产生径向分散和摆动，聚能破岩深度也会降低。只有合适的炸高，才能发挥聚能药包的破岩威力。

环向聚能药包是用于孔内的，其结构尺寸受孔径的限制，炸高不能预留得太大，因为这样聚能药包外径就会随之缩小，对聚能破岩效果的影响较大；炸高预留得太小，聚能药包外径虽能相应增加，但可能形成不了射流，降低聚能破岩效果。所以炸高与外径之间需综合衡量。

2. 环向聚能药包设计制作

（1）环向切割型聚能药包。

设计的环向切割型聚能药包（用于 φ110 mm 炮孔）：外径 50~80 mm，聚能罩材料选用紫铜，罩壁厚度 0.5~1.0 mm，聚能罩设计成环形，兼作环向聚能药包的外壳，底宽 30~50 mm，锥角为 60°~90°，采用梯恩梯-黑索金混合炸药，熔铸法加工，中间预留直径 8 mm 的雷管起爆孔。为保证聚能药包放入孔内的炸高，在药包上下端面各制作了一个直径 100 mm 的高密度塑料泡沫垫，优选的几种结构形状的聚能药包见表 15-5，环向切割聚能药包结构示意图见图 15-10。

表 15-5　设计加工的环向切割型聚能药包

序号	聚能罩底宽（mm）	外径（mm）	夹角（°）	体积（mm³）	药包质量（g）
1	30	60	90	53.01	76.0
2	30	70	75	68.94	99.9
3	30	70	90	76.58	111.3
4	30	80	75	95.11	139.1
5	30	80	90	104.85	153.7

注：聚能罩断面形状为锥形。

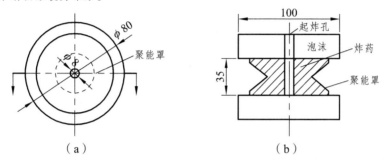

（a）　　　　　　　　　（b）

图 15-10　环向切割型聚能药包结构示意图（单位：mm）

（2）环向射孔型聚能药包。

设计的环向射孔聚能药包（用于 φ110 mm 炮孔）的外径为 50～76 mm，外壳为圆柱形塑料管，分别沿圆柱形周围钻 6 个外径 20 mm 和 30 mm 的圆孔，聚能罩材料选用紫铜和生铁，罩壁厚度 0.7～1.0 mm。受模具制作和加工条件的限制，加工的聚能罩底径为 20 mm 和 30 mm 两种规格，聚能罩均为半球形，聚能罩镶嵌在圆柱形塑料管周边的圆孔内。设计采用梯恩梯-黑索金混合炸药，熔铸法加工，中间预留直径 8 mm 的雷管起爆孔。为保证聚能药包放入孔内的炸高，在药包上下端面各制作了一个直径 100 mm 的高密度塑料泡沫垫。设计加工的聚能药包见表 15-6，环向射孔型聚能药包结构见图 15-11。

3. 环向聚能药包建基面开挖爆破中的应用试验

试验场地选在三峡工地的泄洪坝段基础上，试验区长 15 m、宽 10 m，钻孔孔排距为 2.5 m×2.5 m，布置了 4 个排孔，前 3 排每排 7 个孔，第 4 排为 4 个孔，孔顶高程在 ∇47.65～48.32 m，设计孔底高程为 ∇43.1 m，实测孔深为 4.2～4.9 m，使用 φ70 mm 的乳化炸药，单孔装药量 13.5～15.0 kg，堵塞长度为 1.5 m。聚能药包装入孔底，聚能药包与上部装药间隔 0.1 m，聚能药包、上部炸药分别用 MS9、MS10 段非电雷管起爆，孔间用 MS2 段、排间用 MS5 段非电雷管接力传爆。为观测使用聚能药包后，爆破对建基面的破坏影响深度，在爆区布置了 7 个声波观测孔，爆前进行了声波观测，并用钻孔电视进行了地质描述。

爆破后，爆堆向前隆起，块度均匀。清渣后进行建基面检查，发现起伏高差有 0.5 m，不平整度稍大。炮孔周围有一圈相对较平整，说明聚能药包有一定的作用，但作用力度还不够，不平整度大可能是因为孔深不一致使得聚能药包不在同一高程。从残留在炮孔壁上的聚能药包射孔来看，射孔深度为 20～30 mm，没有达到预计的射孔深度。分析其原因，可能与加工后的药柱有气泡，导致其装药密度、爆速、感度等降低有关。

表 15-6 设计加工的环向射孔型聚能药包

序号	聚能罩底径（mm）	药包外径（mm）	聚能罩材料	体积（mm³）	药包质量（g）
1	20	50	紫铜	37.1	55.7
2	20	50	铁	37.1	55.7
3	30	76	紫铜	91.4	137.1
4	30	76	铁	91.4	137.1

注：聚能罩形状为半球形。

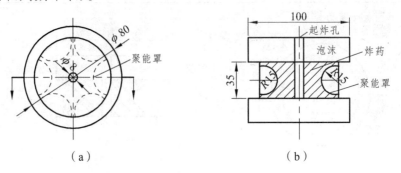

（a）　　　　　　　　　　　　　（b）

图 15-11　环向切割型聚能药包结构示意图（单位：mm）

三、聚能药包爆破切割大理石的试验研究与应用

随着国内外对石材需求量的增加和对石材采出荒料质量要求的提高，迫切需要一种低成本、高效益且不对采出荒料造成"内伤"的开采方法。但是，目前国内的绝大多数石材矿山基本上都仍然使用低效益而劳动强度大的人工打楔开采方法，成荒率都低于30%。尽管个别矿山采用了火焰切割器或钢丝绳锯，但由于这些开采方法的投资大、成本高且受到地形条件的限制，所以始终未能得到推广应用。

近年来，有些石材矿山使用预裂爆破法开采荒料取得了一定的成效，但同时也带来了资源浪费大、荒料质量差的不良后果，不可避免地给采出荒料造成"内伤"。为此，不得不将炮孔间距大大缩小，形成密集孔预裂爆破（大多数矿山采用的预裂爆破孔距仅为孔径的2~3倍）。这样，加大了钻孔工作量，生产效率仍然不能得到提高。鉴于目前石材矿山的生产现状，有必要研究和应用一种精确控制断裂面形成的爆破方法，消除预裂爆破法在石材矿山应用中所带来的不良后果，大幅度地提高劳动生产率和采出荒料的质量。为此，作者研究并应用了聚能药包爆炸的精确控制爆破法。

1. 现场试验

试验在四川宝兴大理石矿、锅巴岩矿区进行，采用轴对称侧向聚能装药切割大理石[1]。

试验区内大理石的抗拉强度、抗压强度和泊松比分别为 7.5~11 MPa、100~125 MPa、0.25~0.3，岩体表现出明显的脆性，裂隙和层理较发育。试验用 2#岩石硝铵炸药为主爆药，

---

① 注：宝兴县大理石矿的向顺平工程师参加了现场试验工作，并大力帮助，谨表深切谢意。
第一批参加宝兴大理石矿锅巴崖矿区试验人员为张志呈、吉连国、赵传军、郭学彬。
第二批参加宝兴大理石矿锅巴崖矿区试验人员为张继春、李平、吉连国。

8#电雷管起爆，以薄铜片作为聚能罩材料。各种爆破参数详见表 15-5。聚能药包切割饰面石材如图 15-10。

2. 聚能药包爆炸切割岩体的力学分析

（1）岩体中切割裂缝形成过程描述

为了研究聚能药包爆炸时岩体中定向裂缝形成的原理，就必须弄清楚裂缝形成的全过程。为此，我们在宝兴大理石矿做了多次聚能药包切割爆破试验。试验时用厚度 0.2 mm 的紫铜片为聚能罩材料，聚能罩长 100 mm，夹角 40°～50°，深 3.0～3.5 mm，用 2#岩石硝铵炸药为主装药，其装药结构如图 15-12 所示。装药长度与聚能罩长度相等。炮孔直径为 45 mm，用 8#电雷管起爆。试验过程中，分别采用单孔和多孔爆破。

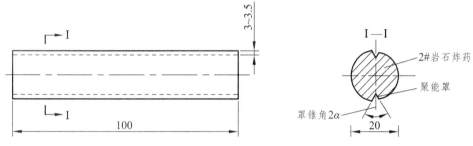

图 15-12　聚能装药结构

当单孔聚能药包爆破后，只是在聚能穴方向形成平整光滑的断裂面，在药包所在位置附近的裂面上留下清晰可见的铜质射流痕迹，如图 15-13 所示。射流楔入裂缝深度为 120～140 mm，宽度为 100～120 mm。即射流不仅沿聚能穴方向深入到岩体之中，而且沿炮孔轴线向孔口和孔底方向有楔入作用。由于装药的不耦合系数大于 2.25（采用了轴向不耦合装药结构），因此，避免了冲击波和强应力波对炮孔壁的压碎作用，在孔壁上没有出现其他方向的可见裂缝。所以，在分析裂缝形成过程时，可以假定炮孔壁上只受到射流作用和爆生气体的准静态压力作用。

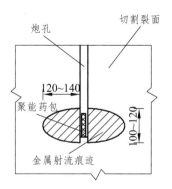

图 15-13　金属射流的楔入范围

从预裂爆破的原理可知，炮孔壁上开裂缝的形成是在爆生气体准静态压力作用于炮孔壁上时，由于相邻炮孔的存在而造成孔间连线方向上的应力集中，从而导致炮孔壁的开裂。然而，试验结果表明，聚能药包不仅在多孔爆破时形成定向断裂面，而且，在单孔聚能药包爆炸时也能形成定向断裂面，此时，孔壁首先在聚能穴方向开裂，然后向前、向上和向下两侧扩展。图 15-13 的试验结果证实了这一分析。所以，可以认为，聚能药包爆炸时炮孔壁的开裂是聚能射流的劈裂作用造成的。

当炮孔壁沿聚能穴方向开裂后，由于聚能射流的持续作用，使开裂缝向前扩展，同时也沿着炮孔的轴线方向扩展。由于爆生气体楔入裂缝的速度小于裂缝扩展的速度[3]，而聚能射流的速度又远大于裂缝扩展速度[4,5]。这说明开裂缝在扩展初期仍然是以聚能射流的劈裂作用为主，同时，爆生气体作用在炮孔壁上的压力为裂缝的断裂扩展创造了有利的条件。

然而，试验结果证实，聚能射流形成的断裂长度远小于裂缝的最终长度，这表明当聚能射流作用消失之后，由于爆生气体的楔入作用及其对炮孔壁的准静态压力作用，促使岩体进一步发生断裂破坏，为裂缝的继续扩展提供动力，直至爆生气体泄漏到不足以造成裂缝的扩展而使裂缝止裂为止。

综上所述，聚能药包爆炸时岩体中形成的裂缝经历了三个阶段：（a）聚能射流作用在炮孔壁上形成开裂缝的阶段；（b）开裂缝在聚能射流和爆生气体准静态压力的共同作用下向前产生初始扩展阶段；（c）当聚能射流作用消失之后，由于爆生气体楔入到裂缝内及其在炮孔四周形成的准静态应力场促使裂缝进一步扩展直至裂缝止裂阶段。

（2）炮孔壁开裂分析。

从上面的分析可知，炮孔壁的开裂是由于炸药爆炸时聚能罩形成的金属射流冲击作用在炮孔壁上的结果。这种金属射流沿炮孔轴线方向分布，在炮孔壁上形成近似均匀的分布压力。为了具体说明金属射流对炮孔壁开裂的力学原理，且考虑到孔壁开裂前射流作用占主导地位，在以下的讨论中忽略爆生气体的准静态压力作用，并假定射流作用于炮孔壁瞬间的压力处处相等。

设单孔爆破时形成的金属射流的尖端速度为 υ，金属的密度为 ρ。此时，炮孔在射流作用下的受力状态如图 15-14 所示。P 为射流作用于炮孔壁的压力，其值可由流体驻点压力公式给出

$$P = \frac{1}{2}\rho\upsilon^2 \qquad\qquad （15\text{-}36）$$

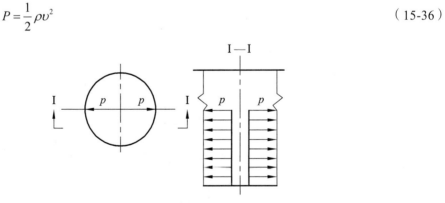

图 15-14 开裂前炮孔受力状态

由于该压力沿炮孔轴线近似呈均匀分布，所以，可按半空间体受均布荷载作用的情况来计算炮孔壁近区岩体内部应力分量，其受力状态如图 15-15 所示。因岩体容重大大小于分布压力，所以，在求解过程中忽略其影响。

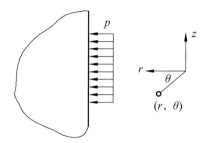

图 15-15 孔壁近区简化受力状态

由弹性力学的解得到[6]

$$\left.\begin{array}{l} \sigma_\theta = \dfrac{v}{1-v} P \\[2mm] \tau_{r\theta} = 0 \end{array}\right\}$$ （15-37）

式中：σ_θ——岩体中的切向拉应力分量；

$\tau_{r\theta}$——岩体中的剪应力分量；

v——岩体的泊松比。

由于岩体发生破坏时只存在拉断和剪断两种形式，且其抗拉强度最小。所以，炮孔壁上任一微元体在图 15-15 受力状态下沿径向发生拉断破坏的条件可由最大拉应力理论给出

$$\sigma_\theta = S_{td}$$ （15-38）

式中：S_{td}——岩石的动态抗拉强度。

由式（15-36）、式（15-37）、式（15-38）联立求解得到炮孔壁开裂的条件

$$\frac{v}{2(1-v)}\rho v^2 > S_{td}$$ （15-39）

式（15-39）说明，开裂缝的形成是与岩性、聚能罩材质、炸药性质及装药结构等几个因素有关。

（3）开裂缝初始扩展条件。

当炮孔壁开裂后，裂缝尖端处的应力状态发生了变化，主要表现在裂缝尖端附近的岩体除了受到金属射流的作用外，还受到炮孔内准静态压力形成的应力场作用，在裂缝尖端处发生应力集中。设炮孔内的准静态压力为 P_1，开裂缝长度为 a_1，则开裂缝近区岩体的受力状态如图 15-16 所示。由于开裂缝的扩展导致岩体沿开裂方向发生拉断破坏，所以，首先分析准静态压力在开裂缝尖端附近形成的环向拉应力。

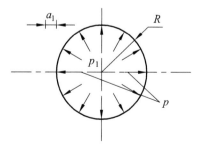

图 15-16 开裂后孔壁受力状态

由文献[100]可查得图 15-16 受力状态下裂缝尖端的应力强度因子 K_1 的表达式：

$$K_1 = F_1 p_1 \sqrt{\pi(a_1 + R)} \tag{15-40}$$

式中：F_1——与孔径和裂缝长度有关的修正系数，一般地，$F_1 = 0.11 \sim 0.38$。

在裂缝扩展方向上距离裂缝尖端 T 处的环向拉应力为[101,102]：

$$\sigma_{1\theta} = K_1 2(2\pi T)^{1/2} \tag{15-41}$$

将式（15-40）代入式（15-41）得

$$\sigma_{1\theta} = F_1 p_1 [(R + a_1)^{1/2} / 2] 2(2T)^{1/2} \tag{15-42}$$

由式（15-37）、式（15-42）两式叠加得到开裂缝尖端前沿 T 处的环向拉应力分量

$$\sigma'_\theta = \sigma_\theta + \sigma_{1\theta} = \frac{\nu}{2(1-\nu)} p + \frac{F_1 \sqrt{R + a_1}}{2\sqrt{2T}} p_1 \tag{15-43}$$

将式（15-36）代入上式从而得到开裂缝扩展的条件

$$\frac{\nu}{2(1-\nu)} \rho \upsilon^2 + \frac{F_1 \sqrt{R + a_1}}{2\sqrt{2T}} p_1 > S_{td} \tag{15-44}$$

从上式看出，开裂缝的初始扩展比在炮孔上形成开裂缝更容易，在这个阶段炮孔内的准静态压力作用也是开裂缝扩展的动力之一。

（4）裂缝的扩展与止裂。

随着开裂缝的扩展，金属射流作用逐渐减弱直至消失，现场试验的结果表明，金属射流作用形成的裂缝长度与聚能罩材质、几何尺寸以及药性质和岩性等因素有关。但是，射流形成的裂缝长度小于整个断裂面长度的一半以上。所以，当金属射流消失之后，裂缝在孔内爆生气体的准静态应力场以及气体的楔入作用下继续扩展直至止裂。在这一裂缝形成过程中，爆生气体压力是裂缝扩展的动力。

设金属射流消失瞬时炮孔内的压力衰减到 p_2，裂缝长度为 a_2，其受力状态如图 15-17 所示。此时，气体已楔入裂缝内，岩体将发生张开型断裂破坏。裂缝尖端的应力强度因子表达式为[95,103]：

$$K_1 = F_2 p_2 \sqrt{\pi(R + a_2)} \tag{15-45}$$

式中：F_2——与孔径和裂缝长度有关的修正系数，当 $a_2 \geq 2$ 时，$F_2 = 1$，此时可取 $F_2 = 1$。

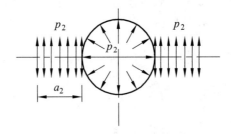

图 15-17　爆生气体作用下的裂缝扩展

当式（15-45）之值大于岩石动态平面应变断裂韧性时，裂缝将继续扩展。给出裂缝扩展的条件如下：

$$p_2 \sqrt{\pi(R + a_2)} \geq K_{Id} \tag{15-46}$$

式中：K_{Id}——岩石的动态平面应变断裂韧性。

随着裂缝的扩展，炮孔内及裂缝内的气体压力逐渐衰减，当该压力值不能满足（15-46）式时，高速扩展的裂缝发生减速，直至完全停止，形成最终断裂面。

3. 试验条件与结果综述

爆破后 1、3、4 条件下各装药孔间形成了完整而光滑的断裂面，并留下半壁孔痕和清晰可见的铜质射流痕迹，在炮孔的其他方向没有产生可见裂纹，留下的炮孔壁面未受到任何损伤。铜质射流痕迹沿炮孔轴线高为 10～12 cm，楔入裂缝深度为 12～14 cm。

单孔爆破试验时，聚能罩采用双向垂直放置，爆破后沿着聚能穴方向切割出了两个相互垂直的断裂面，铜质射流痕迹十分明显，留下的 90° 孔壁保持完整，且没有受到冲击压碎破坏。

在试验过程中，还采用了直径为 16 mm 和 18 mm 的聚能药包切割爆破试验，其他各种装药条件不变。但是，3 次试验的结果均没有留下聚能射流作用的痕迹，说明 2#岩石硝铵炸药在小直径（小于 20 mm）时不能形成金属射流。

试验结果表明，采用聚能药包爆破切割岩体以实现精确控制断裂面的方法是可行的，各种爆破特征和结果与本章的研究结论相符合。轴对称侧向聚能装药爆破试验情况见表 15-7。

表 15-7　轴对称侧向聚能装药爆破试验情况

试验编号	炮孔编号	炮孔参数			装药参数					聚能槽参数			
		孔深（mm）	孔径（mm）	孔距（cm）	药包长（mm）	药径（mm）	装药量（g）	不耦合系数	线装药密度（g/m）	长度（mm）	深度（mm）	厚度（mm）	锥角（°）
1	1	320	45	35	8	22	25	2.05	312.5	8	3～3.5	0.2	40
	2	350	45	35	10	20	25	2.25	250	8	3～3.5	0.2	40
	3	350	45	30	10	20	25	2.25	250	8	3～3.5	0.2	40
2	1	350	45		10	20	25	2.25	200	10	3.5		
3	1	350	45	45	10	22	20	2.25	200	10	3	0.2	40
	2	350	45	45	10	20	20	2.25	200	10	3	0.2	40
	3	350	45	45	10	20	20	2.25	200	10	3	0.2	40
	4	350	45	40	10	20	20	2.25	200	10	3	0.2	40
4	1	460	45	30	8	20	25	2.25	312.5	8	3～3.5	0.08	45
	2	460	45		7	20	25	2.25	357	7	3～3.5	0.08	45

4. 分析讨论

现场试验情况与现有各种聚能爆破的资料表明，炸药性质、装药结构、聚能罩材质与形状尺寸等都对聚能爆破切割岩体的效果有着较大的影响，因此，为了提高聚能药包的爆炸切割能力，必须对上述各因素进行分析讨论。

（1）炸药性质：炸药是形成聚能射流的能源。金属射流的形成主要取决于最初 5～10 μs 内的炸药爆轰能量，爆轰压力虽然是峰值压力，但它仍表示最初时刻爆轰能量的大小。由凝聚炸药的 C-J 理论知

$$p_{CJ} = \frac{\rho_0 D^2}{1+k}$$

（15-47）

式中：k ——炸药的等熵指数；

D ——炸药的爆轰速度；

ρ_0 ——装药密度。

上式表明，炸药的爆轰压力分别与炸药的密度和爆轰速度的平方成正比，因此，金属射流的形成必须要求所使用的炸药具有较高的爆速和一定的密度。

从式（15-39）和式（15-44）知，金属射流的速度对开裂缝的形成起着决定作用，并对开裂缝的初始扩展能力有着较大的影响，文献[4]中的结论给出了金属射流速度 υ 与炸药爆轰速度 D 的关系

$$\upsilon = D \cot \frac{\alpha}{2}$$

（15-48）

式中：α ——聚能罩顶角之半。

上式表明，金属射流的速度与炸药的爆速成正比。所以，无论从形成聚能射流的条件还是从提高射流切割效果方面看，在选用聚能药包的主爆药时，要尽可能选取高爆轰压力和高爆速的炸药。当炸药选定后，应在适当范围内提高装药密度。从现场试验情况看，2#岩石炸药完全可以作为主爆药，此时，炸药的爆轰速度为 3 500 ~ 3 800 m/s。

（2）聚能药包：除了炸药性质外，影响切割效果的主要因素是药包直径、不耦合系数和聚能罩。金属射流楔入岩体中的深度与药包直径和装药密度有关，随着药包直径的增加和装药密度的增大，开裂缝的初始扩展长度增大。然而，工程应用中药包直径的增大往往受到炮孔直径的限制。一般是在炮孔直径允许的前提下增大药包直径，在确定了药包直径之后，增大装药密度。从现场试验结果表明，金属射流的形成还要求药包直径必须达到某一临界值，否则，由于炸药爆轰反应的不完全将不可能形成金属射流。临界直径的大小取决于炸药性质，对于 2#岩石炸药，其临界直径为 20 mm。

由于石材开采的特殊要求，切割爆破时，必须避免爆炸作用对炮孔壁的破坏和对荒料造成"内伤"，因此通常采用不耦合装药结构。与普通的预裂爆破和光面爆破比较，其不耦合系数因爆炸时能量的高度集中和金属射流的形成可选取较大值。在现场试验时，由于孔径较小（45 mm），为了使药包直径超过形成金属射流所需的临界值，同时，又保证炮孔壁不受破坏，我们采用了轴向不耦合装药结构，切割爆破效果较理想。

从现场试验中证实，聚能罩的锥角大小对切割效果影响较大，若采用过大的锥角（大于60°）不仅切割效果差，而且有时还不能达到预期的开裂目的。因此，试验中都采用40°~50°的锥角，基本上保证了定向开裂。

由于试验时的聚能药包有一层较硬的外壳，这就使得在药包直径为 20 mm 时都能形成金属射流。从试验结果看出，由于药包外壳的加固，当采用 0.2 mm 厚的紫铜片作聚能罩时，其切割效果比用 0.08 mm 厚的紫铜片为好，并且，前者楔入裂缝内的射流长度较大。试验中最大的射流楔入深度达 15 cm。这主要是由于聚能罩壁厚的增大、主药包外壳的加固使射流长度也增大的缘故。所以，在炸药和药包直径一定的条件下要尽可能地选用厚壁聚能罩，以加大切割裂缝的最终长度。

参考文献

[1] 朱忠节，何广沂. 岩石爆破新技术[M]. 北京：中国铁道出版社，1986：209-215.

[2] 预裂爆破在水电建设中的应用《专题文集》水利电力部水电建设总局.

[3] 水电站工程爆破（第一届水电站工程爆破会议文选）水利电力部科技公司，水利水电建设总局 1984 年 10 月.

[4] 于亚伦. 工程爆破理论与技术[M]. 北京：冶金工业出版社，2004：270-273.

[5] 宫良伟，邹德均，何华. 光面爆破原理及其在推广中的问题探究[J]. 产业与科技论坛，2016，13：41-42.

[6] 满轲，刘晓丽，王锡勇，等. 周边孔炮眼间距对光面爆破效果的影响[J]. 科学技术与工程，2016，29：47-52.

[7] 吴冬冬，陈灿寿，柏春伟，等. 深埋硬岩中光面爆破设计优化及经验公式[J]. 爆破，2016，2：62-66，86.

[8] 陈晓波. 光面爆破参数的选择与质量控制措施[J]. 爆破，2006，1：39-41.

[9] 孙洋，荣耀，习小华，等. 光面爆破最佳密集系数研究[J]. 铁道科学与工程学报，2016，2：341-344.

[10] 李世愚. 岩石断裂力学导论[M]. 合肥：中国科技大学出版社，2009.

[11] 胡育倍. 光面爆破在某矿山应用研究[J]. 矿山工程与建设，2017，3（8）：68-70.

[12] 王昌龙，韦性平，马成俊. 光面爆破在陕西某铜矿巷道掘进中的应用[J]. 现代矿业，2016，2：26-28.

[13] 曹琴，吴占，田新邦. 光面爆破技术及其在隧道掘进中的应用[J]. 交通科学与经济，2015，4：105-109.

[14] 阮楠，栾龙发，张智宇，等. 光面爆破技术在浅埋大断面隧道掘进的研究与应用[J]. 甘肃科学学报，2016，1：144-148.

[15] 于柏慧，金鹏，许卫军. 光面爆破技术在紫木凼金矿主平巷掘进中的应用[J]. 黄金，2016，4：43-45.

[16] 刘俊轩，栾龙发，张智宇，等. 全断面光面爆破技术在坚硬岩巷掘进中的应用[J]. 爆破，2014，3：80-82.

[17] 王永丽. 光面爆破在茶坡里隧道中的应用[J]. 隧道/地下工程，2014，2：37-39.

[18] 张晓鹏. 光面爆破在隧道全断面开挖中的应用[J]. 应用与实践，2016，1：126-127.

[19] 苏鑫. 双楔形掏槽方式在断面硬岩掘进光面爆破中的应用[J]. 11：128-129.

[20] 刘芳明. 广东清远抽水蓄能电站地下厂房开挖施工[J]. 云南水力发电，2016，4：38-42，125.

[21] 欧阳水芽. 三峡地下电站尾水隧洞光面爆破施工技术[J]. 2007，8：32-33.

[22] 李俊，刘洪刚，汤茂宁，等. 光面和预裂爆破的钻孔技术[C]//工程爆破论文集（第七集）. 乌鲁木齐：新疆克孜勒苏柯尔克孜文出版社，2001.

[23] 姚尧. 高精度预裂爆破钻孔位置的确定方法[C]//工程爆破论文选编. 武汉：中国地质大

学出版社，1993.

[24] 张正宇，卢文波，刘美山，等. 水利水电精细爆破概论[M]. 北京：中国水利水电出版社，2009：154-170.

[25] 王小升，刘世安，张林鹏. 小湾水电站双曲高拱坝在坝基预裂爆破施工技术[J]. 中国爆破新技术，2005，10：140-144.

[26] 于彦州，郭坤，谢锟. 三峡工程左岸 6-10 号厂坝高边坡预裂面的技术控制[J]. 中国爆破新技术：135-139.

[27] 向明生，郭瑞，谢全敏. 大药卷光面爆破技术在路堑边坡开挖中的技术应用. 2016，1：73-77.

[28] 长办施工设计处，长江水利水电科学研究院. 预裂爆破及其在水工建设中的运用. 1981，11：2-4.

[29] 尼亚加拉水电站的预裂爆破. 爆破工程师，1961.

[30] 石油化工部第一石油化工建设公司油库工程分公司. 深孔一次预裂光面爆破成本技术总结. 1975.

[31] 马鞍山矿山研究院. 南山矿应用预裂爆破提高露天扩边坡稳定性的初步体会.

[32] KoHгyPHoe BЗPыBaHИe B ГИДPoTexHЧecKoM CTPOИTeЛЪcTBe A. A. ФeЩeHKo. B. C.aPИCToB《aHePГИЛ》MoCKBa，1972.

[33] 刘继良，党国建. 预裂爆破技术在露天钼矿山的应用[J]. 有色金属（矿山部分），2009，3：59-60.

[34] 朱传云. 断裂力学在预裂爆破中的应用[J]. 武汉水利电力学院.

[35] 许名标，彭玉红. 边坡预裂爆破参数优化研究[J]. 爆炸与冲击，2008，4：355-358.

[36] 王在泉，陆文兴. 预裂爆破及质量监控在边坡施工中的应用研究[J]. 爆破，1994（48）：66-69.

[37] 陆文兴，王在泉. 预裂爆破在清江隔河岩电站厂房高边坡中的应用[J]. 爆破，1992，4.

[38] 陈庆寿. 预裂爆破炮孔间距与岩石强度的关系[J]. 原武汉地质学院北京研究生部，23-26.

[39] 于亚伦. 工程爆破理论与技术[M]. 北京：冶金工业出版社，2004，2：260-265.

[40] 陈昌勇. 兰尖铁矿边帮控制爆破实践[J]. 工程爆破，2002，1：53-57.

[41] 陶颂霖. 凿岩爆破[M]. 北京：冶金工业出版社，1986：199-202.

[42] 王敏. 预裂爆破技术在南芬铁矿边坡设计中的应用[J]. 矿山技术，1988，5：1-4.

[43] 希庆桃. 有关预裂爆破的几个问题[J]. 施工技术，1988.

[44] 张连福. 歪头山铁矿边坡预裂爆破实践[J]. 金属矿山，1992，12：33-35.

[45] 张志呈，肖正学，郭学彬，等. 裂隙岩体爆破技术[M]. 成都：四川科技出版社，1999：116-120.

[46] 徐勇. 向家坝水电站左岸 300 m 高程以上边坡开挖工程施工控制爆破技术[J]. 西北水电，2009，4：28-31.

[47] 刘红宝，郭广林，谢娜娜. 小湾水电站左岸肩槽开挖造孔及爆破施工[J]. 人民珠江，2005，6：35-37.

[48] 刘美山，余强，正张宇，等. 小湾水电站高陡边坡开挖爆破试验[J]. 工程爆破，2004，3：

68-71.

[49] 唐其材. 不耦合装药预裂爆破技术在露天灰岩采石场的应用[J]. 水利科学与经济，2013，11：104-106.

[50] 张志高，施召云. 溪洛渡水电站左岸进水口高边坡开挖爆破技术[J]. 施工技术，2011，5：73-77.

[51] 陈代良，朱传云，李勇泉，等. 溪洛渡水电站高陡边坡开挖预裂爆破设计[J]. 湖北水利电力，2006，1.

[52] 刘海军，张鑨，朱士斌. 溪洛渡左岸进水口高边坡预裂爆破施工与质量控制[J]. 四川水力，2007，1：15-17.

[53] 王书宣，王坤儒. 地下工程的预裂爆破[J]. 金属矿山，1980，4：33-37.

[54] 郑福良. 深孔预裂爆破在煤矿井下的应用[J]. 爆破，1997，4：57-60.

[55] 唐崇正，聂光利. 向家坝水电站地下厂房开挖关键施工技术[J]. 四川水利发电，2009，4：68-71.

[56] 王波. 深孔预裂及全断面梯段爆破在向家坝水电地下厂房开挖中的应用[J]. 四川水利发电，2010，6：66-70.

[57] 曹明伟，李守华，陈朝红. 向家坝水电站地下厂房对穿锚索施工技术[J]. 四川水利发电，2009，4：54-61.

[58] 邹奕芳. 预裂缝和减震槽减震效果的爆破试验研究[J]. 爆破，2005，2：96-99.

[59] 李彬峰. 预裂爆破参数设计及其在边坡工程中的应用分析[J]. 有色金属，2003，2：26-27.

[60] 董振华，周祖仁，舒大强. 预裂爆破设计参数的理论分析[J]. 爆炸与冲击，1988，3：236-242.

[61] 朱传云. 断裂力学在预裂爆破中的应用[J]. 武汉水利水电学院.

[62] 魏有贵，王树仁，杨永琦，等. 断裂控制的新方法[C]//全国第二次采矿学术技术学习论文集（煤炭分册），1986，11：407-408.

[63] 杨仁树，车玉龙，冯栋凯，等. 切缝药包预裂爆破减振技术试验[J]. 振动与冲击，2014，12：7-13.

[64] 单仁亮，胡文博，李兴利. 切缝药包定向断裂爆破软岩模型试验研究[J]. 辽宁工程技术大学学报（自然科学报），2001，4：420-422.

[65] 杨永琦，戴俊，张奇. 切缝药包岩石定向断裂爆破的参数研究[C]//第七届工程爆破学术会议论文集. 2001：326-330.

[66] 李彦涛，杨永琦，杨仁树. 岩石爆破作用的激光全息研究[J]. 中国矿业大学学报，1999，4.

[67] 戴俊，杨永琦，娄玉民. 岩石定向断裂控制爆破技术的工程应用[J]. 煤炭科学技术，2000，4：7-12.

[68] 高金石，张继春. 半圆套管在定向成缝爆破中的作用分析[J]. 爆破，1990，4：21-26.

[69] 张玉明，员永峰，张奇. 切缝药包破岩机理及现场应用[J]. 爆破器材，2001，5：5-8.

[70] 罗勇，沈兆武. 切缝药包岩石定向断裂爆破的研究[J]. 爆炸与冲击，2006，4：155-158.

[71] 杨仁树，王雁冰. 切缝药包不耦合装药爆破爆生裂纹动态断裂效应的试验研究[J]. 岩石力学与工程学报，2013，7：1337-1343.

[72] 谢华刚，吴玲丽. 切缝药包定向断裂控制爆破研究综述[J]. 工程爆破，2011，2：26-30.

[73] 周州，袁坤德. 切缝药包爆破技术及其在公路采石场中的应用[J]. 西南科技大学学报，2005，3：41-44.

[74] 于慕松，杨永琦，杨仁树. 炮孔定向断裂爆破作用[J]. 爆炸与冲击，1997，2：159-165.

[75] 陈士海. 花岗岩控制爆破开采技术[J]. 爆破器材，1993，5：27-29.

[76] 张志呈. 定向断裂控制爆破[M]. 重庆：重庆出版集团，2005：184-186.

[77] 张明. V形刻槽爆破动态数值模拟[D]. 武汉：武汉理工大学，2006.

[78] FOUMEY W L DALLY J W. Fractare Fvauation of a ligamented splif-tube for fracfure controlin Elasting Ump-76-51416 University Maryland U. S. A，1976.

[79] 叶晓明，等. 三维切槽爆破方法的数值分析[J]. 地下空间，1999，3.

[80] 吴春平. 切槽爆破定向断裂控制爆破机理的动光弹试验. 2006，5（10）：40-42.

[81] 宗琦. 岩石炮孔预切槽爆破断裂成缝机理研究[J]. 岩石工程学报，1998，1：30-33.

[82] 李守巨，等. 岩石爆破分区的研究[J]. 爆破，1999，1.

[83] 宋俊生，杨仁树. 切槽爆破参数及其应力场模型试验研究[J]. 建井技术.

[84] 李清，王平虎，杨仁树，等. 切槽孔爆破动态力学特征的动焦散线实验[J]. 爆炸与冲击，2009，4：413-417.

[85] 魏庆同，等. 一种求解 V 型切口尖端应力强度因子 K_I 的新方法[J]. 甘肃工业大学学报，1986（4）1.

[86] 谭卓英，王思敬，吴恒. 岩石槽孔断裂机理及参数估计[J]. 岩石力学与工程学报，1999，5：573-576.

[87] 罗祖春. 应力集中控制爆破在采石中的应用研究[J]. 中国矿业，1993，1：32-36.

[88] 高金石，杨军，张继春. 准静压力作用下岩体爆炸成缝的方向与机理研究[J]. 冲击与爆炸，1990，1：76-84.

[89] 张志呈，王成瑞. V形切口在大理石切割爆破的应用[J]. 爆破，1989，2：45-47.

[90] 张志呈. 切槽爆破参数的研究与实践[J]. 岩土工程学报，1996，7：102-108.

[91] 张志呈，王成瑞. 切槽爆破中切槽角的研究[J]. 爆炸与冲击，1990，3：233-238.

[92] 陆文，张志呈，李明仁. 切槽爆破在赛马花岗石矿的试验[J]. 四川建筑材料工业学院学报，1989，2：45-49.

[93] 汤明钧，杨权中，杨崇惠. 线型切割装药问题[J]. 爆破器材，1982，1：12-15.

[94] H A 茜林格. 炸药与炮弹装药简明教材[M]. 李兆麟，孙政，等，译. 北京：国防工业出版社，1955：44-46.

[95] Ф А 鲍姆，К Ц 斯达纽柯维琦 Б. И. 谢赫捷尔. 爆炸物理学[M]. 众智，译. 北京：科学出版社，1964：453-454.

[96] 郑建礼，荣际凯. 深井内聚能爆破切断井管[J]. 煤炭科学技术，1974，4：29-30.

[97] 黄理兴. 聚能效应在凿岩爆破中的应用[J]. 爆破，1986，4：50-53.

[98] 罗勇，沈兆武. 聚能药包在岩石定向断裂爆破中的应用研究[J]. 爆炸与冲击，2006，3：250-254.

[99] G P CHERPANOR. Translated from the Russian by ALBERTL，PEABODR，Mechanics of Brittle Fratare，（1977）.

[100] 徐芝纶. 弹性力学（上）[M]. 北京：人民出版社，1979.

[101] 周志国，唐兴贵. 柱状聚能药包爆破参数研究[J]. 矿冶研究与开发，1995，4：71-73.

[102] 钮强. 岩石爆破机理[M]. 东北工学院出版社，1990.

[103] 沈兆武. 双面聚能射流对介质的破坏[J]. 沈阳：淮南矿业学院 1-4.

第四编

定向卸压隔振爆破

从哲学的角度讲，理论认识来自实践，经实践深化理论知识，又进一步指导实践，以此循环往复，使理论和实践不断发展。所以从此层面上可以认为：理论认识是指导科学实践与研究的行动指南，而科学实践与研究又反过来使得理论认识进一步提高。因此，在推广应用中应不失时机地认识实践，再认识再实践，不断创新和发展先进技术。这就是不断认识实践的结果。

第十六章　护壁爆破

第一节　护壁爆破技术原理及其应用范围

一、护壁爆破的技术原理

护壁爆破技术是在需要保护一侧岩体的药包外侧安装一层或多层护壁材料，采用护壁材料控制爆炸应力场的分布，以达到爆破裂纹按预定方向起裂扩展形成开裂面、保护需要保护的岩壁、破碎需要破碎岩石目的的一种爆破新技术。护壁爆破技术有以下两种类型：

1. 单侧护壁爆破技术

单侧护壁爆破技术即单侧单层护壁爆破技术，如图 16-1（a）所示。

2. 单侧双层或多层护壁爆破技术

单侧双层护壁爆破技术，如图 16-1（b）所示。

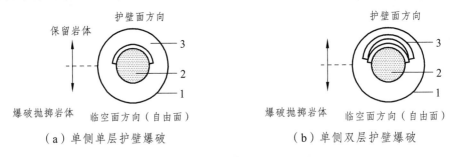

图 16-1　单侧护壁爆破结构示意

1—炮孔；2—药包；3—孔壁

二、护壁爆破技术应用范围

一般地，凡是在岩土开挖工程采掘工程使用炮孔装炸药爆破过程中，轮廓线炮孔一侧需要保留岩体，一侧需要爆破并破碎成适合铲运的岩石碎块，都可以使用该方法。目前，护壁爆破技术应用最普遍的是露天永久边坡爆破，铁路、公路、路堑边坡以及井巷掘进、铁路、公路、水利电力等隧洞开挖，周边炮孔爆破等，还有多矿层（矿带）分带开采、饰面石材开采。

三、护壁爆破技术研究目的和意义

在进行隧道掘进与边坡开挖时，往往有两个方面的要求：一是将开挖范围内的岩体均匀破碎，以便于运输；一是保证边坡保留岩体和隧道围岩不受或少受爆破损伤，以便保持其长期稳定。而前面已经分析过定向断裂控制爆破技术已经无法满足现代工程施工和安全要求。

鉴于此，本章提出并研究的护壁爆破技术——一种新的控制爆破技术，能够较好地达到保护边坡保留岩体、隧道围岩和贵重石材，同时均匀破碎需要破碎的岩石的目的。护壁爆破在预定的爆破开裂面方向爆破，因此，在该方向上爆轰产物对孔壁的作用达到加强；在另一侧，护壁材料对高温高压的爆轰产物能起到良好的隔离作用，保护孔壁岩体免受爆破损伤。

当前，随着西部大开发基础设施建设项目的增加，矿山、交通、水电、建筑等行业的土石方爆破工程形成的边坡稳定性问题愈来愈突出，加之人们对石材的需求的增大，对控制爆破技术的要求愈来愈高，因此，护壁爆破技术必然会有较大的应用前景。

第二节　岩石动态损伤机理与岩石动态损伤的试验

一、岩石动态损伤理论研究

自 1976 年 Dougill 将损伤力学引入岩石材料以来，岩石损伤力学研究已成为当今岩石力学研究领域的热门课题之一。损伤即在一定的荷载与环境下，引起固体材料性能劣化的微结构变化，而这种微结构变化达到一定程度就会导致固体材料的破坏，所以一般情况下材料的破坏可以说是损伤积累的过程。岩石作为一种长期地质作用产物，本身存在大量的微裂隙、微裂纹等缺陷，即初始损伤。岩石损伤断裂和破坏是由于其内部大量微裂纹的成核、长大和贯穿导致岩石宏观力学性能的劣化乃至最终失效或破坏的过程。

岩石动态损伤机理研究如图 16-2 所示。

二、岩石动态损伤作用的轻气炮实验

1. 试验过程及结果

岩石动态损伤实验在西南交通大学高压物理实验室的 57 mm 口径一级轻气炮上进行。

（1）实验的材料参数[1]。

4 次冲击实验的材料参数见表 16-1。

（2）实验结果。

① 冲击压力测试结果。

冲击作用下护层及岩石试件中的部分压力实测波形如图 16-3、图 16-4 所示，测试数据见表 16-2。

② 试件冲击损伤后的声波测试结果。

直接冲击试验和加护层的冲击试验后对岩石试件的声波测试波形如图 16-5 所示。声波测试数据列于表 16-2。

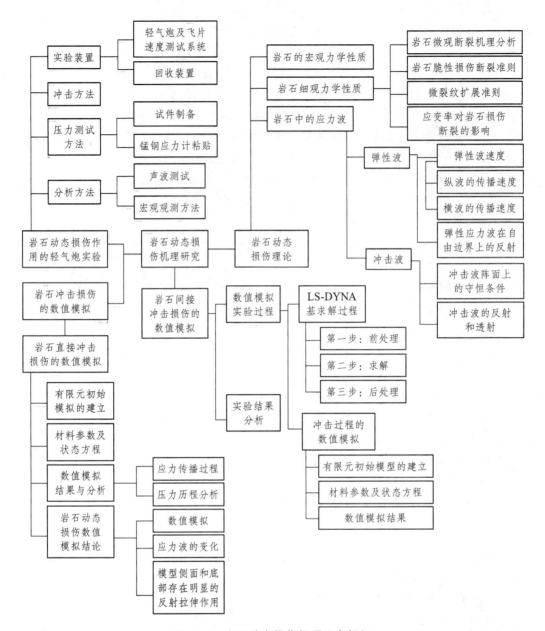

图 16-2 岩石动态损伤机理研究框架

表 16-1 轻气炮试验参数

实验编号	岩石性质	状态	飞片材料	飞片质量（g）
1	砂岩	未保护	铝	160
2	花岗岩	未保护	铝	160
3	砂岩	保护	铝	160
4	花岗岩	保护	铝	160

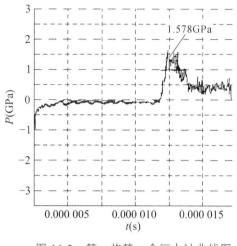

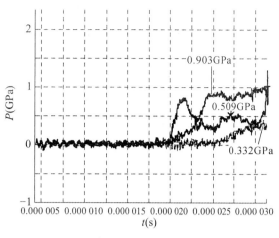

图 16-3　第一炮第一个压力计曲线图　　　图 16-4　实验 3 的三个测点的压力波形图

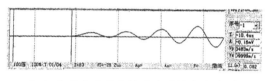

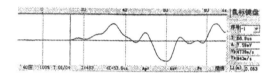

（a）花岗岩试件直接冲击后的声波波形　　　（b）加护层的花岗岩试件冲击后的声波波形

图 16-5　声波波形曲线

表 16-2　轻气炮试验参数

编号	岩石	状态	飞片速度	碰前声速（m/s）	碰后声速（m/s）	声波降低率（%）	锰铜应力计压力（GPa）			压力降低率（%）
							1#	2#	3#	
1	砂岩	未保护	176	—	—	—	1.578	—	—	67.7
3	砂岩	保护	178	—	—	—	0.903	0.509	0.332	
2	花岗岩	未保护	139	5 500	3 483	36.67	—	—	—	—
4	花岗岩	保护	128	5 500	4 739	13.84	—	—	—	—

2. 试验结果分析

试验结果表明：当飞片以 176 m/s 的速度直接撞击砂岩试件时，在岩石的表面产生了 1.578 GPa 的压力。当飞片以 178 m/s 的速度冲击加有 PVC-U 塑料护层的砂岩试件时，在第一层的塑料板中产生 0.903 GPa 的压力，在砂岩表面产生了 0.509 GPa 的压力。在岩石试件中的第 1 与第 2 层之间产生了 0.332 GPa 的压力。对比在相同（相近）速度的冲击下，有护层的岩石表面和无护层的岩石表面产生的压力，从 1.578 GPa 下降到了 0.509 GPa，降低了 67.7%，说明 PVC-U 塑料板对岩石试件在冲击撞击下有很好的保护作用。

用声波降低率来评价无护层和有护层岩石试件的损伤破坏程度。研究表明，声波降低越多，岩石损伤破坏越厉害。从表 16-2 中可以看到，当没有护层的时候，冲击前后声波降低了 36.67%；当有护层的时候，冲击前后声波速度只降低了 13.48%，只是无保护条件下的近 1/3。由此可以看出 PVC-U 塑料管对岩石在冲击撞击下有很好的保护作用。

3. 直接冲击试验岩石试件具有分区损伤特性

对岩石试件（$\phi 60 \times 6$ mm）的直接冲击轻气炮实验及实验后试件的声波测试、剖切观测结果分析发现，受冲击后的岩石试件的损伤存在头部核心区、环状裂隙区、中部损伤区、尾部破坏区的分区特性：

（1）头部核心区。该区承受飞片的直接撞击作用，岩石受三向压力作用，损伤较小。

（2）环状裂隙区。近似环形，位于核心区外围，该区岩石受环向拉伸破坏，存在明显的环状裂隙。

（3）中部损伤区。该区破坏程度低于环状裂隙区。

（4）底部破坏区。该区受冲击波的反向拉伸破坏，破坏程度比中部严重。

头部核心区和环状裂隙区的交界处存在圆弧形的剪切破坏带。分区区域如图 16-6 所示。实验后的试件剖切结果见表 16-3。

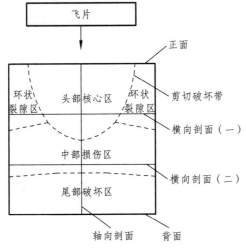

图 16-6　岩石试件冲击破坏的分区特性

表 16-3　实验后试件的损伤情况

试验顺序	冲击面	尾部	轴向剖面
Ⅲ			
Ⅳ			
Ⅴ			

414

试验顺序	冲击面	尾部	轴向剖面
VI			

拉应力和剪应力对岩石的冲击损伤起主导作用，自由面条件是试件具有上述损伤特征的决定因素。在进行岩体开挖爆破时，为了使爆破裂隙沿预定方向开裂并发展，应设法使该方向产生拉应力和剪应力集中，并使需要爆破的部分应力加强，需要保留部分岩体的应力降低。

4. 保护层对岩石动态损伤的防护作用

对于砂岩、花岗岩和大理岩，测试得出不同保护层厚度的压力及相对无保护层时的压力降低率见表 16-4。保护层厚度与压力关系如图 16-7 所示。

表 16-4 不同厚度保护层时的压力及压力降低率

岩石名称	飞片速度（m/s）	保护层厚度与压力（GPa）					相对于无保护层时压力降低率（%）				
		0 mm	2 mm	3.2 mm	3.7 mm	4 mm	0 mm	2 mm	3.2 mm	3.7 mm	4 mm
砂岩	176	1.58	—	—	—	0.51	—	—	—	—	67.7
花岗岩	139	1.38	—	—	0.96	0.87	—	—	—	30.4	37.0
大理石	1.48	1.48	1.18	0.90	—	0.53	—	20.0	39.2	—	64.2

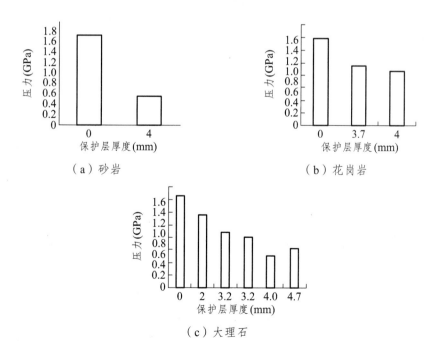

（a）砂岩　　　　　　　　（b）花岗岩

（c）大理石

图 16-7 保护层厚度与压力大小关系

对不同厚度保护层时的压力值进行回归分析，如图 16-8 所示，两者呈线性关系：$y = -0.21x + 1.51$，其相关系数为-0.96。对不同厚度保护层对应的压力降低率进行回归分析，其关系式为：$y = -15.07x - 6.45$，其相关系数为-0.91，如图 16-9 所示。

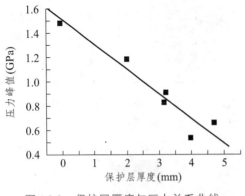

图 16-8　保护层厚度与压力关系曲线　　　　图 16-9　保护层厚度与压力降低率关系曲线

三、岩石动态损伤的数值模拟

以有、无保护层的岩石试件的冲击实验为条件进行的数值模拟结果显示[1]，试件冲击面中心单元的应力峰值从无保护层时的 1.09 GPa 下降到有保护层时的 0.44 GPa，降低率为 57%，这和前面试验的结果基本吻合，所以保护层能降低岩石受到的冲击压力，表明保护层对岩石能起到保护作用。试件轴向压力云图如图 16-10、图 16-11 所示。试件底部应力云图如图 16-12、图 16-13 所示。

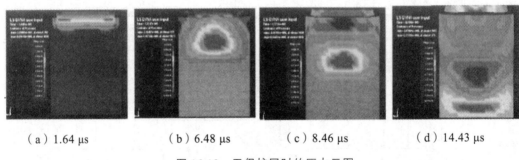

（a）1.64 μs　　　（b）6.48 μs　　　（c）8.46 μs　　　（d）14.43 μs

图 16-10　无保护层时的压力云图

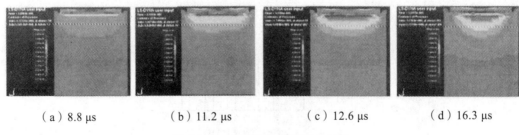

（a）8.8 μs　　　（b）11.2 μs　　　（c）12.6 μs　　　（d）16.3 μs

图 16-11　有保护层时的压力云图

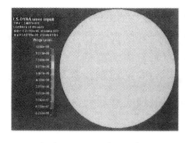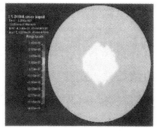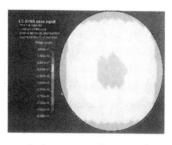

（a）33.8 μs（5.03）　　　（b）43.2 μs（14.43 μs）　　　（c）45.17 μs（16.4 μs）

图 16-12　无保护层底部应力云图

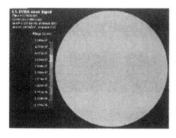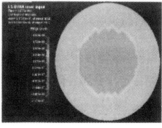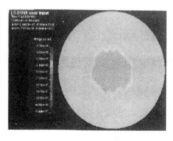

（a）27.75 μs（7.57）　　　（b）36.36 μs（16.18 μs）　　　（c）40.19 μs（20.01 μs）

图 16-13　有保护层试件底面应力云图

四、岩石动态损伤试验与机理研究结论

（1）对于工程爆破而言，岩石动态损伤特性直接影响其在爆炸作用下裂隙的形成、分布与扩展方向，研究岩石损伤特性对爆破破岩机理和防止爆破作用对保留岩体的损伤破坏的研究具有指导意义，采用一级轻气炮和 SHPB 实验系统进行岩石损伤实验是研究岩石动态损伤的行之有效的方法。

（2）岩石直接冲击的一级轻气炮实验表明，拉应力和剪应力对岩石试件的动态损伤起主导作用，自由面条件和在冲击面形成的不均匀冲击压力是试件具有上述损伤特征的决定因素。对于控制爆破，为了获得好的爆破效果，在预定裂纹发展方向上，应加强孔壁切向拉应力或径向剪应力作用；对于保留岩体，应努力降低或避免拉应力或剪应力作用。

（3）冲击作用在岩石中产生的应力波遇到裂隙或自由面时，容易产生反射拉伸应力而引起拉伸破坏。在爆破过程中，虽然爆破冲击波的传播随着距离的增加逐渐衰减，但当其遇到裂隙时可能产生反射拉伸波，导致岩石的反射拉伸破坏。在进行岩体开挖爆破时，为了保护岩石边坡或隧道围岩的稳定，应考虑爆源附近自由面或天然裂隙对爆破作用的拉伸破坏影响。

（4）有保护层的岩石一级轻气炮实验表明，飞片以几乎相同的速度直接冲击砂岩试件时，有保护层的岩石表面和无保护层的岩石表面产生的压力降低率为 67.7%。无保护层时，实验后试件的声波速度降低了 36.7%；有保护层时，实验后试件声波速度只降低了 13.5%，只是无保护条件下的近 1/3。说明在冲击作用下，PVC-U 塑料板对岩石试件有很好的保护作用。

（5）由岩石冲击损伤数值模拟的应力云图变化结果表明，加有保护层后冲击面上的应力比无保护层时降低了 57%，从而降低了岩石冲击头部的损伤破坏情况，也减小了岩石试件的损伤范围。

以上实验表明，保护层能显著地降低岩石的冲击损伤程度，起到保护岩石试件的作用。同理，如果爆破时在炮孔内保留岩体一侧安装保护层，也能起到好的保护作用；合理的保护层结构，能改变岩体中的动态应力分布状态，使有保护层处的岩石应力降低，无保护层处形成应力集中，保护层和无保护层的交界处，产生剪应力。所以，改变保护层的厚度和结构，能抑制爆破裂隙的形成、控制爆破裂隙方向。因此，岩石动态损伤实验研究为护壁爆破技术的研究和应力提供了理论基础。

第三节　护壁爆破技术机理研究

一、护壁爆破过程分析

单侧单层护壁爆破技术主要应用于对一侧岩体需要保护、一侧岩体需要充分破碎的岩石开挖工程，如边坡开挖和隧道掘进工程。

单侧单层护壁爆破技术的实质是在需要保护岩体一侧的药柱外侧安装一层或多层一定密度和强度的护壁材料，如塑料管或竹片。当炸药爆炸时，在需要保护一侧，爆炸产物首先作用在护壁材料上，在需要破碎一侧，爆炸产物直接作用在孔壁岩体上，护壁材料改变爆炸应力场的分布和爆生气体对孔壁介质的准静态作用和尖劈作用，达到保护一侧、破碎一侧孔壁介质的目的。开裂方向即护壁材料的两端点处，在端点的护壁材料一侧由于护壁材料呈现半圆弧形，有反射和聚集能量的作用，而无护壁材料一侧，爆炸产物发散开来，因此这必然导致两个端点处形成一个很大的应力差，这个应力差值能够大大增强开裂作用，在开裂方向首先形成较长较宽的裂纹，达到在开裂方向形成光滑开裂面且使需要破碎一侧岩体分离的目的，如图 16-14 所示。

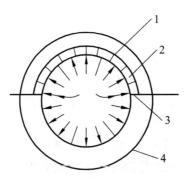

图 16-14　爆生气体运动示意图

1—爆生气体；2—护壁外壳；3—端点；4—孔壁

单侧单层护壁爆破过程分为两个阶段：爆炸初期，在半圆护壁导管内腔尚未形成均布压强之前，在导管端点处由于不存在任何阻力作用，该方向上的孔壁岩石直接受到爆轰产物的冲击，爆轰产物能流密度大且由于半圆导管的应力集中效应，其冲量密度大于被爆介质的临界冲量密度，必然导致端点和无半圆导管保护一侧孔壁介质先后破坏，原生裂隙张开、延伸，同时形成新的裂隙和使得该处岩石强度裂化，而后在爆生气体的准静态压力作用下使其进一步扩展和贯通，直到与其他炮孔产生的裂隙或与自由面交汇为止。对于安装了护壁导管的一侧，爆轰产物直接冲击半圆护壁导管内壁，由于护壁材料（如竹片、塑料等）的密度大于爆轰波阵面上爆炸产物的密度，且固体介质的压缩性一般小于爆轰产物的压缩性，作用于护壁外壳上的冲击波，除产生透射波外，还有向爆炸中心反射的压缩波。透射波经护壁材料的阻隔和护壁材料与孔壁之间的环形空间衰减后，能量大大降低，同时护壁材料本身也产生变形与位移，吸收部分能量，从而大大降低了冲击波对孔壁介质的损伤作用，达到了保护孔壁介质的目的；端点处在冲击波作用后，使得原生裂隙张开、延伸，同时形成新的裂隙和使该处岩石强度劣化，而后在爆生气体的准静态压力作用下使其进一步扩展和贯通。

下面就不同护壁爆破技术的爆破过程分别进行力学分析。

二、护壁爆破技术

对于隧道掘进或边坡开挖等爆破，要求自由面一侧的岩体破碎，另一侧完好无损，因此可以采用仅对保留一侧岩体进行保护的单侧护壁爆破技术。按照对保留岩体要求的不同可分为单侧单层、双层和多层护壁爆破技术。

1. 无护壁半圆形套管一侧爆破作用

设药包置于不耦合装药中心。

（1）应力波作用。

无护壁半圆形套管的一侧爆破冲击波和爆炸气体直接作用于孔壁，类似于普通光面爆破。孔壁岩体受到较大的切向拉应力波峰值和径向压应力波峰值[3]：

$$\sigma_{\theta \max} = b\sigma_{r \max} \approx P_2 \qquad (16\text{-}1)$$

式中：$\sigma_{\theta \max}$——切向拉应力波峰值；

b——与介质泊松比和应力波传播距离有关的系数，爆炸近区的 b 值较大，约等于 1，随距离增大，b 值迅速减小，孔壁位于爆炸近区，可取 $b=1$；

$\sigma_{\theta \max}$——径向压应力波峰值；

P_2——普通光面爆破作用在孔壁上的初始径向应力波峰值。

（2）爆炸气体作用。

孔壁受到较大的准静态应力为：

$$\sigma_{r(\theta)} = \pm P_{\mathrm{P}} \qquad (16\text{-}2)$$

式中：P_{P}——普通光面爆破作用在炮孔壁的准静态压力。

爆炸气体直接作用于孔壁，还容易产生"气楔"作用，增加爆破损伤程度。

2. 护壁半圆形套管一侧的爆破作用

孔壁初始拉应力峰值和准静态应力可按下式计算[3]。

$$\sigma_{\theta \max} = P_2 \left(\frac{r_{\mathrm{b}}}{\delta + r_{\mathrm{b}}} \right)^{2-\frac{\nu}{1-\nu}} \qquad (16\text{-}3)$$

$$\sigma_{r(\theta)} = \pm \frac{P_{\mathrm{P}} r_{\mathrm{b}}^2}{(r_{\mathrm{b}} + \delta)^2} \qquad (16\text{-}4)$$

式中：$\sigma_{\theta\max}$——切向拉应力峰值；

$\sigma_{r(\theta)}$——套管接触的孔壁准静态应力；

r_b——半圆套管的内半径；

δ——半圆套管的厚度；

ν——半圆套管或岩石的泊松比；

r——距装药中心的距离；

套管同样起到阻碍防止爆炸气体"楔入"孔壁岩体的护壁作用。

由此可见，无护壁半圆形套管一侧的孔壁岩体在较高的应力波峰值和高温高压的爆轰气体"气楔"作用下容易破坏，而护壁半圆形套管一侧的孔壁岩体受到保护。

三、护壁爆破数值模拟

对 $450\times450\times225\ mm^3$ 的混凝土模型单孔护壁爆破的护壁爆破数值模拟结果表明，不同护壁方式时，护壁面方向压力较临空面方向均降低，但又各不相同。双层护壁降低率最大，单层次之，具体见表 16-5，典型应力云图如图 16-15、图 16-16 所示。

由此可知，护壁套管对孔壁介质起到了很好的保护作用，双层护壁优于单层护壁，护壁套管与炸药耦合的装药结构优于护壁套管与炮孔耦合的装药结构。

表 16-5　不同护壁方式的压力降低率

护壁方式	压力（MPa）		压力降低率（%）
	临空面方向	护壁面方向	
单层单侧护壁爆破（护壁套管与药卷耦合）	760	410	46%
单层单侧护壁爆破（护壁套管与炮孔耦合）	770	540	30%
双层单侧护壁爆破	1 800	340	81%
单层单侧护壁爆破	570	400	30%
切缝药包护壁爆破	910	710	23%

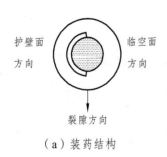
（a）装药结构

（b）25 μs

（c）37 μs

图 16-15　单层单侧护壁爆破不同时刻的等效应力云图

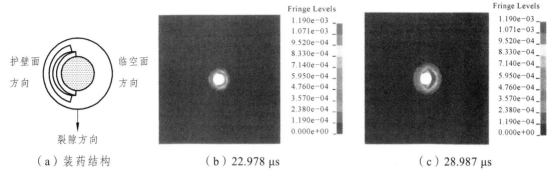

（a）装药结构　　　　　（b）22.978 μs　　　　　（c）28.987 μs

图 16-16　双层单侧护壁爆破不同时刻等效应力云图

第四节　护壁爆破模型试验

一、动光弹实验

由岩石力学、爆炸力学、岩石动态损伤力学和前述冲击损伤实验结果可知，岩石等脆性材料在爆破时主要受剪切或拉伸破坏，在厚度为 6 mm 的聚碳酸酯板上进行的单孔护壁爆破的动光弹实验[4]结果如图 16-17、图 16-18 所示。临空面方向产生剪应力集中，护壁面方向介质受到剪应力较小。

图 16-17 为双层单侧护壁爆破动光弹试验 18 μs 时的条纹图。图 16-18 为图 16-17 的护壁面方向和临空面方向主剪应力与比例距离关系曲线（比例距离为条纹位置到炮孔中心距离与炮孔半径比值）。由图可知，由于护壁半圆形套管的存在，临空面方向（炮孔右侧）的条纹级次是护壁面方向（炮孔左侧）条纹级次的 3.5 倍。试验表明，护壁面和临空面之间存在很大的应力差，对该方向孔壁介质形成一个拉伸作用，有利于在该方向首先形成较长较宽的裂纹。

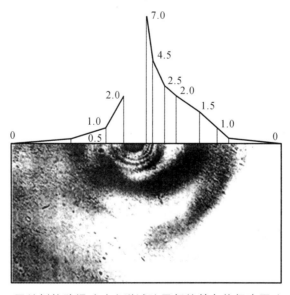

图 16-17　双层单侧护壁爆破动光弹试验局部等差条纹级次图（18 μs 时）[4]

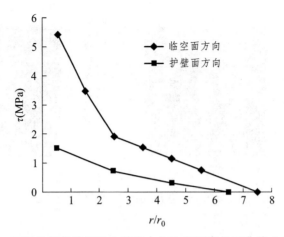

图 16-18　双层单侧护壁爆破主剪应力与比例距离关系曲线（18 μs 时）

二、护壁爆破动焦散实验

从 5 mm 厚的有机玻璃板上进行的单孔护壁爆破的动焦散实验焦散线图可以看出，爆炸荷载在炮孔周围产生的裂纹在初期主要表现为Ⅰ型裂纹的特征。从爆破效果可见，双层光面护壁爆破对护壁面方向有明显的保护作用，可以有效地保护护壁面方向的介质，最大限度地保护其完整性；半圆形套管护壁爆破能够控制爆炸能量的释放方向，使爆炸能量在半圆形套管方向形成较强的聚能作用，从而在半圆形套管的凹面（临空面）方向上形成较长的裂纹，能充分利用爆炸释放的能量，同时也能更好地保护护壁面方向介质，如图 16-19 所示。

（a）装药结构　　　　　　　（b）爆破效果一　　　　　　（c）爆破效果二

图 16-19　双层单侧护壁爆破裂纹扩展情况

三、护壁爆破超动态应变试验

试验在有机玻璃板（尺寸：400 mm×400 mm×5 mm）上进行，实验后从有机玻璃制成的试件上，可以明显看出护壁材料在爆破过程中对爆炸应力波的影响效果[5]，如图 16-20 所示。应变测试结果见表 16-6。

对于双层单侧护壁爆破试验，如图 16-20 所示：预定开裂方向形成两条长裂纹，将护壁面和临空面方向孔壁介质明显地分开长，这说明在护层面两端处存在应力集中（或称半圆形套管边部效应），爆炸产生的冲击波在该处得到强化，从而产生了较长较明显的裂纹。对比护壁面和临空面方向孔壁介质，临空面方向裂纹较多，裂纹长度也较长，而护壁面方向裂纹较少，裂纹长度相对更短。双层单侧护壁爆破的 1、2 号应变片的应变峰值较 3、4 号的要大，护壁面方向比临空面方向平均应变降低率为 45.31%，这说明护壁材料对护壁面方向介质起到了明显的保护作用，而沿着护壁材料的边缘方向则受到了冲击波的集中作用。2、3 号到达正应变的最值的时间分别较 1、4 号要早。这说明应力波在传播的过程中存在衰减作用，2、3 号应变片先受到爆炸冲击波的作用，所以应变峰值较大，随着冲击波的继续传播，应力波发生衰减，到达 1、4 号应变片时，应变位移分别较 2、3 号变小了。

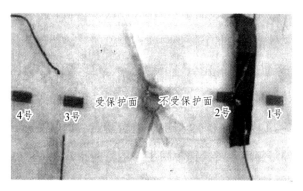

a）双层单侧（左侧）护壁爆破效果

图 16-20　模型裂纹发展情况

表 16-6　双层单侧护壁爆破超动态应变峰值

名称	应变峰值（με）			
应变片编号	1—1	1—2	1—3	1—4
max	18 539	22 507	13 203	7 794
min	−7 998	−13 332	−6 664	−6 451
护壁方向和非护壁方向应变峰值绝对值之和的均值	15 594		8 528	
护壁方向应变降低率	45.31%			

在 350 mm×350 mm×350 mm 的水泥砂浆模型上进行的超动态应变测试结果显示，护壁面方向（1 号应变片）比临空面方向（2 号应变片）的应变值均小，其降低率最高为 86.93%，最低为近 30%。由此可见，使用 PVC-U 管做护壁材料的双层光面护壁爆破对护壁面方向有明显的保护作用，可以有效地保护护壁面方向的介质，降低应变峰值，使用单层半壁钢管亦可达到相同效果。爆破后模型开裂情况如图 16-21 所示。

图 16-21　爆破效果（模型左侧为安装护壁材料一侧）

第五节　护壁爆破生产现场实验与应用

一、巷道掘进

1. 山东潍坊五井煤矿

2006 年 11 月在五井煤矿进行推广性现场试用护壁爆破技术。五井煤矿位于山东潍坊市临朐县五井镇，是一家股份制企业。巷道掘进主要为粉砂岩 $f=4$，次为细砂岩，也有黏土岩和粗砂岩 $f=3\sim5$。采用常规爆破，光面爆破后要及时喷浆 5 cm 厚，才能进行下一工序。采用护壁爆破后，清捣顶板两帮浮石后，可进行下一步工序，再进行锚喷支护。表 16-7 为试用结果，图 16-22 为五井煤矿爆后眼痕。

表 16-7　五井煤矿试用护壁爆破技术结果

爆破名称	常规爆破	光面爆破	护壁爆破
岩石名称及性质	粉砂岩 $f=4$	粉砂岩 $f=4$	粉砂岩 $f=4$
巷道规格 $B\times H$（m）	2.3×2.36	2.3×2.36	2.3×2.36
爆破参数	顶孔 5 个，帮壁 8 个，底眼 4 个	顶孔 7 个，帮壁 8 个，底部 4 个	顶孔 5 个，帮孔 8 个，底部 4 个
炮孔平均深度（m）	1.7	1.7	1.7
平均进尺（m）	1.5	1.5～1.7	1.7
清渣量（矿车）	>13	13	≤10

备注：①护壁爆破为 7 d 共 21 个循环的平均指标。②常规爆破、光面爆破为相同地点、相同岩石性质，推广应用光爆时 1 个月的平均资料。

图 16-22　五井煤矿试用护壁爆破技术后眼痕

（1）技术效果，如图 16-22 和表 16-7 所示。

技术效果[*]：少超挖量 30%，解决了 $f=3\sim5$ 软岩中掘进的技术难题，提高了稳定性，降低了冒顶、片帮的安全隐患。

（2）经济效益：减少巷道的维修量、出渣量等费用，在 5 000 m 的巷道中每年可节约 133.5 万元。

---

*摘自：应用证明。应用单位：山东省潍坊市五井煤矿有限公司，2007-04-26。

2. 陕西商洛德丰矿业运输平巷

商洛德丰矿业，位于陕西省商洛州区上山村。运输平巷掘进为变质岩类的绿泥片岩，原岩中辉石斑晶为绿泥石交代呈假象，其核心部分为少量残余，其质已变为绿泥石和石英，其余为斑状结构，但多数岩层具变余泥质结构，并主要为绿泥片岩。呈薄层状赋存，2007 年 9 月初到 10 月初作者在此作推广。

（1）爆破参数及生产效率。

爆破参数及生产效率如表 16-8。

表 16-8　爆破参数及生产效率

爆破方法		常规爆破	φ32 mm 护壁爆破	φ25 mm 护壁爆破
岩石名称及性质		绿泥片岩 f=3~4 层状结构	绿泥片岩 f=3~4 层状结构	绿泥片岩 f=3~4 层状结构
巷道规格 $B×H$（m）		1.6×1.8	1.6×1.8	1.6×1.8
爆破参数（孔数）		顶部 1 个，周帮 4 个，底部 3 个，掏心眼 1~3 个，辅助 4 个	顶部 3 个，帮壁 4 个，底部 3 个，其余同前	顶部 3 个，帮壁 4 个，底部 3 个，其余同前
炮孔平均深度（m）		2.1~2.2	2.1~2.2	2.1~2.2
平均进尺（m）		2~2.1	2~2.1	2~2.1
平均超深（m）	两顶帮部（月-日-时）	（10-13-上午）0.20、0.15（10-13-17:00）0.27、0.20（10-14-10:00）0.18、0.15（10-14-19:00）0.30、0.12	（10-15-9:00）0.12、0.10（10-15-15:00）0.05、0.06	（10-16-10:00）0.08、-0.05（10-16-15:00）-0.05、0（10-17-11:00）0、0
平均超挖量（m³）		1.46	0.591	0.0943
超挖百分率（%）		24.7	10.0	1.597
炸药量（kg）	掏心眼	1.5	1.35	1.35
	辅眼	1.35×4=5.40	1.125×4=4.5	4.5
	顶眼	1.35	0.9×3=2.7	0.75×3=2.25
	帮壁眼	4×1.35=5.40	0.75×4=3	0.75×4=3
	底眼	3×1.35=4.05	3×1.45=4.05	3.45
	小计	17.70	15.6	14.55
每米进尺超挖量（m³/m）		0.712 2	0.288	0.046
每米进尺炸药消耗量（kg/m）		8.634	7.61	7.098
每一循环钻孔（个）		15~17（其中有 2~4 个掏心眼不装药）	15	15
一个循环的出碴数（运距 50 m 内）	推车数	47	41	39
	所用时间	4 h 42 min	4 h 6 min	3 h 54 min

（2）根据现场生产试用期间的现场记录：

①常规爆破，每米进尺超挖量 0.712 2 m³（实方量），定向护壁爆破仅 0.046 m³，基本无超挖量。

② 常规爆破每米进尺炸药消耗量 8.634 kg，定向护壁爆破 7.098 kg。常规爆破炸药量比集能护壁爆破多消耗 1.536 kg。

③ 常规爆破工作面两侧凹凸不平，容易造成应力集中，增加不安全因素，而定向爆破帮壁平整（由于层理发育爆破沿层理离层，所以无半边孔痕）。

商洛德丰矿业运输平巷采用不同爆破方法的效果比较：

① 常规爆破的帮壁凹凸不平；② 护壁爆破 ϕ32 mm 药包的帮壁效果较好；③ 护壁爆破 ϕ25 mm 药卷的帮壁爆破后更好，合乎坑道断面尺寸节约炸药出渣量也少（图片略）。

3. 四川德阳昊华清平磷矿有限公司燕子岩矿段

清平磷矿地层属龙门山边缘拗陷中段。含磷层赋存于上泥盆统底部，上震旦统芍药组、白云岩、古岩溶侵蚀面上，二者呈嵌入式平行不整合接触。其底板为厚层块状花斑状白云岩，$f=4.48 \sim 5.89$，顶板自下往上为砂状白云岩，厚层状细至中晶白云岩，厚层块状中至粗黏土质白云岩。

含磷层有含磷碳质水云母黏土岩、含磷黏土岩、硫磷铝锶矿和磷块岩，燕子岩矿段以磷块岩为主，$f=10.53 \sim 11.29$。次生的断裂构造较为发育，局部地段较为破碎（在 28 号穿脉磷块岩 $f=8 \sim 10$ 左右和开拓巷花斑状白云岩 $f=4 \sim 6$ 试验时遇到的构造情况）。定向集能护壁爆破推广应用主要在 28 号穿脉巷道和开拓巷道。

（1）爆破参数及生产效率。

爆破参数及生产效率见表 16-9。

根据试验，得到以下初步结果。

① 5 次试验中以 2007 年 11 月 2 日效果最好，其中，顶部炮孔和两帮炸药用量个孔 200 g 就可以了。顶部经过几次后，顶部岩层整体性会好一些，到那时个孔装药 200 g 或改用 ϕ22 mm 的药包，半边炮孔痕率仍有可能保持完好。

② 28 号穿脉磷块岩 $f=8 \sim 10$，顶部炮孔和两帮炮孔的个孔装药量用 ϕ25mm 药包 400 g，甚至 300g 也能达到好的爆破效果。

③ 以最后一次（2007 年 11 月 2 日）护壁爆破与常规爆破相比较，护壁爆破一个循环可节约 2.4 kg，每米进尺节约 1.77 kg 炸药。

④ 常规爆破两帮和巷道顶都超挖很多（表 16-10），据初步不完全统计，常规爆破每掘进 1 m 平巷，采用常规爆破比设计断面超挖矿渣 2 m³ 以上，采用护壁爆破，两帮基本不超挖或超挖不足 0.5 m³。

4. 华亭煤电股份公司东峡煤矿

（1）华亭煤电股份公司，东峡煤矿位于甘肃省华亭县城郊。

（2）推广试验方案。

华亭煤电股份公司东峡煤矿，在推广应用期间做了 3 个方案的试验，试验从 2007 年 3 月份开始，根据多次对比试验，最后以图 16-23 的炮孔布置和爆破参数较好。

（3）推广应试用在不同巷道类型进行试与光面爆破相比，顶板围岩的浮石大量减少，可以不拉网进行清渣等作业，眼痕率比光爆提高 30% 以上，掘进循环周期减少半个小时左右，安全性也有很大提高。

表16-9 护壁爆破推广应用试验效果（四川德阳昊华清平磷矿有限公司）

巷道断面 B×H（m）		3×2.75 m²					
爆破方法		常规爆破	φ25 mm 药包护壁爆破				
地点		28号穿脉	28号穿脉 f=8~10			开挖巷道 f=4~6	
时间（年-月-日）		2007-10-26—28	2007-10-29	2007-10-30	2007-10-31	2007-11-01	2007-11-02
炮孔性质（孔数×个孔药量 kg）	掏槽孔	8×1=8kg	8×1.0=8	8×0.95=7.6	8×0.95=7.6	8×1.0=8	8×1.0=8
	辅助孔	6×0.6=3.6kg	6×0.6=3.6	6×0.6=3.6	6×0.6=3.6	6×0.6=3.6	6×0.6=3.6
	顶部孔	3×0.6=1.8kg	5×0.6=3.0	5×0.5=2.5	5×0.5=2.5	5×0.4=2.0	5×0.2=1.0
	帮壁孔	6×0.6=3.6kg	8×0.5=4.0	8×0.5=4.0	8×0.5=4.0	8×0.4=3.2	8×0.25=2.0
	底部孔	5×1.0=5kg	5×1.0=5.0	5×0.9=4.5	5×0.9=4.5	5×1.0=5	5×1.0=5
一循环孔数及药量		28个，22 kg	32个，23.6 kg	32个，22 kg	32个，22 kg	32个，21.8 kg	28个，19.6 kg
炮孔平均孔深（m）、循环进尺（m）		1.4、1.5 4次平均 1.5	1.4、1.5 0.80（掏心残孔 0.6~0.7 m）	1.4、1.5 1.2	1.4、1.5 0.6（掏心残孔 0.7~0.72 m）	1.4、1.5 1.4	1.4、1.5 1.35
爆后巷道规格（宽×高）（m）		平均 3.4×3	3×2.78	3×2.7	3.1×2.70	3×2.75	3.05×2.78
两帮半边长度（正面由上往下在下的位置下的炮孔编号）（m）	一循环	右1#1.1m，右4#0.5 m	左1#0.8 左2#0.8	右3#1.1 右4#1.3	左1#1.0 左2#0.8	左2#1.4 左2#0.9	左1#1.26 左2#1.35
	二循环	右1#0.8，右3#0.9，右4#0.7	右1#0.28	右2#1.0 右3#0.7	右3#0.4 右4#0.3	左4#0.45 右1#0.9	左3#1.35 左4#1.30
	三循环	右3#0.4	右2#0.35	右4#0.3	右1#1.0	右2#1.0	左1#1.48 右2#1.30
	四循环	左1#0.7，右1#0.45，右3#0.35	右3#0.60 右4#0.60	右4#1.0	右2#1.2 右3#1.2	右3#奥炮1.2 右4#1.2	右3#1.30 右4#1.30
顶部炮半边孔长（从左至右编号）（m）		无	左1#0.70 左2#0.60 左3#0.60 左4#残孔1.5 左5#残孔1.5	左1#1.1 左2#1.4 左3#1.3 左4#1.3 左5#1.3 （清渣挖掉）	左1#0.90 左2#0.40 左3#0.30 左4#0.40 左5#0.50	无（由于上一次爆破破顶板松碎）	无（岩层松碎）

表 16-10　对不同爆破方法爆破巷道断面的尺寸（从掌子面 0 m 算起每 5 m 测其宽度和高度）

地点		开拓巷道				28号穿脉			
爆破方法		常规爆破后巷道断面		护壁爆破后巷道断面		常规爆破后巷道断面		护壁爆破后巷道断面	
断面尺寸		宽（m）	高（m）	宽（m）	高（m）	宽（m）	高（m）	宽（m）	高（m）
测量起止段别米数（m）	0	3.7	3.0	3.0	2.75	3.5	3.1	3	2.78
	0~5	3.4	2.9	3.05	2.78	3.5	3.1	3	2.0
	5~10	3.4	3.3			3.6	3.0	3.1	2.70
	10~15	3.3	3.3			3.4	2.85		
	15~20	3.5	3.1			3.4	2.92		
	20~25	3.4	3.0						
	25~30	3.1	3.4						
	30~35	3.2	3.0						
	35~40	3.3	3.1						
	40~45	3.5	3.4						
	合计	3.38	3.15	3.025	2.765	3.45	2.994	3.033	2.73
设计断面 3×2.75 =8.25×1 =8.25 m³	单位进尺出渣量（m³）	10.647		8.364		10.419		8.28	
	按设计断面超挖量（m³）	2.397		0.114		2.169		0.03	

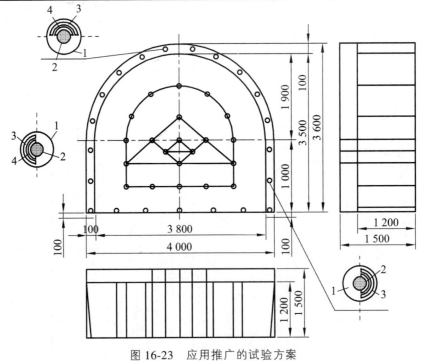

图 16-23　应用推广的试验方案

1—炮孔；2—药包；3、4—护壁爆破

二、采矿工作面切割爆破

新洋煤矿位于云南省威信县境内，煤层距地表较浅，为解决放炮时对地面的影响和采煤时保护矿层矿柱而实施护壁爆破的推广性试验，试验仅是人们的宏观感觉有所效果。未进行爆破时用仪器测试地震波参数。

三、护壁爆破在煤矿巷道掘进中的应用（表 16-11）

表 16-11　护壁爆破在煤矿巷道掘进参数表

单位名称	岩石及性质	巷道规格 高×宽 (m×m)	炮眼排列								效果
			掏槽眼		辅助眼		周边眼		底眼		
			个	深 (m)	个	深 (m)	顶眼 (个)	帮眼 (个)	个	深 (m)	
潍坊五井煤矿有限公司	泥质砂岩，泥岩 f=3-5	2.36×2.3	3	1.7	5~7	1.5	5	6~8	4	1.6	减少了巷道的超挖量30%，解决了 f=3~5 掘进的技术难题
云南新洋煤矿	粘土岩，砂岩，粉砂岩 f=3-4	2×2	3	1.7	4~5	1.6	3~5	4~6	3	1.8	主要应用在采煤工作，以降低震动，保护矿层矿柱
甘肃华亭煤电公司巷道掘进	粉砂岩，细砂岩，砂岩 f=4-10	3.6×4	7	1.4	9	1.4	6	6	6	1.4	眼痕率比光爆提30%以上，循环周循减少半个小时左右

四、护壁爆破在露天土石方开挖和露天采矿场中的试验与应用

1. 公路边坡开挖和基坑掘进中进行护壁

（1）浅孔爆破：公路边坡开挖和基坑掘进中进行的护壁爆破现场试验结果如下：

① 普通光面爆破容易对需要保护的孔壁岩体产生损伤破坏。护壁爆破对护壁面方向岩体有良好的护壁效果。在预定开裂面方向，由于有半圆形套管护壁，爆炸能量集中，易于产生剪应力作用和拉应力集中，有利于裂隙的形成和发展。

② 在同一石灰岩岩体中进行的试验表明，爆后与爆前相比，单层单侧护壁、单层光面护壁、同心光爆和偏心光爆的保留岩体内相同孔距处的声波波速最大降低率分别为 1.76%~2.91%、1.95%~3.55%、12.03% 和 32.64%，护壁爆破对保留岩石的损伤低于光面爆破。

③ 公路边坡开挖和石油天然气井基坑掘进试验表明，护壁爆破都能产生很好的爆破效果。

（2）浅孔护壁爆破最优参数。

通过上述理论研究和各种试验得出护壁装置的合理参数：护壁材料种类 PVC-U，壁厚 3~5 mm，层数根据爆破目的和条件等因素确定，一般取 1~3 层为宜。装药不耦合系数在 2 左右。在公路边坡开挖、天然气井基坑开挖和近 10 个矿山的应用后，在为保持较好的爆破效果的前提下，得出了合理的爆破参数范围：对于边坡开挖爆破，孔径为 150~160 mm 时，孔距 2.5~

3.5 m；孔径 100～120 mm 时，孔距 2.5～3.0 m；孔径 80 mm 时，孔距 2.0～2.5 m；孔径 38～40 mm 时，孔距 0.4～0.5 mm。掘进爆破时，周边孔孔距一般为 0.4～0.6 m。

护壁爆破技术应用于各类边坡和基坑开挖、巷（隧）道掘进和地下洞库开挖等工程中，能有效降低工人劳动强度，加快施工进度，提高工程的稳定性。

2. 护壁爆破在露天采矿场试验与推广应用

（1）护壁爆破在有关各矿山应用的爆破参数和效果对应见表 16-12。

第六节　护壁爆破技术的应用评价

一、解决的关键技术

（1）根据岩石性质和岩体结构条件、炮孔直径和炮孔长度、爆破条件和爆破要求，合理选择护壁材料品种，确定护壁爆破方案，进行护壁材料结构参数和相应的护壁爆破参数优化。

（2）对于炮孔一侧岩体爆破、另一侧岩体保留采用护壁材料位于保留岩体一侧、爆破另一侧岩体偏心不耦合装药；石材开采原岩分离采用护壁爆破，荒料成型采用切缝药包爆破。

（3）根据孔径、岩性和岩体节理裂隙发育程度确定护壁半圆形套管的层数：孔径小，岩石强度高，完整性好，采用一层护壁的装药方法；孔径大，岩石强度低，节理裂隙发育，采用二层甚至三层套管的装药方法。

（4）装药结构参数：不耦合系数均为 1.8～2.5，半圆形套管壁厚为 3～5 mm。孔径小，岩石强度高，完整性好，不耦合系数和套管壁厚均取小值，反之取大值。

（5）护壁套管：宜选用建筑用 PVC 管或 PVC-U 管，用木工圆盘锯锯切成两半。

（6）施工方法：按设计要求钻孔，按相应技术要求制作筒状药卷，将护壁装置和药卷绑扎在一起，单侧护壁爆破装药时应保证护壁管位于保护岩体一侧，药包位于爆破岩体一侧。

二、主要创新点

与现有技术相比，护壁爆破技术的研究在以下方面具有特色：

（1）在国内外首次提出了能同时控制爆炸能量作用方向和防止孔壁岩体受爆炸能量直接作用的护壁爆破新技术。与现有的光面爆破和定向断裂控制爆破相比，该技术能大大降低保留岩体损伤程度和范围。

（2）在国内外首先进行了有无 PVC-U 保护层的岩石一级轻气炮冲击实验、霍普金森压杆试验和数值模拟，提出了岩石冲击损伤的分区特性及其损伤原理，研究了护壁材料对岩石的防护作用与防护机理。

（3）提出了与不同爆破条件和爆破要求相适应的不同护壁爆破的方案，进行了护壁结构参数和爆破参数优化，取得较好的爆破效果和技术经济效益。

（4）现有的光面爆破、切槽爆破和聚能药包爆破技术在软弱或较破碎岩体中的爆破效果较差，护壁爆破技术对不同类型岩体的开挖爆破均具有较好的适应性，尤其在软弱破碎岩体中的开挖爆破对围岩保护作用更为显著，解决了长期存在的软弱破碎岩体开挖爆破效果差的问题。

表16-12 护壁爆破技术在露天边坡爆破的应用

应用单位	岩石参数	爆破参数 台阶高度(m)	炮孔倾角(°)	孔径D(mm)	抵抗线W(m)	空间距a(m)	孔深L(m)	孔至缓冲孔的距离(m)	单孔装药量(kg)	不耦合系数	孔数	堵塞长度(m)	效果
攀枝花兰尖矿		15	75	168		1.5	15	2	50	2.8	8		开挖后边坡基本平整无明显凹凸现象
		15	75	100		1.0	15	2	25	2.6	8		半边孔痕率≥50%
亚大集团矿山分公司	石灰岩 f=10~12	15	90	150	4.2	3.5	16	2	40	2~3	8	3	切峰护壁4个,光面护壁4个
	白云质灰岩 f=12	8	90	90	3.8~4.0	2.5	8.5	2	18.5	2	8	3	半边孔痕率≥60%
广西鱼峰水泥集团矿山分厂	石灰岩 f=8~10	10	90	135	4.0	3	11	2	36	2~2.5	8	3	半边孔痕率≥80%
	风化破碎泥质砂岩 f=2~4	10	80	80	3.3	2.2	11	2	20	2	8	3	切峰护壁4个,光面护壁4个
浙江富阳华顿矿业公司	石灰岩较破碎 f=8~10	15	90	152	4.5	3	17	2	45	2~3	10	3	无半边孔痕
川西北石油矿区天井1号公路	石灰岩较为破碎 f=8~12	8	90	110	3	2	9	2	25	2	8	2.5	边坡较平整,个别孔上部见半边孔痕
		10	90	110	3.5	2~2.5	11	2	30	2~2.5	8	3.0	试验有3次,遇到下部溶洞

三、用户评价

综合分析护壁爆破技术在10余家单位的应用情况,取得了良好的经济和社会效益的同时,也得到了企业的一致好评,主要表现在以下方面:

（1）由于提高了边坡开挖的平整度,降低了对边坡保留岩体的损伤程度,大大提高了矿山的安全水平。（惠米县兆丰实业有限公司、四川双马水泥股份有限公司）

（2）解决了生产中存在的实际问题,有效地避免了安全隐患,为企业锻炼了人才,也为下一步类似工程应用该技术起到了良好的示范和带动作用。（四川蜀渝石油建筑安装有限责任公司川西北公司、亚泰集团哈尔滨水泥有限公司矿山分公司、浙江富阳华顿矿业有限公司）

（3）解决了软岩（f=3～5）巷道掘进的技术难题,进一步提高了巷道围岩的稳定性,有效地降低了冒顶片帮的安全隐患,降低了巷道的维护费用,取得了较好的、经济的安全效益,同时通过交流,也锻炼了我矿的技术人员,提高了爆破水平,为我矿的安全生产起到了积极的推动作用。（潍坊市五井煤矿有限公司）

（4）护壁爆破技术在我公司的应用,大大缩短了循环周期,创造了较大的社会及经济效益。（四川蜀渝石油建筑安装有限责任公司川西北公司）

（5）该技术在我公司的应用,取得了显著的社会经济效益,提高了我矿在矿压治理方面的技术水平,减缓了由于强矿压显现的发生给工作面带来的生产设备损坏、人员受伤等问题,提高了矿井的安全生产能力。（甘肃华亭煤电股份有限公司砚北煤矿）

（6）护壁爆破技术的应用,降低了边坡安全隐患,节约了材料,降低了生产成本,提高了穿爆水平,为企业的安全生产起到了积极作用。（汕头市潮阳区海门镇展锋南坑山石场）

（7）护壁爆破技术的应用,在一定程度上可以有效保护护壁面一侧的岩帮,对围岩的损伤程度降低,最大限度地维护其完整性,有效地降低了冒顶片帮的安全隐患,降低了巷道的维护费用。（甘肃华亭煤电股份有限公司东峡煤矿）

（8）护壁爆破技术的应用,效果明显,尤其对软岩（f=4～6）极为适用,解决了掘进中的技术难题,提高了巷道围岩的稳定性,有效降低了冒顶片帮的安全隐患,大大降低了巷道的维护费用,取得了较好的经济和安全效益,同时通过推广和应用也锻炼了我矿技术人员、掘进工人的操作技术水平。（德阳吴华清平磷矿有限公司）

（9）岩石动态损伤机理与护壁爆破的应用研究使我矿采矿工程技术人员进一步加深了对爆破开采的认识。一方面,护壁爆破技术的应用,优化了穿爆参数,提高了延时出矿量;另一方面,护壁爆破技术对提高矿体回采率,减少后续边帮治理费用起到了很大的推进作用,使我矿穿爆工作进入更加集约化、细致化和技术化的轨道。（陕西秦岭水泥股份有限公司矿山分厂）

四、社会经济效益

1. 社会效益

目前,该技术已在石油基地建设、矿山边坡爆破和巷道掘进等工程中推广应用,爆破后的边坡和围岩稳定性好,无滑坡和塌方,保证了安全生产,降低了工程隐患,减少了人员伤亡和财产损失,为进一步推广应用起到了示范带头作用,取得了显著的社会效益。

2. 经济效益

护壁爆破技术自 2003 年被提出以来，陆续在石油基地建设、油气井基坑开挖及矿山边坡和巷道掘进工程等中推广应用，产生经济效益过亿元。其应用单位名称、应用时间和经济效益等见表 16-13。

表 16-13　经济效益

单位名称	应用时间	经济效益（万元）
惠来县兆丰实业有限公司	2003—2006	267
四川蜀渝石油建筑安装有限责任公司川北公司	2004—2005	3 271
四川双马水泥股份有限公司矿山车间	2004—2005	35
潍坊市五井煤矿有限公司	2004—2006	424.5
四川蜀渝石油建筑安装有限责任公司川北公司	2005	4 700.5
广西鱼峰集团水泥有限公司	2005—2006	178
亚泰集团哈尔滨水泥有限公司矿山分公司	2005—2006	114.26
甘肃华亭煤电股份公司砚北煤矿	2006	136.9
浙江富阳华顿矿业有限公司	2006	127
汕头市潮阳区海门镇展锋南坑山石场	2006	136.9
甘肃华亭煤电股份公司东峡煤矿	2007	92.56
四川蜀渝石油建筑安装有限责任公司川北公司	2007	601.856 7
德阳吴华清平磷矿有限公司	2007	233
陕西秦岭水泥（集团）股份有限公司矿山分厂	2008	230.4
总效益		10 054.576 7

应用护壁爆破技术产生的经济效益主要表现在以下方面：

（1）降低了爆炸波对边坡保留岩体和巷（隧）道围岩的损伤破坏程度，使得开挖壁面更光滑平整，能降低边坡坡面修整和支挡费用，能降低巷（隧）道支护费用。

（2）降低工人劳动强度，减少人工使用量。

（3）优化了炸药装药结构，降低了炸药消耗量。

五、应用前景

我们曾经与四川省交通厅公路规划勘察设计研究院合作，将该技术用于雅（安）西（昌）高速公路上的超特长公路隧道——泥巴山隧道的掘进施工。该隧道长 10 km，具有埋深大（最大埋深 1 650 m），地形、地质条件复杂，海拔高，气候条件复杂等特点。

随着国民经济的发展，各种基建工程越来越多，开挖规模越来越大，环境越来越复杂，随之也带来了许多岩土工程动力学的问题。所以人们越来越重视如何对在永久边坡开挖、隧道掘进等轮廓线以外岩石的保护，尽可能减少爆破超挖和爆破对岩石的损伤作用。光面爆破、切槽爆破和聚能药包爆破技术虽然在国内外应用已有几十年的历史，但这类爆破技术对保留岩体的损伤破坏这一"先天不足"限制了它们的应用和发展。而护壁爆破技术能够通过加大孔距等方式降低炸药消耗量，降低工程成本，同时还能实现对保留岩体（围岩）的微损伤，因此必将能有广泛的应用前景。

目前我国有正在开采的各类矿山有 10 多万座，其中大中型矿山 2 400 座，需要开挖和掘进大量的边坡和巷道。

近年来，我国交通隧道修建里程约以每年 450 km 的速度增长。随着城市化进程的加快，城市基础建设必将越来越多，必然需要进行大量控制爆破。

随着经济的发展，国家对石油、天然气和水电资源的开发必将越来越多，新的油气井和水电建设也需要进行大量控制爆破。

随着国家对战略安全的重视，需要建设大量的战略石油储备基地以及核废物处置场，这类工程的特殊性要求开挖岩体微损伤甚至无损伤。

军事上的开挖工程也越来越多，安全要求越来越高。

21 世纪号称摩天大楼和地下工程的世纪，必将开挖大量基坑和地下工程。

综上所述，我国大量的民用和军事工程需要开挖边坡和基坑，掘进巷（隧）道和硐室，因此护壁爆破技术将有着非常可观的应用前景。

第十七章 定向卸压隔振爆破

第一节 定向卸压隔振爆破的原理

一、定向卸压隔振爆破的定义

（1）定向：定向的泛指意义，是确定事物运作过程的方向。定向爆破的实质在于使爆炸时产生的能量，只主要用来在规定的空间范围内发生预期的作用，并只在规定的方向造成运动。定向爆破和普通不加控制而向四面八方乱炸的爆破完全不同，定向爆破学说及其实际应用是在爆破工程中采用了一些崭新的原则。

（2）土石方的定向抛掷爆破原理以最小抵抗为原理。

（3）定向卸压隔振爆破是以冲击波、爆炸应力波和爆轰气体膨胀共同破岩为原理，以定向控制爆炸波运作用方向和范围为目的的定向断裂和定向卸压隔振的爆破技术。

二、定向卸压隔振爆破的技术原理

定向卸压隔振爆破的技术原理是在岩体轮廓线上进行炮孔爆破时，对轮廓线炮孔一侧保留部分的岩体或围岩采取阻隔爆炸冲击波、应力波、定向削减爆炸压缩应力的控制爆破方法，简称卸压隔振爆破或称定向卸压隔振护壁爆破。其实质是在炮孔保留岩石或围岩一侧的药包外壳包装一层或两层具有弹塑性、硬性和无毒、无污染、价格便宜的隔振护壁材料，材料的背面朝向保留岩体一侧，凹面朝向爆破临空面（自由面）一侧，并利用隔振护壁材料达到确定孔底空气间隔层高度、固定柱状药包的成形药卷、准确定位药包在炮孔中的位置的目的，使径向不耦合和孔底轴向（间隔）不耦合结构得以有效地实现。孔底轴向间隔是在药柱下端与孔底之间留一段不装药，其上连续径向不耦合装药至堵塞物下端的一种装药结构，其技术原理如图 17-1 所示。

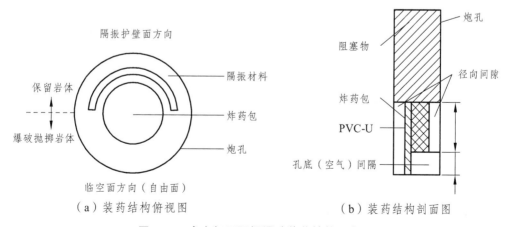

（a）装药结构俯视图　　　　　（b）装药结构剖面图

图 17-1　定向卸压隔振爆破装药结构示意图

第二节　定向卸压隔振爆破力学分析

一、隔振护壁面方向

护壁爆破时，对于隔振护壁面方向，爆轰产物直接冲击护壁材料内壁，材料的密度大于爆轰波阵面上爆炸产物的密度，且固体介质的压缩性一般小于爆轰产物的压缩性，作用于隔振护壁材料上的冲击波，除产生的透射外，还有向爆炸中心反射的压缩波。透射波经 2 层护壁材料、护壁材料之间和护壁材料与孔壁之间的环形空气衰减后，能量大大降低，同时护壁材料本身也产生变形与位移，吸收部分能量，从而大大降低了冲击波对孔壁介质的损伤破坏作用。

1. 隔振护壁面方向的爆破力学作用[3]

（1）假设岩石和隔振护壁半圆形管材泊松比相同，根据弹性力学厚壁筒原理，隔振面方向孔壁初始拉应力峰值和准静态应力可按式（17-1）、（17-2）计算：

$$\sigma_{\theta\max} = P_2\left[\frac{r_b}{r_b + n\delta}\right]^{2-\frac{\nu}{1-\nu}} \tag{17-1}$$

（2）爆生气体作用于半圆管材的隔振作用。

压应力使隔振护壁材料外壁与炮孔壁耦合、护壁材料与孔壁介质连成一体，因此，这时可应用厚壁管理论，并令外径处于无限大导出的公式来近似地计算护壁半圆形材料的作用，如下式：

$$\sigma_{r(\theta)} = \pm\frac{P_p r_b^2}{(r_b + n\delta)^2} \tag{17-2}$$

式中：r_b 为套管半径；n 为套管层数；δ 为套管厚度；ν 为套管或岩石的泊松比。

2. 隔振护壁面隔振材料的力学效应

（1）隔振护壁材料对爆炸应力波的反射效应。

当隔振护壁材料的特征阻抗大于炸药的特征阻抗（$\rho_m D_m > \rho_0 D_0$）且爆轰波直接作用于材料壁时，除产生透射波外，尚有爆炸中心反射的压缩波。根据王树仁和魏有志[6]的研究，采用硬质塑性材料，反射波能量为总能量的 10.0% ~ 13.0%，因此透射到隔振材料的冲击波，再由不耦合环形空间衰减，最后作用于孔壁的冲击波难以形成裂纹。

（2）隔振材料凹面的沟槽效应。

径向间隙效应，又叫管道效应或沟槽效应，是指圆柱形药包直径小于炮孔（管）直径时（径向不耦合），药包表面与孔（管）内壁之间间隙对爆炸产物的作用。隔振材料凹面与柱状（筒状）药包之间有一定的间隙，而隔振材料比炸药的硬度大、强度高，炸药起爆后，爆轰产物除有大部分集中向临空面聚集外，还有部分向间隙传播，使大部分爆轰波集中于炮孔底部间隔层和临空面一侧，产生沟槽效应。

（3）凹面隔振材料的边部效应。

隔振材料具有一定的硬度和强度。根据试验①（委托中国矿业大学现代爆破技术研究所，

2007 年 3 月）的结果，在炸药爆炸一定时间内隔振材料凹面边部对爆炸应力波有约束作用。在爆炸初期首先炮孔两侧成一定角度产生裂纹，之后临空面正面开始产生裂纹，这时向两侧发展的裂纹长度大于临空面方向的裂纹长度；再往后两侧裂纹呈现 180°扩展，这时临空面正面方向上的裂纹长度赶上甚至超过两侧裂纹的长度。裂纹扩展顺序见绪论（图 0-5）。试验结果中裂纹发展的规律说明隔振材料凹面起到了边部效应的作用。

（4）隔振材料的端部效应。

随着爆炸过程的发展，隔振爆破隔振装药结构产生端部效应。

采用 LS-DYNA 软件对定向卸压隔振材料隔振爆破炮孔隔振一侧隔振材料进行三维模拟，结果为：隔振装药结构炸药上端压力为 673 MPa，炸药下端压力为 445 MPa；装药结构上端的压力是未护壁（临空面）压力的 1.49 倍；装药结构炸药下端是未护壁（临空面）压力 0.985 倍，几乎一样。说明卸压隔振爆破材料产生端部效应有利于能量的有效利用和改善爆破效果。

（5）隔振材料的隔振效应。

在相同条件下的台阶模型爆破试验②（委托西南科技大学环资学院中心实验室，2007 年 3 月、2010 年 12 月），采用定向卸压隔振爆破临空面一侧的振速峰值明显大于后冲方向（隔振面），隔振面一侧爆破振动速度降低了 32%～67%；而采用常规爆破后冲方向的振动速度均大于台阶前侧，如表 17-1 所示。

表 17-1　相同条件下的模型试验

爆破方法	次数	峰值振速 v(cm·s⁻¹)			
		爆心距+0.83 m	爆心距+2.03 m	爆心距-0.80 m	爆心距-2.00 m
定向卸压	1	9.28	3.37	28.07	5.62
隔振爆破	2	5.28	2.42	14.80	3.56
爆破方法	次数	峰值振速 v(cm·s⁻¹)			
		爆心距+0.80 m	爆心距+0.60 m	爆心距-0.80 m	爆心距-0.60 m
常规爆破	1	26.7	32.40	29.50	35.98

注："+"表示台阶后侧，"-"表示台阶前侧。

3. 模型试验结果

（1）定向卸压隔振爆破：距离爆源 0.8 m 时，台阶后侧爆破振速峰值比临空面一侧降低 64.3%～66.9%；距离爆源 2.0 m 时，台阶后侧爆破振速峰值比临空面一侧降低 32.0%～40.0%。

（2）常规爆破：因药量少且集中于炮孔最下端，距离爆源 0.6 m、0.8 m，台阶后侧爆破振速峰值比临空面一侧分别降低 9.9%、9.45%，在 10%以内。

采用隔振材料，降低了隔振面一侧爆破振动速度，表明隔振材料具有隔振效应。

试验③（委托总参工程兵科研三所，2007 年 11 月、2011 年 1 月）结果表明，透射系数降低 40%～50%；试验①表明爆轰波作用于护壁面一侧的能量被阻隔 46.95%；试验④（委托西南交通大学高压高热物理研究所，2007 年 3 月、2008 年 3 月）表明爆炸初始压力降低 30%～60%；由于岩石试件有隔振保护层，一级轻气炮冲击试验后声速测试声速只降低 13.48%。

二、临空面方向

预定开裂方向和临空面方向介质直接受爆轰产物的冲击作用，爆轰产物能流密度大且由于半圆套管的聚能和反射能量作用，导致该方向爆轰产物冲量密度大于介质的临界冲量密度，这必然导致该方向孔壁介质首先破坏：原生裂隙张开和延伸，同时形成新的裂隙和岩石强度劣化，而后在爆生气体的准静态压力作用下裂隙进一步扩展和延深，直到与其他炮孔产生的裂隙或与自由面交汇为止。同时由于护壁材料有聚集和反射能量的能力，而且临空面方向的爆炸产物呈发散状态，因此必然导致预定开裂方向形成一个很大的剪应力差，这个剪应力差值起到一个拉伸作用，非常有利于开裂面的形成。因此护壁爆破能达到在开裂方向形成光滑开裂面且保护保留岩体并破碎临空面一侧岩体的目的。

临空面方向由于无护壁材料，爆破冲击波和爆生气体直接作用于孔壁，类似于普通光面爆破。孔壁岩体受到较大的切向拉应力波峰值和径向压应力波峰值，即 $\sigma_{\theta\max} = b\sigma_{r\max} \approx P_2$，其中：$\sigma_{\theta\max}$ 为切向拉应力峰值；b 为与介质泊松比和应力波传播距离有关的系数，孔壁处取 $b=1$；$b\sigma_{r\max}$ 为径向压应力波峰值；P_2 为普通光面爆破作用于孔壁的初始径向应力峰值。孔壁受到较大的准静态应力为 $\sigma_{r\max} = \mp P_P$，其中，P_P 为普通光面爆破作用在炮孔壁处的准静态压力。爆炸气体直接作用于孔壁，易产生"气楔"作用，增加爆破损伤程度。

三、底部间隔爆破作用的力学效应

1. 底部空气间隔装药的降压效应

炮孔底部空气间隔装药时，爆炸初始压力按下式计算[7, 8]：

$$P_{m|\phi=A} = \frac{1}{2(k+1)}\left(\frac{1}{1+A}\right)\rho_0 D^2 \qquad (17\text{-}3)$$

式中：P_m 为炸药爆炸脉冲初始压力；A 为大于 0 的空气间隔长度系数；k 为爆轰产物等熵系数，$k=3$；D 为炸药爆速；$\phi = L_a/L_0$，L_a 为底部空气间隔长度，L_0 为装药长度。

2. 底部空气间隔装药的延时效应

炮孔底部空气间隔装药时，底部爆炸作用时间按下式计算[8]：

$$t|_{\phi=A} = \frac{2(k+1)(1+A)I}{\rho_0 D^2} \qquad (17\text{-}4)$$

式中：I 为爆破冲量。

爆破冲量与作用时间的关系如下式[9, 10]所示：

$$I_1 = \int_0^1 P_m(t)\mathrm{d}t \qquad (17\text{-}5)$$

式中：$P_m(t)$ 为时刻爆破问题；t 为爆破作业时间。

由式（17-3）、式（17-4）知，$t(\phi=A) > t(\phi=0)$，$P_m(\phi=A) < P_m(\phi=0)$，即底部空气间隔装药可降低炸药爆炸脉冲初始压力，延长爆炸作用时间，同时可以通过改变 ϕ 值来调整脉冲初始压力和爆炸作用时间，从而增加问题密度，达到更好的破碎效果。

张凤元[11]研究表明，底部空气间隔装药降低了爆炸脉冲初始压力，使爆炸产物在介质内部作用时间延长 2 ~ 5 倍。

空气间隔的存在提供了二次和后继加载作用。

第三节　定向卸压隔振爆破效果实验

一、效果实验

1. 炮孔隔振护壁面与炮孔临空面爆破压力与振速的试验

炮孔隔振护壁面（保留岩体）一侧与炮孔临空面（自由面）一侧爆破压力与振速的试验见表17-2（委托试验的结果）。

表17-2　炮孔隔振护壁面（保留岩石体）一侧与炮孔临空面一侧压力和振速的试验结果

试验内容				试验单位					
				总参工程兵科研三所	西交大高压高热物理研究所	西科大环资学院中心实验室	中国矿大现代爆破研究所	广西鱼峰水泥股份有限公司	解放军理工大学工程兵学院
隔振护壁面一侧比临空面（自由面）降低	透射系数降低率（%）			40～50					
	爆炸波被隔百分率（%）			46.59					
	应变降低率（%）					45.3	56.62	45.31	
	压力降低率（%）	数值模拟	δ=2 mm、4 mm、6 mm	47、53、60	30～60				
			k_b=2，L_k=20 mm，δ=2 mm、4 mm、6 mm			31、42、54			
			S=4 mm，L_k=15 mm，k_b=1.5 mm、2 mm、2.5 mm			38、38、46			
			k_b=1.5，δ=2 mm，L_k=5 mm、10 mm、15 mm、20 mm			50、45、35、47			
		冲击实验	大理石		66.5				
			砂岩		67.7				
			花岗岩声速降低（%）		13.48				
	振速降低（%）	模型试验	台阶上部爆振速度比自由面降低 k_b=1.5，L_k=10 mm			40～67			
			k_b=1.5，L_k=20 mm			32～64			
			k_b=1.5，L_k=5 mm、10 mm、15 mm、20 mm					36、47、59、72	
		生产应用试验	k_b=1.3～2.8，L_k=0.8～1.2 m 与常规比					33～63	
			k_b=1.3～2.8，L_k=0.8～1.2 m 与光面爆破比					30～50	
	裂纹发展：动焦散实验						几乎不见裂纹		

表中：k_b—径向不耦合系数；L_k—孔底空气间隔长度；δ—隔振护壁材料厚度。

2. 炮孔临空面一侧和隔振护壁面一侧的主剪力和应力强度的试验

炮孔临空面（自由面）一侧的主剪力和应力强度因子比炮孔隔振护壁面（保留岩体）一侧提高 1 ~ 3.5 倍，见表 17-3。

表 17-3　炮孔临空面（自由面）一侧的主剪应力和应力强度因子比炮孔护壁面
（保留岩体）一侧提高 1 ~ 3.5 倍

试验内容			试验单位					
			总参工程兵科研三所	西交大高压高热物理研究所	西科大环资学院中心实验室	中国矿大现代爆破研究所	广西鱼峰水泥股份有限公司	解放军理工大学工程兵学院
临空面一侧	隔振面的倍数	主剪力						3.5
		应力强度因子	超动态				1.65 ~ 2.12	
			动焦散				1 ~ 2	
		动焦散：裂纹发展					长裂纹 3 ~ 4 条	
	冲击实验：花岗岩声速降低（%）			36.67				

3. 炮孔底部空气间隔装药，压力和振速的试验

炮孔底部空气间隔装药底部压力和质点峰值压力的试验结果与延长爆炸产物对介质的作用时间见表 17-4。

表 17-4　炮孔底部空气间隔装药底部和质点峰值压力的试验结果表

试验内容				试验单位					
				总参工程兵科研三所	西交大高压高热物理研究所	西科大环资学院中心实验室	中国矿大现代爆破研究所	广西鱼峰水泥股份有限公司	解放军理工大学工程兵学院
炮孔底部空气间隔	炮孔底部压力降低（%）					30			
	振速降低（%）	模型	孔底空气间隔质点峰值平均			43%			
			k_b=1.5，L_k=5 mm、10 mm、15 mm、20 mm 与常规爆破比					49 ~ 57，43 ~ 55，58，59	
			k_b=1.5，L_k=5 mm、10 mm、15 mm、20 mm 与光爆比					33，46，44，47	
	间隔装药延长了爆炸产物在介质中的作用时间 2 ~ 5 倍			爆破冲量与作用时间关系：$I(t) = \int_0^t P_m(t)\mathrm{d}t$					

注：k_b—径向不耦合系数；L_k—孔底空气间隔高度；δ—隔振护壁材料厚度。

4. 冲击波传播时冲量随时间的增长

冲击波传播时冲量随时间的增长如图 17-2。

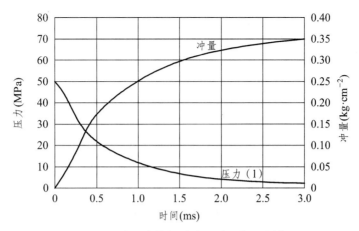

图 17-2 冲击波传播时冲量随时间的增长

第四节　隔振护壁材料性质与厚度对隔振降压的试验研究

一、塑料管材种类

市面销售的塑料管材种类很多，试验先用 PPR 聚丙烯、PVC-U 和 PVC 等三种类型，其中 PPR 聚丙烯管弹塑性和强度最高，其次为 PVC-U 聚氯乙烯管，PVC 管性能更差，所以我们经超动态应变测试推荐使用 PVC-U 管，它的性能和市面价格较为合适（表 17-5）。

表 17-5 不同塑料管材的超动态测试

材质名称	材质厚度（mm）	质点振速（cm/s）	超动态应变（με）	衰减系数
PPR	4	9.11	7 794	0.10
PVC-U	4	16.6	8 604	0.20
PVC	4	9.241	7 900	0.17

二、隔振护壁材料效果试验

（1）试验采用混凝土模型，k_b=1.5，炸药为 10g，隔振护壁材料分别为 PVC、PVC-U、PPR，质点振速及不同孔底间隔长度的振速降低率（%），见表 17-6。

表 17-6 定向卸压隔振爆破不同隔振护壁材料质点振速与孔底间隔长度的振速降低率（%）

隔振护壁材料	PPR				PVC-U			PVC		
孔底空气间隔长度（mm）	20	15	10	5	15	10	5	15	10	5
质点峰值振速（m/s）	6.54	9.11	9.49	13.53	5.16	9.24	16.16	15.09	16.60	19.54
振速降低率（%）	72.89	62.23	60.66	43.91	78.61	61.69	33	37.44	31.18	18.99

（2）定向卸压隔振爆破不同隔振护壁材料的损伤度（D）和声速降低率（n）。

试验采用不同隔振护壁的混凝土模型 k_b=1.5，炸药为 10 g，试验结果见表 17-7。

表 17-7　不同隔振护壁的损伤度和声速降低率

材料			PPR				PVC-U			PVC			常规爆破
孔底空气间隔（mm）			20	1.5	10	5	15	10	5	15	10	5	（三模平均）
距爆心距（m）	0.2	n	8.5	10.3	12.1	13.3	8.9	12.1	10.8	7.1	13.2	15.4	22.7
		D	0.16	0.23	0.23	0.25	0.19	0.19	0.26	0.24	0.25	0.28	0.393
	0.6	n	7.1	1.9	4.8	8.8	3.2	4.7	8.1	3.7	4.8	8.7	16.3
		D	0.14	0.04	0.09	0.16	0.14	0.10	0.06	0.07	0.09	0.17	0.293

试验结果表明：不同性质的隔振材料，隔振效果不同，质点峰值不同，对岩体的损伤也不一样；材料的韧性越好、强度越高，隔振效果越好；炮孔底部空间越大（在一定范围内），质点振速越小，隔振效果越好。

三、隔振护壁材料 PVC-U 塑料管的性能

隔振护壁塑料管材 PVC-U 的力学性能参数见表 17-8。

表 17-8　隔振护壁爆层（PVC-U）性能参数

材料名称	密度（kg/m³）	纵波速度（m/s）	抗拉强度（MPa）	压缩强度（MPa）	剪切强度（MPa）	冲击强度（MPa）
PVC-U	1.4	1 939	50～55	66	44	0.30

四、水泥砂浆模型——动态应变测试

动态应变测试：通过测试隔振护壁面方向和临空（自由）面方向的动态应变，以应变降低率判断隔振护壁材料对孔壁隔振护壁的效果。测试应变峰值及峰值降低率见表 17-9。

表 17-9　应变峰值及峰值降低率

试验编号	应变片编号	峰值电压（V）		隔振护壁材料		孔径（mm）	应变峰值（με）	降低率（%）
		max	min	材料	厚度（mm）			
14	1	0.113 22	-0.227 6	U 型	4	40	653.047	76.87
	2	0.590 39	-0.883 24	U 型			2 823.63	
2	1	0.265 56	-0.015 7	钢管	3	40	538.923 8	43.97
	2	0.471 25	-0.030 7	钢管			961.789	
3	1	0.042 725	-0.126 22	U 型	4	40	323.716 4	86.93
	2	0.471 174	-0.821 66	U 型			2 477.206	
4	1	0.902 1	-0.224 85	U 型	4	40	2 159.355	38.32
	2	0.387 33	-1.439 8	U 型			3 500.973	

注：1 号应变片贴在隔振护壁面方向，2 号应变片贴在临空面方向。

试验结论：爆破过程是爆炸冲击波和爆生气体共同作用的过程，爆炸冲击波先于爆生气体在介质内产生冲击应力形成应变，当应变量超过岩石极限时便在岩石中产生初始裂纹，随后爆生气体楔入裂隙中使裂隙扩展延伸。然而，当加入隔振护壁材料层后，爆炸冲击波在隔

振护壁材料层中迅速衰减，使得在护壁面方向中孔壁介质应变明显小于临空面方向；另外，护壁保护层在爆炸后被推到孔壁上亦可以阻挡爆生气体的气楔作用。应变测试和高速摄影表明，隔振护壁爆破对护壁面方向有明显的隔振和保护孔壁岩石的作用，可最大限度地维护其完整。

隔振护壁材料种类对衰减系数有明显影响，其中 PPR 型衰减性能最好，PVC-U 型次之，PVC 型衰减性能最差。当隔振材料较厚时，各种材料缓冲吸能差别不大。

小结：通过试验，在动态荷载作用下，隔振护壁材料对岩石的损伤破坏起到了防护作用。

① 宏观破坏：在相同冲击速度下，无隔振护壁材料的试件破坏最为严重，都破坏成了很多小块，而有隔振护壁层的试件，仅少许裂纹，明显低于无护壁层的试件，并且冲击面的破坏程度小于冲击背面。

② 透射波峰值与入射波峰值的比值，有护壁层的岩石试件，测得压杆中的应变比值随着隔振护壁层的厚度增加而减小。

③ 岩石的应力变化：在相同的冲击速度下，岩石的应力峰值受到保护层的影响而发生变化，随着保护层厚度的不断增加，岩石的应力峰值在不断减小，PVC 型材料为 6 mm 厚时，最大减小了 20 MPa。

④ 岩石应力降低率，以无隔振护壁层岩石试件为基础，通试验分析，隔振护壁层 6.24 mm，应力降低 30%。

⑤ 入射应力透射到岩石试件中的透射系数，反映作用在岩石中有效应力的大小程度。相同的入射应力下透射系数越大，则在岩石中的应力也就越大。

五、卸压隔振爆破隔振材料不同厚度的效果试验

卸压隔振材料不同厚度的效果试验采用霍普金森的试验[※①]。试验采用 PVC-U 塑料块与 $\phi 90 \times 45$ mm 的大理石试件。

卸压隔振材料不同厚度的透射应力变峰值见表 17-10。

表 17-10　不同隔振护壁面材料厚度透射应力变峰值

试件编号	护壁材料厚度（mm）	入射波		透射波		投射系数（%）	透射应力峰值与入射应力峰值的比值（%）
		应力（MPa）	应变（10^{-6}）	应力（MPa）	应变（10^{-6}）		
8	0	111.82	559.1	68.3	287.16	51.30	61.08
10	2.01	114.24	571.2	60.6	277.30	48.50	53.05
15	3.62	87.56	527.7	41.6	250.56	47.48	47.51
14	4.32	109.56	547.8	51.3	220.98	40.43	46.84
3	6.24	120.28	567.8	48.1	211.52	37.25	39.99

① 从表 17-10 中可见随着保护层厚度的增加，岩石的应力峰值呈下降的趋势。

② 从表 17-10 中可见随着保护层厚度的不断增加，岩石应力波的上升前沿逐渐变缓。

1. 保护层厚度与岩石平均应力关系分析

试验表明，加不同厚度的保护层的岩石的应力峰值是不一样，总的趋势是随着保护层厚

度的不断增加，岩石应力的峰值呈下降的趋势。当保护层厚度为 0 mm 时，岩石应力峰值为 68.3 MPa，在所有试件中最大；当保护层厚度增加到 2 mm 左右时，应力峰值为 58 MPa 左右，下降了约 10 MPa；当保护层厚度继续增加到 6 mm 左右时，应力峰值最小，为 50 MPa 左右，下降了约 18 MPa。保护层厚度与岩石应力峰值的关系密切，从图可以看出，见参考文献[12]，$A—B$ 的斜率明显大于 $B—C$ 段的斜率，也就是说在保护层从 $0 \sim 2$ mm 的应力下降速率明显快于保护层从 $2 \sim 6$ mm 的下降速率。这充分说明，保护层在 $0 \sim 2$ mm 时单位厚度所起的作用比保护层在 $2 \sim 6$ mm 单位厚度更大一些。

总的来看，随着保护层厚度的增加，岩石的应力峰值在逐渐减小。

从表 17-10 中可知，当保护层厚度从 0 mm 增加到 2 mm 时，岩石应力降低系数为 12% 左右；随着厚度的不断增加，岩石应力减小的程度也在不断变化，当保护层增加到 6.24 mm 时，岩石应力降低系数为 25% 左右，应力降低系数最大的为 29.57%。保护层厚度与应力降低系数有很大的相关性，从实验图中可知，OA 段的斜率大于 AB 段斜率，说明保护层在 $0 \sim 2$ mm 时单位厚度应力的降低率大于保护层在 $2 \sim 6$ mm 时单位厚度应力的降低率。这和前面的分析相吻合。

2. 保护层厚度与应力透射系数关系分析

在 SHPB 试验中，子弹撞击入射杆，在入射杆中将产生一个应力脉冲，这个应力脉冲沿着入射杆向前传播，由于试件和入射杆、透射杆的波阻抗不同，应力脉冲将在这两个接触面上发生入射和透射，如果压杆和岩石的波阻抗一定，在不考虑能量损失的情况下，应力脉冲的透射率应该相同。而在试验中，在岩石与入射杆的接触面之间加有一定厚度、波阻抗小于岩石和压杆的 PVC-U 板作为保护层，这样就必然会导致透射到岩石中的应力脉冲的透射系数会发生变化，所以在相同的应力脉冲作用下，岩石中受到的应力就会有所不同。从表 17-10 中可以看出，当保护层的厚度为 0 mm 时，应力波的透射系数为 61.08%；随着保护层厚度的不断增加，透射系数在逐渐减小；当保护层厚度为 3.12 mm 时，透射系数已经减小到 50% 以下；当保护层厚度达到最大 6.24 mm 时，透射系数最小，在 42% 左右。这相对于保护层厚度为 0 mm 时的透射系数下降了近 20%。换句话说，就是在相同的应力脉冲作用下，岩石中受到的应力减小了 20%。由此可见，保护层能够减小岩石中受到的应力，从而对岩石起到很好的保护作用。

3. 保护层厚度与岩石应力上升前沿时间关系分析

从表 17-10 中可以看出，当保护层厚度为 0 mm 时，岩石应力波的上升前沿的时间为 78.2 μs。随着保护层厚度的不断增加，岩石上升前沿的时间也不断增加；当保护层为 6.24 mm 时，岩石应力波上升前沿的时间为 115 μs 左右，相对于保护层为 0 mm 的岩石试件的上升前沿时间延长了 37 μs。

六、保护层对岩石的保护作用总结

通过上面的分析发现，在动态荷载的作用下有保护层和无保护层的岩石表现出来的特性各异，具有不同厚度的保护层的岩石的特性也不同。具体表现为：

（1）宏观破坏：从上面分析中发现，在相同的冲击速度下，无保护层的岩石破坏最为严重，都破坏成了很多小块，而有保护层的岩石的破碎程度明显要低于无保护层的岩石，并且冲击面的破坏程度要小于冲击背面的破坏程度。

（2）原始应变波透射系数：在有保护层的岩石试件试验中，测得压杆中的微应变的透射系数随着保护层的厚度增加而呈减小的趋势。当保护层增加到最大时（6.24 mm）透射系数减小了 14.11%。

（3）岩石应力的变化：在相同的冲击速度下，岩石中的应力峰值受到保护层的影响而发生了变化，随着保护层厚度的不断增加，岩石中的应力峰值在不断地减小，最大减小了约 20 MPa。

（4）岩石应力的降低率：以无保护层的岩石试件的应力为基础，得到了有保护层的岩石试件相对无保护层试件的应力降低率，这就直观地反映出应力的降低程度，通过分析，保护层为 6.24 mm 时降低率最大，约为 30%。试验表明，保护层在 0 ~ 2 mm 时单位厚度应力的降低率大于保护层在 2 ~ 6 mm 时单位厚度应力的降低率。这充分说明，保护层在 0 ~ 2 mm 时单位厚度所起的作用比保护层在 2 ~ 6 mm 单位厚度更大。

（5）入射波应力的透射系数：应力透射系数反映出在这个试验中，作用在岩石中的有效应力的大小，在相同的入射应力下，透射系数越大，则作用在岩石中的应力也就越大。在本次试验中，透射系数是随着保护层厚度的不断增大而减小，保护层为 6.24 mm 时的透射系数相对于无保护层的透射系数降低了 20%，如表 17-11。

表 17-11　入射波应力的透射系数

保护层厚度（mm）	0	3.12	6.24
应力波透射系数（%）	61.08	50	42

（6）岩石应力的上升前沿时间的变化：根据傅里叶谐波分析表明，高频成分越多则脉冲上升前沿越陡峭；反之则升时越大。有研究表明，应力波中的高频部分是引起岩石破碎的一个很重要的因素。当保护层厚度为 0 mm 时，岩石上升前沿的时间为 78.2 μs；随着保护层厚度的不断增加，岩石上升前沿的时间不断增加，当保护层厚度为 6.24 mm 时，岩石应力波上升前沿时间为 115 μm，相对于 0 mm 的岩石试件的上升前沿时间延长了 37 μs。

第五节　定向卸压隔振爆破的数值模拟

一、定向卸压隔振爆破炮孔加装半圆形管材降压隔振的模拟试验

采用 LS-DYNA 软件对单孔卸压隔振护壁面进行了三维数值模拟。

1. 模拟试验结果

模拟试验采用的隔振护壁材料为 U 形材料，试验结果如表 17-12[12]。

表 17-12　不同隔振护壁方式的速度、压力降低率

隔振护壁方式	材料厚度（mm）	压力（MPa）		速度（m/s）		降低率（%）	
		临空面方向	护壁面方向	临空面方向	护壁方向	压力	速度
与炸药结合	2	760	410	210	120	46	43
与炮孔耦合	2	770	540	210	130	30	38
与炸药结合	4	1 800	340	270	90	81	67

2. 结果分析

结果：模拟试验表明 U 形材料能对孔壁起到很好的保护作用。不同的护壁方式，护壁面方向压力、速度和位移峰值较临空面（自由面）方向均降低，但各有不同。

数值模拟比较形象直观地反映出单孔隔振护壁爆破在混凝土中爆炸后对炮孔周围介质有效应力场、压力场、速度场以及位移的产生、发展过程及分布形态的影响（其卸压隔振护壁面爆破压力时程曲线图，见相关参考文献）。

隔振护壁面方向爆炸产生的冲击波首先作用于护壁材料上，材料起到了一定的缓冲作用，并阻挡了爆生气体直接作用于孔壁，起到了缓冲作用，推迟了冲击波峰值到达时间。材料的缓冲作用刚好为冲击波的衰减提供了时间，同时冲击波在护壁材料面上发生了反射和折射，所以到达护壁面方向的孔壁时有效应力峰值、压力峰值、速度峰值以及移峰值都已经有了很大衰减，从而起到了很好的隔振和保护孔壁的作用。

二、采用 LS-DYNA 软件对定向卸压隔振爆破炮孔隔壁一侧隔振材料进行三维模拟

1. 模拟结果

（1）选取隔振面、无隔振材料距炸药中心处竖直向上 2.5 cm，水平距离为 2.5 cm 各一个单元提取压力时间曲线图（见相关参考文献）表 17-13 所示。

表 17-13　水平方向单元的压力表

PVC 管厚度	单元号	单位位置	压力大小（MPa）
0.5cm	122120	未护壁一侧	452
	122044	护壁一侧	243

（2）选取炸药起爆点竖直方向两个单元，与起爆点间距均为 4 cm，提取压力时间曲线图见相关参考文献（表 17-14）。

表 17-14　竖直方向单元的压力表

PVC 管厚度	单元号	单位位置	压力大小（MPa）
0.5cm	103715	炸药上端	673
	103771	炸药下端	445

从数据图像可以看到，间距一样，103771 单元与炸药中间有空气间隔，压力峰值以及到达峰值的时间滞后，从而验证了炸药在地下爆炸的威力比在空气中爆炸的威力为大。

2. 结　论

通过 ANSYS/DYNA 程序，我们运用流固耦合方法对卸压隔振爆破隔振半圆形管材爆炸进行三维数值模拟计算。通过本次模拟，得到如下结论：

（1）隔振 PVC 套管对爆破孔壁起到了良好的保护作用。通过数据提取可以看出，隔振面方向的压力较非隔振面的压力减少了 48%左右。

（2）隔振对其影响与材料的性质有一定的关系，由于炸药在地下爆炸的威力比在空气中爆炸的威力大，所以是否可用采用将隔振护壁材料与炸药之间留有一定的空隙，这样可以起到双重的保护作用，有待进一步的探讨。

（3）通过不同的数值模拟方法，得到采用流固耦合方法相比共节点与流固接触方法可以节约较大的时间，而且对风格的畸变可以进行有效的控制，使得模拟结果较为理想。

（4）通过本次模拟，对不同类型工程控制爆破的模拟有了一定的认识，从而对实践工作起到一定的指导意义。

第六节　定向卸压隔振爆破爆炸波的高速摄影

衡量爆破效果，目前最主要的指标是宏观鉴别矿岩的破碎块度与铲装效率。如何将传统的摄影法与先进的图像计算机分析、技术结合起来，特别是根据微观的图像来研究爆炸、爆轰波及固体介质变动荷载的运动规律，是该技术研究的方向。20 世纪 90 年代瑞典和美国开始研究了这一工作。

20 世纪 90 年代末，中国和瑞典两国政府间的协议，已将此项目列入中端第三期冶金科研合作项目之一。

定向卸压隔振爆破由西南科技大学环境与资源学院中心实验室完成，其高速摄影图像见图 17-3。

a　　900 μs　　b　　　　　a　　1 000 μs　　b

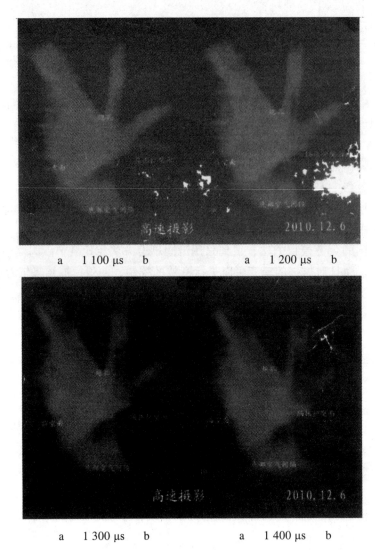

| a | 1 100 μs | b | | a | 1 200 μs | b |

| a | 1 300 μs | b | | a | 1 400 μs | b |

图 17-3　定向卸压隔振爆破高速摄影

每幅图中 a 边表示临空面（自由面）方向；图中 b 边表示隔振护壁面方向

第七节　爆破地震与生产试用期间的效果

一、模型试验

模型试验中自由面方向的峰值振速明显大于后冲方向，在西南科技大学中心实验爆破室试验中，在装药量、抵抗线及试验尺寸等外部结构相同的条件下，台阶两侧爆破地震效应规律不尽相同，距离炮孔中心相同距离时，质点的水平速度具有明显的前部效应，即台阶前侧水平速度明显大于后侧速度，如表 17-15。

表 17-15　相同条件下不同爆破方法效果比较

爆破方法	底部空气间隔（mm）	k_b	药量 10 g	爆心距（m）		峰值振速 v（cm/s）	后冲比自由面降低（%） +0.83	后冲比自由面降低（%） +2.03	备注
定向卸压隔振	10	1.5	10	台阶下部	-2	5.62	66.9	40	（1）负号表示测点位于台阶前沿，正号表示为台阶后侧；（2）水泥砂浆模型 1.41 mm×1.60 mm×0.6 m，H=0.480 m，W=0.23 m，L=0.380 m，ϕ=30 mm，药径=20 mm，药柱高 40 mm，耦合装药孔径 20 mm，药径 20 mm
定向卸压隔振	10	1.5	10	台阶下部	-0.8	28.07	66.9	40	
定向卸压隔振	10	1.5	10	台阶上部	+0.83	9.28	66.9	40	
定向卸压隔振	10	1.5	10	台阶上部	+2	3.37	66.9	40	
定向卸压隔振	20	1.5	10	下	-2	3.56	64.3	32	
定向卸压隔振	20	1.5	10	下	-0.80	14.8	64.3	32	
定向卸压隔振	20	1.5	10	上	+0.83	5.28	64.3	32	
定向卸压隔振	20	1.5	10	上	+2.03	2.42	64.3	32	
常规爆破	0	0	10	下	-0.8	29.5	9.9	9.45	药柱高度包括雷管在内
常规爆破	0	0	10	下	-0.6	35.98	9.9	9.45	
常规爆破	0	0	10	上	+0.6	22.4	9.9	9.45	
常规爆破	0	0	10	上	+0.8	26.7	9.9	9.45	

表 17-16 结果证明：

（1）半圆形塑料管沟槽效应下复合成聚能效应，是自由面方向能量大大增加的结果。

（2）底部空气间隔可将应力波在岩体中作用时间延长 2~5 倍，使爆炸能量得到加倍的有效利用，因此，在地震波强度方面表现出，在自由质点振速大于隔振方向。

二、生产现场对比性试用结果（广西鱼峰水泥有限公司）

（1）露天边坡深孔爆破推广性比较试验结果见表 17-16。

表 17-16　深孔爆破推广应用比较性试验结果

爆破方法	炸药单耗（kg/m³）	保留岩体孔痕率（%）	后冲	爆破振动（cm/s） 8.7 m 水平	爆破振动（cm/s） 8.7 m 垂直	爆破振动（cm/s） 12 m 水平	爆破振动（cm/s） 12 m 垂直	边坡维修费沿边坡长 1 m×15 m 高（元/m）
常规爆破	0.384		1~2 m 左右裂宽 10~15 mm			34.88	35.71	
光面爆破	0.371	81	后冲明显有微裂隙	32.15	34.13	24.69	25.96	600
定向卸压隔振爆破	0.267	92	无后冲痕迹	11.64	13.52	10.82	11.21	300

生产应用比较试验距爆心 12 m 时，定向卸压隔振爆破比常规爆破质点峰值振速降低 68%，比光面爆破降低 56%，距爆心 8.7 m，比光面爆破质点振速峰值降低 60.3%~63.7%。

（2）坑内平巷掘进。

坑内平巷掘进，隔振护壁爆破与光面爆破见表 17-17 所示。

表 17-17　坑内平巷掘进

岩石类型	部位	孔痕率（%）		平均进出碴量（m³）		按设计断面单位进尺起挖量（m³/m）		备注
		光面爆破	隔振护壁	光爆	护壁	光爆	护壁	
f=8~10 磷块矿	拱顶	0	47					隔振护壁爆破药包直径改为 25 mm 后进行试验
	边墙	21.8	57.2	10.51	8.28	2.26	0.03	
f=4~6 花斑状白云岩	拱顶	0	22.5					光面爆破药包直径 35 mm，钻孔钎头直径 38 mm，光面爆破实与常规耦合装药无区别
	边墙	18.2	85.2	10.50	8.36	2.25	0.114	

由于循环进尺提高 4.35%~15%，而成本降低 11%~21%，超挖量减少，特别是减轻了对周边炮孔的破坏和损伤作用，增加了围岩的稳固性。

三、生产现场浅孔爆破试验

浅孔台阶爆破和深孔爆破试验见表 17-18。

表 17-18　生产现场试验

试验评价内容	大块体岩爆破		浅孔台阶爆破试验		铲装效果			
	声速降低（%）	保留岩面裂纹	保留岩面眼痕率	对 1 m³ 反铲效果	好	较好	一般	差
切缝药包爆破	1.323	无	≤100	对 1 m³ 电铲有 20%左右大块	30	30	20	20
隔振护壁爆破	1.455 1.446	无	95~100	适宜 1 m³ 铲装	60	30	10	0
光面爆破	4.376 5.368	3 条	≤95	适宜 1 m³ 铲装	50	30	20	0

参考文献

[1] 刘福生，张明建，薛学东. 岩石轻气炮冲击实验报告[R]. 西南交通大学高压物理研究所，2007.

[2] 肖定军. 岩石动态损伤的数值模拟、护壁爆破机理与应用[J]. 总结资料，2007，12：12-19.

[3] 郭学彬，张志呈，蒲传金. 护壁爆破基本原理与爆破效果的声波评价[J]. 爆破，2006，4：9-14.

[4] 陆渝生，许琼萍，张宏民，等. 护壁爆破机理的动光弹试验研究报告[R]. 中国人民解放军理工大学工程兵学院结构爆炸中心，2007-04-30：1-15.

[5] 肖同社，董聚才，桂良玉. 护壁爆破超动态电测实验报告[R]. 中国矿业大学现代爆破技术研究所，2007-03：1-9.

[6] 王树仁，魏有贵. 岩石爆破中断裂控制爆破的研究[J]. 中国矿业大学学报，1985，3：113-120.

[7] 张志呈. 定向断裂控制爆破[M]. 重庆：重庆出版社，2000：15-75.

[8] 张志呈，熊文，吝曼卿. 炮孔底部空气间隔装药结构爆破理论与模型试验[J]. 露天采矿技术，2011，1：40-44.

[9] 王文龙. 钻眼爆破[M]. 北京：煤炭工业出版社，1984：23-72.

[10] 库尔 P. 水下爆破[M]. 罗耀杰，韩润泽，官信，等，译. 北京：国防工业出版社，1960：138-140.

[11] 张凤元. 集中药包空气隔层爆破技术应用[J]. 铁道建筑技术，1997，2：1-5.

[12] 总参工程兵科研三所. PVC-U 对岩石中应力波衰减效应的 SHPB 实验研究（实验报告）[R]. 2007-11：1-10.

[13] 牛良，张志呈，刘筱，等. 定向卸压隔振材料的数值模拟研究.

后记：记忆往事

　　本人自走上工作岗位开始，就与采掘工程的爆破结缘。几十年任职了多个单位，但"爆破"跟随一生。几十年来，我从这个推动人类社会文明进步、促进国家繁荣富强、既危险而又光荣的工作岗位上，认识了许多难得的生产过程中的问题，既丰富了爆破理论与技术知识，又提高了实践技能，在不同单位、不同时间，总结了一些促进生产发展、提高生产效率、降低产品成本的生产技术方法和技术措施，改进和创新发展了多个民用技术方法。在退休后的20年中，我除了应邀与别人合作搞科学研究和作为高速公路采石场的技术指导外，还撰写论文近50篇（第一作者40余篇）；正式出版专著7部，其中合作2部；并对多年以来，爆破对轮廓线上炮孔和保留区的损伤、破坏，保留区一侧岩石进行了较长时间的探索。

　　在爆炸波多方应用研究中，工程控制爆破经国内外多年的实践表明：中硬或中硬以下岩石，井巷（隧道）掘进超挖量一般都在 10~20 cm，松弛范围在 1~1.5 m，露天深孔爆破损伤半径为炮孔直径的 70~100 倍，下向损伤为炮孔直径的 20 倍左右。过去的爆破方法只抓住了主要矛盾，忽视了次要矛盾。作者于 2009 年 2 月 28 日应四川蜀渝石油建筑安装工程有限责任公司重庆分公司邀请，参与川东北高含硫气田宣汉开县区块气油工程 A、C 井场场地平整工程实施方案投标方案编制，考查后提出"护壁爆破用药包结构"，随后又提出"定向卸压隔振爆破装药结构"（未中标）；2010 年 2 月 20 日应中国中材国际工程股份有限公司设计研究所陈亮邀请解决台泥（贵港）黄练石灰石矿山爆破减振工作；2010 年 2 月 24 日书面设计应用这两种方法，解决减振问题。

　　记忆往事，本人所取得的成就得益于诸多方面，主要有：

　　一、得益于中国共产党的长期教育培养、所在单位领导同志的支持、一起工作同志和群众的帮助。

　　二、得益于同行前辈的指导和支持、帮助：铁科院冯叔谕院士，中物院经福谦院士、鲜学福院士、钱明高院士、古德生院士、孙传尧院士，武汉建筑材料工业学院徐长佑教授，北京科技大学原系主任、中国矿业大学杨善元教授，重庆大学李通林教授、姜修善教授，成都理工大学罗治覃教授，昆明学院周昌达、黄国赢、周君才、查治楷等教授，长江科学院原副院长、教授级高级工程师张正宇。在此向他们表示谢意。

　　三、得益于父辈艰苦奋斗、勤俭持家、奋发图强、自强不息、无私奉献、助人为乐、身体力行的榜样教诲。